U0431003

国家自然科学基金项目(51364010)资助
江西理工大学清江学术文库出版基金资助

硫化矿尘爆炸机理研究及防治技术

Studies on Mechanism and Control Technology of Sulphide Dust Explosion

饶运章　著
Rao Yunzhang

·长沙·

内容简介

Introduction

本书是一本专门研究高硫金属矿床硫化矿尘氧化自燃、爆炸机理、爆炸参数、防治技术的学术著作。

全书共分 11 章。第 1、2 章介绍了粉尘爆炸条件、爆炸特性参数、硫化矿尘分析检测、氧化自热、着火自燃、燃烧爆炸、矿尘层、矿尘云等基础知识，第 3 章研究了硫化矿石氧化自热影响因素、自热机理、自燃过程、自燃阶段界定与表征，第 4、5 章分别研究了硫化矿尘层和矿尘云的氧化自热着火因素、自热着火机理/理论、最低着火温度，第 6、7、8 章研究了硫化矿尘云爆炸影响因素、最小点火能量/最低引爆能、爆炸强度（最大爆炸压力、爆炸强度指数）、爆炸下限浓度等爆炸参数，第 9 章探讨了硫化矿尘爆炸机理/理论，第 10 章提出了防治硫化矿石氧化自燃和硫化矿尘爆炸的技术措施，第 11 章介绍了硫化矿尘爆炸模拟仿真研究。

研究表明：硫化矿尘爆炸不同于冶金、有色、建材、机械、轻工、纺织、烟草、商贸等行业企业生产加工所涉及的爆炸危险性相对较高的可燃性粉尘爆炸，最大区别是硫化矿尘中硫化矿物既是爆炸参与物（反应物），又是自燃点火源，硫化矿尘爆炸原因主要是硫化矿物氧化自热产生自燃点火导致了固－气混合非均相硫化矿尘爆炸，无须外来火源（明火、电火花等），因此，防治硫化矿尘爆炸的方法主要是消除氧化自燃点火源，并严格控制作业环境中的硫化矿尘浓度。

本书可供矿山企业、矿政管理、安全监督等部门工程技术和管理人员及业内同仁参考，亦可作为教学参考书供高等学校采矿工程、安全工程、粉体材料科学与工程等专业师生使用。

作者简介

About the Author

饶运章　男，1963 年 10 月出生，工学博士，江西理工大学教授(二级)，博士生导师。享受国务院特殊津贴专家，宝钢教育奖优秀教师，2013—2017 年教育部高等学校矿业类专业教学指导委员会副主任委员，中国有色金属学会采矿学术委员会委员，中国有色金属学会矿山信息化智能化专业委员会常务委员，中国稀土学会第六届理事会理事，江西省政府特殊津贴专家，江西省新世纪百千万人才工程第一、二层次人选，江西省高校中青年学科带头人，江西省工程爆破协会副理事长，江西省地质灾害危险性评估专家，江西省安全生产监督管理局专家组专家，江西省环境影响评价技术评审专家。

1987 年本科毕业于江西冶金学院(现江西理工大学)，毕业后留校任教，1992 年硕士毕业于南方冶金学院(现江西理工大学)，2004 年博士毕业于中国矿业大学(北京)。长期从事采矿工程、岩土工程、环境工程、爆破工程、地质灾害防治等领域教学、科研工作，主要进行金属矿与稀土矿高效安全开采、地压控制与灾害防治、充填理论与技术、岩土滑坡防治与在线监测预警、水土重金属污染防治与修复、稀土矿区地质环境治理与生态恢复等研究。主持完成及正在研究的各类科研课题 52 项，其中国家自然科学基金 3 项、国家九五科技攻关 1 项、国家 863 计划一级子课题 1 项、省部级项目 7 项、企业委托项目 40 项；获省部级科技成果奖 8 项、市厅级科技成果奖 5 项，发表学术论文 100 余篇，出版学术专著 2 部，担任主编、副主编和参编教材各 1 部。

前言

Foreword

尽管高硫金属矿床硫化矿尘爆炸远不及煤尘/瓦斯爆炸“威名远扬、谈煤(尘)色变”，但在加拿大、南非、澳大利亚、苏联等国家及欧洲一些地区都曾发生过此类爆炸，国内松树山铜矿、铜山铜矿、西林铅锌矿、东乡铜矿等多个矿井也曾多次发生过此类爆炸，并造成财产损失或人员伤亡。据统计，我国有20% ~30%的硫铁矿床，5% ~10%的有色金属或多金属矿床，其中10%以上的有色金属硫化矿床都是高硫矿床。理论上，只要是高硫矿床尤其是具有内因火灾(自燃)危害的高硫矿床，就有可能发生硫化矿尘爆炸。因此，硫化矿尘爆炸对矿山财产、矿井安全、矿工生命造成的潜在危害不容忽视。

与煤矿煤尘/瓦斯爆炸比较，金属矿床硫化矿尘爆炸事故确实相对较少，导致了管理上对其认识和重视程度不够，技术上对其爆炸成因、爆炸机理、爆炸参数、防治技术探究不足，因而即使高硫金属矿床发生硫化矿尘爆炸也往往归咎于其他原因，而且至今尚未引起相关部门的关注、缺少相关的国家或行业规范与标准、罕见相关文献或成果的研究报道。加之硫化矿尘爆炸具有突发性、复杂性、严重性、不可重复性等特点，因此，国内几乎没有针对硫化矿尘爆炸危害、爆炸因素、爆炸机理及其爆炸下限浓度、最低引爆能等爆炸参数的专门研究和测定，更没有相应的参数可以推荐给有关矿山。

基于上述高硫金属矿床硫化矿尘爆炸事故中存在管理重视不够、研究程度滞后和事故潜在危害大等问题，笔者综合前期国家自然科学基金项目(E51364010)研究成果、工程施工经验和理论综合研究，编著了《硫化矿尘爆炸机理研究及防治技术》一书，希冀能为我国高硫金属矿床安全、高效开采，特别是硫化矿尘爆炸事故防治尽绵薄之力，也希望能为其他粉尘(煤尘/瓦斯、棉麻粉尘、烟草粉尘、面粉、硫磺粉、石棉粉、木粉、鱼粉、塑料粉尘、铝粉、镁粉、铁粉等)爆炸的成因、机理、参数、防治等方面的研究和矿山企业、矿政管理、安全监督等部门制定相关政策法规及管控措施提供借鉴，还希望能为致力本领域研究的工程技术人员、高校师生和业内同仁提供有益参考。

编写本书，尽管笔者倾注了大量心血，但失误和不当在所难免，恳请专家、同行和广大读者批评指正。

感谢国家自然科学基金委立项资助，感谢江西理工大学学术著作出版基金资助，感谢江西铜业股份有限公司(江西铜业集团公司)立项资助，感谢东乡铜矿矿业有限责任公司各部门领导、工程技术人员和工人师傅鼎力协助，感谢硕士研究生吴卫强、王柳、袁博云、陈斌、孙翔、马师、洪训明、刘志军等为项目研究所做贡献和为书稿录入、修改、校对等所做的辛勤劳动，更感谢本书援引的文献作者的前期研究工作和理论指引。

饶运章

2017 年 10 月

目录

Contents

第 1 章　粉尘与粉尘爆炸

1.1　粉尘

1.1.1　粉尘概念

人们对于“粉尘”这个词并不陌生，粉尘在环境保护领域出现频率很高，例如建筑场地扬尘污染，工业粉尘排放污染，交通运输产生的二次扬尘污染，矿山开采过程中破碎、筛分及矿石露天堆放粉尘污染等。在工业防爆领域中，粉尘是固体物质细微颗粒的总称，包括那些有用的颗粒状材料，如硫磺、煤粉、面粉、铝粉、鱼粉、木粉、药粉、棉麻粉尘、聚乙烯微粒等工业、食品、医药原料。“粉尘爆炸”常指工业粉体物料的爆炸。

粉尘是粉碎到一定细度的固体粒子的集合体，按状态可分成粉尘层（或层状粉尘）和粉尘云（或云状粉尘）两类。粉尘层是指堆积在物体表面上的静止状态的粉尘，而粉尘云则是指悬浮在空间的运动状态的粉尘。通常情况下，人们将悬浮在空气中的固体微粒称为粉尘[1-3]。在我国，《供暖通风与空气调节术语标准》（GB/T 50155—2015）、《工作场所有害因素职业接触限值》（GBZ 2.1—2007）和《环境空气质量标准》（GB 3095—2012）等国家标准将粉尘定义为由自然力或机械力产生的，可以在空气中漂浮的固体微小颗粒。国际标准化组织将粒径不超过 75 μm 的固体悬浮颗粒定义为粉尘。从粉尘爆炸角度来定义，在煤矿中把粉尘定义为通过 20 号美国标准筛（球形颗粒粒径小于 850 μm）以下的固体粒子，因为粒径为850 μm的煤粉还可参与爆炸快速反应。而在其他行业，通常把通过 40 号美国标准筛（球形颗粒粒径小于 425 μm）以下的细颗粒固体物质称为粉尘，因为只有低于此值的粉尘才能参与爆炸快速反应。

1.1.2　粉尘分类

粉尘分类方法有多种，可根据粉尘的性质、颗粒大小以及粉尘的来源进行分类，不同的研究领域也有不同的分类方法。

（1）根据粉尘性质的不同，可分为无机粉尘、有机粉尘和混合粉尘。

① 无机粉尘：包括矿物粉尘（如石英、石棉、滑石、硫磺、煤等），金属粉尘[4-5]（如铁、铝、镁、锰、铅及氧化物等），人工无机粉尘（如金刚砂、水泥、玻

璃粉、耐火材料等)；

② 有机粉尘：包括植物性粉尘[6-7]（如棉、亚麻、谷物、烟草、木质等），动物性粉尘（如毛发、角质、鱼粉等），人工有机粉尘（如炸药、有机染料等）；

③ 混合粉尘：包括上述两种粉尘以上的混合物，如煤矿粉尘中常含有矽尘和煤尘，混合粉尘是生产中最常见的粉尘。

(2)根据粉尘颗粒的大小，可分为可见粉尘、显微粉尘和超微粉尘。

①可见粉尘：为粒径大于10 μm、肉眼可分辨的粉尘；

②显微粉尘：为粒径2.5～10 μm、普通显微镜可分辨的粉尘；

③超微粉尘：为粒径小于2.5 μm、高倍显微镜或电子显微镜可分辨的粉尘。

(3)根据粉尘来源的不同，可分为原生粉尘和次生粉尘。

① 原生粉尘：开采前因地质作用和地质变化等原因生成的粉尘；

② 次生粉尘：采掘、装载、转运等生产过程中，因碎矿（岩）产生的粉尘。

(4)在粉尘爆炸研究中，把粉尘分为可燃粉尘和不可燃粉尘（或惰性粉尘）两类。

① 可燃粉尘：是指与空气中氧气发生放热反应的粉尘。含有C、H元素的有机物，它们与空气中的氧气都能发生燃烧反应，生成CO_2、CO和H_2O。许多金属粉尘也可与空气中氧气发生反应生成氧化物，并释放大量的热，这些都是可燃粉尘。

② 不可燃粉尘（或惰性粉尘）：是指与氧气不发生反应或不发生放热反应的粉尘。

(5)在防火防爆领域，按照火灾危险程度，通常将粉尘分为易燃粉尘、可燃粉尘、难燃粉尘三类。

① 易燃粉尘：如糖粉、淀粉、咖啡粉[8]、木粉、小麦粉、硫粉、茶粉、硬橡胶粉等。这类粉尘所需点火能量很小，火焰蔓延速度很快。

② 可燃粉尘：如米粉、锯木屑、皮革屑、丝、虫胶等。这类粉尘需要较大的点火能量，火焰蔓延速度较慢。

③ 难燃粉尘：如炭黑粉、木炭粉、石墨粉、无烟煤粉等。这类粉尘燃烧速度较慢，且不易蔓延。

1.1.3 可燃粉尘物理结构特性

可燃粉尘是具有高分散度、较大比表面积、强吸附性和化学活性及较大动力稳定性的固－气非均相体系。粉尘的爆炸危险性与其粒度、分散度和比表面积等因素有关。

(1)粒度。由于粉尘的扩散、悬浮、附着等物理性质均会受到粉尘粒度的影响，因此粉尘的粒度是影响粉尘爆炸特性的一个重要因素[9]。粉尘粒度的大小直接影响了粉尘颗粒在空气中的分散程度。如果没有足够的分散度，则不可能发生爆炸，这主要是由于同质量的整块固体的比表面积较粉尘要小几个数量级。对于大多数粉尘来说，只有其直径小于0.5 mm时，才可以在空气中较充分地分散。值得注意的是，物料在整体块状和分散条件下的可燃性是有很大区别的，例如，用火柴无论如何也不能把一根铝棒点燃，但却可以把悬浮在空气中的铝粉引爆。通常情况下，粒度越小的粉尘颗粒，其比表面积越大，化学活性越高，氧化速度越快，燃烧越完全，放出的热量越多。同时，粒度越小，越容易悬浮在空气中，且悬浮的时间越长，发生燃烧爆炸的概率也越大。可见，即使粉尘浓度相同，由于粒度不同，燃烧和爆炸的概率也不同。固体物质的粉碎程度对硫化矿粉尘的自燃点也会产生一定的影响，粉碎粒度越细，粒径越小，其自燃点越低，如表1-1所示。

表1-1　不同粒度硫铁矿的自燃点

筛子网眼尺寸/mm	自燃点/℃
0.086~0.10	400
0.10~0.15	401
0.15~0.20	406

(2)分散度。生产过程中产生的粉尘是由不同粒径大小的颗粒组成的一个集合体，通常将不同粒度范围内粉尘的质量或粉尘的数量在总体中所占的百分比定义为粉尘的分散度。习惯上一般把粉尘颗粒在生产现场空间内分布的程度称作粉尘的分散度，用构成的百分比来表示。粉尘的分散度在一定程度上也反映了粉尘颗粒的大小，粉尘颗粒越小分散度越好，反之越差。可燃粉尘的分散度越大，则比表面积越大，化学活性越强，能长时间悬浮在空间中，因此爆炸危险性越大。

不同物质在不同条件下会产生分散度不同的粉尘；空气湿度越大，会使粒径很小的粉尘被吸附在水蒸气表面而降低分散度；空间空气流动速度不同，粉尘的分散度会有相应的改变；地面附近的粉尘分散度最小，距地面越高，粉尘的分散度越大。

(3)比表面积。比表面积是指单位体积固体的表面面积。粉尘的吸附、表面活性、燃烧、爆炸等特性均受到比表面积的影响。对于同一种可燃性固体物质，随着其比表面积的增大，它的着火特性也随之增强[10]。例如，把直径为100 mm的球形材料破碎成等效直径为0.1 mm的粉尘时，比表面积增加10000倍。固体可燃物质的比表面积增大时，便增大了可燃物质与空气的接触面积，固体与氧之间的氧化反应速率加快，可燃物质的化学特性进一步增强，使得着火后粉尘更快、更充分的燃烧。对于可燃粉尘来说，比表面积大小对最低着火温度、最大爆炸压力和爆炸下限等爆炸特性参数均会产生显著的影响。通常情况下，当粉尘的比表面积增大时，粉尘的最低着火温度和爆炸下限均减小，而最大爆炸压力升高。

粉尘比表面积越大，与空气的接触面积也越大，越容易吸收空气中的氧并发生氧化放热反应，若将这类粉尘堆积在一起，由于它们的传热能力小，能起到一定的保温作用，导致热量蓄积，温度升高，最终引起粉尘着火。

(4)粉尘浓度。粉尘浓度是指单位空气体积中粉尘的量，主要有质量浓度和数量浓度两种表示方法：单位体积空间内粉尘的颗粒的多少称为数量浓度，单位为 n/cm^3；单位体积空间内粉尘的质量称为质量浓度，单位为 g/m^3、mg/m^3 或 mg/L。一般情况下粉尘的浓度均以质量浓度来表示，其定义如下式所示：

$$C = M/V \tag{1-1}$$

式中：C 为粉尘质量浓度，g/m^3；M 为粉尘质量，g；V 为炉管体积，m^3。

可燃粉尘的粉尘浓度与燃烧爆炸性有密切关系，特别是对于粉尘燃烧爆炸理论以及事故预防研究具有重要意义。

(5)含水率。在自然状态下，粉尘中均含有一定量的水分，一般用含水率 W 表示粉尘中的含水量，并将其定义为粉尘中所含水分的质量与粉尘总质量的比值，如下式所示：

$$W = \frac{m_w}{m_w + m_d} \times 100\% \tag{1-2}$$

式中：m_w 为粉尘的含水量，g；m_d 为干粉尘质量，g。

粉尘含水率的大小对粉尘的黏附性、导电性、流动性、分散性等物理性质均会产生一定的影响。

(6)粉尘颗粒的形状和表面形态。粉尘颗粒的形状和表面形态均会对粉尘云的着火和爆炸特性产生显著的影响，即便是在粉尘颗粒的粒径相同的情况下，由于粉尘颗粒的形状和表面形态的差异，也会导致着火和爆炸特性不同。

(7)粉尘的吸附性和活性。物体内部的粒子在四面八方被具有相等吸引力的粒子所包围，而其表面粒子只是在它的旁边和内侧下方受到具有相同内聚力的相同粒子所吸引。因此，表面粒子有一部分吸引力没有得到满足，这些不饱和力叫作剩余力，剩余力是造成表面吸附的主要原因。任何物质的表面都具有能把其他物质吸向自己的吸附作用。

粉尘有很大的比表面积，必然具有极大的表面能，可吸附空气中的氧气，活性大大增加，表现出很强的化学活性和较快的反应速度。例如很多金属，如 Al、Mg、Zn 等为块状时一般不能燃烧，而呈粉尘状时，不仅能燃烧，若悬浮于空气中达到一定浓度，还能发生爆炸。

(8)粉尘的动力稳定性。粉尘悬浮在空气中同时受到两种作用，即重力作用与扩散作用。重力作用使粉尘发生沉降，在密度一定的条件下，粉尘质量越大，体积越大，重力作用越显著，这种沉降过程称为沉积。而粉尘又受到扩散作用的影响，扩散作用会使粉尘具有在空间均匀分布的趋势。扩散作用是由热运动造成的，有使粒子在空间均匀分布的趋向，故能抵抗重力作用而阻止粒子下沉。粒子质量较大的分散体系扩散速度较慢，不足以抗衡重力的作用，故产生了粉尘的沉积。粒子越大，沉积速度越快。而对于粒子较小的分散体系，当粒子受重力作用而下降时，扩散作用使之分布均匀，最后达到沉积平衡时，高处的粒子总比低处少一些。这种粒子始终保持着分散状态而不向下沉积的稳定性称为动力稳定性。

粒子大小是分散体系动力稳定性的决定性因素，分散度越大，动力稳定性越强。粒子的扩散作用与粒子大小有关，粉尘粒子越大，扩散作用越小；粉尘粒子越小，扩散作用越大。粒子的扩散系数 D(即单位浓度梯度时，单位时间通过单位截面积的扩散物质流)可用下式表示：

$$D=\frac{RT}{N}\times\frac{1}{6\pi\eta r} \qquad (1-3)$$

式中：r 为球形粒子半径；η 为介质黏度；N 为阿伏伽德罗常数；R 为气体常数；T 为环境温度。

当粉尘粒子小到一定程度后，扩散作用与重力作用平衡，粉尘就不沉降了。

1.2　粉尘爆炸及危害

1.2.1　粉尘爆炸

1.2.1.1　粉尘爆炸概念

粉尘爆炸是可燃性固体微粒悬浮于空气中，在爆炸极限范围内，遇到热源(明火或高温)，火焰瞬间传播于整个混合粉尘空间，发生极快的化学反应，同时释放大量的热，形成很高的温度和很大的压力，释放的能量转化为机械功以及光和热的辐射，具有很强的破坏力[11]。可燃性粉尘普遍存在于冶金、煤炭、粮食、轻工、化工、兵工等企业的生产中[12-15]，如金属粉尘、煤粉尘、粮食粉尘、饲料粉尘、棉麻粉尘、烟草粉尘以及炸药粉尘等。

1785 年发生在意大利 Turin 面粉仓库的粉尘爆炸事故是历史上的首次粉尘爆炸记录[16]，至今已有 200 多年。在这 200 多年中，粉尘爆炸事故不断发生。但是，长期以来粉尘爆炸灾害并没有被人们所认识，主要原因有三点：其一，粉尘爆炸在数量和规模上不像新闻媒体报道的煤气爆炸或石油罐着火那么大；其二，人们一般对粉尘爆炸的危险性没有足够认识；其三，粉尘危险场所比较有限，在一般的家庭和商业区不大可能有粉尘爆炸的危险[17]。然而，随着工业现代化的发展，新材料不断涌现，如塑料、有机合成物、粉末金属等的生产，多采用粉体为原料。工业粉尘种类的扩大、生产工艺的连续化、使用范围及使用量的增大等大大增加了粉尘爆炸的潜在危险。另外，粉尘爆炸源越来越多，粉尘爆炸的危险性和事故数量也有所增大，粉尘爆炸已是工业中最多见的爆炸形式之一[18]。

据日本福山郁生统计，1952—1979 年，日本共发生 209 起粉尘爆炸事故，死伤总数 546 人。美国在 1970—1980 年记载的工业粉尘爆炸事故有 100 起，25 人在事故中丧生，平均每年造成的直接财产损失为 2000 万美元(这还不包括粮食粉尘爆炸所造成的损失)。据美国劳工部统计，美国在 1958—1978 年发生 250 起粮食粉尘爆炸事故，造成 164 人死亡，其中，仅 1977 年就发生 21 起粮食粉尘爆炸，造成 65 入死亡，财产损失超过 5 亿美元[19]。

1987 年哈尔滨亚麻厂“3.15”特大亚麻粉尘爆炸事故，造成 58 人死亡、65 人重伤、112 人轻伤，直接经济损失 880 多万元[20]。报道显示[21-22]，2010 年以来，全国各地粉尘爆炸频频发生：2010 年 2 月，河北省秦皇岛市一个淀粉车间发生爆炸，造成 19 人死亡、8 人重伤、41 人轻伤；2011 年 4 月初，浙江省一家摩托车厂的零件抛光车间发生粉尘爆炸；同年 4 月底，浙江省一家木材厂也发生粉尘爆炸；2012 年 8 月，浙江省温州市郭溪镇曾发生一起抛光爆炸事故，导致 13 人死亡，另有十几人受伤；2014 年 8 月，江苏省苏州市昆山经济技术开发区某金属制品有限公司一个抛光车间发生特别重大的铝粉爆炸事故，当天造成 75 人死亡、185 人受伤，依照《生产安全事故报告和调查处理条例》规定的事故发生后 30 日报告期统计，共有 97 人死亡、163 人受伤。事故报告期后，仍有 49 人因医治无效陆续死亡，尚有 95 名伤员在医院治疗，直接经济损失 3.51 亿元[23]，事故现场如图 1-1 所示。

图 1-1　江苏昆山某抛光车间爆炸事故现场

2009—2013 年我国粉尘爆炸事故统计如图 1-2 所示。

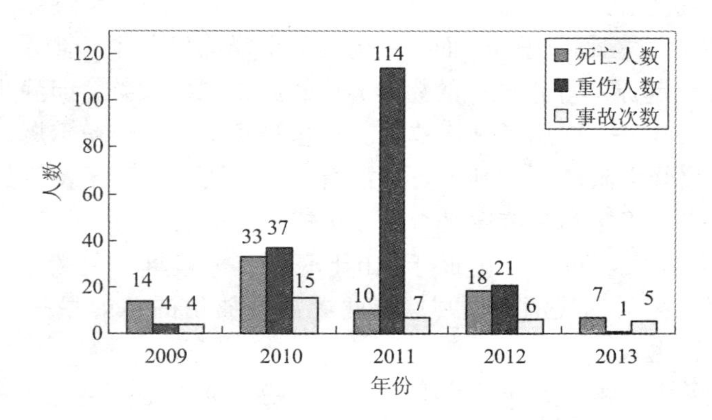

图1－2　2009—2013年我国粉尘爆炸事故统计

(1)粉尘爆炸危险性几乎涉及所有的工业部门，常见可爆炸粉尘材料包括：

① 农林：粮食、饲料、食品、农药、肥料、木材、糖、咖啡等。

② 矿冶：煤炭、钢铁、金属、硫磺等。

③ 纺织：棉、麻、丝绸、化纤等。

④ 轻工：塑料、纸张、橡胶、染料、药物等。

⑤ 化工：多种化合物粉体。

(2)常见粉尘爆炸场所如下：

① 室内或相对密闭空间：通道、地沟、厂房、仓库等。

② 设备内部：集尘器、除尘器、混合机、输送机、筛选机、打包机等。

1.2.1.2　粉尘爆炸特点

与气体混合物爆炸相比，粉尘爆炸具有以下特点[24]。

(1)由于粉尘重力的作用，悬浮的粉尘总要下沉，即悬浮时间是有限的，而且沉积后，在无扰动条件下，粉尘应处于静止堆积状态，此时粉尘不会发生爆炸。只有粉尘悬浮于空气之中，并达到一定浓度时，才会发生爆炸。

(2)粉尘的粒径是一个很重要的参数。对一定量的物质来说，粒径越小，表面积越大，化学活性越高，氧化速度越快，燃烧越完全，爆炸下限越小，爆炸威力越大。同时，粒径越小，越容易悬浮于空气中，发生爆炸的概率也越大。可见，即使粉尘浓度相同，由于粒径不同，爆炸威力也不同。

(3)粉尘的爆炸极限难以严格确定。从理论上讲，可以设法制造粉尘均匀悬浮于空气中的条件，从而通过实验准确测定爆炸极限。一般工业粉尘的爆炸下限为20～60 g/m^3，爆炸上限为2000～6000 g/m^3。然而，在工业生产中，粉尘浓度与气体浓度却有本质的差别[25]。一方面，气体与空气很容易形成均匀混合物，其浓度就是可燃组分所占的比例；由于粉尘容易下沉，对于粉尘料仓而言，底部可能堆积有大量粉尘，只有上部才有粉尘悬浮于空气中，即粉尘爆炸的浓度只能考虑悬浮粉尘与空气之比。另一方面，一旦在某个局部发生了粉尘爆炸，爆炸产生的冲击波就会扬起原本静止堆积的粉尘，从而产生二次爆炸，即静止堆积的粉尘又会参与到爆炸中去，增加了爆炸威力。从这种意义上讲，粉尘爆炸下限浓度难以确定，粉尘爆炸上限浓度的确定更是没有意义。可见，对于特定的粉尘储存空间来说，难以事先确定粉尘浓度是否处于可爆范围内。

(4)爆炸能量大。对于料仓而言，由于底部有大量堆积的粉尘，可以说可燃组分供应充足，直至氧气消耗殆尽，因此爆炸释放出的总能量一般比气体爆炸大，造成的危害也大。

(5)二次爆炸破坏力更强。堆积的可燃性粉尘通常是不会爆炸的，但由于局部的爆炸，爆炸波的传播使堆积的粉尘受到扰动飞扬形成粉尘雾，从而会连续产生二次、三次爆炸[26]。一系列粉尘爆炸事故结果表明，单纯悬浮粉尘爆炸产生的破坏范围较小，而层状粉尘发生爆炸的范围往往是整个车间或整个巷道，对生命和财产造成的危害和损失巨大。

(6)燃烧不完全。由于粉尘粒子远远大于分子，所以粉尘爆炸总是伴有不完全燃烧。粉尘爆炸过程中，燃烧的基本是分解出来的气体，而灰渣来不及燃烧；若有炽热粒子飞出，更容易伤人或引燃其他可燃物。

(7)感应期长。粉尘爆炸前首先要经过粒子表面的分解或蒸发汽化阶段，有的则要有一个由表面向中心的延展燃烧过程，故感应期较长，可达数十秒，是气体的数十倍。

(8)粉尘最小点火能量高。与气体爆炸相比，粉尘所需的最小点火能量较大，大多数粉尘的最小点火能量为 5 ~ 50 mJ，比气体爆炸的点火能量大 1 ~ 2 个数量级，例如：铝粉、镁合金粉最小点火能量分别为 29 mJ、35 mJ，甲烷、氢气最小点火能量分别为 0.47 mJ、0.02 mJ。

(9)常释放有毒有害气体，可能引起中毒或窒息。由于燃烧不完全，常有 CO 和自身分解的毒气(如塑料)产生，因而能引起人中毒。另外，即使在粉尘爆炸浓度下限时，粉尘浓度也高到令人呼吸困难、难以忍受的地步。

1.2.1.3 粉尘爆炸条件

粉尘爆炸的条件归结起来有以下五个方面[27-29]，如图 1-3 所示。

(1)一定的粉尘浓度。粉尘爆炸所采用的化学计量浓度单位与气体爆炸不同，气体浓度采用体积分数表示，即燃料气体在混合气体总体积中所占的体积分数；而在粉尘爆炸中，粉尘粒子的体积在总体积中所占比例极小，几乎可以忽略，所以一般都用单位体积中所含粉尘粒子的质量来表示，常用单位是 g/m^3 或 mg/L。如果浓度太低，粉尘粒子间距过大，则火焰难以传播。

(2)一定的氧含量。一定的氧含量是粉尘得以燃烧的基础。

(3)足够能量的点火源。

(4)粉尘必须处于悬浮状态，即粉尘云状态。这样可以增加气－固接触面积，加快反应速度。

(5)粉尘云处在相对封闭的空间，压力和温度才能急剧升高，继而发生爆炸。

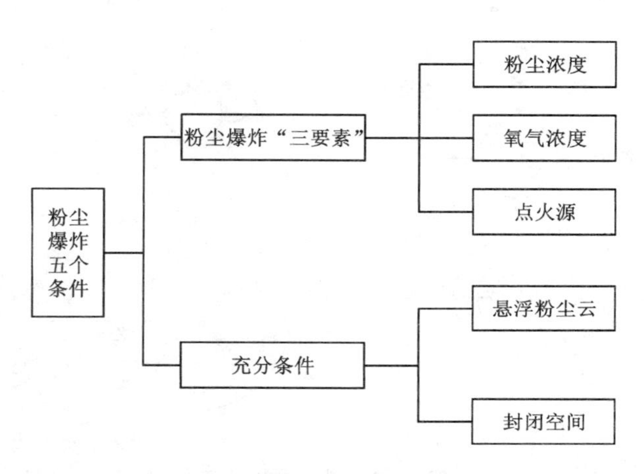

图 1－3　粉尘爆炸五条件

上述条件中，前三个条件是必要条件，即所谓粉尘爆炸“三要素”，后两个条件是充分条件。

1.2.1.4　粉尘爆炸机理

粉尘爆炸是一个相当复杂的非定常气固两相动力学过程，关于爆炸机理问题至今尚不十分清楚[30]。从粉尘颗粒点火角度来看，目前主要存在两种观点，即气相点火机理和表面非均相点火机理[31]。一般认为，在弱点火源作用下，爆炸初期或小尺寸空间中火焰传播主要受热辐射和湍流作用机理控制，火焰以爆燃波形式传播；在强点火源作用下，大尺寸空间或长管道中火焰的传播主要受对流换热的冲击波(激波)绝热压缩机理控制，火焰传播不断加速，最后甚至可能从爆燃发展为爆轰[32－34]。

1. 气相点火机理

气相点火机理认为，粉尘点火过程可分为颗粒加热升温、颗粒热分解或蒸发汽化、以及蒸发气体与空气混合形成爆炸性混合气体并着火燃烧三个阶段[35]，即粉尘爆炸是粒子被点燃后表面快速氧化(燃烧)的结果，如图 1－4 所示。历程为：

(1)粉尘颗粒通过热辐射(热辐射起的作用更大，这是与气体爆炸的不同之处)、热对流和热传导等方式从外界获取能量，使颗粒表面温度迅速升高；

(2)当温度升高到一定值时，颗粒迅速发生热分解或蒸发汽化产生气体，排放在粒子周围；

(3)分解或蒸发汽化的气体与周围空气混合形成爆炸性气体混合物，发生气相反应，释放化学反应热，产生火焰；

(4)火焰热量进一步促进粉尘分解和汽化，释放气体，维持燃烧并向外传播。

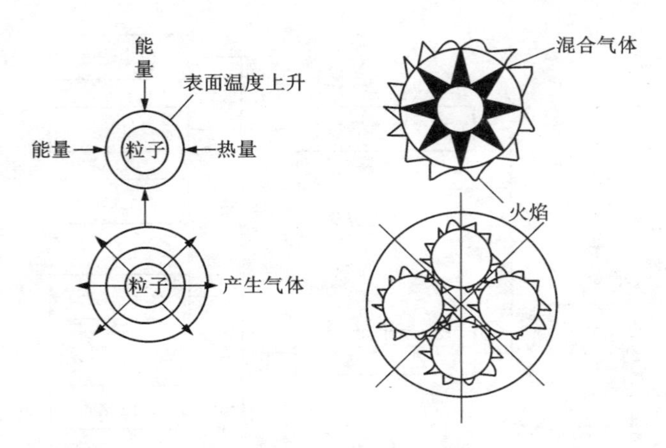

图 1-4　粉尘爆炸机理

2. 表面非均相点火机理

表面非均相点火机理认为粉尘点火过程分为三个阶段，首先氧气与颗粒表面直接发生反应，使颗粒表面点火燃烧；然后，挥发分在粉尘颗粒周围形成气相层，阻止氧气向颗粒表面扩散；最后，挥发分点火，并促使粉尘颗粒重新燃烧。因此，对于表面非均相点火过程，氧分子必须先通过扩散作用到达颗粒表面，并吸附在颗粒表面发生氧化反应，然后反应产物离开颗粒表面扩散到周围环境。关于表面反应产物问题，目前主要存在两种观点，一种认为碳与氧发生反应生成二氧化碳；另一种认为在一般燃烧温度范围内(1000～2000 K)，碳首先与氧发生反应生成一氧化碳，然后扩散到周围环境再被氧化成二氧化碳。

粉尘/空气混合物的爆炸机理一直没有统一的理论判据。一般认为，大颗粒粉尘由于加热速率较慢，以气相反应为主；而加热速率较快的小颗粒粉尘，则以表面非均相反应为主。加热速率快慢以 100℃/s 为界，颗粒大小则以 100 μm 为界。关于粒径、加热速率与点火机理的关系如图 1-5 所示。可以看出，在一定条件下，气相点火和表面非均相点火不仅可以并存，而且还会相互转换。

事实上，单个粉尘颗粒点火机理并不能完全代表粉尘云的点火行为。首先，粉尘云点火过程必须考虑颗粒之间的相互作用。其次，粉尘云中粉尘颗粒大小和形状不完全相同，粉尘颗粒存在一定粒径分布范围，这种颗粒尺寸的非单一性对粉尘云点火也会产生影响。再次，粉尘云点火还必须考虑氧浓度影响，而且随着粉尘浓度增大，这种颗粒之间争夺氧的情形会变得愈加突出。因此，在粉尘/空气混合物中的颗粒热损失比单个颗粒点火的热损失要小，也就是说，粉尘云点火温度比单个颗粒点火温度要低。一般来说，粉尘云点火及火焰传播过程主要由小粒径颗粒点火行为控制，大颗粒粉尘只发生部分反应(颗粒表面被烧焦)，有时甚至根本不发生反应。也就是说，只有那些能在空中悬浮一段时间，并保持一定浓度的小颗粒粉尘云才会发生点火燃烧。

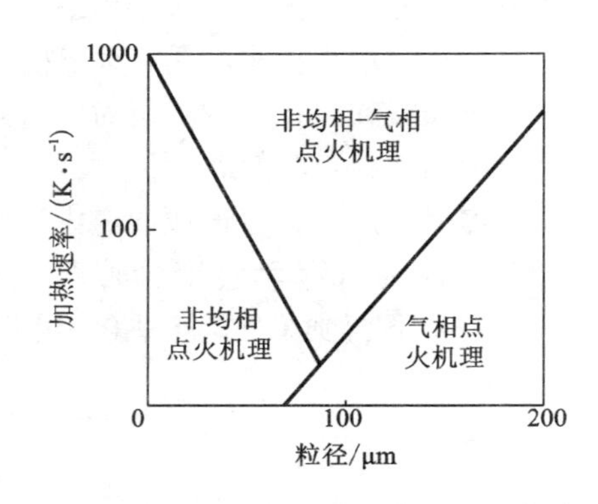

图 1－5　粒径、加热速率与点火机理的关系

1.2.1.5　**粉尘爆炸发展过程**

1. 火焰加速传播

粉尘云点火成功后，初始层流火焰只有在一定条件下才会转变为紊流火焰，使火焰传播加速，这种转变主要取决于以下两方面机理[37]：

(1)当雷诺数足够大时，火焰在其前沿的未燃粉尘云中形成湍流；

(2)爆燃波与火焰相互作用形成湍流。

初始粉尘爆燃火焰可以看作是一种自由传播火焰，一旦受到扰动(如障碍物、压缩波等)，便会发生皱褶和扭曲，不仅增大了火焰面积和能量释放速率，同时还会使火焰传播出现严重的不稳定性，爆燃火焰通过热辐射和湍流扩散方式向未燃粉尘云传递能量，使处于火焰前沿的未燃粉尘云的湍流度和点火能不断增强，从而导致火焰传播不断加速。这种火焰加速传播的结果是在一定边界条件下使火焰传播趋于某一最大值，或转变为爆轰。

2. 爆燃向爆轰转变[38－40]

在绝大多数情况下，粉尘爆炸都以爆燃形式出现，当粉尘层流火焰变成湍流火焰后，尚需经过相当长一段距离的连续加速传播才能转化为爆轰。如果是在密闭管道中，则往往在接近管端时才会转变成爆轰，这种转变主要受激波绝热压缩加热和湍流作用机制控制。

在激波作用下，粉尘云中气体被极端压缩而使温度急剧升高，由于颗粒的不可压缩性和较大惯性，在先导激波过后的点火弛豫区内气体和粉尘颗粒之间存在温度不平衡，颗粒通过与气体之间对流换热而使温度升高。当温度升高至点火温度时，粉尘颗粒开始发生表面燃烧，并释放出热量，使颗粒温度迅速升至最大值。随着颗粒表面氧浓度逐渐减小和燃烧速率减慢，颗粒再次通过与气体之间对流换热使固－气两相之间温度渐趋平衡。激波的这种对未燃粉尘极端绝热压缩行为，导致激波后弯曲滞止区内的极端压缩区温度很高，经一定点火弛豫时间后，粉尘颗粒极易着火。值得指出的是，对于粒径过大或过小的粉尘颗粒，由于所需点火弛豫时间过长或在滞止区内滞留时间过短，粉尘颗粒都不易被点燃，粉尘最佳点火粒径范围为 20 ~ 100 μm。

粉尘爆燃火焰在长管道或通道中逐渐被加速，在一定条件下甚至有可能发展成为爆轰，这种从爆燃转变为爆轰的过程称为 DDT（deflagration to detonation transition）。根据经典 CJ 爆轰理论，爆轰压力 p_2 为：

$$p_2 = p_1 \cdot \frac{1 + \gamma_m M_s^2}{1 + \gamma_2} \tag{1-4}$$

$$M_s = \frac{D_s}{c_0} \tag{1-5}$$

式中：p_2 为爆轰压力，MPa；p_1 为爆轰波前沿未燃粉尘云压力，MPa；M_s 为爆轰波阵面马赫数；D_s 为爆轰波阵面速度，m/s；c_0 为爆轰波前沿未燃粉尘云中音速，m/s；γ_m 为爆轰波前沿未燃粉尘云的绝热指数；γ_2 为爆轰波前沿燃烧产物的绝热指数。

粉尘与空气混合物的 DDT 过程一般只需几十毫焦放电火花能量，爆速为 1500 ~ 2000 m/s，爆压为初始压力的 15 ~ 20 倍。另外，粉尘爆轰还可以在激波管中通过强点火源激发直接形成，对于大多数粉尘与空气混合物，直接激发爆轰所需点火能量要比 DDT 过程大得多，一般为 $10^3 \sim 10^6$ J。

3. 二次或多次粉尘爆炸

事实上，粉尘爆炸事故往往最先发生在工厂、车间或巷道中某一局部区域，这种初始爆炸（原爆）冲击波和火焰在向四周传播时，会扬起周围邻近的堆积粉尘，形成处于可爆浓度范围的粉尘云，在原爆飞散火花、热辐射等强点火源作用下，会引起二次或多次粉尘爆炸。由于原爆点火源能量极强，冲击波则使粉尘云湍流度进一步增强，因此，二次或多次粉尘爆炸具有极强的破坏力，有时甚至会发展成为爆轰。

1.2.1.6 粉尘爆炸影响因素

可燃粉尘与空气混合物能否发生着火、燃烧或爆炸，爆炸猛烈程度如何，能否发展为爆轰，主要与粉尘的理化性质和外部条件有关[41]。

1. 粉尘的理化性质

（1）粒径。粉尘粒径、形状和表面状况等都会影响颗粒表面反应速率，其中又以粒径影响最为显著。粒径越大，越难发生爆炸，甚至不发生爆炸；粒径越小，比表面积越大，能吸附更多的氧，有较高的活性，需要的点火能量越小，因而爆炸下限越低，爆炸性能越强。这是因为粒径越小，颗粒带电性越强，使得体积和质量极小的粉尘颗粒在空气中悬浮时间更长，燃烧速度就更接近可燃气体混合物的燃烧速度，燃烧过程也进行得更完全。

借助 20 L 球形爆炸测试装置，在 10 kJ 化学点火源作用下，镁铝合金粉粒径与最大爆炸压力及爆炸下限浓度的关系如图 1－6 和图 1－7 所示。可以看出粉尘粒径越小，其最大爆炸压力越大，爆炸下限浓度越低。

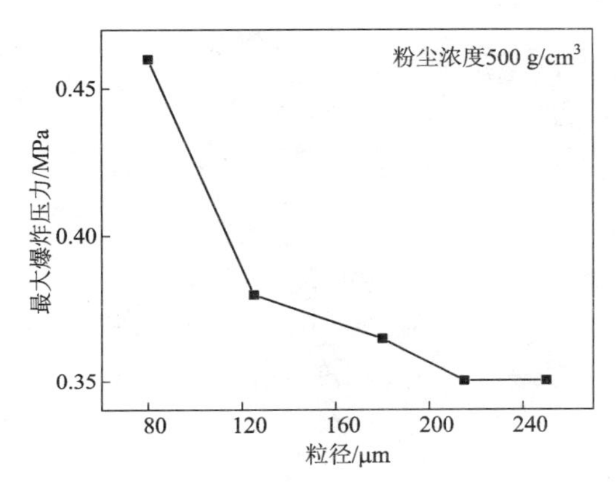

图 1－6　粒径与最大爆炸压力的关系

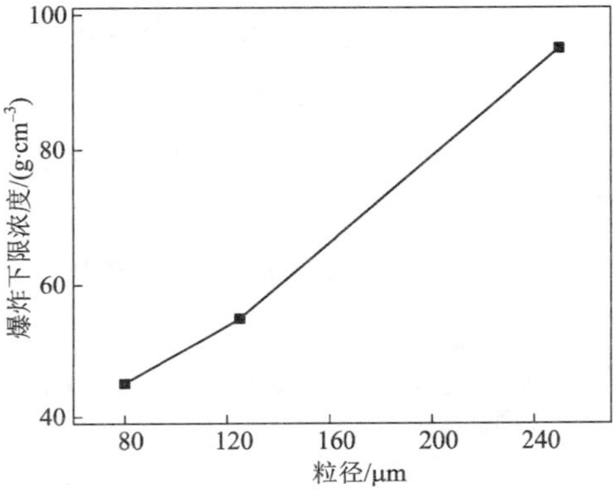

图 1－7　粒径与爆炸下限浓度的关系

随着粉尘粒径变小，其爆炸性能增大。这主要受到两方面因素的影响，一是随着粉尘颗粒粒径的减小，颗粒的比表面积增大，与氧气的接触面积增大，造成颗粒表面燃烧反应的放热速率加快；二是粉尘粒径的减小使粉尘颗粒与周围气体的对流换热速率加快，导致粉尘颗粒的点火弛豫时间减小。

（2）燃烧热。燃烧热是燃烧单位质量的可燃性粉尘或消耗每摩尔氧气所产生的热量。燃烧热越高的粉尘，其爆炸下限浓度越低，爆炸越激烈。因此，根据粉尘燃烧热值的大小，可粗略预测粉尘爆炸的猛烈程度。部分可燃有机物爆炸下限浓度与燃烧热的关系如图 1－8 所示。

（3）可燃挥发分。粉尘含可燃挥发分越多，热解温度越低，爆炸危险性和爆炸产生的压力越大。一般认为，可燃挥发分小于 10% 的粉尘，基本上没有爆炸危险性。

（4）惰性粉尘和灰分。惰性粉尘和灰分（即不燃物质）均可以降低粉尘的爆炸危险性。因为，它们一方面能较多地吸收系统的热量，从而减弱粉尘的爆炸性能；另一方面会增加粉尘的密度，加快其沉降速度，使悬浮粉尘浓度降低。实验表明，煤尘含 11% 的灰分时，能够爆炸；含 15%～30% 的灰分时，难以爆炸；含 30%～40% 的灰分时，不爆炸。目前煤矿所采用的岩粉棚和布撒岩粉，就是利用灰分能削弱煤尘爆炸这一原理来防止煤尘爆炸的。

（5）反应动力学性质。不同粉尘反应动力学性质不同，如频率因子和活化能

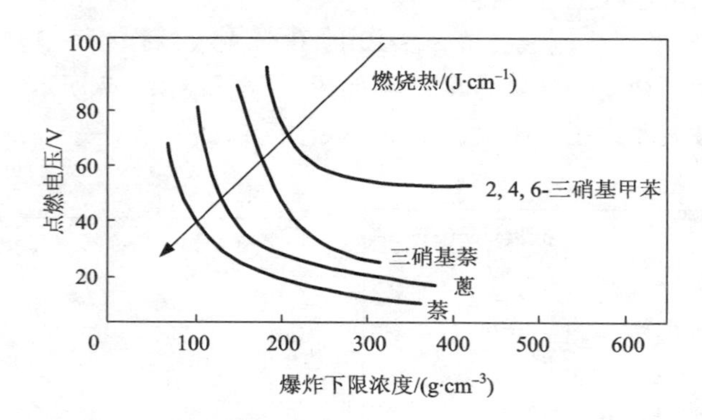

图 1-8　部分可燃有机物爆炸下限浓度与燃烧热的关系

等。频率因子值越大，反应速率越快；活化能越大，反应越难进行，粉尘越稳定。

2. 外部条件

(1)粉尘浓度。粉尘爆炸最大爆炸压力和最大爆炸压力上升速率均随粉尘云浓度增大而增大，当浓度达到某一值(最佳爆炸浓度)后，最大爆炸压力和最大爆炸压力上升速率有随浓度增大而降低的趋势。这主要是因为当粉尘浓度小于最佳爆炸浓度时，燃烧过程中放热速率及放热量随粉尘浓度增大而增大，导致最大爆炸压力和最大爆炸压力上升速率均增大；当粉尘浓度超过最佳爆炸浓度后，由于含氧量不足，颗粒表面燃烧速度减慢，粉尘燃烧不完全，最大爆炸压力和最大爆炸压力上升速率均会降低。石松子粉、玉米淀粉和煤粉(挥发分为 41.75%)的最大爆炸压力与粉尘质量浓度的关系如图 1-9 所示。

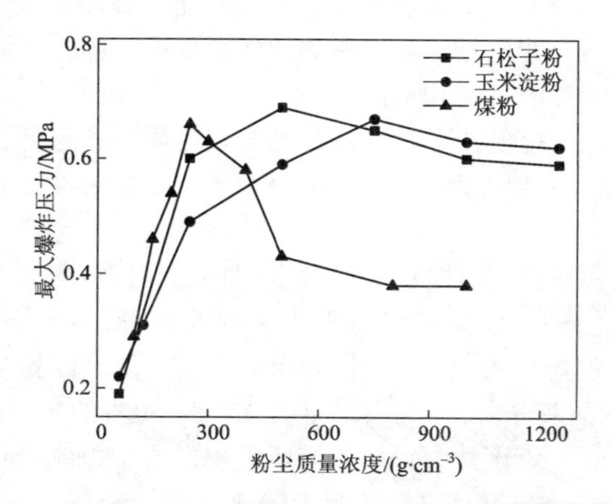

图 1-9　不同粉尘的最大爆炸压力与粉尘质量浓度的关系

(2)氧含量。氧含量是粉尘爆炸敏感的因素，最大爆炸压力和最大爆炸压力上升速率均随氧含量减小而降低。实验研究表明，在纯氧中的粉尘的爆炸下限浓度只有在空气中的爆炸下限浓度的 1/4 ~ 1/3，而能够发生爆炸的最大颗粒尺寸则可增大到在空气中的相应值的 5 倍，如图 1 – 10 所示。空气中氧含量越低，爆炸下限浓度越高，爆炸上限浓度越低，可爆浓度范围变窄，最小点火能量增大。

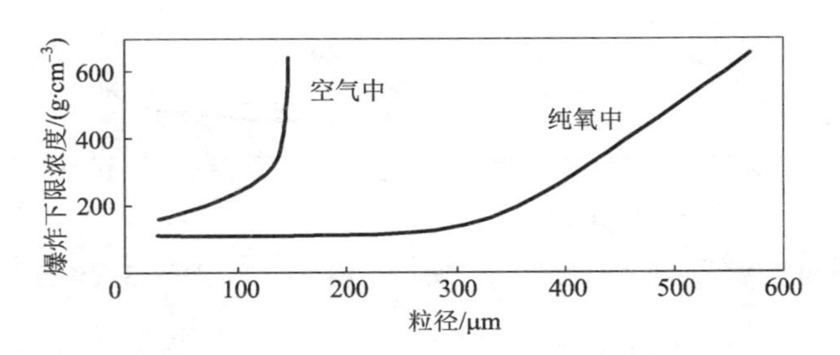

图 1 – 10　粉尘爆炸下限浓度与粒径及氧含量的关系

氧含量对粉尘爆炸特性参数的影响如图 1 – 11 所示，粉尘最大爆炸压力和最大爆炸压力上升速率随氧含量减少而降低。这是因为随着氧含量减小，一方面，颗粒之间因供氧不足出现争夺氧气的情况，使已燃颗粒表面燃烧速率及放热速率减慢，导致较大的颗粒不能继续燃烧；另一方面，未燃粉尘颗粒则因升温较慢而变得难以着火，甚至不能着火。

(3)湿度。水分的存在可以提高粉尘爆炸下限浓度，粉尘云中的水分含量超过 50% 时就难以发生粉尘爆炸。这其中的原因有多种。首先，水分的存在会增加粉尘云的比热容，水分吸热使得粉尘云的温度不容易升高；其次，水蒸气也会稀释氧气使其浓度降低；再次，水分还能增加粉尘颗粒的凝聚沉降性能，使可燃性尘粒难以漂浮在空气中；最后，水分可以中和电荷，从而减少粉尘颗粒表面的带电性，这样就会降低粉尘表面的能量，降低可燃粉尘的爆炸性。图 1 – 12 反映了湿度对粉尘爆炸最小点火能量的影响。

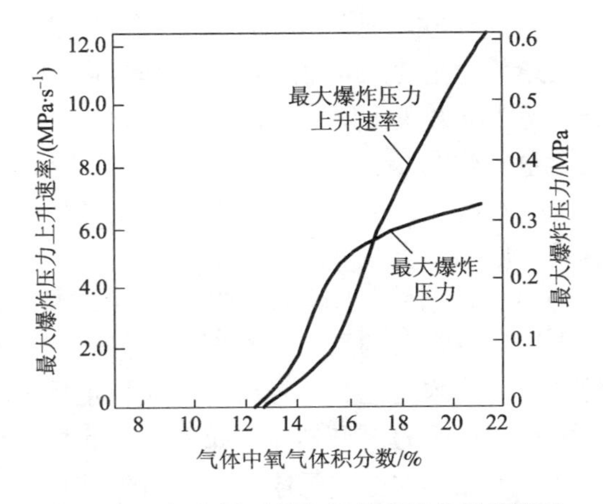

图 1 – 11　氧含量对粉尘爆炸特性参数的影响

含尘空气中有水分存在时，爆炸浓度下限提高，甚至失去爆炸，图1－13表示了这种关系。

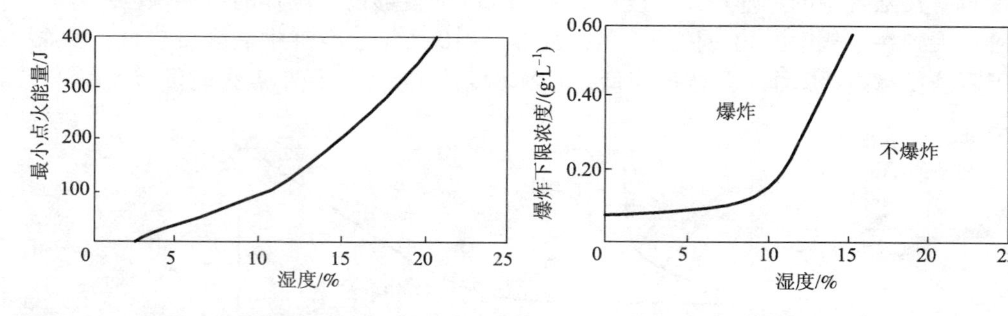

图1－12　湿度对粉尘爆炸最小点火能量的影响　　**图1－13　爆炸下限浓度与湿度的关系**

（4）可燃气体。当粉尘与可燃气体共存时，粉尘最小点火能量会有一定程度的降低，爆炸下限浓度也降低。即使粉尘和可燃气体均达到爆炸下限浓度，但混合后仍能形成爆炸混合物。混合物中，粉尘爆炸下限浓度与可燃气体浓度的关系如下式所示：

$$E_{dg}=E_d\left(\frac{C_g}{E_g}-1\right)^2 \tag{1-6}$$

式中：E_{dg}为气体粉尘混合物爆炸下限浓度；E_d为粉尘爆炸下限浓度；E_g为可燃气体爆炸下限浓度；C_g为可燃气体浓度。

式（1－6）在可燃气体浓度低于国家标准所定下限时适用。

可燃粉尘中混入可燃气体，爆炸强度增大，但爆炸压力变化微小。图1－14给出了甲烷含量对煤尘爆炸下限浓度的影响关系。从图1－14可知，煤尘的爆炸下限浓度随甲烷含量的增加而直线下降。

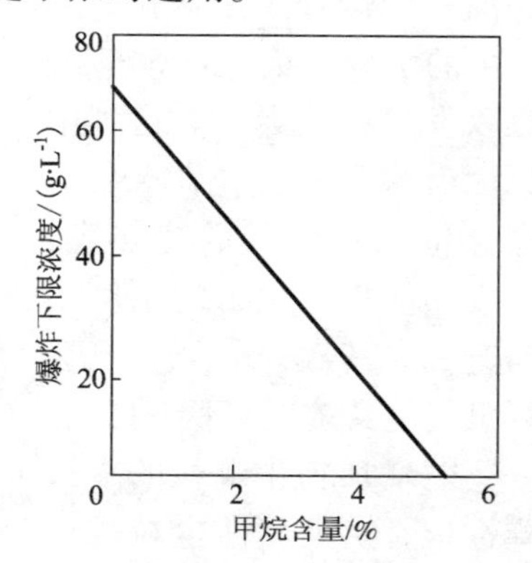

图1－14　甲烷含量对煤尘爆炸下限浓度的影响

（5）惰性气体。当可燃粉尘和空气的混合物中混入一定量的惰性气体时，不但会缩小粉尘爆炸的浓度范围，而且会降低粉尘爆炸压力和爆炸压力上升速率，如图1－15所示。这主要是因为惰性气体降低了粉尘环境的氧含量，使粉尘的爆炸性能降低甚至完全丧失。

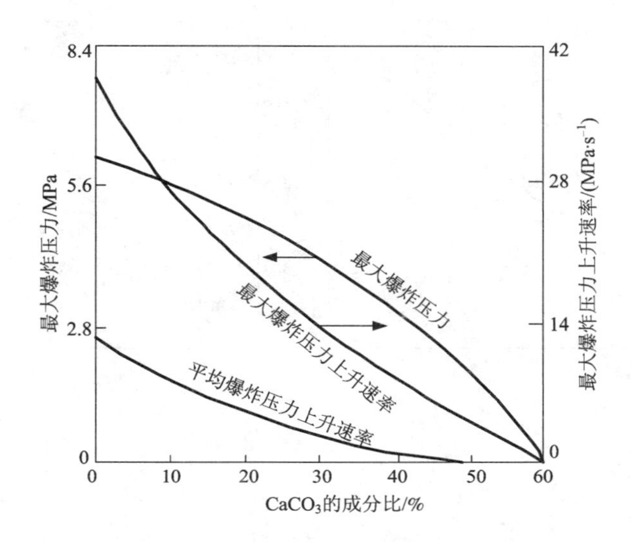

图 1－15　惰性气体对可燃粉尘爆炸性能的影响

(6)初始湍流。粉尘云湍流度增大，可增大已燃和未燃粉尘之间的接触面积，反应速度加快，最大压力上升加快；另外，湍流度增大又会使热损失加快，使最小点火能量增大。

(7)粉尘分散状态。一般来说，粉尘浓度只是一种理论平均值，在绝大多数情况下，容器中粉尘浓度分布并不均匀，理论平均浓度往往低于某一区域内的粉尘实际浓度。

(8)包围体形状及尺寸。包围体形状一般分为长径比(L/D)小于 5 和大于 5 两类。对于大长径比包围体，由于火焰前沿湍流对未燃粉尘云的扰动，火焰传播加速，在一定的管径条件下，如果管道足够长，甚至有可能发展为爆轰。

(9)温度和压强。当温度升高或压强增大时，粉尘爆炸浓度范围会扩大，所需点燃能量下降，危险性增大。例如，煤尘爆炸特性与初始压力的关系如图 1－16 所示。

(10)点火源强度和最小点火能量。点火源的温度越高，强度越大；与粉尘混合物接触时间越长，爆炸范围就会变得越宽，爆炸危险性也就越大。例如，点火能量对甘薯粉最大爆炸压力和爆炸下限浓度的影响如图 1－17 所示。

每一种可燃粉尘在一定条件下，都有一个最小点火能量[42]。若低于此能量，粉尘与空气形成的混合物就不能起爆。粉尘的最小点火能量越小，其爆炸危险性就越大。

实验表明，在容积小于 1 m^3的爆炸容器内，粉尘最大爆炸压力和最大爆炸压

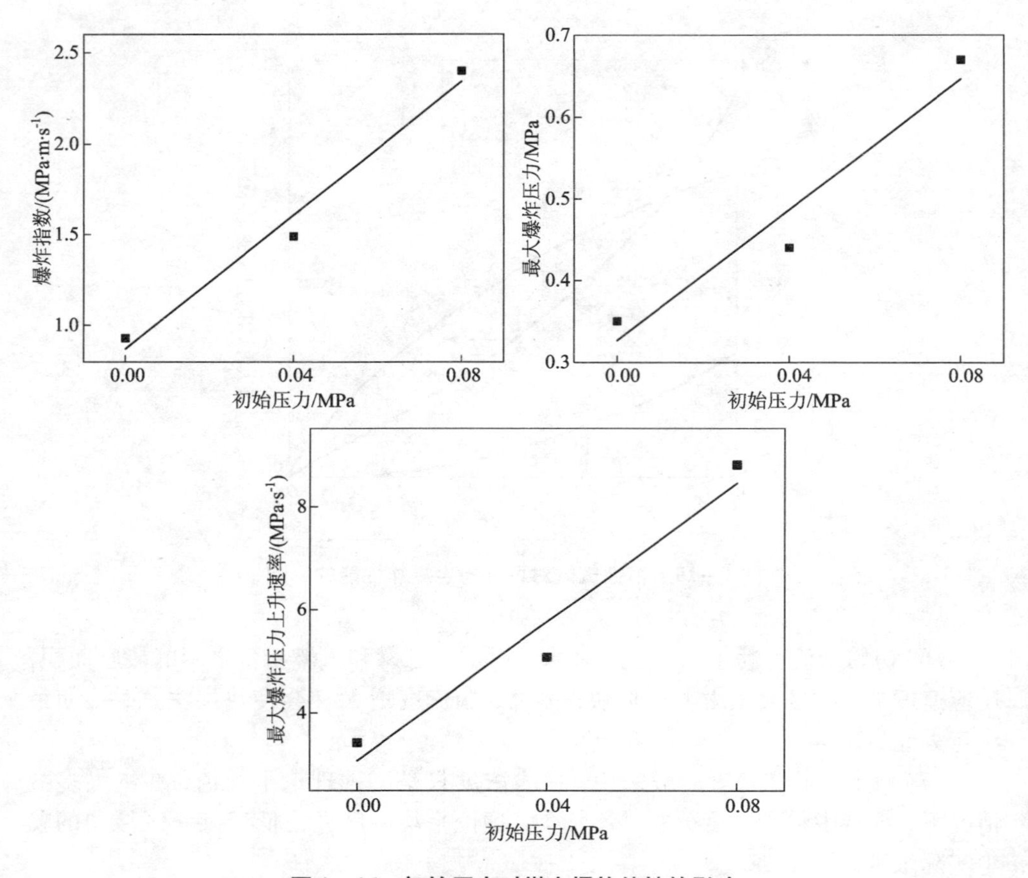

图 1-16 初始压力对煤尘爆炸特性的影响

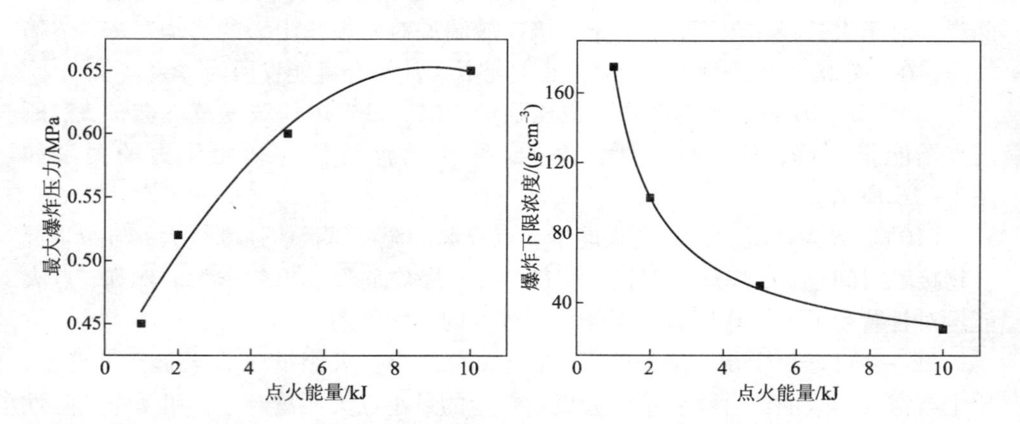

图 1-17 点火能量对甘薯粉最大爆炸压力和爆炸下限浓度的影响

力上升速率随点火能量增加而增大，但这种影响在大尺寸容器中并不显著。当点火源位于包围体几何中心或管道封闭端时，爆炸最猛烈。当爆燃火焰通过管道传播到另一包围体时，则会成为后者的强点火源。

1.2.2　粉尘爆炸危害

粉尘爆炸危害巨大，主要体现在以下三方面。

(1)具有极强的破坏性。粉尘爆炸涉及的范围很广，煤炭、化工、医药加工、木材加工、粮食和饲料加工等部门都时有发生。爆炸产生的伤亡与粉尘量、受限空间大小、车间设施布置、人员密集程度甚至厂房结实程度等都有关。积尘越多爆炸威力越大，空气中的浮尘达到一定浓度后会沉积在地面上，如果浮尘爆炸，产生的气流会将积尘扬起形成粉尘云，这样形成的二次、三次甚至多次爆炸，产生的破坏更大。同时，产生爆炸需要有一个受限的空间，比如车间厂房、井下巷道，而空间越密闭，爆炸的威力也会越强。车间设施的布置也和人员的伤亡息息相关。爆炸产生的冲击波是很大的，有些人不一定是被爆炸直接伤害，也有可能是被设备或厂房砸伤。而且人员越密集，爆炸造成的伤亡就越大。爆炸发生在受限的空间内，在这个空间里，工作的人越多，受伤害的人也越多。

(2)容易产生二次或多次爆炸。第一次爆炸气浪把沉积在设备或地面上的粉尘吹扬起来，在爆炸后的短时间内爆炸中心区会形成负压，周围的新鲜空气便由外向内填补进来，形成所谓的“返回风”，与扬起的粉尘混合，在第一次爆炸的余火引燃下引起第二次爆炸。二次爆炸时，粉尘浓度一般比一次爆炸时高得多，故二次爆炸威力比第一次要大得多。例如，某硫磺粉厂，磨碎机内部发生爆炸，爆炸波沿气体管道从磨碎机扩散到旋风分离器，在旋风分离器内发生了二次爆炸，爆炸波通过在旋风分离器上产生的裂口传播到车间中，扬起了沉降在建筑物和工艺设备上的硫磺粉尘，又发生了二次爆炸。

(3)产生有毒气体。由于燃烧不完全，粉尘爆炸会产生两种有毒气体，一种是CO，另一种是爆炸物(如塑料)自身分解或反应生成的毒性气体。毒气的产生往往造成爆炸过后的大量人畜中毒伤亡，必须充分重视。

1.3　粉尘爆炸特性参数

1.3.1　爆炸极限

根据IEC31H《粉尘/空气混合物最低可爆浓度测定方法》规定，粉尘爆炸极限(dust explosion limit)是指在标准测试装置及方法下，粉尘/空气混合物(粉尘云)能发生爆炸的浓度范围，包括爆炸下限浓度(lower explosion limit，LEL)和爆炸上限浓度(upper explosion limit, UEL)两方面。粉尘爆炸极限一般用单位体积的粉尘质量来表示，如 g/m^3。并推荐 20 L 球形爆炸测试装置为粉尘爆炸极限标准测试装置，如图 1－18 所示。许多工业可燃性粉尘的爆炸下限浓度为 20～60 g/m^3，爆炸上限浓度为 2000～6000 g/m^3。

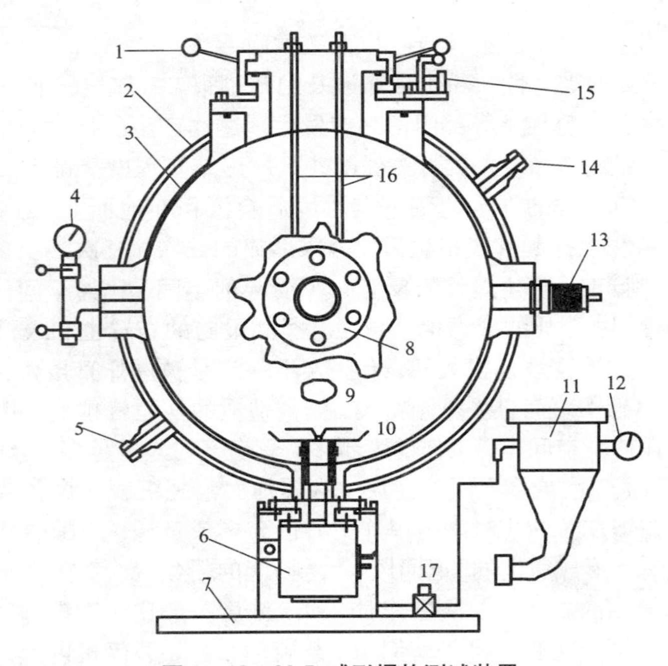

图 1－18　20 L 球形爆炸测试装置

1—操作手柄；2—夹套外层；3—夹套内层；4—真空表；5—循环水入口；6—机械两相阀；7—底座；8—观察窗；9—吹扫进气口；10—分散喷嘴；11—高压储粉罐；12—电接点压力表；13—压电型压力传感器；14—循环水出口；15—安全限位开关；16—点火杆；17—进气电磁阀

粉尘爆炸虽然是粉尘在空气中飞散时产生的，但是，飞散于空气中的颗粒由于其本身大小不一、形状不同，其中大的颗粒很快就沉降，较小的颗粒沉降虽相对较慢，但都难以在空气中保持稳定的状态。另外，在爆炸时，直径小的颗粒很容易产生燃烧反应，而直径大的颗粒在反应过程中只不过表面被灼烧而已，随后便下落并熄灭。因此，很难确定一定条件下的爆炸极限。即使在其下限浓度时，它也是不完全燃烧的。所以，粉尘爆炸的临界浓度，都是以某一种方法，在某些条件的约束下获得的数据，至于粉尘爆炸上限浓度，因在实验时很难创造所需的分散条件，所以一般是难以获得的。

由于粉尘的分散方式不同，以及判断爆炸与否的方法也各异，所以不能够得到准确值，而所谓临界浓度，则指其爆炸概率为百分之几情况下的浓度。

1.3.2　最小点火能量

根据IEC31H《粉尘/空气混合物最小点火能量测定》规定，粉尘云最小点火能量(minimum ignition energy, MIE)是指在标准测试装置中点燃粉尘云并维持火焰自行传播所需的最小能量[43]。

粉尘云的最小点火能量在20 L球形爆炸测试装置或Hartmann管中进行测试[44]。实验前先设定一个放电火花能量值，调整电压和电极间距，直到出现要求能量的放电火花。然后，将被测粉尘用压缩空气喷入爆炸容器内，并用电火花点燃粉尘云，观察容器内粉尘云是否发生着火，着火判断标准为：

(1)20 L密闭容器内所测得超压大于0.02 MPa；

(2)Hartmann管内火焰传播6 cm以上。

若粉尘云发生着火，则依次降低火花放电能量，直至相同实验条件下连续10次均不发生着火，此时火花放电能量即为粉尘云的最小点火能量。

1.3.3　最低着火温度

粉尘最低着火温度(minimum ignition temperature, MIT)包括粉尘层最低着火温度(MITL)和粉尘云最低着火温度(MITC)两方面[45-47]。根据IEC31H《粉尘最低着火温度测定方法：恒温热表面上粉尘层》规定，粉尘层最低着火温度是指特定热表面上一定厚度粉尘层发生着火的最低热表面温度，而粉尘云最低着火温度则是指粉尘云通过特定加热炉管时，能发生着火的最低炉管内壁温度。粉尘最低着火温度是防爆电气设备设计与选型的重要依据之一[48]。

1. 粉尘层最低着火温度[49-50]

粉尘层最低着火温度标准测试装置(热板)如图1-19所示。

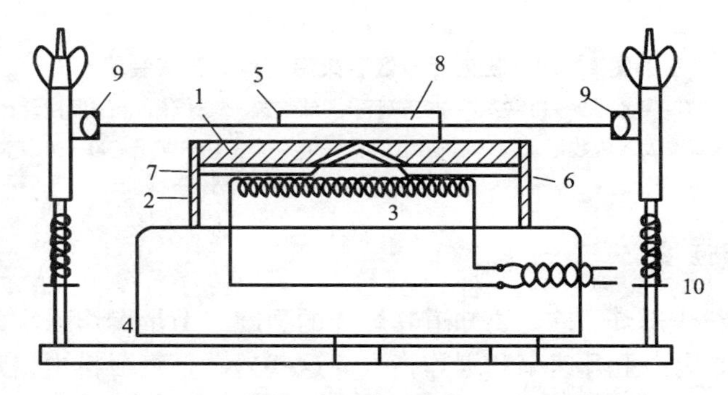

图1-19　粉尘层最低着火温度标准测试装置(热板)

1—热板；2—支撑板；3—加热器；4—支架；5—盛粉环；6—加热器温控热电偶；
7—加热板内记录热电偶；8—粉尘层中测试热电偶；9—热电偶高度调节器；10—弹簧

粉尘层着火之前要经历一段时间的持续自热过程[51]，使粉尘层温度升高，氧化反应速率加快，在接近最低着火温度过程中，粉尘层能否着火取决于氧化放热速率和粉尘层向外散热速率之间的热平衡关系。如果放热速率大于散热速率，粉尘层温度就会升高直至着火。着火判断标准为：

(1)观察到火焰和发光等燃烧现象；

(2)粉尘层升温超过热表面温度，然后又降至比热表面温度稍低之稳定值。如果升温超过热表面温度20℃，也视为着火。

2. 粉尘云最低着火温度

粉尘云最低着火温度也是通过实验装置进行测试，常用的有G－G炉(Godbert-Greenwald炉)和BAM炉[52－53]，IEC31H推荐G－G炉为粉尘云最低着火温度标准测试装置，如图1－20所示。实验时，先将炉温控制在某一恒定温度，将待测粉尘喷入炉膛，与内壁接触的粉尘首先着火。如果火焰喷出，说明炉内发生了粉尘着火；如果仅有零星火花喷出，说明无火焰传播，不能视为着火。

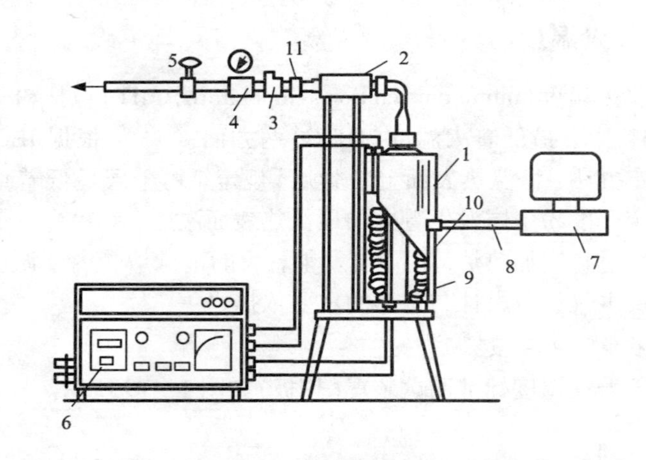

图1－20　粉尘云最低着火温度标准测试装置

1—G－G炉；2—粉室；3—电磁阀；4—储气罐；5—阀门；6—温控仪；
7—高温表或函数记录仪；8—热电偶；9—电炉丝；10—炉壳；11—止逆阀

1.3.4　爆炸强度

为了防止粉尘爆炸，首先要知道其爆炸的强度。衡量爆炸强度的指标主要有爆炸压力、爆炸压力上升速率和爆炸指数。这些参数是表征粉尘爆炸效应的重要参数，不仅是泄爆面积、抑爆及隔爆设计的重要依据，也是粉尘爆炸危险性分级必不可少的参数[54]。典型的爆炸压力－时间曲线如图1－21所示。最大爆炸压力P_{max}是指爆炸过程中的最高压力[55]，即如图1－21所示压力－时间曲线的最高点。最大爆炸压力上升速率$(dp/dt)_{max}$定义为压力－时间曲线上升段拐点处的切线斜率，即压力差除以时间差的商，也就是如图1－21所示压力－时间曲线的斜率。爆炸指数K_{st}是指最大爆炸压力上升速率$(dp/dt)_{max}$与爆炸容器容积V的立方根乘积，单位为MPa·m/s：

$$K_{st} = (dp/dt)_{max} \cdot V^{1/3} \tag{1-7}$$

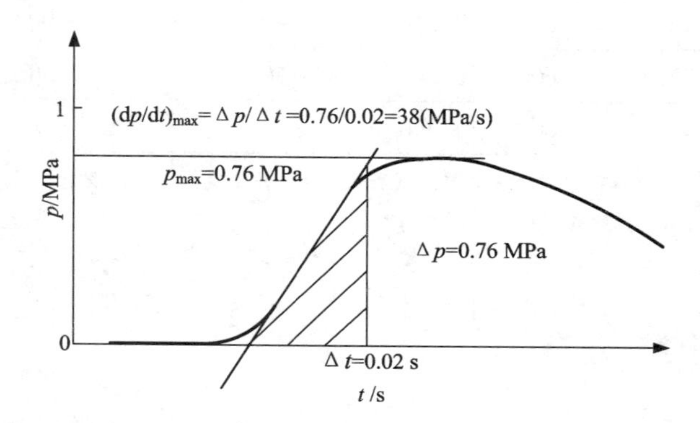

图1－21　典型爆炸压力－时间曲线

按照K_{st}值大小或爆炸猛度不同，可燃粉尘可分为如下三个等级：

(1)St1级：$K_{st} < 20.0$ MPa·m/s；

(2)St2级：$20.0 \leqslant K_{st} \leqslant 30.0$ MPa·m/s；

(3)St3级：$K_{st} > 30.0$ MPa·m/s。

一般来说，粉尘爆炸最大压力区间为0.5～0.9 MPa，铝粉等少数金属粉尘爆炸压力可达1.2 MPa；多数粉尘爆炸指数K_{st}为10～20 MPa·m/s，铝粉等少数粉尘爆炸指数可达110 MPa·m/s。

我国部分常见工业粉尘爆炸特性参数测试数据如表1－2所示。

表1－2　部分常见工业粉尘爆炸特性参数测试数据

粉尘	中位粒径 /μm	T_{MITC} /℃	T_{MITL} /℃	E_{LEL} /(g·m^{-3})	E_{MIE} /mJ	p_{max} /MPa	K_{st} /(MPa·m·s^{-1})
石松子粉	35.5	420	270	20～30	6～10	0.70	12.2
玉米淀粉	15.2	420	540	50～60	25～35	0.82	11.5
米粉(东北)	58.2	420	400	50～60	27～35	0.78	7.3
面粉(东北)	52.7	420	560	70～80	30～60	0.68	8.0
亚麻粉尘	65.3	460	290	60～70	6～9	5.70	8.7

续表 1-2

粉尘	中位粒径 /μm	T_{MITC} /℃	T_{MITL} /℃	E_{LEL} /(g·m^{-3})	E_{MIE} /mJ	p_{max} /MPa	K_{st} /(MPa·m·s^{-1})
硅钙粉	12.4	560	—	60	2~5	8.40	19.8
铝粉	13.5	—	—	—	2~6	5.90	450.0
烟煤	16.4	600	240	30~40	—	8.00	14.9
褐煤	17.5	600	240	40~50	—	7.50	14.5
无烟煤	13.8	860	340	—	—	—	—

注：T_{MITC}、T_{MITL}分别为粉尘云、粉尘层最低着火温度；E_{LEL}为爆炸下限浓度；E_{MIE}为最小点火能量；p_{max}为最大爆炸压力；K_{st}为爆炸指数。

1.4 本章小结

本章主要阐述了粉尘和粉尘爆炸两个方面的知识。从粉尘概念、粉尘分类、可燃粉尘物理结构特性三个方面介绍了粉尘的基础知识。在粉尘爆炸部分主要介绍了粉尘爆炸概念、粉尘爆炸特点、粉尘爆炸条件、粉尘爆炸机理、粉尘爆炸发展过程、粉尘爆炸影响因素以及粉尘爆炸危害，并对粉尘爆炸极限、最小点火能量、粉尘云最低着火温度、粉尘层最低着火温度、最大爆炸压力、最大爆炸压力上升速率、爆炸指数七个爆炸特性参数及其测试装置和原理进行了概述。本章内容为全书研究成果的基础知识部分。

第 2 章　硫化矿尘着火及其爆炸

2.1　硫化矿简介

2.1.1　硫化矿物及硫化矿石

据估计，硫化矿物的总质量约占地壳总质量的 0.15%，其中 99% 以上是铁的硫化物。自然界形成硫化矿物的化合物的阴离子主要是 S，S 可以呈 S^{2-} 状态形成简单硫化矿物，如方铅矿（PbS）；也可呈 $[S_2]^{2-}$ 状态形成复硫化合物，如黄铁矿（FeS_2）；S 还可以与半金属元素 As、Sb 等构成络阴离子，如 $[AsS_3]^{3-}$ 和 $[SbS_3]^{3-}$ 等，并与其他金属离子形成硫盐。与上述阴离子或络阴离子相结合的阳离子主要是铜型离子（如 Cu、Ag、Zn、Hg、Pb 等）和性质与铜型离子相近的过渡型离子（如 Mn、Fe、Co、Ni、Mo 等）。硫化矿物的种类很多，但据研究和统计，其中与自燃密切相关的常见的主要是铁的硫化物，因此本节只对铁的硫化物加以分析。

硫化矿石系指含硫的金属或非金属矿物或由硫元素与其他元素以化合物形式存在的矿物集合体。由于硫具有很强的化学活性，在不同环境中有多种可变化合价，所以，当它与其他元素结合时所形成的化合物结晶形态及其结构复杂多样；而且，硫在地壳中的含量很高，因此，目前所发现的硫化矿物种类繁多，数量巨大，有工业应用价值的硫化矿床也不少。常见的硫化矿石类型有硫铁型、硫铜型、硫铅锌型、硫砷型及混合型等。但并不是所有类型的硫化矿石都会发生自燃，从国内外有关矿山自燃火灾的统计资料来看，迄今为止，金属矿床发生自燃火灾的矿石类型几乎都是硫铁型，尚未见到非铁硫化矿物出现自燃的报道。因此，人们一般所指的硫化矿石自燃火灾被狭义地定义为硫铁矿石自燃火灾。

由于硫铁矿中硫、铁元素各自的化学活性及相应的可变化合价，使得硫与铁结合的形式多种多样，所形成的化合物氧化还原性质也不同，它们在不同氧化还原环境中有不同的反应方式，所有这些多变因素就决定了硫铁矿在开采过程中的氧化过程复杂多变，且随环境条件的改变而改变，这种复杂的动态多变性给人们研究硫化矿石自燃问题带来了客观的困难。因此，从研究进展来看，硫铁矿石氧化自燃的研究要滞后于煤自燃的研究，特别是近些年，在硫化矿石自燃防治理论和技术研究方面几乎处于停滞状态，没有突破性的进展。

2.1.2 典型硫化矿物分析

从化合物类型来看，硫化矿物应属于离子化合物，但它的一系列物理性质却与典型离子晶格的晶体有明显的差别。这是由于在硫化物中表现出明显的共价键特征，而有一些硫化物中则显示金属键性。硫化物化学键的这种复杂性是由组成硫化物的原子的特殊电子结构所决定的。此外，在硫化物中，还存在有多键型晶格，如具有链状和层状结构的硫化物中，键与链之间、层与层之间主要由分子键连接。

硫化矿物晶格中的键性是决定此类矿物主要物理性质的重要因素。具有明显金属键性质的矿物，都呈现金属光泽、金属色、不透明和能导电；而具有明显共价键性质的矿物，则具金刚光泽、呈彩色、透明或半透明、不导电；具有分子键的链状或层状矿物，常沿链或层的方向发育一组完全解理。这一大类矿物总的物理性质特征是：呈金属色或彩色，条痕色深，显金属光泽或金刚光泽；硬度低（一般为2~4，层状矿物低到1~2，硫化合物硬度较高，可达5~6.5），密度较大，大部分矿物易产生解理。

1. 黄铁矿（FeS_2）的特征

黄铁矿是对硫化合物类（或称复硫化合物）的典型矿物，由阳离子 Fe^{2+} 和对阴离子$[S_2]^{2-}$组成，其中 Fe 的质量分数为 46.55%，S 的质量分数为 53.45%。混入物常有 Co、Ni、As、Sb、Cu、Au、Ag 等，其中 Co、Ni 往往系类质同象混入物，而 Cu、Au、Ag 等则多呈假固溶体（外来矿物的机械混入物，呈细微包裹体或呈分散状态）混入黄铁矿中。黄铁矿具有 NaCl 型晶体结构，常有完好的晶形，呈立方体、八面体、五角十二面体及其聚形。集合体呈致密块状、粒状或结核状。在黄铁矿立方体晶体的晶面上常见到晶面条纹。这种条纹一般呈平整的平行直线状，偶见类似树皮的回形条纹，晶面条纹的方向在相邻晶面上相互垂直。浅黄（铜黄）色，条痕绿黑色，强金属光泽，不透明，硬度为6.0~6.5，密度为$(4.9\sim5.2)\times10^3\ kg/m^3$。黄铁矿是半导体矿物，由于其组分被不等价杂质组分代替，如 Co^{3+}、Ni^{3+} 代替 Fe^{2+}，或$[As]^{3+}$、$[AsS]^{3+}$代替$[S_2]^{2-}$时，产生电子心（N 型）或空穴心（P 型）而具导电性。电阻率为0.0023~1.5 Ω·cm。在热的作用下，所捕获的电子易于流动，并有方向性，形成电子流，产生热电动势而具热电性。黄铁矿在氧化带不稳定，易分解形成氢氧化铁如针铁矿等，经脱水作用，可形成稳定的褐铁矿，且往往呈假象黄铁矿。这种作用常在金属矿床氧化带的地表露头部分形成褐铁矿、针铁矿或纤铁矿等覆盖于矿体之上，故称铁帽。在氧化带酸度较强的条件下，可形成黄钾铁矾$[KFe_3(SO_4)_2(OH)_6]$，其分布量仅次于褐铁矿。

2. 胶状黄铁矿（FeS_2）的特征

胶状黄铁矿实为隐晶质黄铁矿，由于矿山许多易燃矿石均为胶状黄铁矿，因此，此处单独把它作为一种硫化矿物加以分析。胶状黄铁矿常含砷，含量有时高达8%。胶状黄铁矿呈胶状，浅黄色或铜黄色，不透明，金属光泽，容易磨光，一般带明显的棕色色调，与黄铁矿的反射色相似，反射率大都较低；硬度为6~6.5，且变化较大，有的低于方铅矿；弱非均质，对浸蚀试剂反应较强，在浸蚀反应后显出美丽的胶状结构。

3. 白铁矿(FeS_2)的特征

白铁矿的化学组成与黄铁矿相同，与黄铁矿互为同质多象变体，含微量As、Sb、Bi、Co、Cu等混入物。

其晶体属斜方晶系，斜方双锥晶类。晶体结构表现为Fe^{2+}位于斜方晶胞的角顶和中心，哑铃状$[S_2]^{2-}$的轴向与C轴斜交，而它的两端位于Fe^{2+}两个三角形的中心。虽然白铁矿和黄铁矿具有完全相同的配位关系，但晶体结构的对称程度却完全不同，这是因为哑铃状$[S_2]^{2-}$轴向取向分布不同所致。其形态为单个晶体常呈板状，少数为矛头状晶形，常成复杂双晶。通常多以结核状、皮壳状产出。

白铁矿为淡黄铜色，稍带浅灰或浅绿的色调，新鲜断口近锡白色。条痕为暗灰绿色。金属光泽，不透明。硬度为5~6，性脆，具参差状断口。密度为$(4.6\sim4.9)\times10^3\ kg/m^3$，略小于黄铁矿。具弱导电性，电阻率为$1.40\sim300\ \Omega\cdot cm$。

白铁矿在自然界的分布远少于黄铁矿，并且不形成大量的聚积。它是FeS_2的不稳定变体，高于350 ℃即转变为黄铁矿。外生成因的白铁矿主要见于含碳质砂页岩中，成结核状出现。在氧化条件下，白铁矿容易分解而形成铁的硫酸盐和氢氧化物。

4. 磁黄铁矿($Fe_{1-x}S$)的特征

磁黄铁矿是磁黄铁矿族的典型矿物，化学成分近于FeS，其中Fe的质量分数为63.53%，S的质量分数为36.47%。但自然界产出的磁黄铁矿往往含有更多的S，可达39%~40%。成分中常见Ni、Co类质同象置换Fe。此外，还有Cu、Pb、Ag等。磁黄铁矿中部分Fe^{2+}被Fe^{3+}代替，为保持电价平衡，结构中Fe^{2+}出现部分空位，此现象称“缺席构造”。故其成分为非化学计量，通常以$Fe_{1-x}S$表示(其中$x=0\sim0.223$)。但也有人认为磁黄铁矿中不存在Fe^{3+}，其化学式用Fe_nS_{n+1}表示更为确切。

磁黄铁矿晶体有两种同质多象变体，即六方晶系变体和单斜晶系变体。两者的晶体参数、化学组成和形成温度等均不同。此外，低温磁黄铁矿除单斜磁黄铁矿外，还有一系列其他超结构类型，不同超结构类型的产生，目前仍认为是由于结构中铁离子缺位的有序排列所引起的。

磁黄铁矿通常呈致密块状、粒状集合体或呈浸染状。单晶体常呈平行的板状，少数为柱状或桶状。成双晶或三连晶。其颜色呈古铜黄色至古铜红色，表面常有暗褐色、暗棕色的锖色，条痕灰黑色。金属光泽，不透明，硬度为4，性脆；

解理不完全平行，断口多为参差状。密度为(4.58 ~ 4.70) $\times 10^3$ kg/m^3。具磁性但强弱不一，含 Fe^{3+} 多时磁性强；单斜磁黄铁矿具强顺磁性。具导电性，电阻率为 0.005 ~ 0.01 Ω · cm。

磁黄铁矿的主要产状有：①产于基性岩体内的铜镍硫化物岩浆矿床中，与镍黄铁矿、黄铜矿紧密共生；②产于接触交代矿床中，与黄铜矿、黄铁矿、磁铁矿、铁闪锌矿、毒砂等矿物共生，主要形成于矽卡岩化的后期阶段；③产于一系列热液矿床中，如锡石硫化物矿床，与锡石、方铅矿、闪锌矿、黄铜矿等共生。在氧化带中，它极易分解而最后转变为褐铁矿。

2.1.3 硫化矿物的氧化与溶解特性分析

每种硫化矿物都有一定的化学组成，矿物中的原子、离子或分子，通过化学键的作用处于暂时的相对平衡状态。当硫化矿物与空气、水及各种溶液相接触时，将会产生一系列不同的化学变化，如氧化、分解和水解等，从而表现出一定的化学性质。由于各种硫化矿物的化学组成和键性互不相同，所以表现出来的化学性质往往也有差异。其中与自燃关系密切的主要有硫化矿物的氧化性、可溶性及其与各种酸、碱的反应等。

1. 硫化矿物的氧化过程产物分析

当原生硫化矿物暴露于地表或处于井下条件的时候，由于受空气中的氧、二氧化碳和水及水中的溶解氧的作用，使处于还原态的离子变为氧化态，如 Fe^{2+} 变为 Fe^{3+}，S^{2-} 或 $[S_2]^{2-}$ 变为 S^{6+} 等，从而导致原矿物破坏，并形成一些在氧化环境中稳定的矿物。例如低价氧化物变成高价氧化物或氢氧化物，硫化物变成硫酸盐，等等。当氧化作用进行得不彻底时，会使矿物的表面特征发生改变。

硫化矿物的氧化过程可分为三个阶段：

(1) 最初阶段。原生矿物开始变化，次生矿物很少，这些矿物主要是由硫化物氧化、分解而成的硫酸盐、少量氧化物、氢氧化物。

(2) 中间阶段。次生矿物较原生矿物多，硫化物已基本氧化，只有少量硫化物仍留在矿石中，次生矿物除硫酸盐外，分解作用的最终产物占多数，在中间阶段参加氧化作用和溶解作用的除氧外，还有 H_2SO_4、$Fe_2(SO_4)_3$、$CuSO_4$ 等。

(3) 最终阶段。硫化物消失，硫酸盐也大大减少，氧化带的全部矿物由分解作用的最终产物组成。

以黄铁矿为例，其氧化过程如下：

最初阶段，原生黄铁矿的氧化作用如式(2-1)所示：

$$2FeS_2 + 7O_2 + 2H_2O = 2FeSO_4 + 2H_2SO_4 \tag{2-1}$$

中间阶段，由于黄铁矿氧化生成的硫酸亚铁不稳定，将继续氧化为高价铁的硫酸盐，氧化作用如式(2-2)、式(2-3)所示：

$$12FeSO_4 + 3O_2 + 6H_2O = 4Fe_2(SO_4)_3 + 4Fe(OH)_3 \quad (2-2)$$

$$4FeSO_4 + O_2 + 2H_2SO_4 = 2Fe_2(SO_4)_3 + 2H_2O \quad (2-3)$$

最终阶段，高价铁的硫酸盐在中性或弱酸性溶液中也不稳定，常发生水解作用，最终转变为氢氧化铁：

$$Fe_2(SO_4)_3 + 6H_2O = 2Fe(OH)_3 + 3H_2SO_4 \quad (2-4)$$

氢氧化铁凝胶可以形成各种表生铁矿物(如赤铁矿、针铁矿、褐铁矿等)。

在自然条件下，硫化矿石由原生矿变成氧化矿往往需要经历漫长的地质年代，而矿山的开采时间与漫长的地质年代相比只能算是极为短暂的一瞬间，因此在生产矿井中的硫化矿石氧化作用一般仅发生在矿石表层。

2. 硫化矿物的溶解特征分析

固体硫化矿物与某种溶液相互作用时，硫化矿物表面的质点，由于本身的振动和受溶剂分子的吸引，将离开矿物表面进入或扩散到溶液中去，这个过程称为硫化矿物的溶解。硫化矿物在溶解过程中，已进入溶液中的质点与尚未溶解的固体矿物表面相接触时，又可能被固体硫化矿物吸引而重新回到它的表面，也即矿物重新结晶长大。在单位时间内，从固体硫化矿物表面进入溶液的离子数和由溶液回到固体硫化矿物上的离子数相等时，溶解和结晶就处于暂时的动态平衡状态，硫化矿物就不再溶解。

水是分布最广的天然溶剂，由于水分子有偶极性，故极易发生解离作用，即 $H_2O = H^+ + OH^-$。水介质的介电常数很高，对许多具有离子键的矿物有很强的破坏能力，能使之分解而溶于水。同时，水中常常溶解有氧、二氧化碳等物质，这样就促使许多矿物加速溶解于水，但不同的矿物在水中的溶解度差别很大。矿物在纯水中的溶解度大小，主要受到矿物的化学组成、晶体结构类型和水的温度等因素的制约。一般情况下，具有共价键、金属键的矿物和由高电价、小半径的阳离子所组成的化合物或单质矿物水溶速度小；而由低电价、大半径的阳离子组成的具有离子键的矿物水溶速度大；含$(OH)^-$和 H_2O 的矿物溶解度也大。水的温度升高，一般可加速固体矿物的溶解。同种金属的硫化物和硫酸盐在水中的溶解度有明显差异，硫酸盐的溶解度远大于硫化物的溶解度。例如，黄铁矿(FeS_2)和磁黄铁矿($Fe_{1-x}S$)在温度为 18℃ 的水中的溶解度分别只为 0.0489 mol/m^3 和 0.0536 mol/m^3，而氧化生成的硫酸亚铁($FeSO_4$)在温度为 0℃ 的水中的溶解度就达 1030 mol/m^3。由此可见，在其他条件相同或近似的情况下，化合物类型不同，溶解度明显不同，而同类化合物的溶解度虽也有差异，但差别不太明显。

硫化矿物一般很难溶于水，但在酸性水溶液及氧化条件下，其溶解度会显著增大，致使许多金属硫化物在氧化中形成易溶于水的硫酸盐，并使水溶液呈酸性，后者又可进一步加速矿物的溶解。因此硫化矿物的氧化和溶解是两个相互促进的过程。

2.1.4 硫化矿尘简介

在矿山(井)采掘、装卸和运输等生产过程中所产生的各种矿、岩微细颗粒统称为矿尘，也叫粉尘。飞扬在空气中的矿尘称为浮尘，浮尘在空气中飞扬的时间不仅与尘粒的大小、重量、形状有关，还与空气湿度、风速有密切关系。对矿山(井)安全生产与井下工作人员的健康有直接影响的是浮尘，因此，浮尘往往是矿井防尘的主要对象。从空气中沉降下来的矿尘称为积尘。随着外界条件的改变，浮尘和积尘可以相互转化，积尘是产生矿井连续爆炸的最大隐患。

在硫化矿山凿岩、爆破、矿石运输以及二次破碎等生产环节会产生大量的硫化矿尘，有些颗粒较小的硫化矿尘以粉尘云的形式悬浮在采场或者巷道空气中，有些颗粒较大的硫化矿尘在重力作用下沉积在设备、矿石表面或者巷道以及采场底部，形成一定厚度的粉尘层。

产生的硫化矿尘具有很大的危害性，比如污染矿山生产环境、引起职业病、影响机械的性能和使用寿命、使井下工作面能见度降低、导致生产过程中事故发生的概率增加等。与其他矿尘不同的是，硫化矿中含有可燃性硫[56-57]，当矿尘中含硫量达到一定数值时就具有可燃性甚至爆炸性[58]。

2.2 硫化矿尘制备

2.2.1 硫化矿样采集

矿样采集是开展本书所涉及实验研究的一项基础性工作。也是接下来进行一系列实验研究所需前期准备工作的一个十分关键环节。

硫化矿石是一个复杂的非均质体，是由多种物质成分组成的，受各种成矿因素的影响，形成了不同类型的硫化矿床，造成硫化矿石种类存在一定的地区性差异和局部性差异。这种非均质性和差异性都在一定程度上给采样工作带来了很大的困难。从统计学理论上来讲，从总体中随机抽取的个体越多，越能接近总体性质，也就是说取样点越多，代表性就越大，结果就越可靠。但这往往受人力、财力以及工作量的限制，实际很难做到。本书研究的出发点就是选取具有代表性的高硫矿山进行研究，得出科学合理的研究结论，在此基础上指导其他高硫矿山的生产实践。因此，硫化矿石取样矿山的选取要具有一定代表性，同时要采取正确的取样方法。因为如果取样方法不正确，所取样品不具有代表性，无论采用何种精密仪器设备和分析手段，或者无论分析工作做得如何仔细和正确，都不会得到与实际相符的结果。这样不仅会导致毫无意义的浪费，还可能产生错误的判断，给生产和科研造成不可估量的后果。因此，取样前需要对硫化矿山进行现场调研，保证选取的矿山具有代表性。

2.2.2　硫化矿山调研及取样矿山选择

研究开始前期，主要对江西东乡铜矿、武山铜矿、天马山金矿（原铜官山铜矿）、广西铜坑锡矿等高硫金属矿山[59]进行了较详细的现场调研。最终，经筛选、论证，选择江西东乡铜矿作为实验用硫化矿样取样矿山。主要原因是江西东乡铜矿1982—2004年期间发生多起硫化矿尘爆炸，其中两起重大伤亡事故共造成7人死亡，最近一起发生在2004年2月，导致3人死亡，在硫化矿尘着火研究方面比较具有代表性[60-61]。

2.2.3　矿山现场采样

矿样的采集采用多次、多点采样的方式进行，如图2-1(a)所示。多次采样就是将每次采集到的矿样送到矿山检测中心进行含硫量的检测，通过检测结果来验证每次采集的矿样含硫量是否符合要求，以保证所取矿样的准确性。多点采样，是在矿山地质工作人员的指导下进行井下多个位置的采样，以确保所取硫化矿样的代表性。每次矿样采集完毕，都将符合要求的矿样用保鲜膜和宽透明胶带进行包裹密封处理，如图2-1(b)所示，以防止或减少矿样氧化。然后，装入蛇皮袋，做好标记，如图2-1(c)所示。最后，运至实验室。

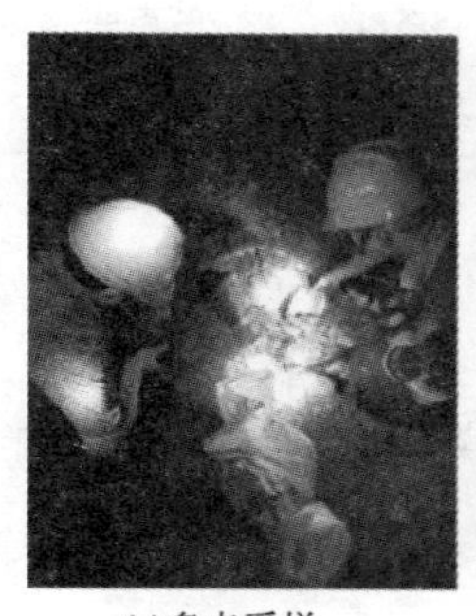
(a)多点采样

(b)包裹密封

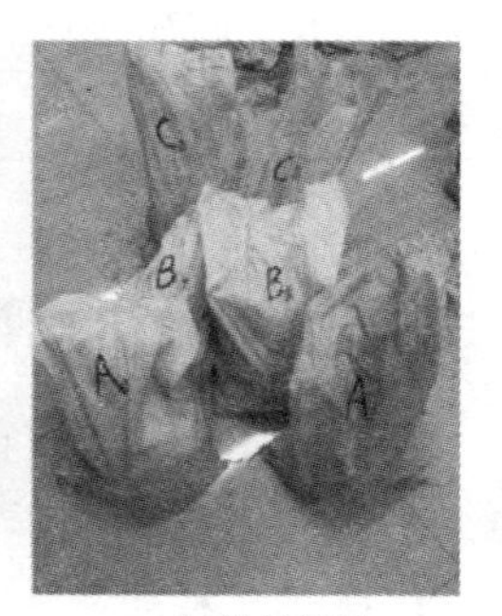

(c)做好标记

图2-1　现场取样及矿样处理

本次实验主要在东乡铜矿井下采集三种类型的硫化矿石，主要以每种硫化矿石的含硫（硫元素）量作为采集分类指标。将采集的矿石分为超高硫矿石（编号为A）、高硫矿石（编号为B）、中硫矿石（编号为C）和低硫矿石（编号D），如图2-2所示。矿样采集基本信息见表2-1。

图 2-2　现场采集硫化矿样

表 2-1　矿样采集基本信息

矿样类别	矿样编号	含硫量/%	采样位置	采样方法
超高硫硫化矿矿石	A	35~45	31 线-236 分段	多点采样
高硫硫化矿矿石	B	20~35	35 线-236 分段	多点采样
中硫硫化矿矿石	C	10~20	34 线-243 分段	多点采样
低硫硫化矿矿石	D	0~10	34 线-243 分段	多点采样

2.2.4　实验样品制作

在实验室内，将矿山取回的矿样进行实验研究所需矿样（实验样品）的制作，最终制作成实验测试所需的一定粒度规格的矿样（实验样品）。

1. 硫化矿样粗碎

将运至实验室的矿石去掉防氧化保鲜膜后开始进行矿样的粗碎工作，对 A、B、C、D 四种矿样每次称取一定的量，分别进行粗碎。将要进行粗碎的矿石放在铁板上，用铁锤进行手工粗碎，将矿石用铁锤敲击到一定块度的大小之后，分别用 10 mm 和 1.25 mm 孔径的筛子进行筛分。10 mm 筛上的要继续进行敲击破碎，处于 10 mm 筛下较粗的矿石颗粒和 1.25 mm 筛下较细的矿石颗粒分别收集用袋封装，如图 2-3 和图 2-4 所示。将较粗矿石颗粒和较细矿石颗粒分装的目的主要是为了确保接下来进行矿尘制作时的粒度要求。磨矿的时候，对于较粗颗粒和较细颗粒，磨矿时间控制是不同的。在矿石粗碎时，没有将矿石敲击破碎得过细的原因是尽量减少硫化矿石在粗碎过程中的氧化。

图2-3 粗碎使用工具

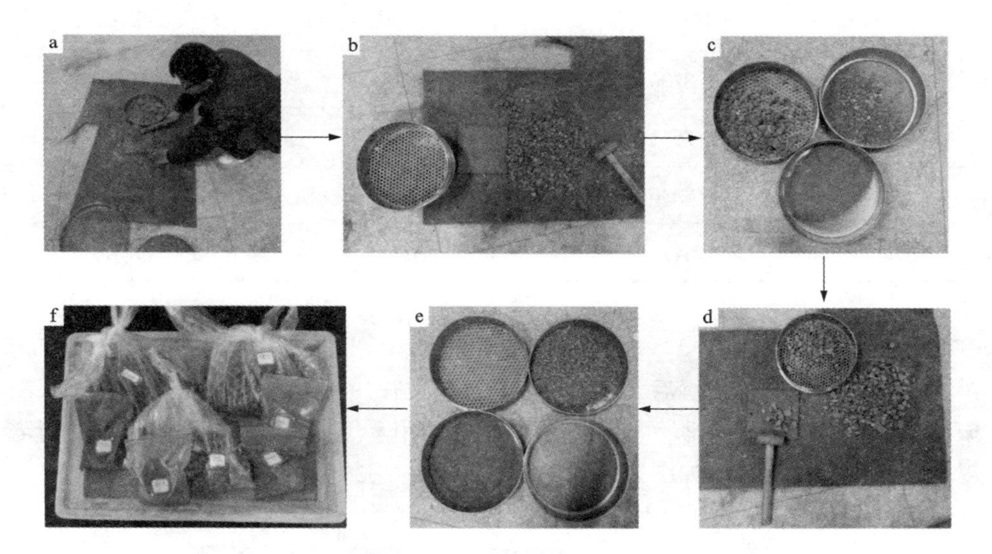

图2-4 矿样粗碎流程

2. 硫化矿样干燥

矿石粗碎后，在进行下一步矿尘制作前，还需对矿样进行干燥，在此过程中同时进行了矿样含水率的测试。因为本次粉样的制作是以干磨的方式进行，如果矿石的含水率过大，会对磨矿以及下一步的筛分工作产生影响。同时，也是为了满足下一步实验对粉尘含水率的要求[62]。

由于硫化矿石在高温条件下具有易氧化自燃的特性。因此，采用 DZX－6020B 真空干燥箱对硫化矿样在低温条件下进行干燥，干燥温度设置为40℃，干燥时间为24小时，如图2－5所示。A、B、C、D四类矿样含水率测试结果如表2－2所示。

图 2-5　真空干燥箱及其工作状态

表 2-2　矿尘含水率测试结果

矿样种类	干燥前质量/kg	干燥后质量/kg	含水率/%
A 类	8790.5	8781.5	0.10
B 类	7681.5	7661.5	0.26
C 类	6236.0	6221.5	0.23
D 类	6478.3	6466.0	0.19

3. 磨矿与筛分

将粗碎后的矿样干燥后，接下来进行磨矿工作。本次磨矿使用 XZM-100 型振动磨样机，如图 2-6 所示。将磨碎的矿样采用手工筛分的方式，制得实验所需规格的矿尘。操作流程如图 2-7 所示。

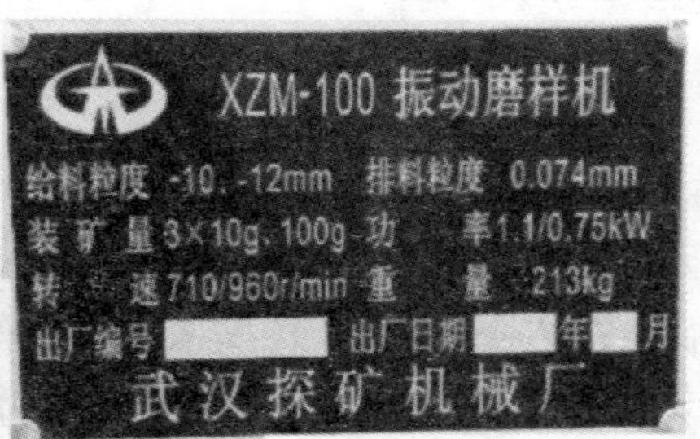

图 2-6　磨矿设备及参数

图 2－7　磨矿及筛分流程

2.3　粒径分析与检测

2.3.1　分析设备

利用 Winner 2000E 型台式激光粒度分析仪对硫化矿尘进行粒径分析，其测量范围为 0.1～300 μm。Winner 2000E 激光粒度分析仪是采用信息光学原理，通过测量颗粒群的散射谱来分析其粒度分布。该仪器由主机和计算机组成：主机内含光学系统、样品分散及循环系统、信号采集处理系统；计算机完成数据处理并显示、打印测试结果。主机与计算机由标准串行通信口连接。来自 He－Ne 激光器的激光束经扩束、滤波、汇聚后照射到测量区，测量区中的待测颗粒群在激光的照射下产生散射谱。散射谱的强度及其空间分布与被测颗粒群的大小及分布有关，散射谱被位于频谱面上的光电探测器阵列所接收，转换成电信号后经放大和 A/D 转换并经通信口送入计算机，进行反演运算和数据处理后，即可给出被测颗粒群的大小、分布等参数，经屏幕显示或打印机打印输出。测试装置及工作原理如图 2 –8 和图 2 –9 所示。

图 2 –8　Winner2000E 激光粒度分析仪

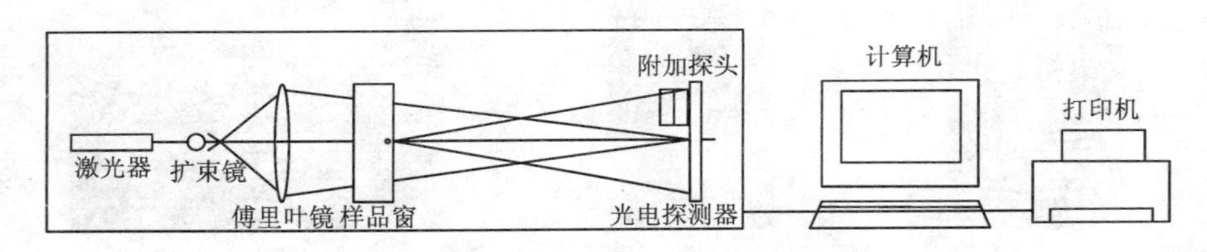

图 2 –9　Winner 2000E 激光粒度分析仪工作原理图

2.3.2　硫化矿尘云粒径测试结果

粒径是影响硫化矿尘云爆炸的主要因素。粒径越大，硫化矿尘云越难发生爆炸，甚至不发生爆炸；粒径越小，矿尘比表面积越大，颗粒表面反应速率越快，同时能吸附更多的氧，爆炸性能越强。因此，分析硫化矿尘云粒径很有必要。

对已粗碎、细碎的 A、B、C、D 类硫化矿石，分别通过 200 目、300 目和 500 目标准筛后，所获得的筛下矿样即为所制得硫化矿尘云爆炸实验样品，分别对应编号为 A200、A300、A500，B200、B300、B500，C200、C300、C500，D200、D300、D500。每种硫化矿尘云在均匀混合后抽样进行 3 次以上粒径测定、分组，以确保硫化矿尘云粒径测定准确。各类矿尘云粒径分布如图 2 –10 ~ 图 2 –21 所示，分析结果如表 2 –3 所示。

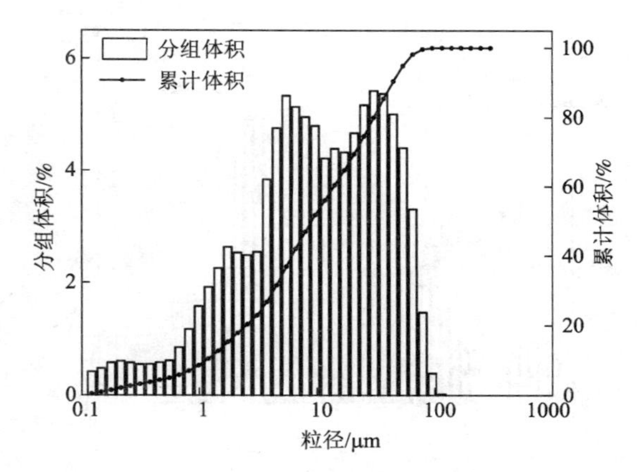

图2－10　A类200目筛下硫化矿尘云粒径分布

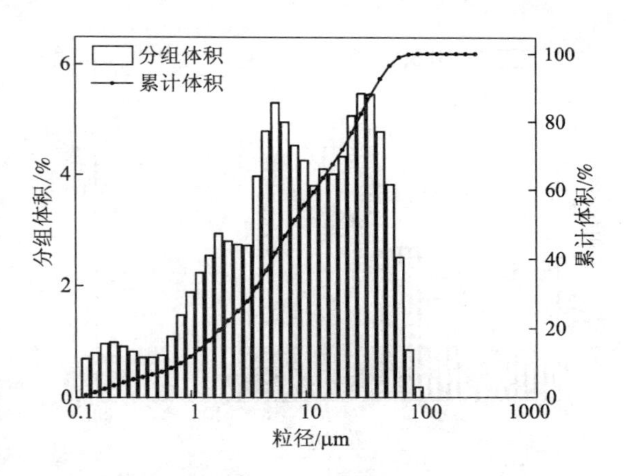

图2－11　A类300目筛下硫化矿尘云粒径分布

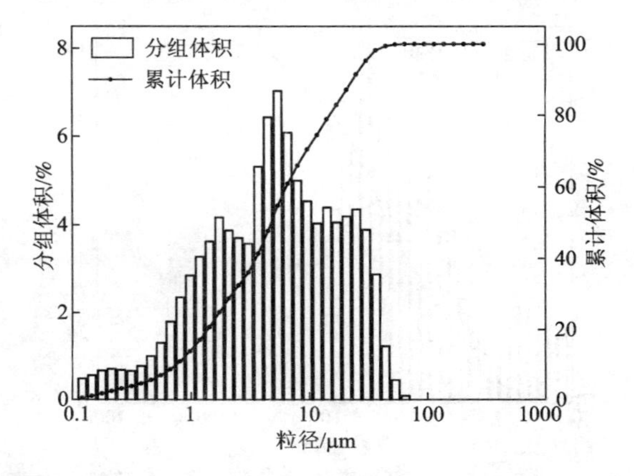

图2－12　A类500目筛下硫化矿尘云粒径分布

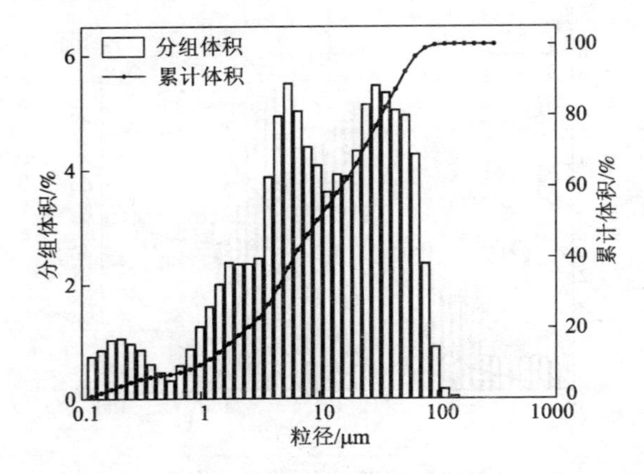

图 2-13 B 类 200 目筛下硫化矿尘云粒径分布

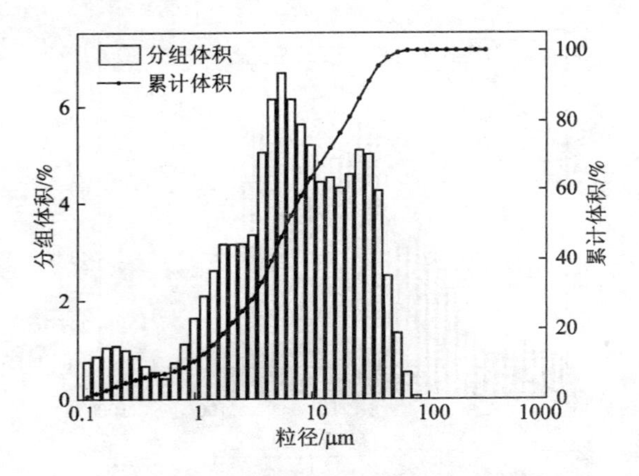

图 2-14 B 类 300 目筛下硫化矿尘云粒径分布

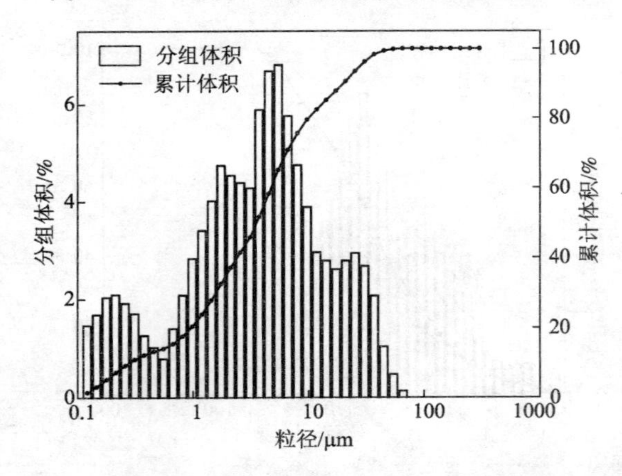

图 2-15 B 类 500 目筛下硫化矿尘云粒径分布

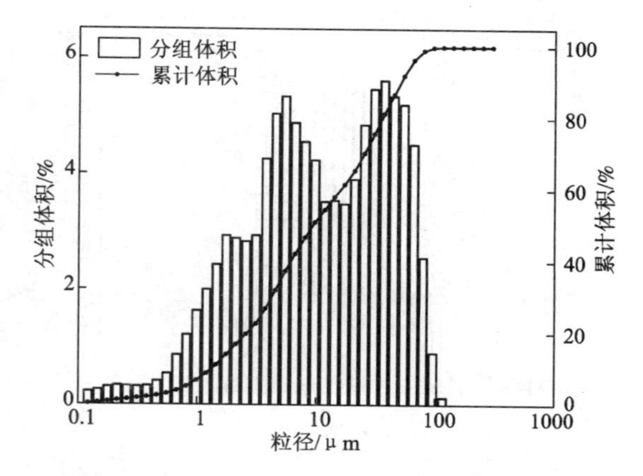

图 2 - 16　C 类 200 目筛下硫化矿尘云粒径分布

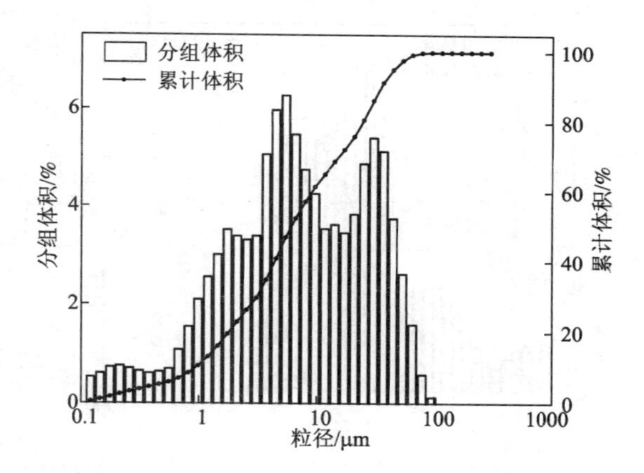

图 2 - 17　C 类 300 目筛下硫化矿尘云粒径分布

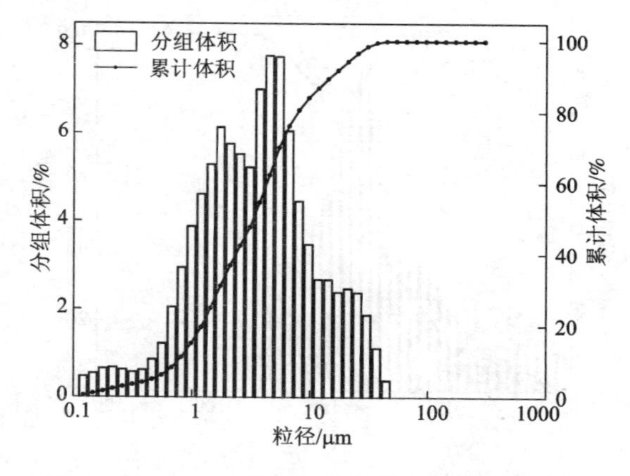

图 2 - 18　C 类 500 目筛下硫化矿尘云粒径分布

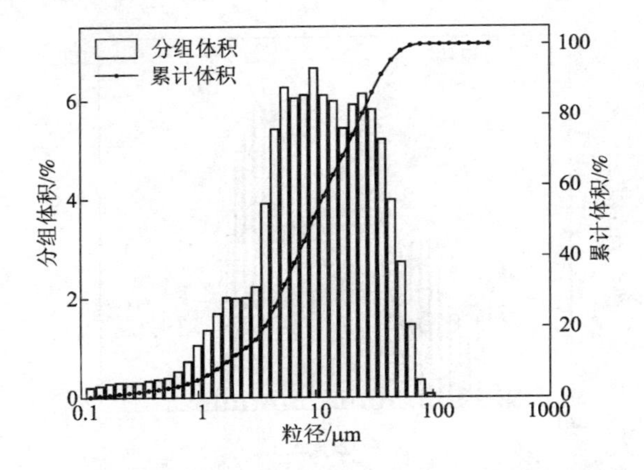

图 2-19　D 类 200 目筛下硫化矿尘云粒径分布

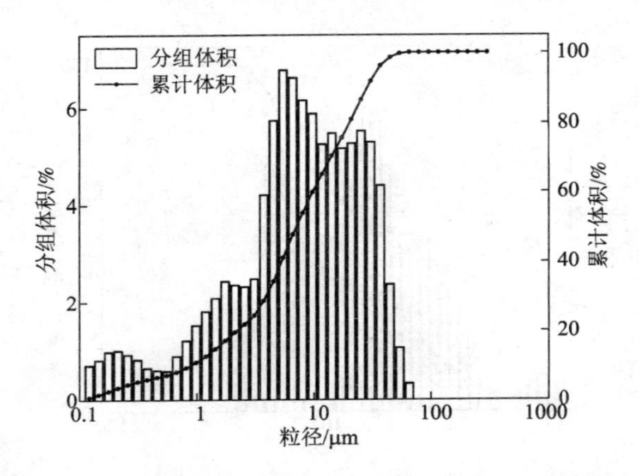

图 2-20　D 类 300 目筛下硫化矿尘云粒径分布

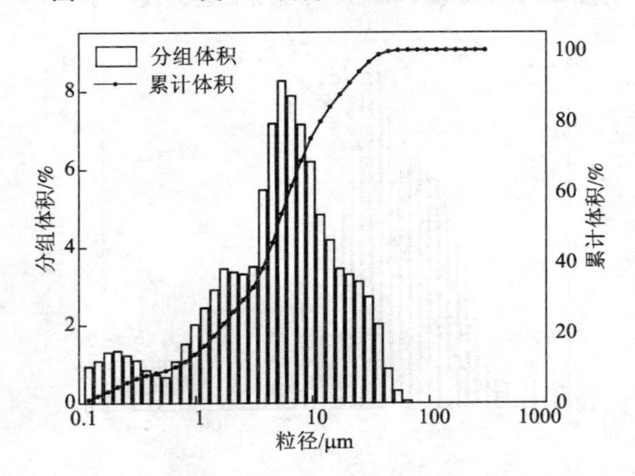

图 2-21　D 类 500 目筛下硫化矿尘云粒径分布

表 2-3　硫化矿尘云粒径分析结果

矿样编号	D_{90} /μm	D_{50} /μm	D_{10} /μm	S/V(比表面积) /($cm^2 \cdot cm^{-3}$)	<10 μm /%	10~25 μm /%	25~45 μm /%	45~79 μm /%
A200	43.984	9.076	1.139	26098.62	51.788	22.794	15.816	9.193
A300	40.355	7.59	0.814	34968.26	55.647	21.281	15.707	7.186
A500	23.716	4.829	0.756	35776.89	70.419	21.029	8.011	0.541
B200	49.678	9.467	1.04	32388.27	50.571	20.884	15.856	11.583
B300	29.13	6.185	0.905	36079.93	63.288	22.942	11.806	1.964
B500	19.959	3.563	0.284	61554.02	79.505	14.09	5.791	0.614
C200	50.498	9.287	1.321	20803.73	51.047	19.272	16.405	12.247
C300	35.163	6.098	0.935	31820.64	61.516	19.314	14.273	4.776
C500	14.939	3.313	0.757	39721.51	84.089	12.545	3.366	0.000
D200	35.142	9.511	1.731	18080.84	50.759	29.599	15.024	4.548
D300	28.651	7.158	0.901	34041.07	59.707	26.791	12.097	1.405
D500	19.867	5.039	0.639	43775.8	75.056	18.926	5.649	0.369

2.4.3　硫化矿尘热分解实验样品粒径分析

在热分析实验中，试样粒径的差异会导致硫化矿尘热分解速率和曲线形状不同。因此，对前面制得的 B、C、D 三类矿样重新进行筛分，制得矿样 B1、C1、D1，并利用激光粒度分析仪进行粒径分析，每类矿尘同样做 3 次以上测定。三类矿尘粒径分布图如图 2-22 ~ 图 2-24 所示，分析结果如表 2-4 所示。

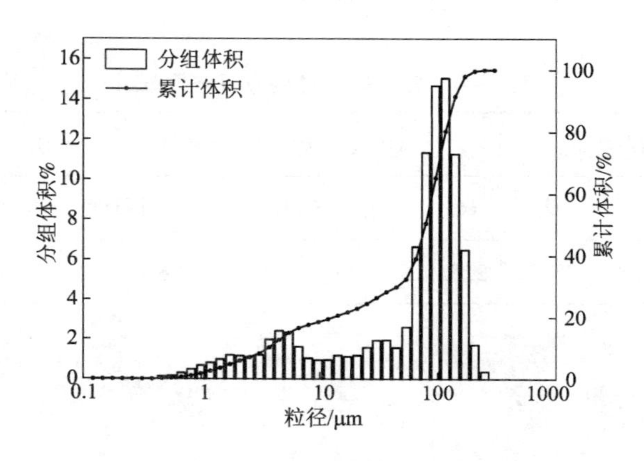

图 2-22　B1 类硫化矿尘粒径分布

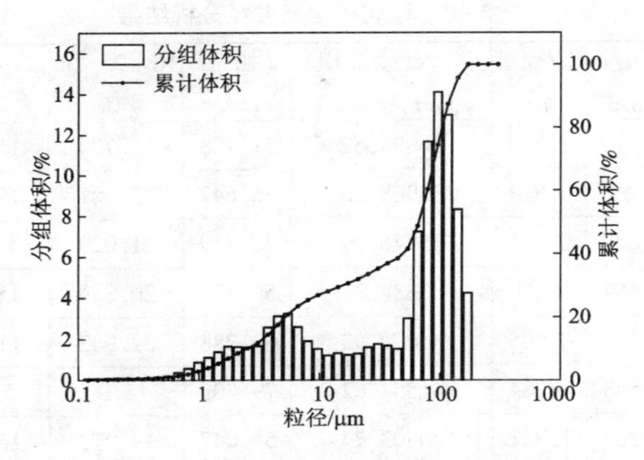

图 2-23　C1 类硫化矿尘粒径分布

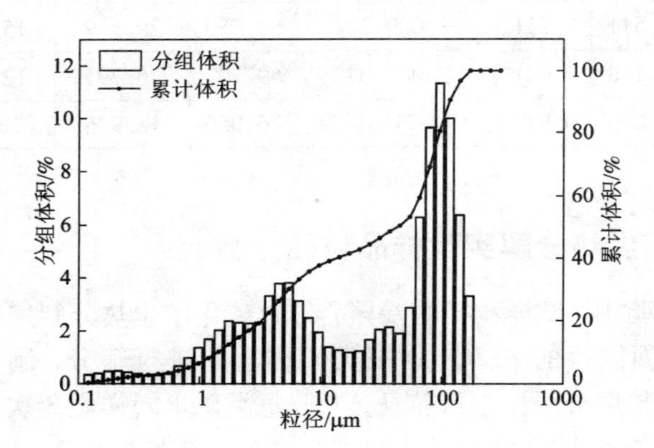

图 2-24　D1 类硫化矿尘粒径分布

表 2-4　硫化矿尘粒径分析结果/μm

B1 类硫化矿尘				C1 类硫化矿尘				D1 类硫化矿尘			
D_{10}	D_{50}	D_{90}	D_{av}	D_{10}	D_{50}	D_{90}	D_{av}	D_{10}	D_{50}	D_{90}	D_{av}
3.68	78.41	136.81	73.72	2.52	66.83	123.19	60.96	1.44	43.29	115.03	49.89

2.4　硫化矿物质成分分析

2.4.1　X射线荧光光谱分析

1. 分析设备

Axios max 型 X 射线荧光光谱仪具有快速、稳定和灵活以及多功能等优点，配备先进的超尖锐端窗 X 光管(SST)、结合紧凑和完美的光学系统、高效分光晶体、直接光学定位控制的测角仪(DOPS)、双多道分析器和高速计数电路(DMCA)，采用 Hi-Per 固定通道，明显改善了超轻元素和微量元素的分析灵敏度，被广泛应用于化工、钢铁、水泥、陶瓷、电子、环保、食品、造纸、石油、煤炭、有色金属等领域的研究开发和质量监控，能无损、精确、快速测量各种塑料、电子元件、金属材料、矿物粉末等物质里面各种元素的含量。

2. 实验样品 X 射线荧光光谱分析结果

取自高硫矿山 B、C、D 类硫化矿石经粗碎、细碎，再分别通过200目、300目和500目标准筛后制得爆炸实验样品。将不同类别、不同目数的硫化矿尘装入样品袋，送至江西理工大学测试中心，运用 Axios max 型 X 射线荧光光谱仪进行检测，检测结果如表2-5~表2-7所示。B类硫化矿尘云主要含有 O、Si、Al、Fe、K、S、Mg、Ca、Cu 等元素，C类硫化矿尘云主要含有 O、Si、Al、Fe、K、S、Mg、Ti、Ca、Cu 等元素，D类硫化矿尘云主要含有 O、Si、Al、Fe、K、S、Mg、Ti、F、Ca 等元素。

表2-5　B类硫化矿尘云爆炸实验X射线荧光光谱分析结果/%

矿尘类别	组成元素(质量分数)									
	O	Si	Al	Fe	K	S	Mg	Ca	Cu	Co	Cr
B200	20.384	14.267	0.426	26.205	0.091	26.277	0.154	0.079	0.473	0.045	—
B300	22.475	15.983	0.770	24.135	0.140	24.740	0.149	0.065	0.883	0.044	0.007
B500	31.653	19.885	1.992	19.380	0.402	19.806	0.235	0.139	1.641	0.040	—
矿尘类别	组成元素(质量分数)										
	Rb	P	Cl	Ga	Mn	Zn	Sr	As	Ti	Pb	—
B200	—	0.013	0.011	—	0.007	0.014	—	—	—	0.008	—
B300	—	0.019	0.009	—	0.010	0.026	—	—	—	0.011	—
B500	0.002	0.037	0.018	0.004	0.012	0.058	0.002	0.007	0.009	0.007	—

表 2－6 C类硫化矿尘云爆炸实验X射线荧光光谱分析结果/%

矿尘类别	组成元素（质量分数）								
	O	Si	Al	Fe	K	S	Mg	Ti	Ca
C200	32.826	17.424	1.811	22.897	0.245	11.710	0.370	0.090	0.147
C300	36.797	16.172	2.624	23.158	0.310	9.184	0.516	0.102	0.189
C500	37.820	15.844	3.216	25.521	0.403	7.232	0.573	0.123	0.205
矿尘类别	组成元素（质量分数）								
	Cu	Co	Cr	V	Rb	Zr	P	Cl	Ga
C200	0.669	0.038	0.011	0.015	0.003	0.003	0.041	0.015	0.004
C300	0.788	—	0.011	0.018	0.002	0.005	0.052	0.010	0.004
C500	1.049	—	—	0.016	0.003	0.006	0.054	0.012	0.006
矿尘类别	组成元素（质量分数）								
	Mn	Zn	Sr	As	Bi	Pb	W	Nb	Y
C200	0.361	0.054	0.003	—	0.009	0.039	0.074	0.001	—
C300	0.499	0.093	0.003	0.013	0.010	0.025	0.078	—	—
C500	0.472	0.090	0.004	0.017	0.019	0.043	0.112	—	0.001

表 2－7 D类硫化矿尘云爆炸实验X射线荧光光谱分析结果/%

矿尘类别	组成元素（质量分数）										
	O	Si	Al	Fe	K	S	Mg	Ti	F	Ca	Cu
D200	43.156	29.848	7.273	2.149	3.002	1.755	0.641	0.112	0.158	0.112	0.043
D300	46.633	29.102	9.047	2.176	3.480	1.345	0.704	0.150	0.122	0.166	0.048
D500	45.054	29.643	8.750	2.588	3.462	1.503	0.790	0.122	0.217	0.081	0.078
矿尘类别	组成元素（质量分数）										
	Co	Na	Cr	V	Rb	Ba	Zr	P	Cl	Ga	Mn
D200	—	—	0.008	—	0.015	—	0.006	0.022	0.011	0.002	0.006
D300	—	0.055	0.004	—	0.018	0.016	0.008	0.037	0.012	0.003	0.005
D500	0.007	0.067	0.010	0.007	0.022	0.018	0.007	0.022	0.011	0.002	0.009
矿尘类别	组成元素（质量分数）										
	Zn	Sr	Ni	As	Bi	Pb	Se	W	Nb	Ge	Y
D200	0.040	0.004	—	—	0.003	0.008	0.001	—	—	0.001	0.001
D300	0.060	0.006	0.005	—	0.003	0.007	—	0.007	0.001	0.001	0.002
D500	0.049	0.003	—	0.004	0.005	0.006	—	—	0.001	—	0.002

2.4.2　硫化矿样品及实验产物元素分析

1. 分析设备

尼通 XL3t950 便携式矿石分析仪具有速度快、操作简单、精度高、分析范围广等优点，独有的智能化 TestAll GeoTM 技术使其可根据分析样品的类型，自行判断、选择正确的分析模式，快速分析样品中存在的主要元素及微量元素。可分析的元素有 S、K、Ca、Ti、V、Cr、Mn、Fe、Co、Ni、Cu、Zn、As、Se、Rb、Sr、Zr、Nb、Mo、Pd、Ag、Cd、Sn、Sb、Ba、Hf、Ta、Re、W、Au、Hg、Pb、Bi、Sc、Th、U、Te、Cs、Mg、Al、Si、P、Cl，但不能测出元素周期表前 8 位元素含量。被广泛应用于勘查、岩芯检测、开采过程控制、品位控制及环境分析等领域。

2. 硫化矿样元素分析结果

利用 XL3t950 便携式矿石分析仪对热分解实验中 B、C、D 类硫化矿尘进行元素分析，分析结果如表 2－8 所示(由于便携式矿石分析仪分析能力的限制不能测出元素周期表前 8 位元素含量，以“Bal”表示列出)。从表 2－8 可以看出，三类硫化矿尘含铁、含硫均较高。B 类矿尘含铁含硫最高，C 类矿尘次之，D 类矿尘最低。除铁、硫外还伴生多种微量金属元素。

表 2－8　硫化矿样元素分析结果/%

矿尘类别	组成元素(质量分数)										
	Si	Al	Fe	K	S	Ti	Ca	Cu	Co	Cr	V
B 类	4.550	1.460	35.900	—	26.950	0.049	0.093	1.060	—	0.036	0.024
C 类	16.820	6.100	24.070	1.110	19.580	0.104	0.087	0.439	0.035	0.024	0.017
D 类	12.020	4.050	20.430	0.870	7.650	0.096	0.135	0.468	—	0.025	0.021
矿尘类别	组成元素(质量分数)										
	Rb	Ba	Zr	Mn	Zn	Sr	Ni	As	Bi	Pb	Bal
B 类	—	0.027	0.002	0.393	0.149	—	0.022	0.008	0.024	0.023	29.17
C 类	0.004	0.032	0.004	0.132	0.025	0.002	0.015	0.009	0.018	0.017	30.00
D 类	0.003	0.016	0.004	0.820	0.059	0.003	—	0.006	0.036	0.033	53.22

3. 爆炸产物与燃烧产物元素分析结果

利用 XL3t950 便携式矿石分析仪对爆炸产物与燃烧产物进行元素分析，分析结果如表 2－9 所示。从表 2－9 可知，爆炸产物中 S 含量明显减少，大多随 SO_2 逸出，而燃烧产物中 S 元素损失较少。Ba 与 Zr 含量的增加是由于化学点火源反应产物加入的缘故。

表 2-9 爆炸产物与燃烧产物元素分析结果/%

类别	组成元素(质量分数)							
	Si	Al	Fe	K	S	Ti	Ca	Cu
爆炸产物	5.110	1.260	18.270	0.439	4.730	—	0.041	0.379
燃烧产物	4.990	1.660	39.680	0.058	14.390	0.061	0.086	1.480
类别	组成元素(质量分数)							
	Cr	V	Ba	Zr	Cl	Mn	Zn	Sr
爆炸产物	0.043	—	7.660	10.840	0.010	0.328	0.020	0.073
燃烧产物	0.010	0.028	0.028	0.006	0.016	0.422	0.209	—
类别	组成元素(质量分数)							
	Ni	As	Bi	Pb	Mo	Sn	Ag	Bal
爆炸产物	—	0.018	—	0.029	0.023	0.011	—	49.94
燃烧产物	0.021	0.011	0.031	0.028	0.013	0.006	0.002	36.73

2.4.3 等离子体发射光谱分析

1. 分析设备

利用美国热电公司 IRIS Intrepid Ⅱ型全谱直读电感耦合等离子发射光谱仪(ICP)对硫化矿尘进行分析，其波长范围为165～1050 nm，中阶梯光栅，CID 检测器，全谱直读一次曝光获取所有元素谱线信息。最大 RF 功率为2 kW，750 W～1750 W 6 级可调，频率为27.12 MHz 或40.68 MHz。高压放电装置让气体发生电离，被电离的气体经过环绕石英管顶部的高频感应线圈时，线圈产生的巨大热能和交变磁场使电离气体的电子、离子和处于基态的氩原子发生反复猛烈的碰撞形成等离子体炬。样品经处理制成溶液后，由超雾化装置变成全溶胶，然后由底部导入石英炬管，从喷嘴喷入等离子体炬内。样品气溶胶进入等离子体焰时，绝大多数立即分解成激发态的原子、离子。当这些激发态的粒子回到稳定的基态时释放出一定的能量(表现为发射一定波长的光谱)，通过 CID 检测器，测定每种元素特有的谱线和强度，与标准溶液比较，就可以测定样品中所含元素的种类和含量。电感耦合等离子发射光谱仪已被广泛应用于环境、地矿、冶金、生物、食品、石油、医学检验等领域的多元素分析中。

2. 硫化矿尘等离子体发射光谱分析结果

将制得的不同目数(200 目、300 目、500 目)B、C、D 类硫化矿尘送至江西理工大学测试中心，参照 GB/T6730.63—2006《铁矿石铝、钙、镁、锰、磷、硅和钛含量的测定电感耦合等离子体发射光谱法》进行 ICP 检测，检测结果如表 2 - 10 所示。

表 2 - 10　硫化矿样等离子体发射光谱分析结果/%

矿尘类别	Al	As	B	Ba	Be	Bi	Cd	Co
B200	0.025	<0.01	<0.01	<0.01	<0.01	<0.01	<0.01	<0.01
B300	0.038	<0.01	<0.01	<0.01	<0.01	<0.01	<0.01	<0.01
B500	0.11	<0.01	<0.01	<0.01	<0.01	<0.01	<0.01	<0.01
C200	0.56	<0.01	<0.01	<0.01	<0.01	<0.01	<0.01	<0.01
C300	0.91	<0.01	<0.01	<0.01	<0.01	<0.01	<0.01	<0.01
C500	1.17	<0.01	<0.01	<0.01	<0.01	<0.01	<0.01	<0.01
D200	0.19	<0.01	<0.01	<0.01	<0.01	<0.01	<0.01	<0.01
D300	0.39	<0.01	<0.01	<0.01	<0.01	<0.01	<0.01	<0.01
D500	0.34	<0.01	<0.01	<0.01	<0.01	<0.01	<0.01	<0.01

矿石类别	Cr	Cu	Fe	Ga	Li	Mg	Mn	Ni
B200	<0.01	0.39	>2	<0.01	<0.01	0.040	<0.01	<0.01
B300	<0.01	0.75	>2	<0.01	<0.01	0.037	<0.01	<0.01
B500	<0.01	1.91	>2	<0.01	<0.01	0.056	<0.01	<0.01
C200	<0.01	0.51	>2	<0.01	<0.01	0.27	0.32	<0.01
C300	<0.01	0.77	>2	<0.01	<0.01	0.38	0.44	<0.01
C500	<0.01	1.15	>2	<0.01	<0.01	0.44	0.51	<0.01
D200	<0.01	0.078	>2	<0.01	<0.01	0.024	<0.01	<0.01
D300	<0.01	0.080	>2	<0.01	<0.01	0.046	<0.01	<0.01
D500	<0.01	0.11	>2	<0.01	<0.01	0.049	<0.01	<0.01

矿石类别	Pb	Sb	Sn	Sr	Ti	Tl	V	Zn
B200	<0.01	<0.01	<0.01	<0.01	<0.01	<0.01	<0.01	0.013
B300	<0.01	<0.01	<0.01	<0.01	<0.01	<0.01	<0.01	0.021
B500	<0.01	<0.01	<0.01	<0.01	<0.01	<0.01	<0.01	0.061

续表 2 - 10

矿石类别	Pb	Sb	Sn	Sr	Ti	Tl	V	Zn
C200	0.032	<0.01	<0.01	<0.01	0.016	<0.01	<0.01	0.050
C300	0.044	<0.01	<0.01	<0.01	0.018	<0.01	<0.01	0.087
C500	0.062	<0.01	<0.01	<0.01	0.024	<0.01	<0.01	0.095
D200	0.016	<0.01	<0.01	<0.01	<0.01	<0.01	<0.01	0.046
D300	0.013	<0.01	<0.01	<0.01	<0.01	<0.01	<0.01	0.092
D500	0.017	<0.01	<0.01	<0.01	0.012	<0.01	<0.01	0.062

2.4.4 X 射线衍射分析

1. 分析设备

运用荷兰帕纳科公司 Empyrean 型 X 射线粉末衍射仪对不同含硫量的硫化矿尘及爆炸与燃烧产物的物相进行鉴定。Empyrean 锐影 X 射线衍射仪具备满足当前四大类 X 射线分析要求的平台，即衍射、散射、反射和 CT 影像 X 射线分析平台，样品可以是粉末、薄膜、纳米材料和块状材料。该仪器还包括 PreFIX 预校准光路全模块化，不同光路系统及独特的五轴样品台 3D 检测器系统，PIXcel^{3D}探测器接收效率、灵敏度、稳定性高。广泛应用于材料科学、物理、化学、地质诸多研究领域。

2. 硫化矿样及实验产物 X 射线衍射分析结果

对取回的矿石凭经验按照表面特征分为 A、B、C、D 类，经粗碎、细碎后的硫化矿尘云、爆炸产物和燃烧产物分别通过 400 目标准筛，将矿样分类装袋，送至测试中心进行检测。粉末衍射仪的阳极材料为 Cu 靶，管压 40 kV，管流 40mA，定速连续扫描，发散狭缝 0.2177°，扫描步长 0.013°/步，扫描步长时间 18.87s。得到硫化矿尘云、爆炸产物和燃烧产物的矿物组成，A 类硫化矿尘云主要含有黄铁矿(FeS_2)、菱铁矿($FeCO_3$)、高岭石[$Al_2Si_2O_5(OH)_4$]以及二氧化硅(SiO_2)；B 类硫化矿尘云主要含有黄铁矿(FeS_2)、高岭石[$Al_2Si_2O_5(OH)_4$]以及二氧化硅(SiO_2)；C 类硫化矿尘云主要含有黄铁矿(FeS_2)、菱铁矿($FeCO_3$)、高岭石[$Al_2Si_2O_5(OH)_4$]以及二氧化硅(SiO_2)；D 类硫化矿尘云主要含有黄铁矿(FeS_2)、菱铁矿($FeCO_3$)、方解石($CaCO_3$)以及二氧化硅(SiO_2)；爆炸产物主要含有黄铁矿(FeS_2)、氧化铁(Fe_2O_3)、锆酸钡($BaZrO_3$)、氧化锆(ZrO_2)以及二氧化硅(SiO_2)；燃烧产物主要含有黄铁矿(FeS_2)、菱铁矿($FeCO_3$)、氧化铁(Fe_2O_3)以及二氧化硅(SiO_2)。四种矿尘与两种产物对应的 XRD 图谱如图 2 - 25 所示。

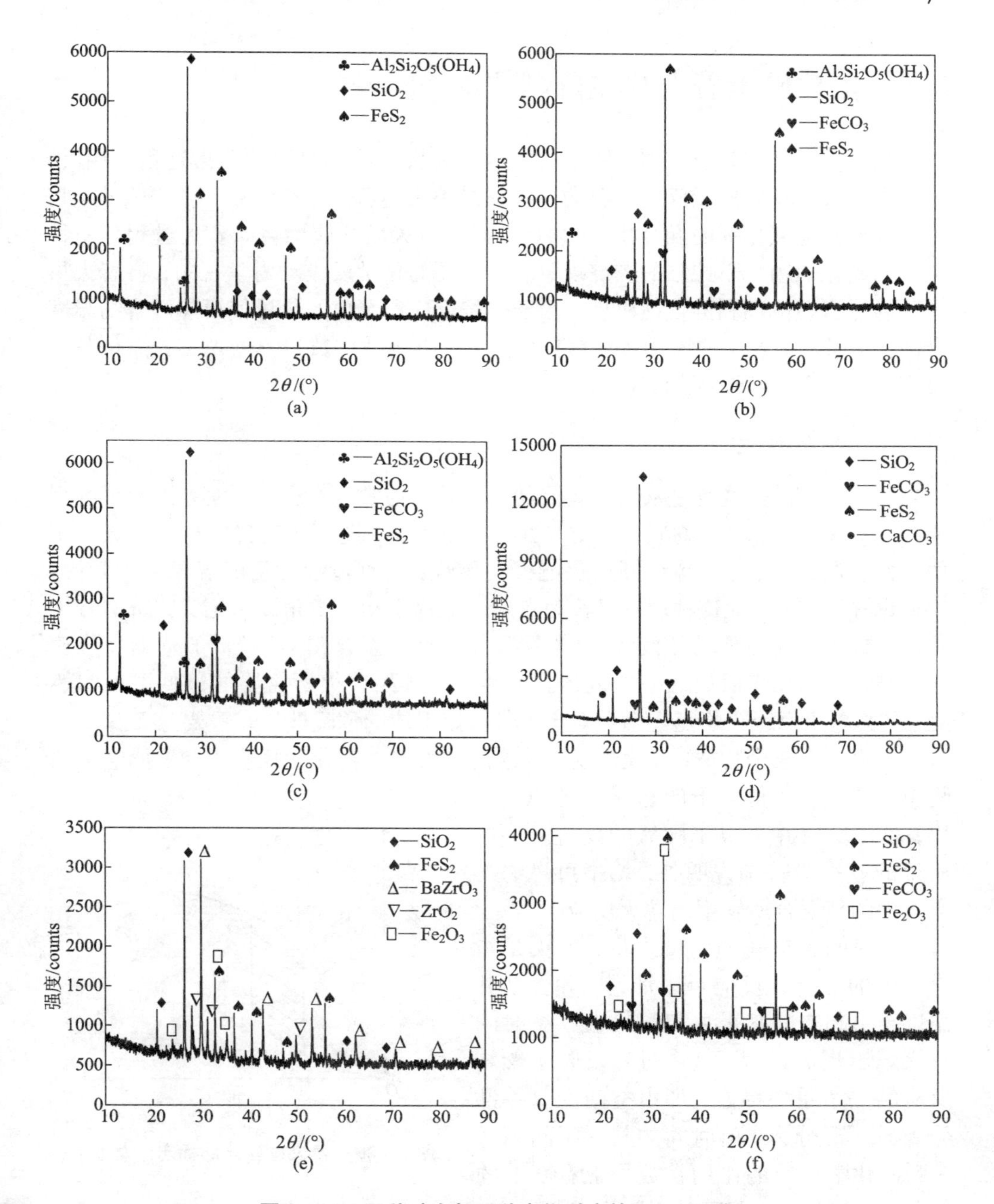

图 2-25　四种矿尘与两种产物对应的 XRD 图谱

(a) A 类硫化矿尘云；(b) B 类硫化矿尘云；(c) C 类硫化矿尘云；
(d) D 类硫化矿尘云；(e) 爆炸产物；(f) 燃烧产物

2.5 硫化矿尘着火及热自燃理论

从无化学反应到稳定的、强烈的放热反应状态的过程称为着火过程。相反，从强烈的放热反应向无反应状况的过程就是熄火过程。任何可燃混合物（可燃物和空气或其他氧化剂的混合物）的燃烧都必须着火后才能燃烧。着火过程是一种典型的受化学动力学控制的燃烧现象。从不同的化学反应动力学视角，将着火机理分为热自燃机理和链自燃机理。由于燃烧反应所释放的热量使可燃混合物温度升高，从而发生着火的情况属于热自燃；系统内链载体数目不断增多，强化其链反应，导致着火，属于链自燃。

2.5.1 着火概念

一切物质的燃烧都是从其着火开始的。着火通常伴有火焰、发光或发烟的现象。一般情况下，可燃物质在与空气并存的条件下，遇到比其自燃点高的点火源便开始燃烧，并在点火源移开后仍能继续燃烧，这种持续燃烧的现象叫作着火，着火也称燃烧，因此这种现象又称为点燃。从化学动力学角度来定义，所谓着火是指在极短时间内预混可燃物（可燃物和氧化剂的混合物）从较低的化学反应速率达到较高的化学反应速率的过程。可燃物质开始着火所需要的最低温度叫燃点，又称着火点或火焰点。燃点对于评价可燃固体的危险性具有重要意义。

着火具有三个特征，即化学反应、放热和发光。在化学反应中，失掉电子的物质被氧化，获得电子的物质被还原。所以，氧化反应并不限于同氧的反应。一般所说的着火除特别说明外，均指可燃物与空气中的氧混合所发生的着火反应。

从时间和空间的角度来讲，着火是指直观中的混合物反应自动加速，并自动升温以至引起空间某个局部最终在某个时间有火焰出现的过程，这个过程反映了燃烧反应的一个重要标志，即由空间的这一部分到另一部分，或由时间的某一瞬间到另一瞬间化学反应的作用在数量上有跃变的现象，如图 2－26 所示。

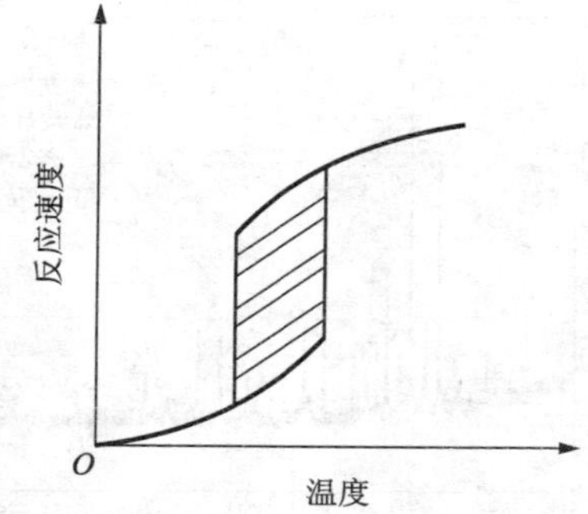

图 2－26 着火过程外部标志示意图

2.5.2 着火条件

着火现象十分普遍，但其发生必须具备一定条件。作为一种特殊的氧化还原反应，反应过程中必须有氧化剂和还原剂参与，此外还要有引发燃烧的能源[63]。具体包括：

（1）可燃物（还原剂）。不论是气体、液体还是固体，也不论是金属还是非金属、无机物还是有机物，凡是能与空气中的氧或其他氧化剂起燃烧反应的物质，均称为可燃物。如氢气、乙炔、酒精、汽油、木材、纸张等。

（2）助燃物（氧化剂）。凡是与可燃物结合能导致和支持燃烧的物质，都称为助燃物。如空气、氧气、氯气、氯酸钾、过氧化钠等。空气是最常见的助燃物。

（3）点火源。凡是能引起物质燃烧的点燃能源，统称为点火源。如明火、高温表面、摩擦与冲击、自然发热、化学反应放热、电火花、光线照射等。

上述三个条件通常被称为着火三要素。但是，即使具备了三要素并且相互结合、相互作用，着火也不一定能发生。要发生着火还必须满足其他条件，如可燃物和助燃物要有一定的数量和浓度，点火源要有一定的温度和足够的热量等。着火发生时，三要素可表示为封闭的三角形，通常称为着火三角形，如图 2－27（a）所示。

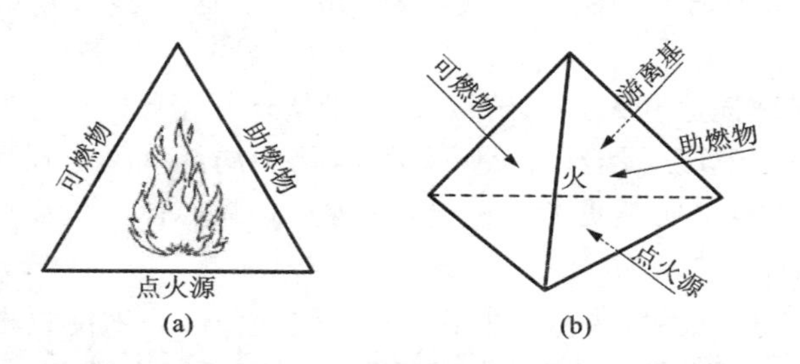

图 2－27 着火三角形（a）和着火四面体（b）

经典的着火三角形一般足以说明着火得以发生和持续进行的原理。但是根据燃烧的链式反应理论，很多燃烧的发生以持续的游离基（自由基）做“中间体”。因此，着火三角形应扩大到包括一个说明游离基参加着火反应的附加维，从而形成一个着火四面体，如图 2－27（b）所示。

同时，由图 2－26 还可知着火条件为：如果在一定的初始条件下，系统不能在整个时间区段保持低温水平的缓慢反应，而出现一个剧烈的加速的过渡过程，使系统在某个瞬间达到高温反应态，即达到燃烧态，那么这个初始条件就是着火条件。需要注意的是：①系统达到着火条件并不意味着已经着火，而只是系统已具备了着火的条件；②着火这一现象是针对系统的初态而言的，它的临界性质不能错误地解释为化学反应速率随温度的变化有突变的性质，因此，图 2－26 中横坐标所代表的温度不是反应进行的温度，而是系统的初始温度；③着火条件不是一个简单的初温条件，而是化学动力学参数和流体力学参数的综合体现。

2.5.3 着火过程

着火是伴随温度和时间的变化而发生持续进行的燃烧过程。

(1)温度 T_c。必须具有足够的着火温度 T_c。达到该温度时，反应速度急剧加快，引起显著的化学反应和热解，并出现放热和发光。

(2)时间 τ_i。在达到着火温度 T_c 之前，必须有一段感应期，称为着火感应期。在感应期 τ_i 内，反应速度很低，组分的浓度、温度、压力变化不大。

2.5.4 可燃物的着火方式

可燃物的着火方式，一般分为以下几类：

(1)化学自燃。例如，火柴受摩擦而着火，炸药受撞击而爆炸，金属钠在空气中的自燃，烟煤因堆积过高而自燃，等等。这类着火现象通常不需要外界加热，而是在常温下依据自身的化学反应发生的。因此，习惯上称为化学自燃。

(2)热自燃。如果将可燃物和氧化剂的混合物预先均匀地加热，随着温度的升高，当混合物加热到某一温度时便会自动着火，这种着火方式习惯上称为热自燃。

(3)点燃(或称强迫着火)。点燃是指由于从外部能源，如电热线圈、电火花、炽热质点、点火火焰等获得能量，使可燃混合物的局部范围受到强烈的加热而着火。这时火焰就会在靠近点火源处被引发，然后依靠燃烧波传播到整个可燃混合物中。

必须指出，上述三种着火分类方式，并不能十分恰当地反映出它们之间的联系和差别。例如，化学自燃和热自燃都是既有化学反应的作用，又有热的作用；而热自燃和点燃的差别就是整体加热和局部加热的不同而已。另外，火灾有时也称为爆炸，热自燃也称为热爆炸。这是因为此时着火的特点与爆炸相类似，其化学反应速率随时间激增，反应过程非常迅速，因此在燃烧学中所谓“着火”“自燃”“爆炸”其实质都是相同的，只是在不同场合叫法不同而已。

2.5.5 自燃及其分类

可燃物的着火方式有两种，即自燃和点燃。前者是自发的，后者是强迫的。自燃着火是可燃物在没有外部火花、火焰等点火源的作用下，自身经过缓慢氧化反应，逐渐积累热量或活性因子，因受热或自身发热并蓄热而发生的自燃着火现象。发生自燃时的温度叫作自燃温度或自燃点。可燃物的自燃点越低，越容易着火，因而火灾的危险性越大。自燃现象按热量的来源不同，可分为受热自燃和自热自燃(本身自燃)。

(1)受热自燃。当有空气或氧存在时，可燃物虽然未与明火直接接触，但在外部热源的作用下，由于热传导而使可燃物温度升高，达到自燃点而发生着火燃烧。可燃物与空气一起被加热时，首先开始缓慢氧化，氧化反应产生的热量使物质温度升高。同时，也有部分散热损失。若物质受热少，则氧化反应速度慢，反应产生的热量小于热散失量，则温度不会再上升。若物质继续受热，氧化反应加快，当反应所产生的热量超过热散失量时，温度逐步升高，达到自燃点而自燃。物质发生受热自燃取决于两个条件，一是要有外部热源，二是要具备热量积蓄的条件。在工业生产中，可燃物接触高温表面、被加热、过度烘烤、冲击摩擦等，都有可能发生受热自燃。

(2)自热自燃。某些物质在没有外部热源作用下，由于物质内部发生的物理、化学或生化过程而产生热量，这些热量在适当的条件下会逐渐积聚，使物质温度升高，达到自燃点而着火燃烧，这种现象称为自热自燃。引起自热自燃也需要一定的条件：其一，必须是比较容易产生反应热的物质；其二，此类物质具有较大的比表面积或是呈多孔隙状，如纤维、粉末或重叠堆积的片状物质，并有良好的绝热和保温性能；其三，热量产生的速率必须大于向环境散发的速率。满足了上述三个条件，自热自燃才会发生。造成自热自燃的原因有氧化热、分解热、聚合热、发酵热等。自热自燃的物质可分为：自燃点低的物质(磷、磷化氢)；遇空气、氧气发热自燃的物质；自燃分解发热的物质(硝化棉)；易产生聚合热或发酵热的物质。能引起本身自燃的物质常见的有植物类、油脂类、煤、硫化铁及其他化学物质等。

金属粉尘如锌粉、铝粉，金属硫化物如硫化铁等在接触空气时，都有可能引起自燃，因此这类物质很危险。现在以本书所研究的硫化矿中含有的硫化铁来说明。硫化铁类自燃的主要原因是在常温下(与空气)发生氧化[64]，其主要化学反应式如下：

$$FeS_2 + O_2 = FeS + SO_2 + 222.17\ kJ \tag{2-5}$$

$$FeS + 1.5O_2 = FeO + SO_2 + 48.95\ kJ \tag{2-6}$$

$$2Fe + 1.5O_2 = Fe_2O_3 + 270.70\ kJ \tag{2-7}$$

$$Fe_2S_3 + 1.5O_2 = Fe_2O_3 + 3S + 585.76\ kJ \tag{2-8}$$

上述反应均属于放热反应，因此极易自燃。

固体可燃物的自燃过程如图2-28所示。由图2-28可知，任何可燃物的自燃都经历氧化自热、着火、燃烧等阶段。物质自燃过程中温度的变化如图2-29所示。$T_{初}$为可燃物开始加热的温度。在初始阶段，加热的大部分热量用于可燃物的加热分解，以提高自身的温度，此时温度上升比较缓慢。温度达到$T_{氧}$，可燃物质开始氧化，由于温度较低，氧化速率不快，氧化产生的热量尚不足以抵消外界的散热。此时若停止加热，尚不会引起燃烧；若继续加热，温度上升很快，达到$T_{自}$时，即使停止加热，温度仍会自行升高，当升高到$T'_{自}$时就着火燃烧起来。

这里，$T_{自}$ 是理论上的自燃点，$T'_{自}$是开始出现火焰的温度，为实际测得的自燃点，$T_{燃}$ 为可燃物的燃烧温度。由 $T_{自}$ 到 $T'_{自}$的时间间隔称为燃烧诱导期，或者着火延滞期，在安全防火上有一定的实际意义。

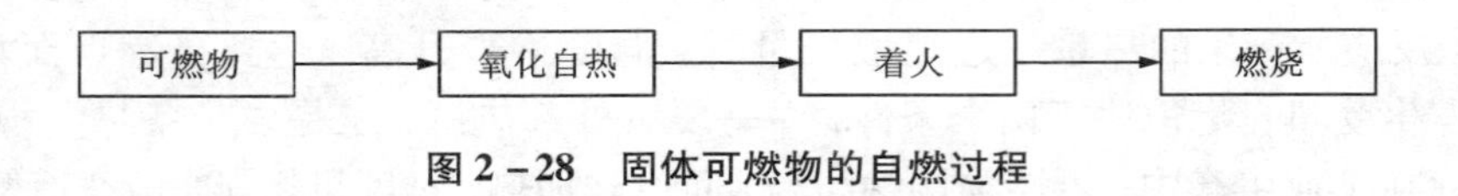

图 2－28　固体可燃物的自燃过程

可燃物在温度条件适宜时会自行发火。从热力学来分析，可燃物的自行发火是混合系统内的化学反应和传递形式所造成的热扩散平衡问题，而发火是由发热速度大于散热速度致使温度上升所引起的。任何物质在温度低于某一数值时，散热速度大于发热速度，便不会着火；高于某一数值时则引起着火，该极限温度称为自燃温度，可根据自燃温度对爆炸性混合物进行分组，如表 2－11 所示。与爆炸性可燃物接触的物体，其接触表面的温度必须控制在所接触的爆炸性混合物自燃温度以下。

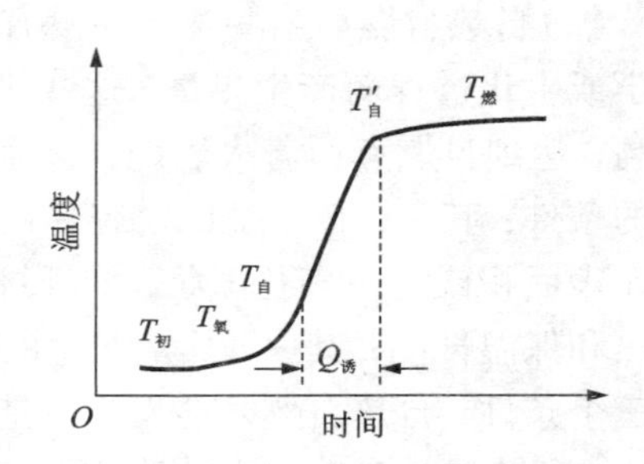

图 2－29　可燃物着火过程的温度变化

表 2－11　爆炸性混合物分组

组别	自燃温度/℃	组别	自燃温度/℃
T1	$T>450$	T4	$135<T\leqslant200$
T2	$300<T\leqslant450$	T5	$100<T\leqslant135$
T3	200	T6	$85<T\leqslant100$

可燃物的自燃温度除了取决于物质种类和结构形态外，还与以下因素有关：

(1)可燃物粉碎得越细，自燃温度越低；

(2)大气中氧的含量增多，可燃物的自燃温度降低；

(3)可燃物中加入钝化剂可以提高其自燃温度，加入活性催化剂可以降低其自燃温度。

2.5.6　固体的着火形式

相对于气体和液体状态的可燃物的着火而言，固体的着火过程要复杂得多，而且不同类型固体的着火又有不同的过程。根据各类可燃固体的着火方式和着火特性，固体可燃物的着火形式大致可分为五种：

(1)蒸发燃烧。固体的蒸发燃烧是指可燃固体受热升华或融化后蒸发，产生的可燃气体与空气边混合边着火的有焰燃烧(也叫均相燃烧)，是融化→气化→扩散→燃烧的连续过程。如硫磺、白磷、钾、钠、镁、松香、樟脑、石蜡等物质的燃烧属于蒸发燃烧。

(2)表面燃烧。表面燃烧是指固体在其表面上直接吸收氧气发生的燃烧(也叫非均相燃烧或无焰燃烧)，可燃物表面接受高温生成燃烧产物放出热量，使分子表面活化。可燃物表面被加热后发生燃烧，燃烧以后的高温气体以同样的方式将热量传给下一层可燃物，这样继续燃烧下去。不能挥发、分解和汽化的木炭、焦炭、金属等，燃烧过程在固体表面进行，通常产生红热的表面，产生火焰，为表面燃烧。金属的燃烧也是一种表面燃烧，无气化过程，燃烧温度较高。在生产生活中，结构稳定、熔点较高的可燃固体的燃烧就属于典型的表面燃烧实例。燃烧过程中它们不会熔融、升华或分解产生气体，固体表面呈高温炽热发光而无火焰的状态，空气中的氧不断扩散到固体高温表面被吸附，进而发生气—固非均相反应，反应的产物带着热量从固体表面逸出。

(3)分解燃烧。可燃固体，如木材、煤、合成塑料等，在受到火源加热时发生热分解，随后分解出的可燃挥发分与氧气发生燃烧反应，这种形式的燃烧一般称为分解燃烧。即它们的燃烧是由热分解产生可燃性气体来实现的，如木材和煤。大多数是由于分解产生的可燃性气体再进行燃烧的。当固体完全分解不再析出可燃气体后，留下的碳质固体残渣即开始进行无焰的表面燃烧。

(4)熏烟燃烧(阴燃)。阴燃是指在氧气不足、温度较低、分解出的可燃挥发分较少或逸散较快的情况下，或在湿度较大的条件下，固体物质发生的只冒烟而无火焰的燃烧。阴燃属于固体物质特有的燃烧形式，液体或气体物质不会发生阴燃。

(5)动力燃烧(爆炸)。它是指可燃固体或其分解析出的可燃挥发分遇火源所发生的爆炸式燃烧，主要包括可燃粉尘爆炸、炸药爆炸、轰燃等几种情况。其中，轰燃是指可燃固体由于受热分解或不完全燃烧析出可燃气体，当其以适当的比例与空气混合后再遇到火源时发生的爆炸式预混燃烧。

由上述内容可知，在固体的着火形式中，蒸发燃烧和分解燃烧都是有焰的均相燃烧，只是可燃气体的来源不同：蒸发燃烧的可燃气体是相变的产物，分解燃烧的可燃气体则是来自固体的热分解。固体的表面燃烧和阴燃，都是发生在固体表面与空气的接触界面上，呈无焰的非均相燃烧，两者的区别在于：阴燃中固体有分解反应，而表面燃烧则没有。

2.6 硫化矿尘爆炸

2.6.1 硫化矿尘爆炸概述

高硫金属矿床回采过程中的凿岩爆破、二次破碎、矿石运输等均会产生含硫矿尘(即硫化矿尘)。这些悬浮在空气中的硫化矿尘在满足适当浓度与分散度及有足够引爆能条件下会发生矿尘爆炸事故，威胁人员与设备安全，给矿山带来巨大的安全隐患。

由爆破诱发的硫化矿尘爆炸事故在加拿大、南非、澳大利亚、苏联等国家和欧洲一些地区的硫化矿山地下开采过程中时有发生。国内矿山有关硫化矿尘爆炸的报道很少，但有几个高硫易燃矿床在使用崩落法开采中[65]，也曾发生过由高温高压有毒气体带着干硫化矿尘喷出的事故[66]：1970—1974 年松树山铜矿采用分段崩落法开采曾发生过 10 起类似事故，造成 5 人死亡、10 人烧伤；1978 年 7 月西林铅锌矿和铜坑锡矿都因高温气体和硫化矿尘突然从电耙道的溜矿井中涌出，造成 4 人死亡；1979 年 12 月铜官山铜矿因采场悬顶冒落引起高温气体和硫化矿尘突然涌出，造成 4 人死亡；2002 年 10 月铜山铜矿因高温气体和硫化矿尘从残采采场底部的 T_2G 出矿巷道中突然涌出，造成现场的 2 名出矿工人被高温气浪严重灼伤，后经医治无效死亡；1982—2004 年，江西东乡铜矿发生多起硫化矿尘爆炸，其中 2 起重大伤亡事故共造成 7 人死亡，最近一起发生在 2004 年 2 月，导致 3 人死亡。

矿尘爆炸产生的爆炸压力与火焰会造成严重人身伤亡，并大规模地破坏仪器设备，甚至酿成大灾，而且粉尘爆炸极易导致二次爆炸。第一次爆炸会把较大范围内沉积在巷道、设备上的粉尘吹扬或振动起来，爆炸中心在一个很短时间后会形成负压，周围的新鲜空气会进行补充，形成所谓的“返回风”并与扬起的粉尘混合，在第一次爆炸余火或爆震的引燃下发生第二次爆炸。由于第二次爆炸时粉尘浓度比第一次高、爆炸范围比第一次大，第二次爆炸的威力比第一次要大得多。所以说，硫化矿粉尘爆炸是硫化矿山的一个重大灾害，其造成的危害主要是高温高压气浪夹带大量微细粉尘灼伤人体皮肤和呼吸道(器官)，并将大量微尘送入人体呼吸道和肺泡黏膜，引起肺功能障碍或大面积灼伤并发症而导致恶性重大人身伤亡事故。

硫化矿尘爆炸危害具有下述特点：

(1)突发性：爆炸灾害发生的时间、地点一般难以预料。

(2)复杂性：各种爆炸事故的发生原因、危害范围及后果各不相同，相差悬殊。

(3)严重性：爆炸事故破坏性强，危害性大，多数具有摧毁性并造成人员伤亡。

由于上述硫化矿尘爆炸危害的特点，目前技术条件下，爆炸一旦发生，肯定造成重大危害和损失，只能依靠提前预防，避免爆炸发生或使危害降低到最低限度。

2.6.2　硫化矿尘爆炸条件

硫化矿尘爆炸的实质是硫化矿尘氧化产生的热量远远大于散失的热量，使悬浮于空气中的矿尘剧烈氧化、燃烧、爆燃和爆炸[67]。

国内外实验和实验研究表明[68]，粉尘爆炸一般应同时满足下述三个必要条件：

(1)充足的空气(氧气)或氧化剂(助燃剂)；

(2)空气中悬浮适当浓度(爆炸浓度)的可燃性粉尘云；

(3)有点火源或者有强烈振动、摩擦。

通常认为，易爆粉尘只要满足条件(1)和条件(2)就意味着具备了可能发生爆炸事故的隐患。

要防止粉尘爆炸，必须设法破坏上述三个爆炸必要条件中的至少一个，其中条件(1)是人类生存的最基本条件，只要有空气流通就会有充足的氧气，或者说只要是有人作业的空敞环境，该条件就必须且必然可以满足。所以，粉尘爆炸的实际必要条件是：尘源——与空气充分混合且达到爆炸浓度的粉尘云；能源——具有一定能量且能点燃悬浮在空气中粉尘的点火源(又称激发能)。只有设法破坏条件(2)和条件(3)之一，才能防止粉尘爆炸。

引起硫化矿尘爆炸的尘源有：① 矿石爆破破碎和掉落破碎产生的粉尘(源尘)；② 爆破的矿石对采场底板(或残留矿石)和帮壁剧烈冲击产生的粉尘；③ 爆炸冲击波和矿石掉落产生空气冲击，激起采场内二次扬尘；④ 爆破振动和冲击引起附近巷道顶板与帮壁扬起的矿尘；⑤ 矿石运搬设备(铲运机、装载机、T_2G、电耙)装卸和运输作业产生的粉尘等。

引起硫化矿尘爆炸的点火源有：① 高硫矿石尤其是胶状黄铁矿氧化自燃[69]；② 高硫矿石氧化的化学过程反应热[70-71]；③ 爆破(包括崩矿和二次破碎)火花及其强震；④ 矿石崩落、冒落、滚落等强烈碰撞或摩擦火花；⑤ 运搬设备(铲运机、装载机、电耙)与矿石的机械撞击和摩擦产生的火花；⑥ 其他明火火源如人工火源、线路火花等。

在硫化矿床地下开采采场及一定范围的有限空间内，必然产生粉尘(即尘源)，关键是如何将粉尘控制在爆炸下限浓度以内；明火完全可以消除，但爆破振动与冲击、矿石崩落碰撞、矿－机摩擦火花不可避免，关键是控制硫化矿石不产生氧化自燃[72]。

由于采场内粉尘主要通过巷道与外界相通，巷道成为粉尘扩散和卸压的通道，且与高大采场相比，在巷道开挖处(出矿口)具有更为充足的氧气供给，更可能形成临界爆炸浓度的粉尘云，以及更容易出现点火源(包括明火火源、硫化矿石氧化自燃、矿－机撞击摩擦火源等)[73]，因此，巷道开挖处往往成为矿尘爆炸的爆源(中心)。

此外，硫化矿山的硫化矿尘爆炸与其他可燃粉尘爆炸相比还有一个特殊的条件，就是热源[74]。虽然国内外对热源在硫化矿尘爆炸中的作用机理研究尚无报道，但其作用却在生产实践中得到证实，那就是硫化矿尘爆炸大都发生在高硫矿山的分段崩落法或分段凿岩阶段、矿房法采场的出矿巷道内(楣线附近)，而在其他作业点如溜矿井(卸矿点)、掘进工作面等位置，尽管也有可能同时满足粉尘爆炸的条件(空气、粉尘云、火源)，但国内外均无这些作业点发生硫化矿尘爆炸的报道，究其原因就是这些作业点空气流动较好，环境温度[75-76]和悬浮的粉尘温度均达不到粉尘爆炸的热源条件，即没有热源的存在。

2.7 本章小结

本章首先介绍了硫化矿物及硫化矿石；分析了黄铁矿、胶状黄铁矿、白铁矿、磁黄铁矿四种典型硫化矿物；分析了硫化矿物的氧化过程产物及硫化矿物的溶解特征；简单介绍了硫化矿尘的产生及危害。其次，从硫化矿样采集、硫化矿山调研及取样矿山选择、矿山现场采样、实验室制(样)尘四个环节阐述了硫化矿尘的制备过程。使用激光粒度分析仪对硫化矿样进行了粒径分析，利用X射线荧光光谱仪分析了硫化矿样主要元素的含量，采用便携式矿石分析仪对硫化矿样、爆炸产物和燃烧产物的元素进行了分析，利用等离子发射光谱仪对硫化矿样进行了成分分析，通过X射线粉末衍射仪分析了硫化矿样、爆炸产物和燃烧产物的主要矿物组成。再次，从着火概念、着火条件、着火过程特征、着火方式、自燃及其分类及着火形式等方面介绍了硫化矿尘着火及热自燃理论。最后，概述了硫化矿尘爆炸及爆炸条件。本章内容为全书研究成果的前提和基础。

第3章　硫化矿石氧化自热实验研究

3.1　硫化矿石氧化自热概念

硫化矿石经过爆破之后，会吸收炸药反应产生的热能导致自身的温度升高，之后在空气中相互碰撞，几乎同时在重力的作用下撞击采场底板，这个过程中动能会转化为部分热能，使矿石温度升高[77]；崩落之后的硫化矿石因为堆积在空间相对封闭的井下采场内，散热会受到抑制。由于井下环境十分复杂，在水、氧气、温度、pH等因素的影响下[78]，硫化矿石因为自身的特性会发生氧化反应，氧化过程中会放出热量[79]，而矿石堆具有聚热作用，随着氧化反应的进行，矿石堆内部热量越聚越多，进而促进硫化矿石氧化[80]。如此循环之下，矿石堆内部氧化反应会越来越剧烈，矿石堆温度会越来越高[81]，后期会产生大量的二氧化硫气体[82]。

矿石堆发生氧化自热甚至自燃必须具备三个基本条件：矿石本身容易被氧化且为放热反应；外界的空气足够充分，能使反应持续进行；矿石堆要有积聚热量的能力，保证散热小于产热。

3.2　硫化矿石氧化自热影响因素概述

高硫金属矿井的外部环境复杂，影响硫化矿石氧化的因素很多，虽然影响的作用大小不一，但是存在于矿石堆及周围的各个角落。影响因素包括内在因素和外在因素两个方面：内在因素有矿石物质结构、含硫量[83]、矿石块度、矿堆形状；外在因素有水、空气湿度、空气流速、氧气浓度[84]、环境温度、矿石含水率、pH、微生物作用等。

3.2.1　含硫量与物质结构的影响

硫化矿石在含硫量超过15%且外界条件满足的情况下，就有可能发生氧化自燃，产生明火甚至引发矿井火灾[85]；当含硫量高达40%～50%时[86]，氧化自燃发火的可能性最大，矿石的着火危险性也最大[87]。在可能发生氧化自燃的这段含硫量区间内，从宏观理论角度考虑，通常认为含硫量愈高，硫化矿石愈容易氧化，但实际上并不是如此。因为矿石不是由单纯的某种含硫矿组成，而是由多组硫化矿和其他物质混合而成，其氧化性还与矿物的物质晶体结构有很大关系，有些矿物的物质成分虽然很相近，但是晶体结构存在很大不同，导致氧化性有很大的差异。常见的比较容易发生氧化自燃的矿石有胶状黄铁矿、黄铁矿（中细粒）和磁黄铁矿[88]等，它们是众多硫化矿中的典型代表，属于易着火硫化矿石[89]。矿石堆含硫量愈高，说明含有的硫化矿物愈多；硫化矿物愈多，矿石堆就愈容易氧化自燃。而在含硫量相差不大的情况下，矿石堆含有愈多的胶黄铁矿、黄铁矿（中细粒）和磁黄铁矿等，就愈容易发生氧化自燃着火现象。

3.2.2 矿石块度的影响

矿石块度愈小，比表面积愈大，单位矿石与空气接触的面积愈大，与空气中的氧气有更多的机会发生反应[90]，而且在一定情况下，矿石块度越小，矿石堆的空隙越多，空气更容易进入矿石内部，生成的二氧化硫更容易逸出，即矿石内部的气体和空气有更快的交换速度，促进矿石堆氧化。有研究表明，相同温度下，颗粒越小的矿石，吸氧速度越大[91]。而 矿石块度愈大，其表面因为氧化反应而生成的氧化膜就更稳定，能更有效地减少矿石进一步与空气中的氧气接触和内部气体交换速度，减缓矿石与氧气的反应速度。但是对于成堆的矿石而言，块度越小内部的缝隙越容易闭合成独立的空间，与外界越不容易进行空气交换[92]。

3.2.3 水的影响

水对硫化矿石氧化的作用表现为多样性[93-94]，这与水的存在形态和含量有很大关系，比如自由水大量存在，束缚水少量存在，水蒸气微量存在。当水存在于硫化矿石当中，因为含量的关系，水会表现出双重作用。①如果大量的水聚集在矿石堆中，一方面水会带走大量的热，另一方面会形成保护膜隔绝矿石与空气的接触，使矿石无法具备氧化自燃的条件，严重阻碍了矿石的氧化作用；甚至会与矿石发生反应生成其他物质，比如氢氧化铁，使矿石胶结很难发生氧化反应。②而水适量时，又会表现出催化作用，在这个合适的水范围内，水提供了一个合适的反应环境，甚至作为反应物参与到矿石氧化反应当中。根据研究表明，能使硫化矿石氧化速度加快的水范围比较小，大概在10%以内。

3.2.4 环境温度的影响

环境温度的变化对硫化矿石氧化自燃有很大的影响，温度高促进矿石氧化，温度低则对矿石氧化起到一定的抑制作用。一方面，环境温度升高时，处于矿堆外的环境首先受到影响，包括氧分子在内的各种分子运动速度增大，各分子的碰撞变得愈加频繁，平均动能也增大，导致活化分子比例增加，从而使氧分子更容易与矿石堆表面和内部的硫化矿发生反应[95]；环境温度升高的同时，通过热传递使矿石堆的温度渐渐升高，而后矿石堆的硫化矿分子因为平均动能增大变得更加活跃，与活跃的氧分子的接触变得更加容易与频繁，两者的反应速度得到进一步加强，同时产生更多的热量继续促进反应进行[96]。另一方面，随着环境温度的升高，环境与矿堆的温度差变小，矿堆聚热条件逐渐变好，有利于矿堆的热量积聚，因为两者的温差大小与矿堆聚热有很大的关系，当矿堆温度较高时，环境温度越低，矿堆就越容易散失热量，甚至无法聚热，而当环境温度升高时，两者间的温度慢慢靠近，矿堆热量的散失速度慢慢降低，甚至当环境温度高于矿堆时，矿堆非但不会散失热量，反而受到环境的高温传热，此时矿堆的氧化反应速度会得到很大的提高，并由于矿堆温度越高反应越快的良性循环，矿堆自燃着火周期会大幅缩短[97]。

3.2.5 铁离子的影响

常见易发生氧化反应的硫化矿石主要成分是黄铁矿，它在存在水的情况下，会发生反应产生 Fe^{3+} 和 Fe^{2+}，而产生的 Fe^{3+} 和 Fe^{2+} 不仅仅是简单的产物，还会以反应物的身份参与到矿石氧化反应中，加快反应的进行。Fe^{3+} 具有氧化性，而黄铁矿相对而言具有较强的还原性，当两者相遇便会发生氧化还原反应[98]，而反应产生的 Fe^{2+} 很容易被氧化变成 Fe^{3+}，Fe^{3+} 又会继续参与反应生成 Fe^{2+}。如此反复循环反应，便会极大地加速硫化矿石氧化，加快矿石氧化反应的进度。在有水的情况下，Fe^{3+} 浓度越大，硫化矿石氧化反应越容易进行，反应的速度也越快。

3.3 硫化矿石氧化自热机理概述

从宏观角度看，硫化矿石发生氧化自热比较简单，只要具备三个条件就能完成，一是矿石能够发生氧化反应并能产生热量，二是外界有充足的氧气供应，三是矿石堆具有聚热的条件[99]。但深入研究发现，这个过程十分复杂，到目前为止国内外关于矿石堆氧化自热机理的研究还未有统一的论断，总结起来大致有四种观点，即物理学机理观点、微生物学机理观点[100]、电化学机理观点和化学热力学观点[101]。关于其机理，众说纷纭，都有各自的理论依据，可见其过程的复杂程度。虽然机理观点较多，但是都有开始氧化—自热—自燃的过程，只是发生的时间阶段和间隔有所差异。

3.3.1 物理学机理

物理学机理是指在硫化矿石堆氧化自热过程中，参与产热、聚热的各种物理作用和变化。从宏观物理角度分析，硫化矿石自燃过程可以被描述为破碎、产热、聚热、温度升高和着火等几个过程[102]。

3.3.1.1 破碎过程中的颗粒变化

金属硫化矿床开采过程中，原本是一个整体的硫化矿床，在爆炸之后产生的高温气体作用、应力波作用和重力作用以及矿石之间的碰撞等其他机械作用下，会变成不同块度大小的矿石，并堆积在采场。虽然整个矿石破碎过程持续的时间十分短暂，但其过程却非常复杂，期间发生了很多的物理变化，由于各种不同的机械作用，导致矿石的固体形态、晶体结构、物理性质发生了很大的变化。一方面，矿石遭受外部巨力时，晶粒的原子排列方式发生改变，导致晶格缺陷，在晶格产生缺陷的同时，能量发生转变，部分机械能转化为可以存储的化学能使部分矿石变成高能活性矿石，更容易发生反应产热；另一方面，晶格也可能发生畸变和非晶化现象，一旦出现这种现象时，晶格内部存储的能量将比普通错位存储的能量大得多，进而矿物颗粒的一些物理性质将会发生很大变化[103]。

3.3.1.2 物理产热来源

在矿石破碎到堆积前期这段时间内，以物理方式获得热量的过程有两个，一是外力作用下的破碎过程，二是破碎矿石堆积在一起的吸附过程。

1. 破碎产热

矿石破碎时，炸药爆炸给矿石提供了很多能量，能量获得的方式分为热传递和做功，其中热传递是指爆炸产生的高温气体把热量传给矿石，而做功是指爆破作用对矿石做功使矿石能量增高；除此之外，矿石因为爆破作用会相互摩擦、相互碰撞甚至直接撞击矿岩壁面，其中矿石表面的相互摩擦会产生摩擦热，而碰撞和撞击会使矿石颗粒内部产生塑性变形而导致其他能量转化为热能，甚至使晶体的某些化学键断裂从而释放能量。这些能量因为矿石破碎堆积在一起，形成一个较好的聚热环境，有利于矿石内部生热和聚集，且不容易散失。

2. 吸附产热

破碎矿石堆的吸附作用主要表现在吸氧和吸水两方面，这两者有一个共同点，即矿石在吸附的过程中会释放热量，因为矿石固体表面具有比较高的自由焓，当其与气体(包括氧气和水蒸气)等相遇并吸附时，会降低自身具有的自由焓，而这个过程和气体液化的过程相似，都是放热的过程，不过其机理不同，所以矿石颗粒表面吸附气体放出的热可以与气体液化热一起对比了解。随着矿石表面温度的升高，吸附作用逐渐变小，而吸附与温度的关系就决定吸附作用不大可能出现在矿石自燃的中后期。

(1)物理吸附氧。物理吸附氧是一个动态的过程，因为矿石颗粒吸附的氧不会简单地停留在颗粒固体表面，这些氧要么脱离吸附逃逸到空气中去，要么就是进一步被化学吸附到矿石颗粒内部而参与化学反应，而化学反应会持续消耗氧，就导致矿石颗粒表面物理吸附氧的过程也在持续不断地进行。由吸附理论可知，硫化矿石吸附氧过程放出的热量与氧液化放出的热量相当，那么可根据吸附过程的氧量计算出物理吸附放出的热量[104]。假设在理想的情况下，矿石与周围环境是完全绝热的，那么计算公式为：

$$\Delta Q = \left(\int_{t_1}^{t_2} C_0(t)\,\mathrm{d}V + V_{\mathrm{p}}(t_2) \right) q_{\mathrm{p}} \tag{3-1}$$

式中：ΔQ 为单位质量硫化矿石物理吸附氧的热效应，J/kg；t_1 为起始温度，℃；t_2 为终止温度，℃；$C_0(t)$ 为从起始温度开始矿石低温氧化对应不同温度的耗氧速率，mol/(s·kg)；$V_{\mathrm{p}}(t_2)$ 为终止温度时物理吸氧量，mol/kg；q_{p} 为物理吸氧热，J/mol。

(2) 物理吸附水。物理吸附水与物理吸附氧有些相似，都是一个动态过程，吸附的水也会参与化学反应，反应消耗水就会促使硫化矿石颗粒表面持续吸水补充；除此之外，颗粒表面吸附水的消耗还有其他途径，譬如，某些矿物或反应产物要发生结晶析出作用，形成结晶化合物，就必须有水的参与，而这些水大部分来源于吸附水，甚至当矿石堆中不存在液态水时，水的来源就几乎是吸附水；不仅如此，在消耗吸附水的过程中，吸附水也是一直处于蒸发的状态，所以水的吸附、消耗和蒸发是一个不断循环的动态过程[105]。

物理吸附水和吸附氧也有所不同，不同之处在于硫化矿石颗粒表面会因为吸附水的一些性质而形成一层很薄的水膜，这些性质如水分子的偶极性以及水分子之间的氢键等，使水分子更易液化。另一个不同之处在于，氧是以单分子层的形式被吸附在硫化矿石颗粒表面的，这是因为氧的沸点低，容易蒸发，而水可以表现为多层吸附。吸附水为多层吸附除了与沸点较高有关之外，还与分子之间的力作用有关，单分子层吸附的发生是靠矿石分子与气体分子的范德华力，而多分子层吸附不仅要靠范德华力，还要依靠长程力和水分子之间的氢键作用[106]。

3.3.2　微生物学机理

生活中，微生物无处不在，它们存在于各个角落，有些飘浮在空气中，有些在水中随波畅游，有些则在土壤中蛰伏。几乎有人存在的地方，都会有微生物存在，而没人存在的地方，微生物也会存在，因为微生物的生命力极其顽强。虽然金属硫化矿井的环境复杂，但也阻挡不了微生物的存在，甚至有些微生物就适合生存在极端的环境中，比如酸性很强的矿井废水或井下酸性环境中。但是过去关于微生物对硫化矿石起氧化作用的深层次研究文献较少，因为那时认为采场没有适合可氧化硫化矿石的微生物的生存环境，包括“高于 30℃，该类微生物活性很低”和“该类微生物只适合较强的酸性环境”的说法，而近期的研究表明这些说法很片面，因为已经发现高于 30℃且能生存的可氧化硫化矿石的微生物和能在非较强酸性环境生存的可氧化硫化矿石的微生物。

3.3.2.1　微生物分析

现在在酸性矿井废水和井下酸性环境发现的微生物种类越来越多，可是能使金属硫矿物发生反应的微生物种类却不常见。目前发现的可氧化金属硫化物的微生物大都适合生存于 pH = 2 的酸性环境中，但是也有微生物可生存在酸性更强的环境(pH < 1)和接近中性的弱酸环境(pH > 5)。这些微生物之所以能生存在硫化矿上，是因为它们以硫化矿为能量来源，更具体地说，是这些微生物让硫化矿的铁发生氧化或使其中的硫发生还原的，从而吸收此过程中产生的能量。

这些可氧化硫化矿石的微生物分为常温微生物、中等嗜热微生物和高温嗜热微生物三类。

1. 常温微生物

顾名思义，常温微生物指生存的最佳温度为 25 ~ 40℃的微生物，它们一般生存于暴露在空气和水中的硫化矿石中。常见的常温微生物及其特性见表 3 - 1。

表 3 - 1　常见的常温微生物及其特性

名称	外形	最佳温度/℃	能量来源
嗜酸氧化亚铁硫杆菌	棒型	25 ~ 40	铁
嗜酸硫的氧化硫杆菌	棒型	25 ~ 40	铁和硫
氧化亚铁微螺杆菌	弯曲棒型	30 ~ 40	铁
亚铁原生质菌	不规则	35 ~ 40	铁

表 3 - 1 中的最佳温度对于微螺杆菌的生存是毫无问题的，有些微螺杆菌还可以在中等嗜热温度范围内生存。

2. 中等嗜热微生物

中等嗜热微生物是指在 35 ~ 60 ℃的环境中生存的微生物，这些微生物常见于酸性温泉水、温度较高的硫化矿矿石堆环境。常见的中等嗜热微生物及其特性见表 3 - 2。

表 3 - 2　常见的中等嗜热微生物及其特性

名称	外形	最佳温度/℃	能量来源
嗜热的氧化硫化物硫杆菌	棒型(形成孢子)	50	铁和硫
嗜酸的 caldus 菌	棒型	45	硫
嗜酸的氧化亚铁菌	棒型	45 ~ 50	铁

3. 高温嗜热微生物

高温嗜热微生物是指生存最佳温度为 50 ~ 80℃的微生物，它们大部分来自酸性温泉，有些也来自热的硫化矿井，而且这些微生物大都能同时氧化铁和硫。常见的高温嗜热微生物及其特性见表3-3。

表3-3 常见的高温嗜热微生物及其特性

名称	外形	最佳温度/℃	能量来源
S. metallicus	不规则球形	60~70	铁和硫
Metallosphaera sedula	不规则球形	65~75	铁和硫
Acidianus brierleyi	不规则球形	70	铁和硫

值得一提的是，现在“高温”嗜热菌一般是指生存温度高于50℃的微生物，而且大部分都不嗜酸[107]。

3.3.2.2 **微生物氧化硫化矿石机理**

在生物冶金研究过程中，硫化矿生物氧化机理一直存在着直接作用、间接作用等多种不同的观点。直接作用的观点认为，微生物直接附着在硫化矿物的表面，且通过酵素对硫化矿物进行氧化；间接作用的观点认为，矿石表面溶液中的Fe^{3+}与硫化矿物发生反应，细菌将产生的Fe^{2+}氧化为Fe^{3+}；还有人提出接触氧化的观点[108-114]。

微生物生存在硫化矿石表面，矿石表面发生氧化的时候会与周围的环境形成一个氧化体系，这个体系由硫化矿石、溶液、气体和微生物组成，其中溶液是整个体系存在的媒介物质，矿石和微生物分别是氧化作用的对象和主体，而气体中则必须包括氧气和二氧化碳[115]。

在这个体系中，微生物依附在硫化矿石表面，与硫化矿直接接触，分泌胞外聚合物(extracellular polymeric substances，EPS)，由于EPS中含有氧化性的Fe^{3+}，会与硫化矿石发生化学反应，反应之后Fe^{3+}变成Fe^{2+}，并产生硫代硫酸盐；然后微生物凭借自身的氧化作用，将Fe^{2+}氧化成Fe^{3+}，并把产生的硫氧化为硫酸盐，在这过程中，微生物吸收能量作为食物来源。

微生物氧化过程中的主要反应方程式为：

$$Fe^{2+} + \frac{1}{4}O_2 + H^+ \xlongequal{} Fe^{3+} + \frac{1}{2}H_2O \tag{3-2}$$

$$S + \frac{3}{2}O_2 + H_2O \xlongequal{} H_2SO_4 \tag{3-3}$$

从方程式(3-2)和方程式(3-3)可知，这些反应在酸性条件下，并有微生物存在时，会进行得很迅速。这是因为，酸性条件下H^+含量高，会促进反应的进行，而微生物存在时，Fe^{2+}会被迅速氧化为Fe^{3+}，Fe^{3+}则继续与硫化矿反应产生

更多的 Fe^{2+}，从而促进反应。另外，产生的硫又会被微生物氧化成硫酸，从而产生更多的 H^+ 促进反应的进行，反应经如此反复循环，持续不断[116-118]。

3.3.3 化学热力学机理

虽然目前关于硫化矿石自燃机理的观点较多，关于自燃的主要热源的说法也有不同，但是大部分研究者都认为矿石的氧化还原反应是矿石自燃的最主要热量来源[119-121]，化学热力学机理是被大多数人认可的解释矿石自燃主要热量来源问题的机理。

化学热力学机理是基于硫化矿石氧化反应方程式的理论，该机理认为现场环境中的硫化矿石主要成分的氧化反应模式和热效应与实验室中硫化矿石氧化反应的模式和热效应相同，从而为实验模拟现场硫化矿石氧化反应提供了可行之法，通过实验研究硫化矿氧化反应及化学方程式可大致推测出现场的氧化反应过程和热量。

硫化矿石的自燃过程是一个很复杂的过程，即使只研究化学热力学的产热过程，也不简单。硫化矿石的自燃过程中的化学热力学反应不是一直处于稳定状态，而是一个变化的过程，且时刻受外界条件的影响。化学热力学反应的速度受很多条件的影响，有些条件会加快反应速度，比如当环境温度升高时，反应速度明显加快；随着反应的进行，硫化矿石的形态发生改变，使矿石表面的粗糙度变大，矿石表面变得更加凹凸不平，增加了比表面积(即增大了反应面积)，反应速度随之加快；反应产生的铁离子扮演着催化剂的角色，在某一范围的浓度内会促进氧化反应的进行，加快反应速度等。也有些条件会阻碍氧化反应，降低反应速度，比如反应的生成物覆盖在矿石表面，会在一定程度上减少矿石与氧气的接触面积，从而减缓化学反应，降低反应速度。正常情况下，硫化矿石的氧化速度是先增大后减小，可是在井下环境中，因为矿石堆所处的采场环境通风不畅、不利于散热，导致硫化矿石氧化反应的速度随着温度的增加会越来越快[122]。

常见的会发生自燃的硫化矿石的化学反应方程式及其热效应[123-124]为：

1. *黄铁矿内含胶黄铁矿和白铁矿的氧化反应过程及热效应*

(1)干燥条件下：

$$4FeS_2 + 11O_2 = 2Fe_2O_3 + 8SO_2 + 3312.4\ \text{kJ} \quad (3-4)$$

$$FeS_2 + 3O_2 = FeSO_4 + SO_2 + 1047.7\ \text{kJ} \quad (3-5)$$

$$FeS_2 + 2O_2 = FeSO_4 + S^0 + 750.7\ \text{kJ} \quad (3-6)$$

$$12FeS_2 + 10O_2 = 5FeSO_4 + Fe_7S_8 + 11S^0 + 3241.8\ \text{kJ} \quad (3-7)$$

(2)潮湿条件下：

$$2FeS_2 + 7O_2 + 2H_2O = 2FeSO_4 + 2H_2SO_4 + 2558.4\ \text{kJ} \quad (3-8)$$

$$4FeS_2 + 15O_2 + 14H_2O = 4Fe(OH)_3 + 8H_2SO_4 + 5092.8\ \text{kJ} \quad (3-9)$$

$$4FeS_2 + 15O_2 + 8H_2O \xlongequal{} 2Fe_2O_3 + 8H_2SO_4 + 5740.5\ kJ \tag{3-10}$$

2. 黄铁矿内含胶黄铁矿和白铁矿的中间产物的氧化反应过程及热效应

潮湿条件下：

$$12FeSO_4 + 6H_2O + 3O_2 \xlongequal{} 4Fe_2(SO_4)_3 + 4Fe(OH)_3 + 762.5\ kJ \tag{3-11}$$

$$4FeSO_4 + O_2 + 2H_2SO_4 \xlongequal{} 2Fe_2(SO_4)_3 + 2H_2O + 393.3\ kJ \tag{3-12}$$

$$FeSO_4 + 7H_2O \xlongequal{} FeSO_4 \cdot 7H_2O + 85.4\ kJ \tag{3-13}$$

$$FeSO_4 + H_2O \xlongequal{} FeSO_4 \cdot H_2O + 28.8\ kJ \tag{3-14}$$

$$2FeSO_4 + O_2 + SO_2 \xlongequal{} Fe_2(SO_4)_3 + 428.1\ kJ \tag{3-15}$$

$$Fe_2(SO_4)_3 + FeS_2 \xlongequal{} 3FeSO_4 + S^0 + 25.5\ kJ \tag{3-16}$$

$$Fe_2(SO_4)_3 + FeS_2 + 2H_2O + 3O_2 \xlongequal{} 3FeSO_4 + 2H_2SO_4 + 1082.6\ kJ \tag{3-17}$$

$$Fe_2O_3 + 3H_2SO_4 \xlongequal{} Fe_2(SO_4)_3 + 3H_2O + 172.9\ kJ \tag{3-18}$$

$$SO_2 + H_2O \xlongequal{} H_2SO_3 + 231.4\ kJ \tag{3-19}$$

$$2SO_2 + 2H_2O + O_2 \xlongequal{} 2H_2SO_4 + 231.4\ kJ \tag{3-20}$$

3. 磁黄铁矿的氧化反应过程及热效应[125-127]

(1)干燥条件下：

$$4FeS + 7O_2 \xlongequal{} 2Fe_2O_3 + 4SO_2 + 3219.9\ kJ \tag{3-21}$$

$$2FeS + 2SO_2 + 2O_2 \xlongequal{} 2FeSO_4 + 2S^0 + 829\ kJ \tag{3-22}$$

(2)潮湿条件下：

$$2FeS_2 + 7O_2 + 2H_2O \xlongequal{} 2FeSO_4 + 2H_2SO_4 + 2558.4\ kJ \tag{3-23}$$

$$FeS + 2O_2 + H_2O \xlongequal{} FeSO_4 \cdot H_2O + 856.9\ kJ \tag{3-24}$$

$$FeS + 2O_2 + 7H_2O \xlongequal{} FeSO_4 \cdot 7H_2O + 914.4\ kJ \tag{3-25}$$

4. 磁黄铁矿中间产物的氧化反应过程及热效应

潮湿条件下：

$$FeS + H_2SO_4 \xlongequal{} FeSO_4 + H_2S + 34.6\ kJ \tag{3-26}$$

$$FeS + Fe_2(SO_4)_3 \xlongequal{} 3FeSO_4 + S^0 + 103.8\ kJ \tag{3-27}$$

$$2H_2S + O_2 \xlongequal{} 2S^0 + 2H_2O + 531.7\ kJ \tag{3-28}$$

3.3.4 电化学机理

对于热量、Fe^{3+}、SO_4^{2-} 的来源等问题，化学热力学机理起到了一个很好的解释作用，比较全面地解释了硫化矿石氧化自燃过程中的上述问题。但是纵观硫化矿石氧化自燃全过程，化学热力学机理也无法合理解释某些问题，除了之前提到的物理作用和微生物作用外，还有如下一些问题，比如低温下的硫化矿石的氧化速度问题，有些研究发现现场记录的氧化速度与理论上计算的具有较大差异，具体表现为：理论上可正常发生的化学反应，实际上却十分缓慢，该反应产生的热量也较小；甚至，有些化学热力学机理认为无法发生的反应，现场竟可以发生，之所以会出现上述情况，是因为硫化矿石发生了电化学反应，电化学反应会产生热量。

金属硫化矿井潮湿多水，硫化矿石在水的影响下，容易发生原电池反应即电化学反应。电化学的发生必须具备三个条件，即电极、电解质溶液和电子通道，而在井下潮湿环境堆积的硫化矿石正好具备这些条件[128]。

1. 电极

对于纯净物而言，电化学位都是一样的，没有位差，就不存在电极之说。而硫化矿石不是纯净物，是由很多硫化矿和其他物质混合而成，是一种混合物。由于矿物不同，其结构存在差异，所具有的电化学位也不一样，低电化学位的矿物可能会失去电子成为阳极，而高电化学位的矿物则有可能得到电子而变成阴极。

2. 电解质溶液

井下潮湿环境中，硫化矿石容易通过物理吸附作用吸附水，在矿石表面形成水膜，水膜会溶解矿石或矿石氧化产物等形成含有阳离子和阴离子的电解质溶液，为电化学反应创造了条件[129]。

3. 电子通道

硫化矿属于半导体矿物，因为不等价杂质组分的替换，产生了电子心或者空穴心而具有了导电性。

常见硫化矿物的阴阳极电化学反应方程式为：

(1)黄铁矿阳极电化学反应方程式

竞争反应：

$$xFeS_2 = xFe^{3+} + 2xS^0 + 3xe \tag{3-29}$$

$$(1-x)FeS_2 + 8(1-x)H_2O = (1-x)Fe^{3+} + 2(1-x)SO_4^{2-} + 16(1-x)H^+ + 15(1-x)e \tag{3-30}$$

总反应：

$$FeS_2 + 8(1-x)H_2O = Fe^{3+} + 2(1-x)SO_4^{2-} + 16(1-x)H^+ + 2xS^0 + 3(5-4x)e \tag{3-31}$$

(2)磁黄铁矿阳极电化学反应方程式

$$2FeS + 3H_2O = 2Fe^{3+} + S_2O_3^{2-} + 6H^+ + 10e \tag{3-32}$$

$$S_2O_3^{2-} + 5H_2O = 2SO_4^{2-} + 10H^+ + 8e \tag{3-33}$$

竞争反应：

$$FeS = Fe^{3+} + S^0 + 3e \tag{3-34}$$

$$2FeS + 8H_2O = 2Fe^{3+} + 2SO_4^{2-} + 16H^+ + 18e \tag{3-35}$$

阴极的反应则比较简单，反应方程式如下：

$$O_2 + 4H^+ + 4e = 2H_2O \tag{3-36}$$

$$Fe^{3+} + e = Fe^{2+} \tag{3-37}$$

硫化矿石的电化学反应过程有几个不同阶段，具体为：

(1)固相扩散电离阶段；

(2)离子或分子活化与定向移动阶段；

(3)反应阶段；

(4)反应产物脱离和新反应物参与的阶段。

3.4 硫化矿石自燃阶段的界定与表征分析

3.4.1 硫化矿石自燃的界定

1. 自燃的定义

硫化矿石的自燃迄今还没有一个明确的定义，其主要原因是硫化矿石中通常含有多种矿物，其燃烧也不会出现明火。根据燃烧学的定义，所谓自燃可以这样来描述：在通常条件下，一般可燃物质和空气接触都会发生缓慢的氧化过程，但速度很慢，析出的热量也很少，同时不断向环境散热，不能像燃烧那样发出光。如果温度升高或其他条件改变，氧化过程就会加快，析出的热量增多，热量如不能全部散发就会积累起来，使温度逐步升高。当该温度达到这种物质自行燃烧的温度时，就会自行燃烧起来，这就是自燃。使某种物质受热发生自燃的最低温度就是该物质的自燃点，也叫自燃温度。自燃可分为两种情况：由于外来热源的作用而发生的自燃叫作受热自燃；某些可燃物质在没有外来热源作用的情况下，由于其本身进行的生物、物理或化学过程而产生热，这些热在条件适合时足以使物质自动燃烧起来，这叫作本身自燃。本身自燃和受热自燃的本质是一样的，只是热的来源不同，前者是物质本身的热效应，后者是外部加热的结果。物质自燃是在一定条件下发生的，有的能在常温下发生，有的能在低温下发生。本身自燃的现象说明，这种物质潜伏着的火灾危险性比其他物质要大。

2. 硫化矿石自燃的定义

根据上述自燃的定义可知，硫化矿石自燃是一种典型的本身自燃，可以定义如下：硫化矿石在低温环境下与空气中的氧不断发生氧化作用(包括物理吸附、化学吸附和氧化反应)，产生极少热量，当产生热量的速度超过了热量向外界散发的速度时，硫化矿石将不断积聚热量，使得硫化矿石的温度缓慢而持续地上升，以至于最后达到硫化矿石自行燃烧的最低温度，从而使硫化矿石燃烧起来，这个过程即为硫化矿石的自燃[130]，有时也称作硫化矿石的自然发火或硫化矿石的内因火灾等。

3.4.2 硫化矿石自燃过程的分析

将硫化矿石从崩落到自燃的过程分为紧密联系的五个阶段：矿石破碎、氧化、聚热、升温、着火。从硫化矿石自燃的宏观过程可以看出，硫化矿石的自燃离不开两个主体：一个是硫化矿石本身，另一个是氧。硫化矿石自燃的过程，实际上是硫化矿石与氧相互作用的过程。研究表明[131]，氧与硫化物相互作用的过程也是分阶段进行的：第一阶段，氧的适量物理吸附；第二阶段，氧在吸收硫化物晶格的电子之后发生离子化，离子化的氧发生化学吸附；第三阶段，硫化矿物发生氧化生成各种硫氧化基。这三个阶段，实际上就是硫化矿石低温氧化的三个阶段。

3.4.3 硫化矿石自燃过程的表征

由于硫化矿石结构的复杂性和氧化反应的多样性，使得硫化矿石在自燃过程中表现出来的宏观特征和现象也十分复杂[132]，这也给硫化矿石自燃的研究，特别是硫化矿石自燃机理的研究带来较多的困难。硫化矿石在低温氧化阶段的主要表征有五个方面。

1. 热的释放

硫化矿石的氧化反应是放热反应，因此热的释放是硫化矿石氧化的最重要特征之一，也是硫化矿石自燃的主要原因。由于氧化反应的强度随温度的升高而加快，所以，如果不考虑环境的影响，热量的产生随温度的升高而增大，也就是说硫化矿石氧化自燃过程中的热释放强度随温度的升高而增强。同时，如果有良好的聚热环境的话，热释放强度的增大又会造成温度的进一步升高，因此矿石堆的温度和热释放强度相互促进，最终导致矿堆内的温度达到硫化矿石的自燃点，从而引发矿石的自燃。因此，温度能很好地表征硫化矿石氧化自燃的进程。在硫化矿石自燃的研究中，常将温度作为主要的指标。

2. 气体的产生

硫化矿石在氧化自燃时产生的有毒气体主要是SO_2，SO_2的产生量也是随矿石堆的温度升高而增大的。室内和现场实验均已表明，硫化矿石在低温氧化阶段(约60℃以前)，SO_2的释放量很少，用常规仪器根本检测不到SO_2的存在。当温度上升到中、高温阶段后，能明显感觉到SO_2气体的产生。实验还表明，当通过常规仪器能检测到SO_2气体时，表明矿石已出现自燃早期的征兆，若不加控制，矿石将在较短的时间内出现自燃。也有学者认为，可将SO_2作为硫化矿石自燃的指标气体。但实验分析表明，SO_2并不适合作为指标气体，这是因为SO_2仅在高温阶段才能检测出，而且一旦检测出了SO_2，就表示已到了即将自燃的阶段，因此不利于掌握硫化矿石自燃的发展过程，也不利于及时采取预防措施。

3. 硫化矿石结构的变化

硫化矿石在氧化自燃过程中，矿石表面的结构无论是从物理角度观察还是从化学角度来观察，都会发生变化。例如，从现场采来的矿样久置在潮湿的空气中，经常可以见到其表面生成一种淡黄色的粉末状物质，这种物质实际上是硫化矿石氧化时生成的单质硫 S^0。同时，还能见到硫化矿石的表面变得疏松多孔（在矿山现场也能见到上述现象）。这些现象的产生都是由于氧化使硫化矿石的表面结构发生了改变。

4. 水溶性铁离子（Fe^{2+}、Fe^{3+}）、硫酸根离子（SO_4^{2-}）含量的变化

由 2.1.3 节的分析可知，硫化矿石（硫铁矿物）的氧化过程可分为几个阶段，各阶段会产生许多中间产物，如式（2-1）~式（2-4）所示，其中宏观表现为水溶性铁离子（Fe^{2+}、Fe^{3+}）、硫酸根离子（SO_4^{2-}）含量的增加和 pH 的降低。单位时间内这些离子的含量变化越大，硫化矿石氧化的速度越快。

5. 结块

硫化矿石在氧化过程中会产生硫，而硫具有较强的胶结性，因此可经常见到采场内的硫化矿石因结块而造成出矿困难的情况。在实验室破碎的粉矿样在潮湿的环境下放置一段时间后，氧化性越强的矿样一般结块强度越大。

3.5　硫化矿石氧化研究

3.5.1　实验样品及实验装置

硫化矿石本身氧化自燃过程时间较长，而且在现场进行实验的难度较大，所以采用高温氧化方法及相应的设备进行实验。因为矿山硫化矿石的含硫量是不规律和不确定的因素，很难达到理论和实验设计的要求，所以根据矿山的实际情况，直接从矿山具有代表性的中段分别选取三类含硫范围为 0% ~10%、10% ~20% 和 20% ~30% 的硫化矿石作为实验样品，即 B、C、D 三类矿石样品。

3.5.1.1　实验样品的制备

硫化矿石氧化实验样品的制备与实验方案和设备密切相关，实验方案确定了实验样品该如何制备，实验设备要求则是实验样品制备的前提。矿石堆氧化实验分为两种，分别是模拟实验和升温实验。

模拟实验指实验室用小堆矿石模拟现场大堆矿石的氧化过程，小堆矿石应该整体按一定比例相似于大堆矿石，所以在制备矿石样品时，其块度必须达到设计要求，将从矿山取来的原矿拿到实验室，利用重锤撞击进行破碎，当块度符合要求时，拿去称重，之后进行实验。

升温实验指研究升温梯度、含硫量和块度等因素对矿石堆氧化产生影响的实

验。进行实验时，将对应含硫量的矿石拿到实验室进行破碎，以重锤撞击破碎到实验设计的块度，然后称重，再放入升温设备进行实验。

3.5.1.2　**实验装置与原理**

本实验的装置是根据实验方案自主设计而成的，主要由恒温箱、温度探头、二氧化硫变送器和无纸记录仪组成[133]。

恒温箱的作用是为硫化矿石氧化实验提供一个中高温环境，使矿石的氧化反应加速，缩短实验周期，避免矿山现场硫化矿石的正常氧化周期长导致的不利影响，加大了实验的可行性；在恒温箱上层的外壳上垂直打孔，穿透保温层至箱体内部工作室，以便使温度探头可以深入进去，温度探头为接触式探头，通过接触物体来测量温度，实验中温度探头共有四只，其中两只探头测量矿石堆内部温度，一只探头测量矿石表面的温度，一只探头测量工作室的温度，四只温度探头与无纸记录仪相连使用，能实现连续多天并且一天 24 h 不间断地测量温度，测量的温度数据可记录保存并通过 U 盘导出到电脑，通过分析矿石堆内外温度变化可知矿石堆发生氧化反应的时间，即可知矿石堆何时自热等；恒温箱顶部还有一个换气孔，将二氧化硫变送器放置在换气孔旁边，测量溢出气体中的二氧化硫浓度，它的工作模式为连续模式，工作电压为 DC24V，用 2 芯屏蔽线与无纸记录仪相连，两者搭配能保证连续多天并且一天 24 h 不间断地测量二氧化硫浓度，测量的浓度数据通过无纸记录仪记录保存并可通过 U 盘导出到电脑，通过分析产生的二氧化硫浓度掌握硫化矿石的氧化进程，并可把二氧化硫浓度当成硫化矿石氧化的判别标准。

1. 恒温箱的工作原理

恒温箱恒温的工作原理主要靠四个环节实现，一是电阻导电产热，有热量来源；二是保温层积聚能量，很大程度地降低了热量的散失；三是恒温箱内部存在全方位送风部件，以确保工作室内部的温度均匀；四是恒温箱具有微电脑自动控制系统，保持温度在某一恒定值。进行升温实验时，手动调节温度，从室温开始，每次上调 5℃，并以 5 min 为周期上调温度即 5℃ 的升温时间和保温时间共为 5 min。

2. 二氧化硫变送器的工作原理

二氧化硫变送器是一种电化学传感器，它利用控制电位电解法原理，在电池内安置 3 个电极，以薄膜与外界相隔，并施加一定的极化电压。被测气体可以透过薄膜进入接触点，从而发生氧化反应，即有电流输出，输出的电流和气体浓度成正比关系，并经扩散式采样变为电压信号放大，再经电压/电流转换电路，使变化的电压信号以电流(4 ~ 20 mA)信号输出。

3. 无纸记录仪的工作原理

该仪表可支持多种信号类型，也就是所谓的支持万能输入(图 3 - 1)。温度探头和二氧化硫检测仪会发生电流变化，而这些变化以电信号的形式传给记录仪，记录仪接收信号之后，把信号转换为数据，这些数据则被记录仪以二进制的格式自动存储。存储的数据可以通过U盘导出，然后可以被转移到其他数据处理设备，如电脑等。

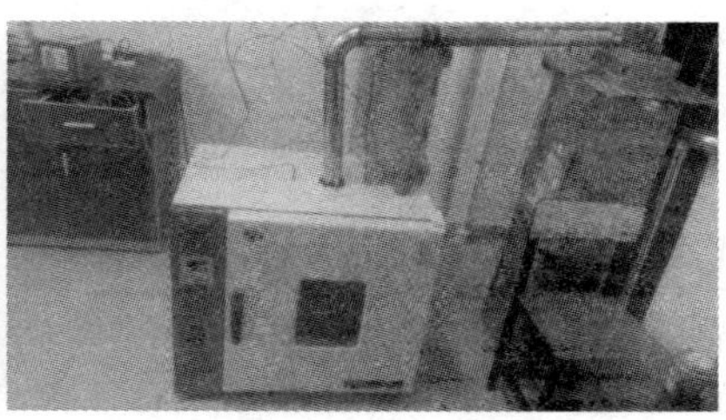

图3－1　设备示意图

3.5.2　硫化矿石模拟实验与结果分析

3.5.2.1　实验方案的设计

实验研究矿石堆何时发生反应，具体包括何时自热、何时产生二氧化硫及其对应的温度。因为实验不同，所以实验设计也不大相同。

硫化矿石堆模拟实验侧重于研究矿石堆的自热、气体产物和温度变化等，由此可将矿石堆模拟实验分为三组，实验设计如表3－4所示。

表3－4　硫化矿石的模拟实验

矿石代码	含硫量/%	实验用量/kg	堆形
B	20～30	5.5	圆锥
C	10～20	5.5	圆锥
D	0～10	5.5	圆锥

3.5.2.2　实验步骤与方法

进行实验前，先组装测量设备，使温度探头、二氧化硫检测仪和智能记录仪成为一个整体。

1. 具体步骤

(1)将二氧化硫检测仪与记录仪连接，要求用2芯屏蔽线连接在1号通道，通道接线端头是A和C，分别对应二氧化硫检测仪内部的正极和信号接头。

(2)把20 cm长的温度探头按记录仪热电偶连接要求连接在2号通道的B和

D 接头，用来测量恒温箱工作室的环境温度。

(3)将 1.5 m 的温度探头按记录仪热电偶要求搭接在 3 号通道的 B 和 D 接头，用以测量工作室内硫化矿石堆内部的温度。

(4)把 1.5 m 的温度探头与 4 号通道相连，测量矿石堆表面温度。

(5)将最后一根 1.5 m 的温度探头与 5 号通道相连，以测量矿石堆靠边一点的内部温度。

测量设备安装之后，要与升温设备配合使用，升温设备是恒温箱，已经按设计钻了温度探头孔，可以方便温度探头进入工作室测量各处的温度；在恒温箱的换气孔处固定了一个直角弯曲的金属管道，可以起到两个作用：把气体引出室外，以免污染室内工作人员；同时使引出的气体散热降温，避免二氧化硫检测仪在高温下工作而大大缩短设备寿命；在金属管的出口处放置二氧化硫检测仪，用来检测反应过程中的二氧化硫浓度。

正式进行实验时，要事先准备实验样品，且实验样品必须符合实验设计要求。因为硫化矿石含硫的特性，每次实验的矿石必须保持新鲜，即只能在实验前 1 h 内制造矿石样品，不能提前长时间制造，避免因放置时间长而被氧化。每次实验时，要用锤子把矿石击碎，直到块度符合要求，之后称重，再把矿石放入恒温箱内的托盘上，把矿石垒成和矿山矿堆相似的圆锥状，在垒成堆的同时，把温度探头按照设计要求的顺序依次插入对应的位置，特别是测量矿石堆内部温度的探头，要保证它们放置在矿石堆内部合适的位置。

温度探头和二氧化硫检测仪布置好之后，用橡皮泥从内部把探头的缝隙堵住，以减少热量的散失和气体的溢出，同理，把金属管道和换气孔之间的缝隙堵住。

上述流程结束之后，开始进行升温。升温的目的是，以人为的方式加热让矿石堆的整体温度升高，从而缩短实验周期，用更短的时间找出硫化矿石在何时开始自热、产生气体及对应的温度。

2. 升温方法

(1)依据矿山井下的正常温度，设定一个环境初始温度 26℃，保持恒温。

(2)通过记录仪观察矿石堆内部及表面的温度变化。

(3)待矿石堆内部温度、表面温度与环境初始温度相差不大时，开始给恒温箱升温，考虑到温度误差，初次升温 3℃。

(4)待矿石堆内部温度、表面温度再次与环境温度相近时，再次把恒温箱的温度上调 3℃。

(5)如此反复循环上调温度一直到有二氧化硫产生，待有气体产生时，便不再上升温度，保持温度不变，观察实验变化。

3.5.2.3　**实验结果与分析**

本实验直接对取自矿山的B、C、D三类矿石进行块度处理，以达到实验室用小堆矿石模拟矿山大堆矿石氧化的效果。按照实验设计，实验共有3组，3组实验的目的是找出矿堆何时自热、何时产生气体及对应的温度，其中气体可以通过二氧化硫检测仪及记录仪很简单明了地显示出来，而何时自热则通过分析得出。

1. B类硫化矿石堆的实验结果与分析

(1)温度与气体分析。B类矿石从实验开始到结束的整个过程中的温度变化与气体变化结果如图3－2及图3－3所示。其中，图3－2给出了实验过程中矿石堆不同部位的温度变化，图3－3给出了实验过程中二氧化硫的浓度变化。

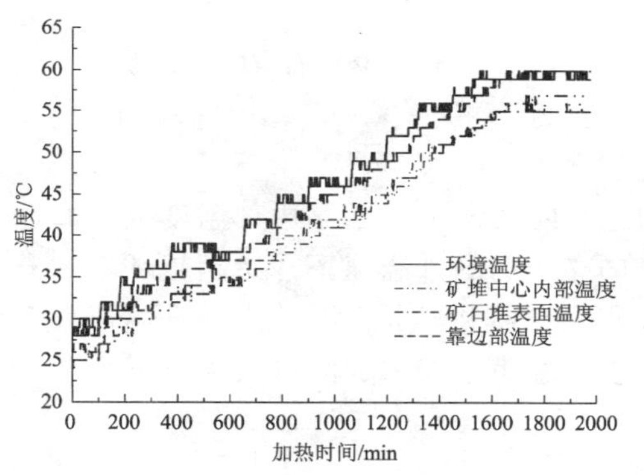

图3－2　B类矿石堆温度变化

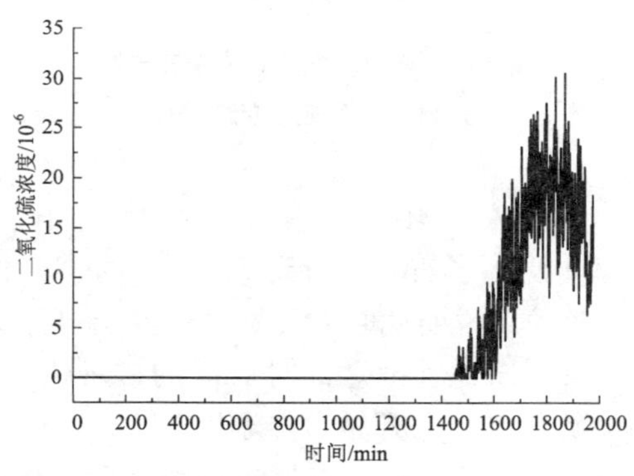

图3－3　B类矿石堆二氧化硫浓度变化

(2)自热分析。矿石堆何时自热无法直接判断出来，必须通过分析温度变化曲线得出。由图3－2可知，随着环境温度的上升，矿堆内靠边部的矿石会率先发生氧化反应产生自热，温度上升加快，最终超过环境温度，所以只要分析环境温度曲线和矿堆内靠边部温度曲线的关系，就可大致了解矿石堆在何时开始自热。自热说明内部矿石多了个热量来源，那么之后温度上升的速率肯定更快，而在正常情况下，内部矿石的温度上升速率是不可能大于环境温度上升速率的，因此，可以先计算出两条曲线的趋势曲线，再对趋势曲线求导，进而画出温度上升速率曲线，通过对比两条温升速率曲线便可得出在何时和何温度下矿石堆会发生自热。环境温度和矿堆内靠边部的温度曲线和趋势曲线及其对应的数学方程如图3－4所示。

对图3－4的两条趋势曲线方程求导之后，再根据原先时间参数求出导数方程(温度上升速率方程)对应的值，并以此得出两条温度上升的速率曲线，如图3－5所示。

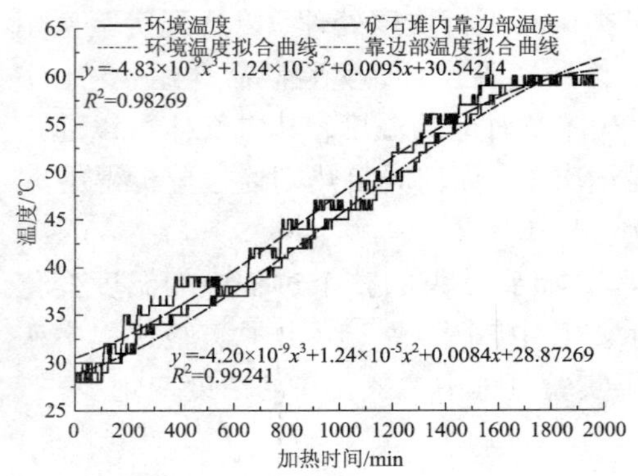

图 3-4 B 类矿石堆环境温度与矿石堆内靠边部温度趋势曲线

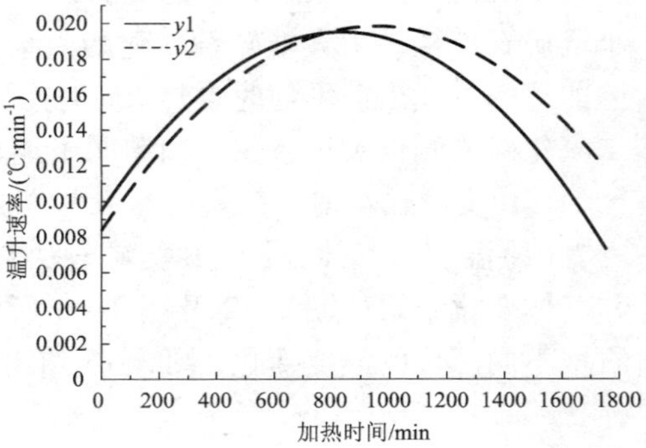

图 3-5 B 类矿石堆环境温度与矿石堆内靠边部温度上升速率曲线

图 3-5 中，$y1$ 表示环境温度上升的速率曲线，$y2$ 表示靠边部温度上升的速率曲线。当实验进行到 782 min 时，矿堆内靠边部的升温速率开始超越环境的升温速率，说明此时矿石堆已经开始自热，可自己提供热量，因此内部升温速率大于环境升温速率。此时对应的矿堆内靠边部温度是 41℃，可以认为该温度为 B 类硫化矿石的开始自热温度。

2. C 类硫化矿石堆的实验结果与分析

(1) 温度与气体分析。C 类矿石从实验开始到结束整个过程中的温度变化与气体变化结果如图 3-6 和图 3-7 所示。

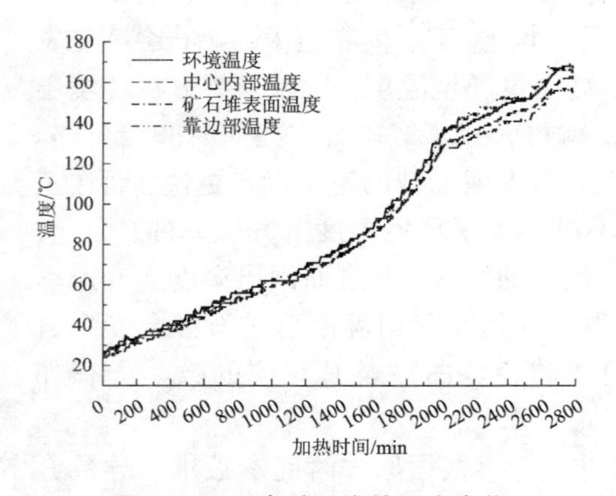

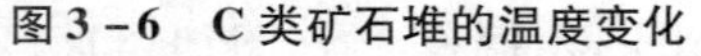

图 3-6 C 类矿石堆的温度变化

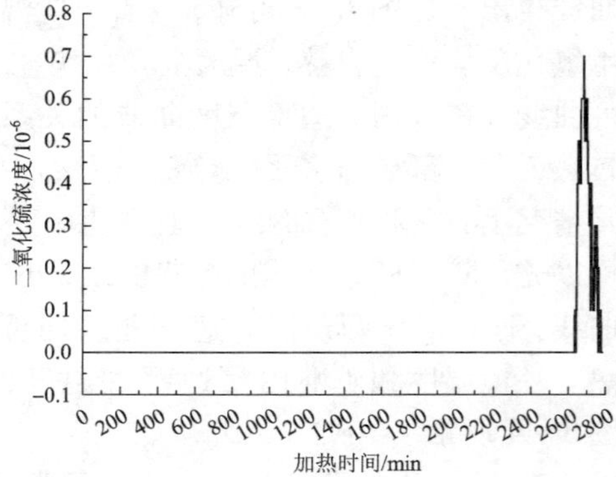

图 3-7 C 类矿石堆的二氧化硫浓度变化

由图可知，当实验进行到 2635 min 时，开始有二氧化硫气体产生，此时环境温度已经上升到 167℃，矿石堆中心内部温度达到 154℃，矿石堆表面温度为 152℃，矿石堆靠边部温度是 161℃，各温度由大到小排列为环境温度、靠边部温度、中心内部温度和表面温度，由此可得出以下结论：① 矿堆内靠边部比中心内部更容易反应，因为该位置更易与空气接触或更容易接收环境传播过来的热量；② 二氧化硫气体的产生是反应已经达到一定的剧烈程度的标志，矿石堆自热对应的温度必定小于此时的温度。

待二氧化硫产出稳定时，保持环境温度不变，过一段时间后，发现矿堆内靠边部温度会大于环境温度，而中心内部温度也快速升高，且慢慢接近环境温度，但之后，中小内部温度却与环境温度一样且保持不变，这与实际现场中矿堆内部温度会持续上升直至自燃不符，因为本次实验没有持续提供空气，让其继续剧烈反应，本次实验的目的不是研究其自燃点，如让其继续反应可能会损害实验设备。

（2）自热分析。虽然何时自热必须通过分析曲线求导得出，但是本组实验可直接通过曲线和原始数据来观察温度大小，从而判断何时自热，无需通过求导所得的温升速率曲线分析，因为环境温度和矿堆内靠边部温度非常接近，如果采用求导分析方法，反而会加大实验误差，故可直观地观察出来。由原始数据对比和温度曲线分析可知，因为设备的原因，环境温度保持在 62℃达 2 h，没有矿堆内靠边部温度继续升温，可就在这段时间内的第 1030 min 时，矿堆内靠边部温度达到 64℃，竟比环境温度高了 2℃，这说明此时矿石堆已经开始自热，不然不会比环境温度还高 2℃。

3. D 类硫化矿石堆的实验结果与分析

D 类矿石在整个实验过程中都没有二氧化硫气体产生，该矿石堆的温度变化结果如图 3－8 所示。

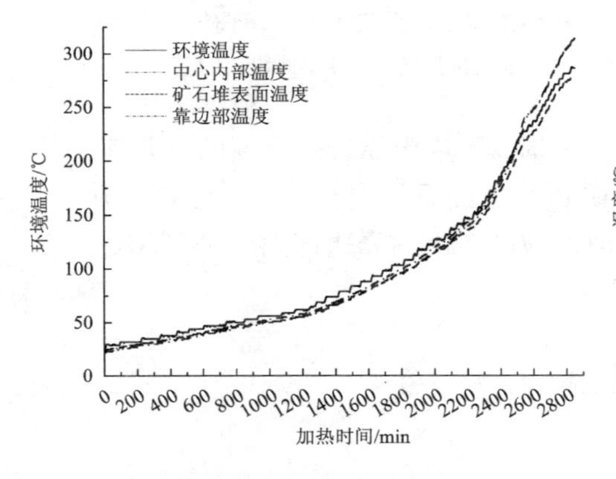

图 3－8　D 类矿石堆温度变化

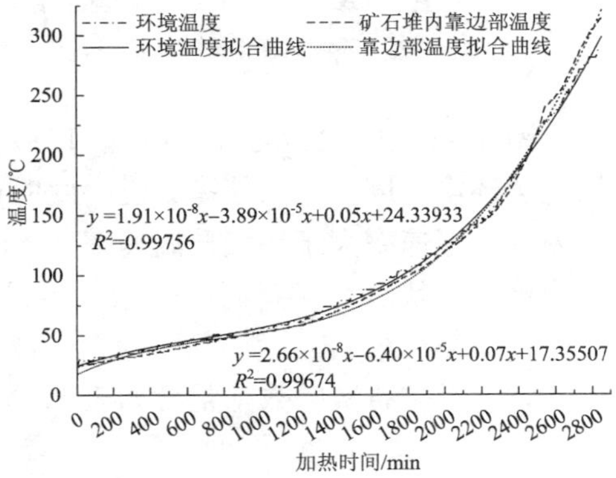

图 3－9　D 类矿石堆环境温度与矿石堆内靠边部温度趋势曲线

由此可知，整个实验过程中没有二氧化硫气体产生，但是矿石堆还是发生了氧化反应，在实验第2506 min时，矿石堆内靠边部温度达到219℃，开始超越环境温度，这说明矿石堆发生了氧化反应且自己产热，不过其反应不够强烈。矿石堆具体在哪个时刻哪个温度下开始发生自热反应还必须通过矿堆内靠边部温度与环境温度趋势曲线及其对应的斜率曲线分析判断，因为靠边部温度在升高的过程中一直高于中心内部温度，而矿石堆是由同样的矿石组成的，那么当矿石在某个温度开始反应时，肯定是靠边部位置先反应。矿堆内靠边部温度与环境温度趋势曲线如图3－9所示。

由图3－9可知，对两温度曲线求出对应的趋势曲线方程，对方程进行求导，可得到斜率方程即温度上升速率方程，之后依据时间数据可描绘出温度上升速率曲线，如图3－10所示。

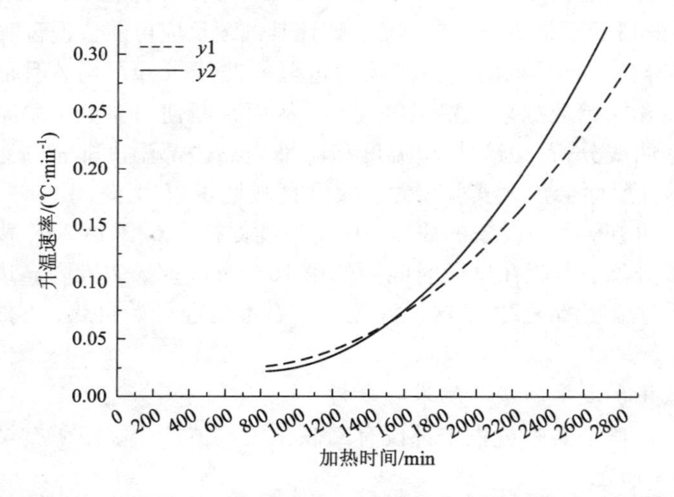

图3－10　D类矿石堆环境温度与矿石堆内靠边部温度上升速率曲线

（$y1$ 表示环境温度上升速率曲线，$y2$ 表示矿堆内靠边部温度上升速率曲线，下同）

图3－10中，当实验进行到第1519 min时，矿堆内靠边部温度的上升速率开始超越环境温度上升的速率，说明此时矿石堆已经开始自热，且自己提供热量，其内部升温速率大于环境升温速率。此时对应的矿堆内靠边部温度是77℃，可以认为该温度就是D类矿石的开始自热温度。

4. 综合分析

将三类矿石实验数据整合如表3－5所示。

表 3－5　模拟实验结果汇总

矿石代码	含硫量/%	自热温度/℃ 及对应时间/min	气体产生温度/℃ 及对应时间/min
B	20～30	41/782	55/1452
C	10～20	64/1030	161/2635
D	0～10	77/1519	—

由表 3－5 可知，含硫量越大，矿石堆自热温度越小，即矿石堆越容易反应；含硫量越大，矿石堆产生二氧化硫气体的温度越小，即矿石堆越容易剧烈反应，而当含硫量非常低时，矿石堆不会产生二氧化硫，只发生微弱的自热反应。

含硫量与自热温度之间的关系如图 3－11 所示。

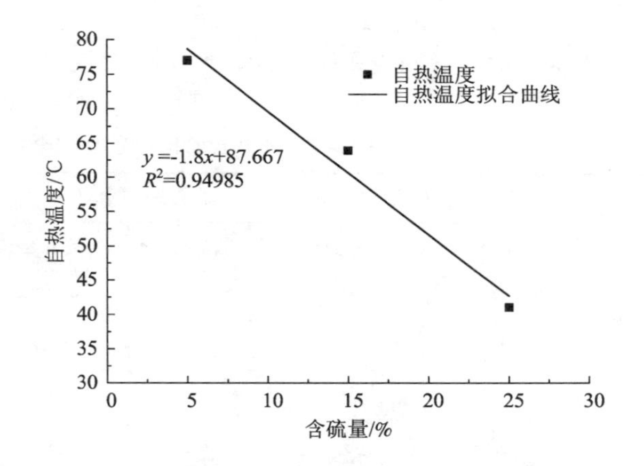

图 3－11　模拟实验含硫量与自热温度的关系

图 3－11 形象地描绘出自热温度与含硫量之间的关系，并给出了两者间的关系方程，可以用来大致地推导在该含硫范围内的自热温度。

3.5.3　多因素回归正交实验结果与分析

3.5.3.1　实验方案设计

本实验研究不同的因素对硫化矿石堆氧化自热产生的影响，根据高硫矿井下环境的描述，综合考虑井下影响矿石氧化自燃的因素为矿堆大小、矿石块度、温度、升温梯度、含硫量、湿度、风流速度等，再从中选取实验的主要影响因素。本次实验的主要影响因素分别为升温梯度、矿石块度、含硫量。实验目的是研究分析这些因素对硫化矿石氧化自热、气体产物、温度变化的影响。利用回归正交组合实验方法对实验进行设计，先对因素水平进行编码，如表 3－6 所示。

表 3-6 升温实验回归正交设计编码表

编码值	实际值		
	升温梯度 x_1/(℃·30 min^{-1})	矿石块度 x_2/mm	含硫量 x_3/%
上水平	9	<70	20~30
零水平(0)	6	<50	10~20
下水平	3	<30	0~10
水平间隔(Δ)	3	20	10

具体实验方案如表 3-7 所示。

表 3-7 升温实验回归正交组合实验方案表

实验号	升温梯度 x_1/(℃·30 min^{-1})		矿石块度 x_2/mm		含硫量 x_3/%		实验用量/kg
	编码值	实值	编码值	实值	编码值	实值	
1	1	9	1	<70	1	20~30	10
2	1	9	1	<70	-1	0~10	10
3	1	9	-1	<30	1	20~30	10
4	1	9	-1	<30	-1	0~10	10
5	-1	3	1	<70	1	20~30	10
6	-1	3	1	<70	-1	0~10	10
7	-1	3	-1	<30	1	20~30	10
8	-1	3	-1	<30	-1	0~10	10
9	0	6	0	<50	0	10~20	10

3.5.3.2 实验步骤与方法

主要影响因素的回归实验步骤与方法中的设备安装及相关准备和模拟实验相同，主要区别在于样品的制备和升温过程。影响因素实验主要研究一些因素对硫化矿石氧化的影响，这些因素分别为升温梯度、含硫量、矿石块度，其中升温梯度有三个水平，影响升温过程，使该实验与模拟实验的升温有些区别；而块度也有三个水平，对应不同的块度大小，使该实验样品制备与模拟实验也有些区别(见表 3-6、表 3-7)。

测量设备安装及其他准备工作完毕之后，把事先按照实验设计方案要求制造的实验样品称重，再把矿石放入恒温箱内的托盘上，把矿石垒成和矿山矿堆相似的堆状，在垒成堆的同时，把温度探头按照设计要求的顺序依次插入对应的位置，特别是测量矿石堆内部温度的探头，要保证它们在矿石堆内部的合适位置。

温度探头和二氧化硫检测仪布置好之后，用橡皮泥从内部把探头的缝隙堵住，以减少热量的散失和气体的逸出，同理，把金属管道和换气孔之间的缝隙也堵住。

上述流程结束之后，开始进行升温。升温的目的是，以人为的方式加热让矿石堆整体温度升高，缩短实验周期，用更短的时间找出硫化矿石在何时开始自热、何时产生气体及对应的温度，分析不同因素对其影响的关系。具体升温步骤与方法如下：

(1)关闭恒温箱门，通过记录仪观察温度变化，等到内部温度、表面温度、环境温度相差不大时，再打开恒温箱电源。

(2)按照实验设计方案所设计的温度梯度进行升温，升温周期为半个小时。

(3)持续按照设计进行梯度升温直到有二氧化硫产生，再保持最后的温度不变，观察实验变化。

3.5.3.3　单组实验结果与分析

由实验方案可知，本类实验共有 9 组，先对每组实验结果进行分析，分析何时与什么温度下开始自热及产生二氧化硫，然后再依据回归方程进行实验结果综合分析，以分析不同的因素及水平对自热和气体产生的影响。本类实验以二氧化硫产生为参考标准，当产生二氧化硫气体并待其浓度稳定之后，便不再升高环境温度，一段时间后便可结束实验。

1. 第一组实验结果的分析

本组实验研究对象为 B 类矿样，块度小于 70 mm，升温梯度为 9℃/30 min。图 3－12 和图 3－13 分别给出了实验过程中温度的变化和二氧化硫浓度的变化。

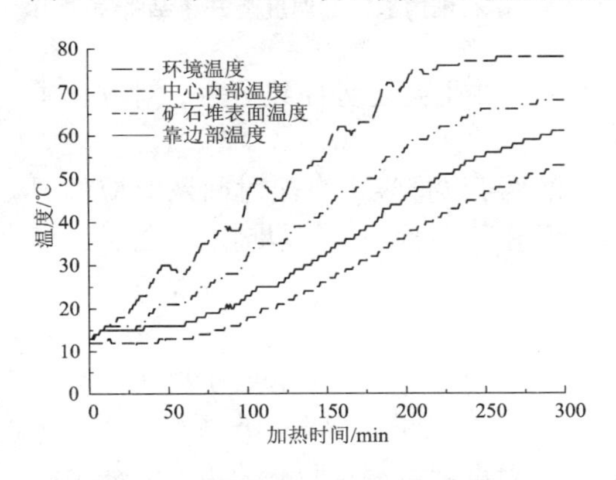

图 3－12　第一组实验温度的变化

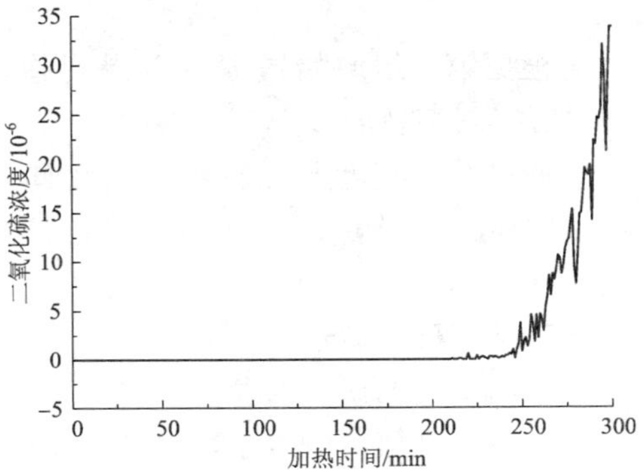

图 3－13　第一组实验二氧化硫浓度的变化

由图3－13可知，当实验进行到211 min时，开始有二氧化硫气体产生，但是不稳定，直到227 min后，才开始稳定产生二氧化硫，而之前的时间段内偶尔有气体产生，不可当作反应判别标准，所以二氧化硫产生时间应该是实验进行到227 min时，此时环境、中心内部、矿石堆边部及表面温度分别为76℃、42℃、62℃和51℃，这说明矿石堆内靠边部的温度比中心内部温度高，而且从实验开始到227 min时，靠矿堆内边部温度一直比中心内部温度高，这就可以判定前者先一步反应产生二氧化硫。

通过描绘出环境温度和矿石堆内靠边部温度趋势曲线及根据两者推导出的温上升速率曲线来进行分析，判断矿石堆何时自热。具体如图3－14和图3－15所示，其中图3－14表示两者的趋势曲线，而图3－15表示两者斜率即温度上升速率曲线。

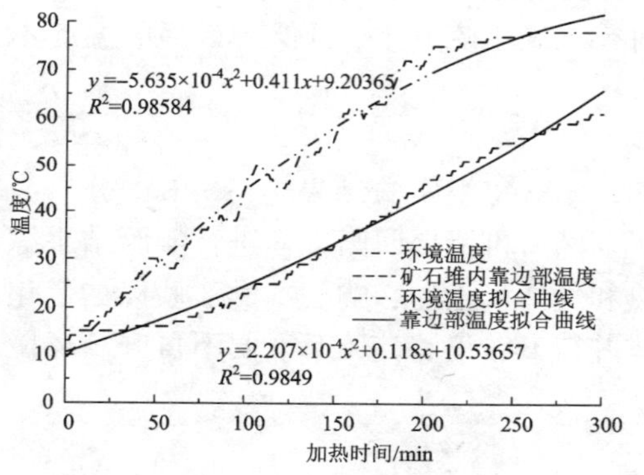

图3－14　第一组实验的环境温度与矿石堆内靠边部温度趋势曲线

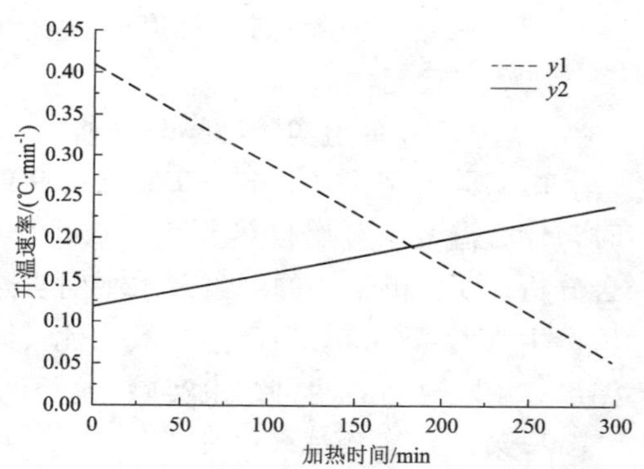

图3－15　第一组实验的环境温度与矿石堆内靠边部温度上升速率曲线

根据第一组原始数据可以得到趋势曲线，并得到趋势曲线方程，对方程求导，可得斜率及温度上升速率曲线。

通过分析温度上升速率曲线及具体数据，可以推导出自热时间及对应的温度，推导出的自热时间是实验的第183 min，其对应的矿石堆内靠边部温度为41℃。

2. 第二组实验结果的分析

本组实验的研究对象为D类矿样，块度小于70 mm，升温梯度为9℃/30 min，而矿山在该含硫范围取了较低含硫量的矿石。实验结果如图3－16所示。

由图3－16可知，随着环境温度升高，矿石堆内部温度也一直升高，甚至超过环境温度，这说明矿石堆内部发生了氧化反应，会自己产热，但是一直升温到设备温度上限，也不见二氧化硫产生，它的浓度一直为0，如图3－17所示，说明含硫量太低导致没有二氧化硫产出。

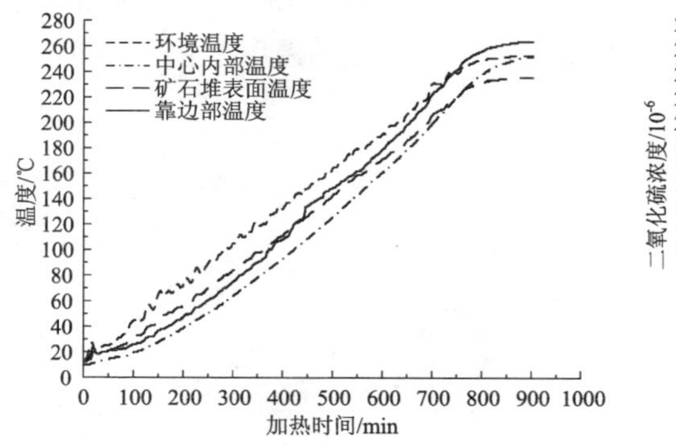

图 3－16　第二组实验的温度变化

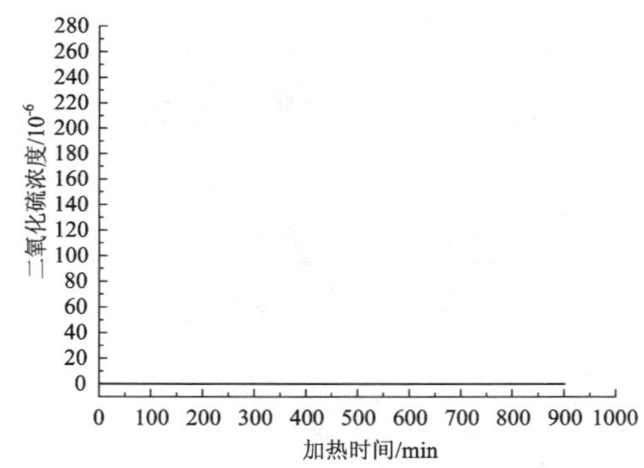

图 3－17　第二组实验的二氧化硫浓度变化

要了解矿石堆具体何时在某一温度下开始发生了氧化自热反应，需要对先反应的靠边部温度与环境温度趋势曲线及推导出的温升速率曲线进行分析。两者温度趋势曲线如图 3－18 所示。

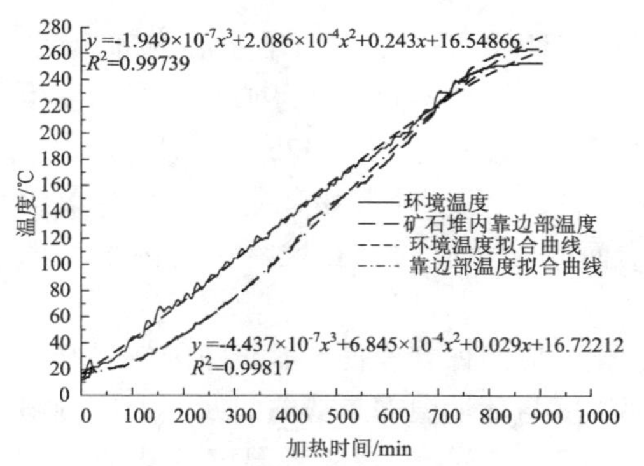

图 3－18　第二组实验的环境温度与矿石堆内靠边部温度趋势曲线

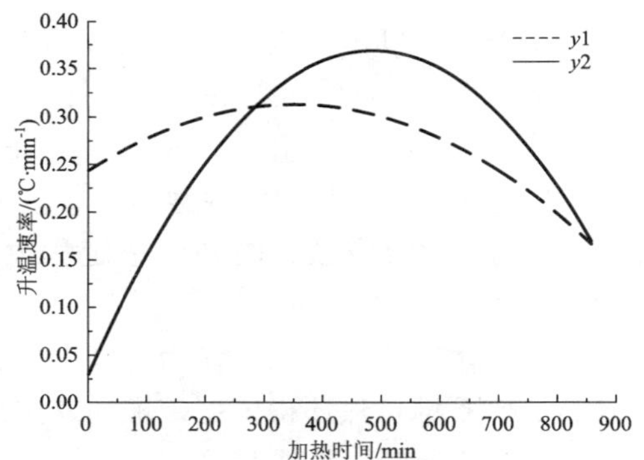

图 3－19　第二组实验的环境温度与矿石堆内靠边部温度上升速率曲线
（$y1$ 表示环境温度上升速率曲线，
$y2$ 表示矿堆内靠边部温度上升速率曲线）

由图 3－18 可知，对两个温度曲线描绘出趋势曲线之后，求出对应的趋势曲线方程，对方程进行求导，可得到斜率方程即温度上升速率方程，之后依据时间数据描绘出温度上升速率曲线，如图 3－19 所示。

根据图 3－19 和原始数据可推导出实验在第 287 min 时，靠边部温度上升速率开始大于环境温度上升速率，说明此时开始自热，对应的靠边部温度为 70℃。

3. 第三组实验的结果分析

本组实验研究对象为 B 类矿样，块度小于 30 mm，升温梯度为 9℃/30m，实验结果如图 3－20 和图 3－21 所示，其中图 3－20 表示实验的温度变化，而图 3－21 表示实验的二氧化硫浓度变化。

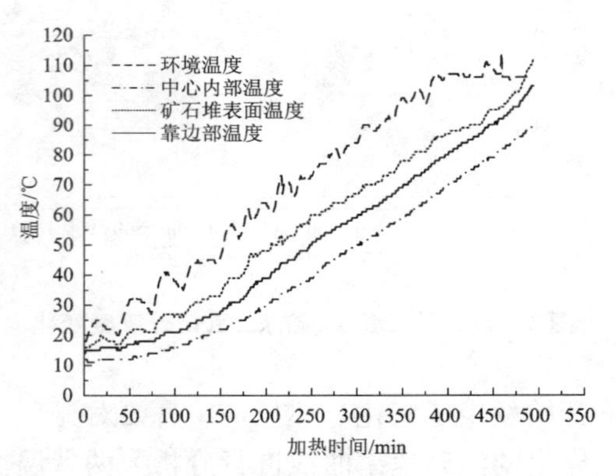

图 3－20　第三组实验的温度变化

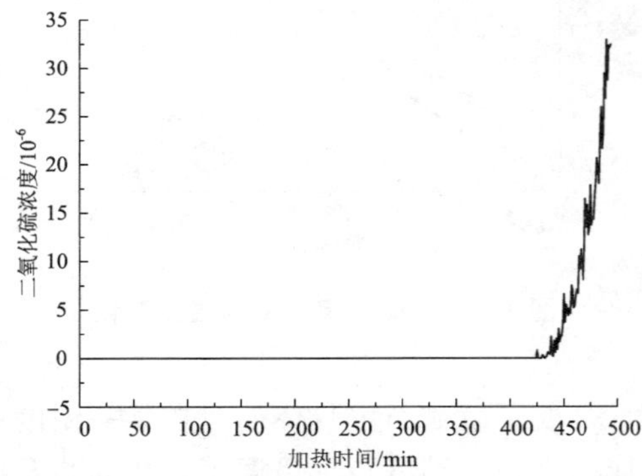

图 3－21　第三组实验的二氧化硫浓度变化

由图 3－20 和图 3－21 可见，随着环境温度的升高，矿石堆中心内部温度、靠边部温度、表面温度都在升高，各温度升高的趋势不同，因为矿石堆内部发生了氧化反应。反应会随着温度的升高而加剧，当实验进行到 425 min 时，开始产生二氧化硫，但只是间断性地产生，直到 433 min 后，才开始稳定地产生二氧化硫，表明氧化反应已经剧烈到一定程度，而此时对应的矿石堆靠边的内部温度为 86℃。

二氧化硫的产生只是作为已经发生氧化反应的评判表征，不能确定何时开始自热。矿石堆自热还得依据矿堆内靠边部温度与环境温度趋势曲线及其对应的斜率曲线分析判断，无法直观发现，除非两者温度很接近。两者温度趋势曲线如图 3－22 所示。

根据第三组原始数据和曲线，可以绘出趋势曲线，并求出相应的曲线方程，再对方程求导可得曲线斜率方程即温度升高速率方程，并根据时间的关系求出各参数，进而画出温度上升速率曲线，如图 3－23 所示。

由图 3－23 可知，在实验第 324 min，矿石堆内靠边部温度开始大于环境温度，表明矿石堆内部开始发生反应且自己产热，否则正常情况下该温升速率不可能超越环境的温升速率，此时对应的中心内部温度为 63℃。

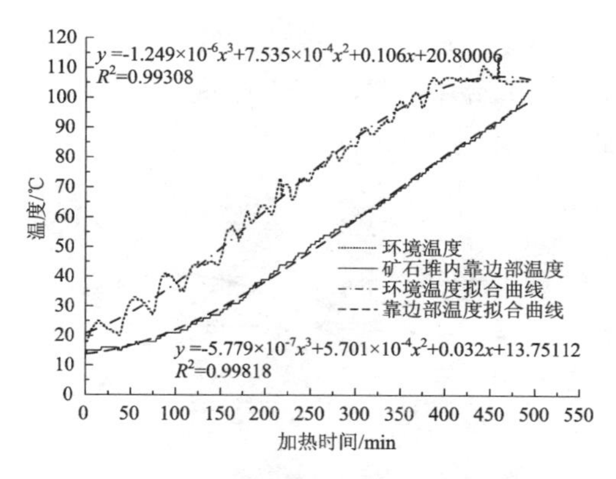

图3-22　第三组实验的环境温度与矿石堆内靠边部温度趋势曲线

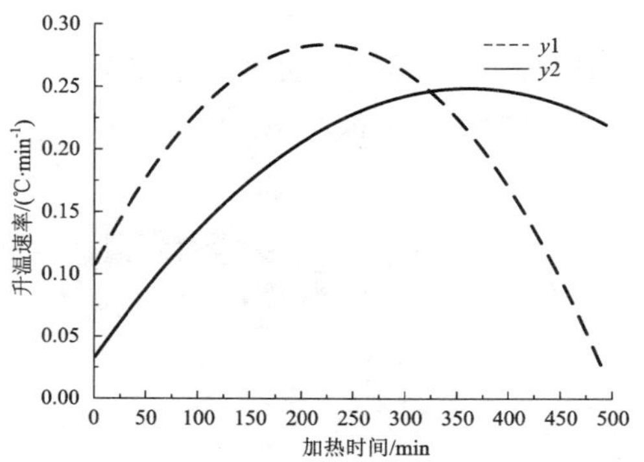

图3-23　第三组实验的环境温度与矿石堆内靠边部温度上升速率曲线

（$y1$ 表示环境温度上升速率曲线；
$y2$ 表示矿石堆内靠边部温度上升速率曲线）

4. 第四组实验的结果分析

本组实验的研究对象为D类矿样，块度小于30 mm，升温梯度为9℃/30 m。该组实验过程中温度的变化如图3-24所示。

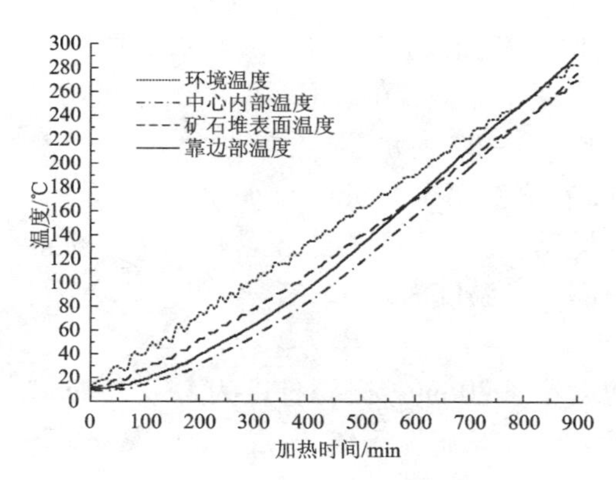

图3-24　第四组实验的温度变化

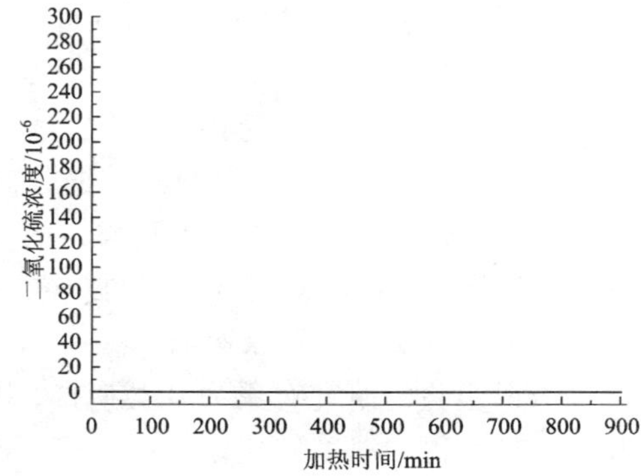

图3-25　第四组实验的二氧化硫浓度变化

由图3-24可知，随着环境温度上升，开始一段时间内，矿石堆中心内部温度、表面温度、靠边部温度都是跟随着上升的，后期的时候，由于矿石堆内部发生了反应，靠边部温度超越了其他所有温度。可是自始至终，该实验都没有二氧化硫产生，如图3-25所示。这说明矿石含硫量低并不足以产生气体作为矿石堆发生反应的剧烈表现特征。

矿石堆何时开始自热可以通过其靠边部温度与环境温度趋势曲线及其对应的斜率曲线分析判断，无法直观发现，除非从一开始几个温度都很接近，一旦哪个温度有变化便可被发现。两个温度趋势曲线如图 3－26 所示。

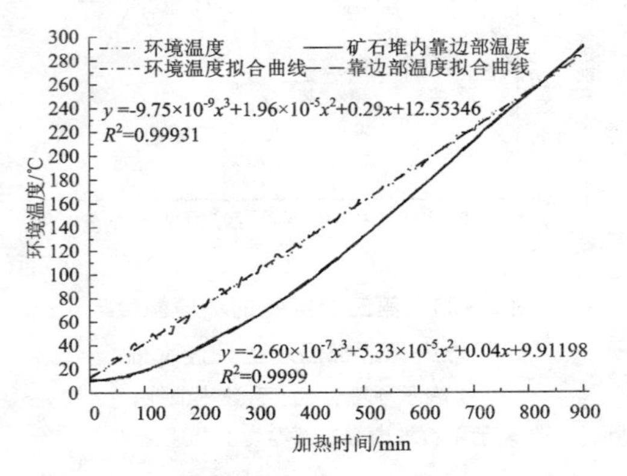

图 3－26　第四组实验的环境温度与矿石堆内靠边部温度趋势曲线

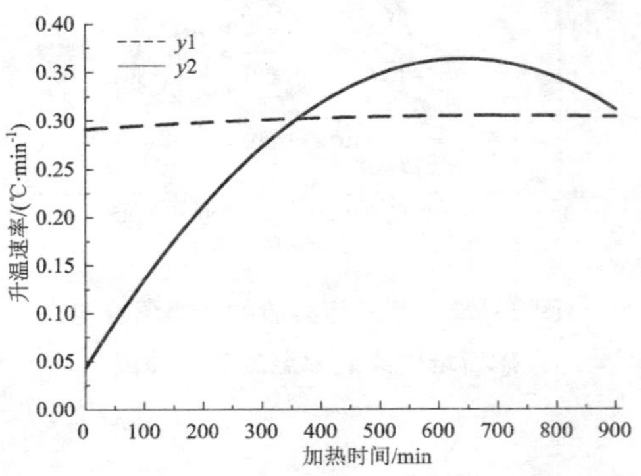

图 3－27　第四组实验的环境温度与矿石堆内靠边部温度上升速率曲线

（$y1$ 表示环境温度上升速率曲线，$y2$ 表示矿石堆内靠边部温度上升速率曲线）

根据第四组原始数据和曲线，可以绘出趋势曲线，并求出相应的曲线方程，再对方程求导可得曲线斜率方程即温度升高速率方程，并根据时间的关系求出各参数，进而画出各个温度上升速率曲线，如图 3－27 所示。

由图 3－27 可知，结合原始数据分析，在实验第 361 min 时，后者温升速率开始大于前者，表明此时硫化矿石堆内部开始反应产热，否则在正常情况下不可能发生这种情况，此时对应的矿石堆内靠边部自热温度为 82℃。

5. 第五组实验的结果分析

本组实验的研究对象为 B 类矿样，块度小于 70 mm，升温梯度为 3℃/30 min。该组实验过程中温度的变化如图 3－28 所示，二氧化硫气体浓度变化如图 3－29 所示。

随着环境温度的升高，矿石堆中心内部温度、表面温度、靠边部温度都在升高，各温度升高的趋势不同，因为矿石堆内部发生了氧化反应，导致各个部位升温速率不一。其中靠边部温度一直大于中心内部温度，并且先一步接近甚至超越环境温度，而表面温度基本跟随环境温度变化而变化。由图 3－29 可知，随着时间的推移，氧化反应速度会随着温度的升高而加快，当实验进行到 721 min 时，开始稳定地产生二氧化硫，之后二氧化硫浓度急剧上升，表明氧化反应已经剧烈到一定程度，而此时对应的矿石堆内靠边部温度为 70℃。

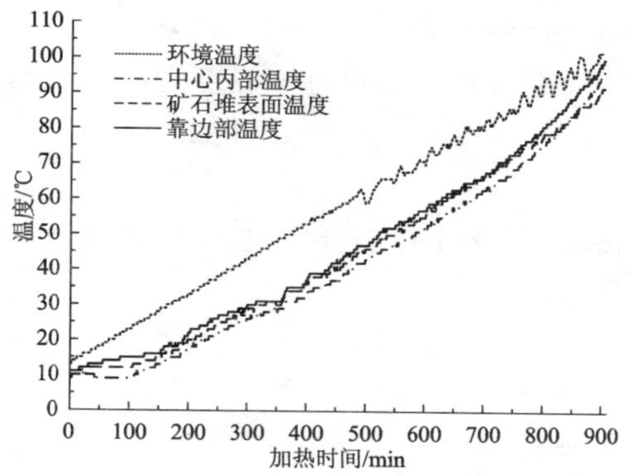

图 3－28　第五组实验的温度变化

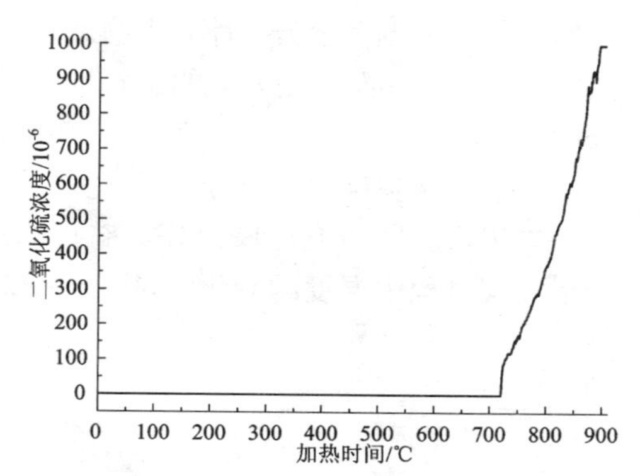

图 3－29　第五组实验的二氧化硫浓度变化

矿石堆何时开始自热可以通过靠边部温度与环境温度趋势曲线及其对应的斜率曲线分析判断，因为靠边部温度在升高的过程中一直高于中心内部温度，而矿石堆是由同样的矿石组成，那么当矿石在某个温度开始反应时，肯定是靠边部的位置先反应。矿石堆内靠边部温度与环境温度的趋势曲线如图 3－30 所示。

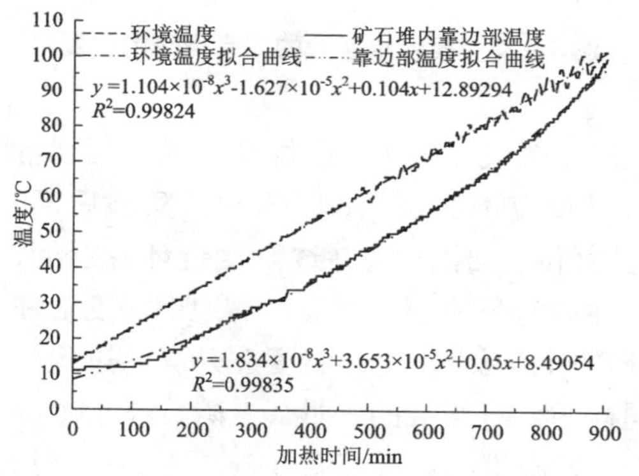

图 3－30　第五组实验的环境温度与矿石堆内靠边部温度趋势曲线

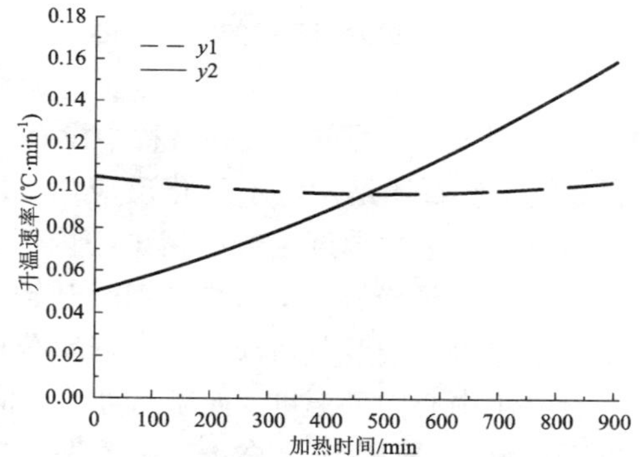

图 3－31　第五组实验的环境温度与矿石堆内靠边部温度上升速率曲线

（$y1$ 表示环境温度上升速率曲线；$y2$ 表示矿石堆内靠边部温度上升速率曲线）

根据第五组原始数据和曲线，可以绘出趋势曲线，并求出相应的曲线方程，再对方程求导可得曲线斜率方程即温度升高速率方程，并根据时间的关系求出各参数，进而画出两个温度上升速率曲线，如图 3－31 所示。

由图 3 - 31 可知，在实验进行到 470 min 时，矿石堆内靠边部温度上升速率开始超越环境温度上升速率，表明此时矿石堆已经开始反应并自己产热，提高了温度上升速率，而与此对应的矿石堆内靠边部温度 43℃，可称该温度为矿石自热温度。

6. 第六组实验的结果分析

本组实验的研究对象为 C 类矿石，块度小于 70 mm，升温梯度为 3℃/30 min。该组实验过程中温度的变化，如图 3 - 32 所示。

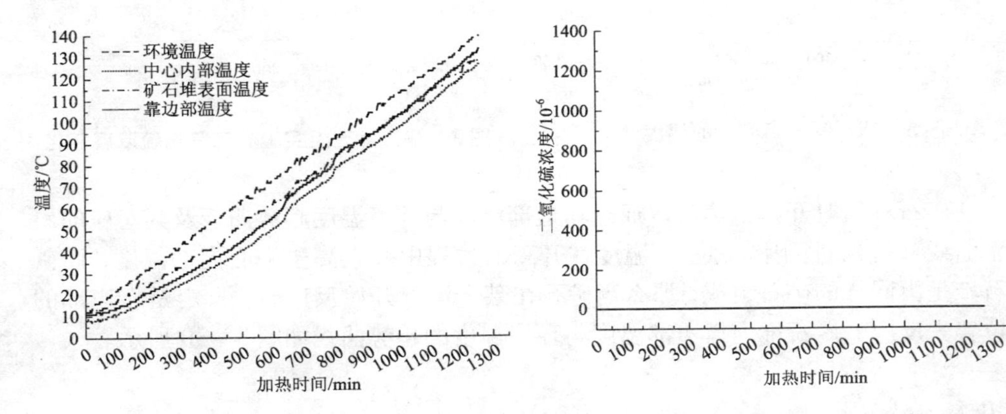

图 3 - 32　第六组实验的温度变化

图 3 - 33　第六组实验的二氧化硫浓度变化

由图 3 - 33 可知，实验过程中没有二氧化硫气体产生，也就没有反应判别特征，但是矿石还是发生了氧化反应，不过其反应不够剧烈，因为到了实验后期，矿石堆内靠边部温度已经超越中心内部温度和表面温度，并逐渐接近环境温度，有明显的追赶趋势。矿石堆在何时开始发生自热反应还必须通过靠边部温度与环境温度趋势曲线及其对应的曲线斜率分析判断，因为靠边部温度在升高的过程中一直高于中心内部温度，而矿石堆是由同样的矿石组成的，那么当矿石在某个温度开始反应时，肯定是靠边部位置先反应。矿石堆内靠边部温度与环境温度趋势曲线如图 3 - 34 所示。

根据第六组原始数据和曲线，可以绘出趋势曲线，并求出相应的曲线方程，再对方程求导可得曲线斜率方程即温度升高速率方程，并根据时间的关系求出各参数，进而画出两个温度上升的速率曲线，如图 3 - 35 所示。

由图 3 - 35 可知，在实验进行到 558 min 时，靠边部温升速率开始超越环境温升速率，表明此时矿石堆开始发生反应自己产热，提高了温度上升速率，而与此对应的靠边部温度为 52℃，可称该温度为矿石自热温度。

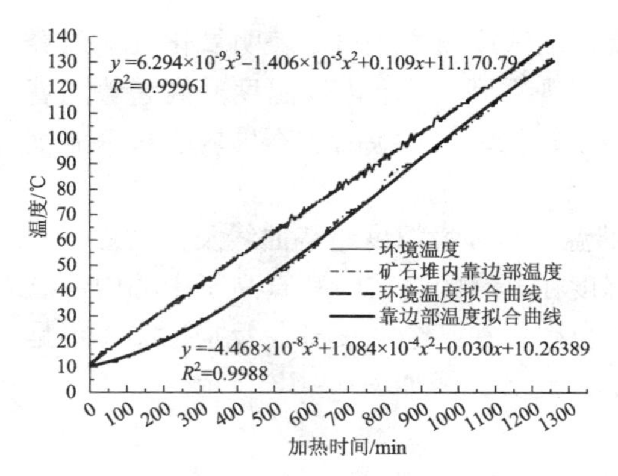

图 3－34　第六组实验的环境温度与矿石堆内靠边部温度趋势线

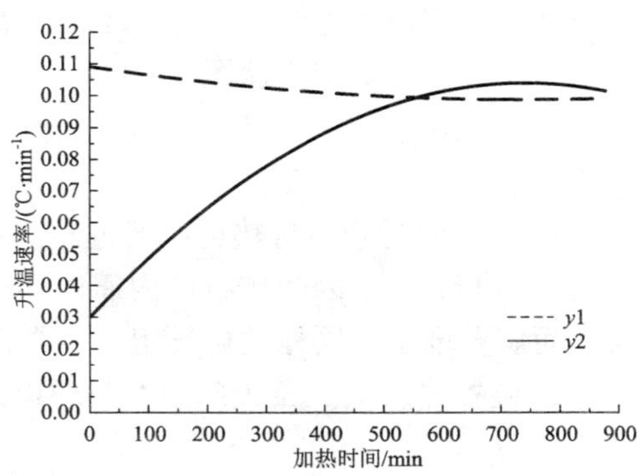

图 3－35　第六组实验的环境温度与矿石堆内靠边部温度上升速率曲线

（y1 表示环境温度上升速率曲线；y2 表示矿石堆内靠边部温度上升速率曲线）

7. 第七组实验的结果分析

本组实验的研究对象为 B 类矿石，块度小于 30 mm，升温梯度为 3℃/30 min。该组实验过程中温度的变化如图 3－36 所示，二氧化硫气体浓度的变化如图 3－37 所示。

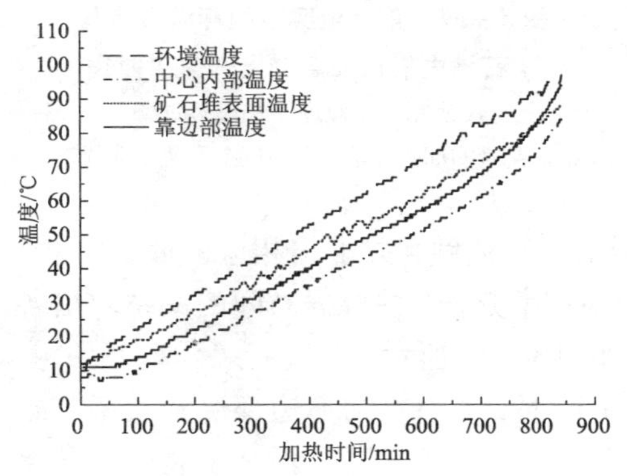

图 3－36　第七组实验的温度变化

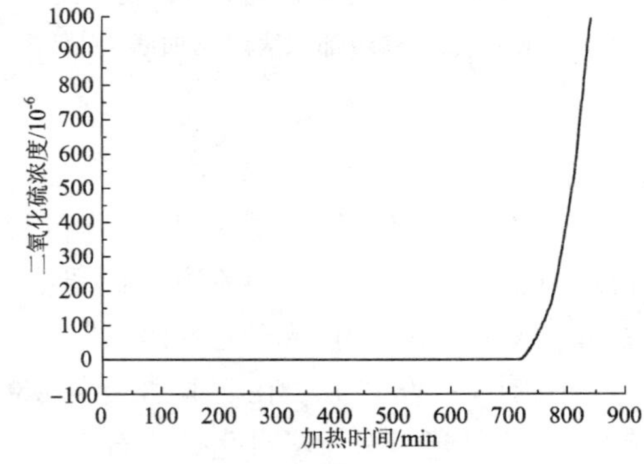

图 3－37　第七组实验的二氧化硫浓度变化

由图 3－36 和图 3－37 可知，随着环境温度的升高，矿石堆中心内部温度、表面温度、靠边部温度都在升高，各温度升高的趋势不同，因为矿石堆内部发生了氧化反应，导致各个部位升温速率不一。其中靠边部温度一直大于中心内部温度，并且先一步接近甚至超越环境温度，而表面温度基本跟随环境温度变化而变化。随着时间的推移，氧化反应会随着温度的升高而加剧，当实验进行到 720 min

时，开始稳定地产生二氧化硫，之后二氧化硫浓度急剧上升，表明氧化反应已经剧烈到一定程度，因为从图 3－37 中可以直观看到，矿堆内部温度升高趋势随着二氧化硫的浓度增大而增大，而开始产生二氧化硫时对应的矿石堆内靠边部温度为 71℃。

矿石堆何时开始自热可以通过靠边部温度与环境温度趋势曲线及其对应的斜率曲线分析判断，因为矿石堆内靠边部温度在升高的过程中一直高于中心内部温度，而矿石堆是由同样的矿石组成，那么当矿石在某个温度开始反应时，肯定是靠边部位置先反应。靠边部温度与环境温度趋势曲线如图 3－38 所示。

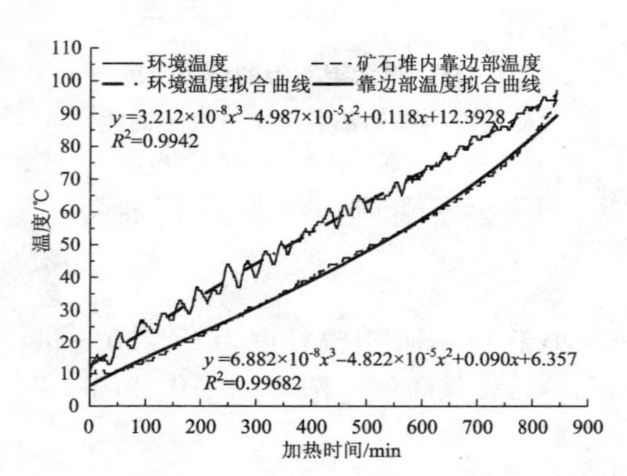

图 3－38　第七组实验的环境温度与矿石堆内靠边部温度趋势曲线

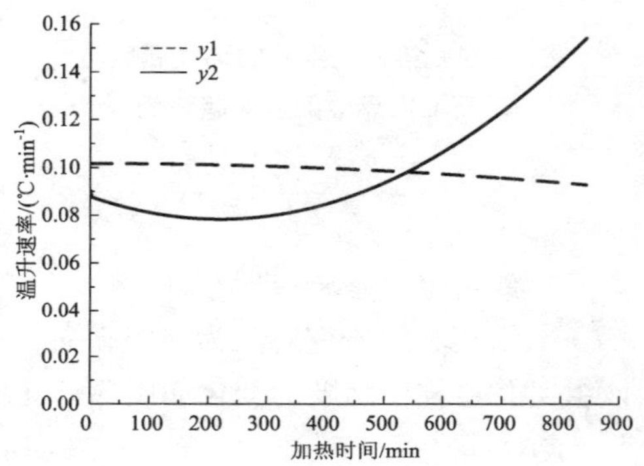

图 3－39　第七组实验的环境温度与矿石堆内靠边部温度上升速率曲线
（$y1$ 表示环境温度上升速率曲线；
$y2$ 表示矿石堆内靠边部温度上升速率曲线）

根据第七组原始数据和曲线，可以绘出趋势曲线，并求出相应的曲线方程，再对方程求导可得曲线斜率方程即温度升高速率方程，并根据时间的关系求出各参数，进而画出两个温度上升速率曲线，如图 3－39 所示。

由图 3－39 可知，在实验进行到 486 min 时，矿石堆内靠边部温升速率开始超越环境温升速率，表明此时矿石堆开始发生反应自己产热，提高了温度上升速率，而与此对应的靠边部温度为 48℃，可称该温度为矿石自热温度。

8. 第八组实验的结果分析

本组实验的研究对象为 D 类矿石，块度小于 30 mm，升温梯度为 3℃/30 min。该组实验过程中温度的变化如图 3－40 所示，二氧化硫气体浓度的变化如图 3－41 所示。

由图 3－41 可知，实验中没有气体产物，也就没有反应判别特征，但是矿石还是发生了氧化反应，不过其反应不够剧烈，因为到了实验后期，矿石堆内靠边部温度已经超越中心内部温度和表面温度，并逐渐接近环境温度，呈明显的追赶趋势。矿石堆具体在何时和什么温度下开始发生自热反应还必须通过靠边部温度与环境温度趋势曲线及其对应的斜率曲线分析判断，因为靠边部温度在升高的过程中一直高于中心内部温度，而矿石堆是由同样的矿石组成的，那么当矿石在某个温度开始反应时，肯定是靠边部位置先反应。矿石堆内靠边部温度与环境温度趋势曲线如图3－42所示。

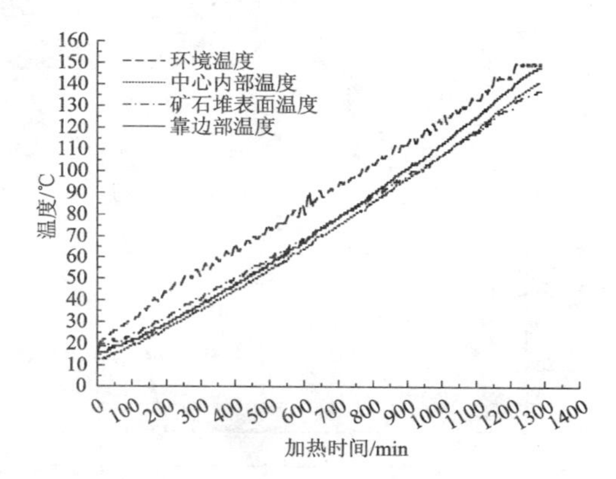

图3－40　第八组实验的温度变化

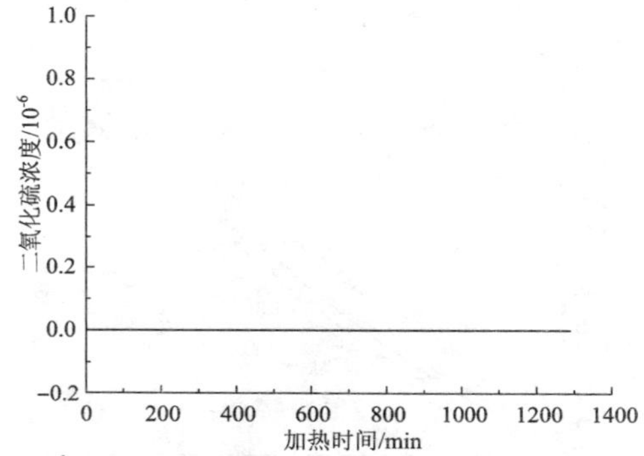

图3－41　第八组实验的二氧化硫浓度变化

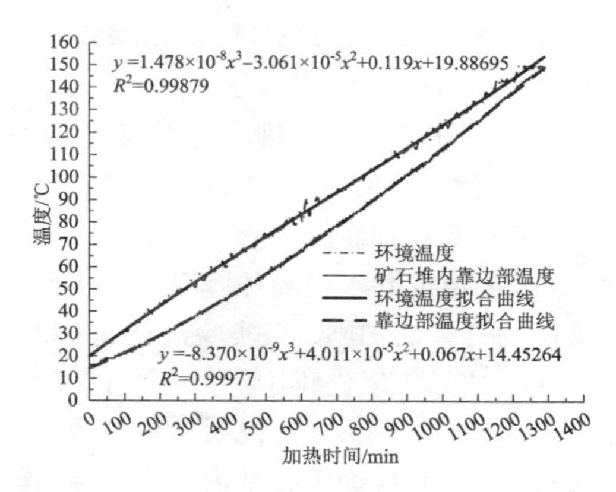

图3－42　第八组实验的环境温度与矿石堆内靠边部温度趋势线

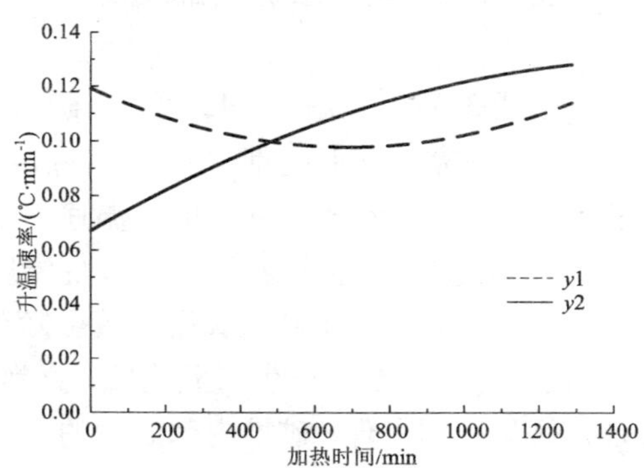

图3－43　第八组实验的环境温度与矿石堆内靠边部温度上升速率曲线

$y1$ 表示环境温度上升速率曲线；
$y2$ 表示矿石堆内靠边部温度上升速率曲线

根据第八组原始数据和曲线，可以绘出趋势曲线，并求出相应的曲线方程，再对方程求导可得曲线斜率方程即温度升高速率方程，根据时间的关系求出各参数，进而画出两个温度上升速率曲线，如图3－43所示。

由图 3－43 可知，在实验进行到 483 min 时，靠边部温升速率开始超越环境温升速率，表明此时矿石堆开始发生反应且自己产热，提高了温度上升速率，而与此对应的矿石堆内靠边部温度为 55℃，可称该温度为矿石自热温度。

9. 第九组实验的结果分析

本组实验为零水平实验，研究对象为 D 类矿石，块度小于 50 mm，升温梯度为 6℃/30 min。该组实验过程中温度的变化如图 3－44 所示，二氧化硫气体浓度的变化如图 3－45 所示。

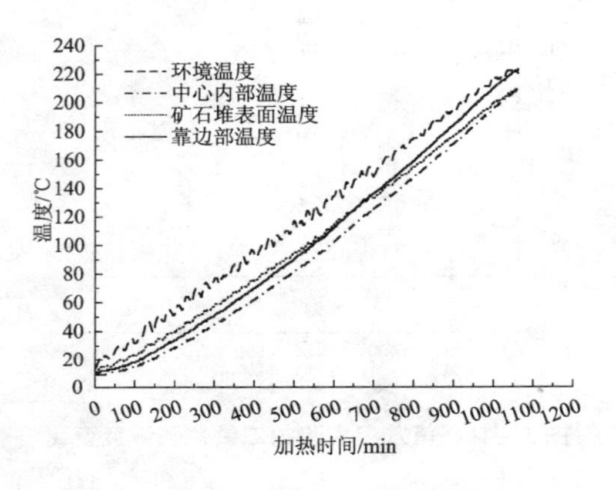

图 3－44　第九组实验的温度变化

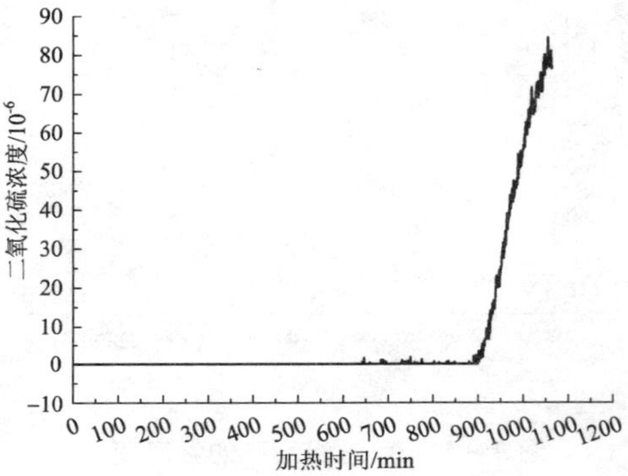

图 3－45　第九组实验的二氧化硫浓度变化

由图 3－44 和图 3－45 可知，随着环境温度的升高，矿石堆中心内部温度、表面温度、靠边部温度都在升高，各温度升高的趋势不同，因为矿石堆内部发生了氧化反应，导致各个部位的升温速率不一。其中靠边部温度一直大于中心内部温度，并且先一步接近甚至超越环境温度，而表面温度基本跟随环境温度变化而变化。随着时间的推移，氧化反应会随着温度的升高而加剧，当实验进行到 642 min 时，开始间断地产生二氧化硫，直到 901 min 之后二氧化硫才稳定地产生，随着二氧化硫的出现，矿堆内部温度的上升趋势变得更加明显，这说明二氧化硫的出现能使氧化反应更加剧烈，且开始产生二氧化硫时对应的矿石堆内靠边部温度为 184℃。

矿石堆何时开始自热则可以通过靠边部温度与环境温度趋势曲线及其对应的斜率曲线分析判断，因为靠边部温度在升高的过程中一直高于中心内部温度，而矿石堆是由同样的矿石组成的，那么当矿石在某个温度开始反应时，肯定是靠边部位置先反应。靠边部温度与环境温度趋势曲线如图 3－46 所示。

根据第九组原始数据和曲线，可以绘出趋势曲线，并求出相应的曲线方程，再对方程求导可得曲线斜率方程即温度升高速率方程，并根据时间的关系求出各参数，进而画出两个温度上升速率曲线，如图3－47所示。

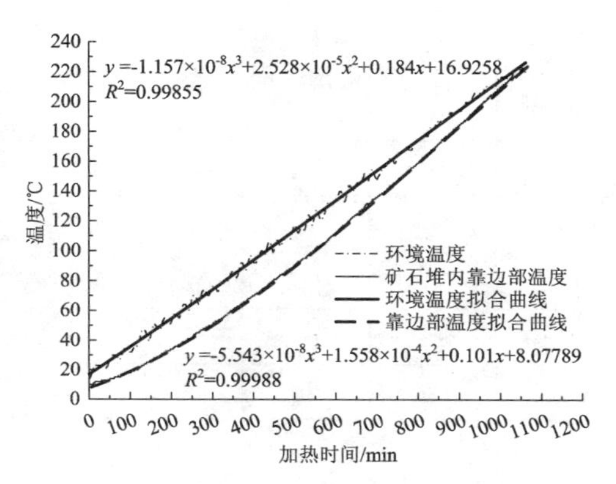

图3－46 第九组实验的环境温度与矿石堆内靠边部温度趋势线

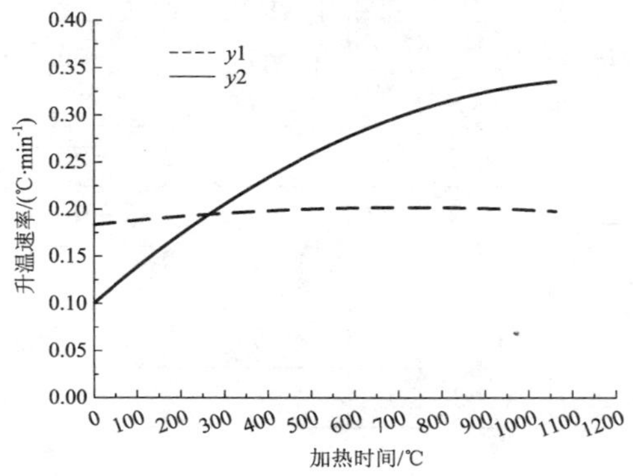

图3－47 第九组实验的环境温度与矿石堆内靠边部温度上升速率曲线

（y1表示环境温度上升速率曲线；y2表示矿石堆内靠边部温度上升速率曲线）

由图3－47可知，在实验进行到266 min时，靠边部温升速率开始超越环境温升速率，表明此时矿石堆开始发生反应且自己产热，提高了温度上升速率，而与此对应的靠边部温度为45℃，可称该温度为矿石自热温度。

3.5.3.4 综合实验结果回归分析

1. 实验方案及对应的结果

把影响因素实验各单组实验所得出的结果与实验方案整合在一起，总的结果如表3－8所示。分析时以温度为主，时间作为辅助参数，因为实验时间的浮动性很大，往往因为实验流程的改变而改变，而且本实验的目的之一就是研究温度。

表3－8 实验方案及结果

实验组号	因子水平取值			升温梯度 x_1/(℃·30 min^{-1})	块度大小 x_2/mm	含硫量 x_3/%	产生二氧化硫时的内部温度/℃	产生二氧化硫时对应的时间 y_1/min	开始自热的温度/℃	开始自热时对应的时间 y_2/min
	z_1	z_2	z_3							
1	1	1	1	9	<70	20～30	51	227	41	183
2	1	1	－1	9	<70	0～10	—	—	70	287
3	1	－1	1	9	<30	20～30	86	433	63	324
4	1	－1	－1	9	<30	0～10	—	—	82	361

续表 3-8

实验组号	因子水平取值			升温梯度 x_1/(℃·30 min^{-1})	块度大小 x_2/mm	含硫量 x_3/%	产生二氧化硫时的内部温度/℃	产生二氧化硫时对应的时间 y_1/min	开始自热的温度/℃	开始自热时对应的时间 y_2/min
	z_1	z_2	z_3							
5	-1	1	1	3	<70	20~30	70	721	43	470
6	-1	1	-1	3	<70	0~10	—	—	52	557
7	-1	-1	1	3	<30	20~30	71	722	52	539
8	-1	-1	-1	3	<30	0~10	—	—	55	483
9	0	0	0	6	<50	10~20	184	901	45	266

2. 回归方程的建立

把相关的计算过程以表格的形式陈列出来，如表格 3-9 所示。

表 3-9　回归计算表

实验号	z_1	z_2	z_3	自热温度 y	y^2	z_1y	z_2y	z_3y
1	1	1	1	41	1681	41	41	41
2	1	1	-1	70	4900	70	70	-70
3	1	-1	1	63	3969	63	-63	63
4	1	-1	-1	82	6724	82	-82	-82
5	-1	1	1	43	1849	-43	43	43
6	-1	1	-1	52	2704	-52	52	-52
7	-1	-1	1	52	2704	-52	-52	52
8	-1	-1	-1	55	3025	-55	-55	-55
9	0	0	0	45	2025	0	0	0
Σ	0	0	0	503	29581	54	-46	-60

根据表 3-9 的数据计算偏回归系数如下：

$$a = \frac{1}{n}\sum_{i=1}^{n} y_i = \bar{y} = 503/9 = 55.889 \tag{3-38}$$

$$b_1 = \frac{\sum_{i=1}^{n} z_{1i}y_i}{m_c} = \frac{54}{8} = 6.75 \tag{3-39}$$

$$b_2 = \frac{\sum_{i=1}^{n} z_{2i} y_i}{m_c} = \frac{-46}{8} = -5.75 \tag{3-40}$$

$$b_3 = \frac{\sum_{i=1}^{n} z_{3i} y_i}{m_c} = \frac{-60}{8} = -7.5 \tag{3-41}$$

则回归方程为

$$y = 56 + 6.75z_1 - 5.75z_2 - 7.5z_3 \tag{3-42}$$

各因素的主次顺序可由上述回归方程偏回归系数的绝对值大小确定，而各系数的绝对值大小顺序为：$x_3 > x_1 > x_2$。那么，各因素主次顺序为：含硫量 > 升温梯度 > 块度。由于各偏回归系数分别为正数、负数和负数，说明升温梯度取上水平、块度取下水平、含硫量取下水平时，其实验指标最好。

3. 回归方程显著性检验

回归方程各相关平方和计算如下：

$$SS_T = \sum_{i=1}^{n} y_i^2 - \frac{1}{n}\left(\sum_{i=1}^{n} y_i\right)^2 = 29581 - \frac{503^2}{9} = 1468.889 \tag{3-43}$$

$$SS_1 = m_c b_1^2 = 8 \times 6.75^2 = 364.5 \tag{3-44}$$

$$SS_2 = m_c b_2^2 = 8 \times (-5.75)^2 = 264.5 \tag{3-45}$$

$$SS_3 = m_c b_3^2 = 8 \times (-7.5)^2 = 450 \tag{3-46}$$

$$SS_R = SS_1 + SS_2 + SS_3 = 364.5 + 264.5 + 450 = 1079 \tag{3-47}$$

$$SS_E = SS_T - SS_R = 1468.889 - 1079 = 389.889 \tag{3-48}$$

式中：SS_T 为总平方和；SS_R 为回归平方和；SS_E 为误差平方和。

方差分析结果，如表 3-10 所示。

表 3-10　方差分析结果

差异源	平方和	自由度	均方值	F 检验	显著性
z_1	364.5	1	364.5	4.674	较显著
z_2	264.5	1	264.5	3.392	—
z_3	450	1	450	5.771	较显著
回归	1079	3	359.667	4.612	较显著
残差	389.889	5	77.978	—	—
总和	1468.899	8	—	—	—

因此，三个因素中只有含硫量和升温梯度对实验有显著影响。

对应的回归方程可简化为

$$y = 56 + 6.75z_1 - 7.5z_3 \tag{3-49}$$

4. 回归方程回代

根据实验方案设计的编码公式：

$$z_1 = \frac{x_1 - x_{10}}{\Delta_1} = \frac{x_1 - 6}{3} \tag{3-50}$$

$$z_3 = \frac{x_3 - x_{30}}{\Delta_3} = \frac{x_3 - 15}{10} \tag{3-51}$$

代入上述回归方程得：

$$y = 56 + 6.75\left(\frac{x_1 - 6}{3}\right) - 7.5\left(\frac{x_3 - 15}{10}\right) \tag{3-52}$$

3.6 本章小结

硫化矿石在爆破过程中会吸收炸药反应产生的热能，从而使得自身温度升高，矿石在此过程中的挤压、碰撞也会将部分动能转化为热能，使矿石温度升高。由于井下环境十分复杂以及硫化矿石具有氧化自热特性，崩落之后的硫化矿石因为堆积在空间相对封闭的井下采场之内，矿石堆内部会产生热量积聚，进而促使硫化矿石氧化，导致矿石堆温度越来越高，并产生大量的二氧化硫气体。本章分析了含硫量与物质结构、块度、水、环境温度以及铁离子对硫化矿石堆氧化自热的影响；概述了硫化矿石堆氧化自热机理和硫化矿石自燃阶段的界定与表征分析；利用自主设计实验装置，进行了实验室实验，研究了硫化矿堆的氧化。实验内容包括：①对进行块度处理后的 B、C、D 三类矿石直接进行矿石堆实验，确定矿石堆自热、产生气体时所对应的时间和温度；②通过多因素回归正交实验研究分析升温梯度、块度大小、含硫量等因素对硫化矿石氧化自热、气体产物、温度变化的影响。可得以下主要结论：

(1)含硫量越大，矿石堆自热温度越小，即矿石堆越容易反应，产生二氧化硫气体的温度越小；当含硫量非常低时，矿石堆几乎不产生二氧化硫气体，只发生微弱的自热反应。

(2)各因素对硫化矿石氧化自热、气体产物、温度变化的影响的主次顺序为，含硫量 > 升温梯度 > 块度；所得回归方程为：$y = 56 + 6.75\left(\frac{x_1 - 6}{3}\right) - 7.5\left(\frac{x_3 - 15}{10}\right)$。

第 4 章　硫化矿尘层氧化自热与着火实验研究

4.1　硫化矿尘层氧化相关理论

4.1.1　硫化矿尘层氧化概念

硫化矿石在炸药爆破作用和物理机械作用等外力的作用下，除了岩石破碎成块之外，还有矿尘生成。矿尘是矿石吸收了外界过多的能量破碎成更加细小的颗粒。按照存在的状态划分，矿尘可分为漂浮在空气中的矿尘云和沉降在矿石堆内部和采场其他地方的矿尘层。本章主要的研究对象是矿尘层，研究了硫化矿石堆内部的矿尘层在何种条件下会氧化自热甚至着火及其判别标准，分析了矿尘层的着火规律，另外，还与硫化矿石氧化自热研究类比，验证在相同的环境下，硫化矿石氧化自热是否会先导致矿尘层着火或是否会优先发生自热甚至自燃着火。

硫化矿尘层着火，是指在沉积静止状态下，一定厚度的矿尘层在外界热表面或外界高温或其他条件下，矿尘自身温度发生变化，使氧化反应加速，积累的热量逐渐升高，最终矿尘层温度超过最低着火温度而发生着火的现象。通常通过研究矿尘层最低着火温度来分析矿尘层着火的难易程度，它可以体现矿尘层的敏感程度。

4.1.2　硫化矿尘层氧化影响因素

处于堆积状态的矿尘层，厚度很薄，容易受外界环境影响，一般影响其着火的因素主要涉及两个方面，材料自身属性和外界环境。材料自身属性包括含硫量、矿尘粒度等因素，外界环境包括环境温度、含水率、氧气浓度等因素[134]。

4.1.2.1　含硫量的影响

从宏观趋势上看，硫化矿石中含硫量越高，矿石性质越活跃，越容易被氧化，因为硫是一种很活跃的元素，与其结合的化合物一般都比较不稳定。而对于硫化矿尘而言，也是如此。硫化矿尘可被视为可燃物质，但是由于其活跃的化学性，与普通的粉尘着火有些区别。硫化矿尘中含硫量越低，就越稳定，那么堆积状态的硫化矿尘层就越不容易着火，相反，硫化矿尘中含硫量越高，它的性质就越活泼，那么堆积状态的硫化矿尘层就越容易着火。

4.1.2.2 **矿尘粒度的影响**

硫化矿尘粒度越小，矿尘的比表面积就越大，矿尘层内部的空隙也越多，这就导致矿尘层内部有更多的机会与氧气接触。换句话说，矿尘层内部就更容易与氧气接触，氧化反应的速度就加快[135-136]，矿尘层就更容易发生着火。一般矿尘层着火的研究对象是它的最低着火温度，随着矿尘的粒度逐渐增大，矿尘层的最低着火温度会逐渐升高，即需要更高的外界温度才能使矿尘层着火，换言之，矿尘粒度越大，矿尘层越稳定，越不容易着火，对外界适应性强，所需着火要求越高[137]。但是本研究的矿尘层是由矿尘集合而成的，粒度内部的缝隙越容易闭合成独立的空间，与外界越不容易进行空气的交换。

4.1.2.3 **环境温度的影响**

环境温度升高时，矿尘层外包括氧分子在内的各种气体分子的运动速度增大，各分子的碰撞愈加频繁，平均动能也增大，导致活化分子比例增加，从而使氧分子更容易与矿尘层内部接触并发生反应；环境温度升高的同时，通过热传递使矿尘层的温度渐渐升高，而后矿石堆的硫化矿分子因为平均动能增大变得更加活跃，与活跃的氧分子的接触变得更加容易与频繁，两者的反应速度得到进一步的提高，从而产生更多的热量继续促进反应的进行。环境温度越高，矿尘层越容易着火，反之，环境温度越低，矿尘层越不容易着火[138]。

4.1.2.4 **含水率的影响**

含水率越大，说明矿尘层含有的水分越多，水分越多的矿尘层就越不容易着火。水分之所以会抑制矿尘层着火，是因为存在如下情况：①虽然水的沸点是100℃，但其相对于矿尘的最低着火温度则不算高，所以在矿尘层着火之前水肯定会先蒸发干净，而水分越多，水分蒸发所需的热量越多，就导致很多矿尘层升温的热量被水分吸收，那么矿尘层着火就需更多的能量，即含水率越高的矿尘层越不容易着火；②含水率高的矿尘层很容易结块，而结块就会导致矿尘层的空隙变少，也就减少了氧气进入矿尘层内部的通道，使矿尘层与氧气接触的机会大大减少，换言之，在同等条件下，结块抑制了矿尘层与氧气接触发生氧化反应，而含水率越高，矿尘层就越容易结块，也就越不容易发生着火[139-140]。

4.1.3 硫化矿尘层氧化机理

4.1.3.1 **氧化反应机理**

硫化矿尘层厚度很薄，自身无法积蓄能量，也无法像硫化矿石那样存在多种反应产热，它只能靠外界热源(热表面、高温、明火等)才能着火，其中靠外界热表面和高温受热而自行燃烧的现象称为自燃，而靠外界火源、火花、火星等作用发生燃烧的现象称为点燃。无论是自燃还是点燃，硫化矿尘层着火都是指在高温的作用下与矿尘层氧气接触发生化学热力学反应，和普通的燃烧反应没什么大的区别。下面将列举出常见的硫化矿尘层着火反应方程式。

黄铁矿氧化反应过程及热效应：

$$4FeS_2 + 11O_2 \xlongequal{} 2Fe_2O_3 + 8SO_2 + 3312.4\ kJ \tag{4-1}$$

磁黄铁矿的氧化反应过程及热效应：

$$4FeS + 7O_2 \xlongequal{} 2Fe_2O_3 + 4SO_2 + 3219.9\ kJ \tag{4-2}$$

上述化学热力学机理从宏观上解释了硫化矿尘层的着火反应，但其着火的具体过程还尚待探讨。

4.1.3.2　着火过程

矿尘层的着火过程看似简单，实则复杂，暂时还没有比较权威的统一理论。一般粉尘着火没表面看到的那么简单，它不仅仅是自身在燃烧，也可能是物质受热分解成可燃气体然后燃烧[141]。

矿尘着火过程可以分为两条路径：均相和非均相反应。均相反应指矿尘颗粒受热分解产生气体，然后气体与氧气反应着火。对于简单的固体可燃物，它先融化，然后蒸发成气体发生着火燃烧；而对于复杂的固体可燃物，则是先分解，后融化，再蒸发燃烧。非均相反应指颗粒表面直接与氧气接触发生反应，着火。

均相过程包括如下几步：①矿尘颗粒在热能的作用下，表面温度升高；②矿尘表面的分子在高温下发生热分解或是干馏作用，变成气体挥发到颗粒附近；③矿尘挥发的气体与空气中的氧气在外界热能的作用下发生反应，产生火焰，释放出更多的热能。在此过程中，矿尘气体消耗了空气中的氧气，使氧气无法到达颗粒表面，如果氧气能到达颗粒表面，则发生非均相反应，具体过程如下：①氧气到达颗粒表面，被吸收之后，与颗粒表面反应[142]，反应物会以气体的形式挥发出去，同时，非均相表面反应时也会有均相反应时的气体挥发，如果气体挥发得过快，则会隔绝氧气与颗粒表面的接触，进而中断非均相反应；②若气体挥发的速度不够快，那么非均相反应和均相反应同时进行；③当颗粒不再产生挥发性气体后，则进行纯粹的非均相反应，即只进行颗粒表面与氧气的反应[143]。

从矿尘层整体角度分析，矿尘层着火过程如图4-1所示。

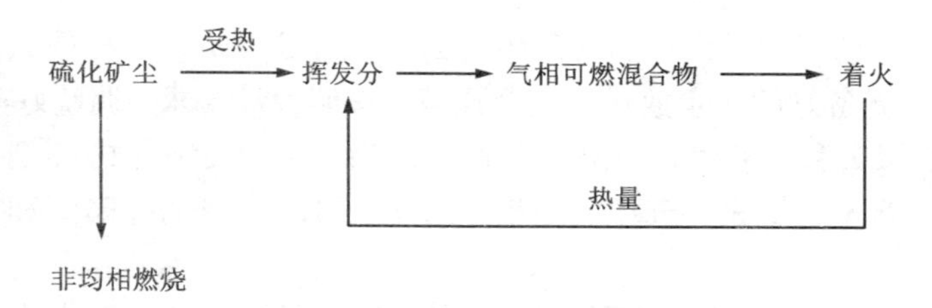

图4-1　矿尘着火反应过程示意图

4.2 硫化矿尘层氧化研究

4.2.1 实验装置、步骤与方法

4.2.1.1 **实验装置**

矿尘层和矿石堆使用同样的实验装置(见图3-1),原理都一样,只是有些细节不同,矿尘层实验只需用到装置的两根1.5 m长的温度探头。

4.2.1.2 **实验步骤与方法**

矿尘层模拟实验的步骤、方法和影响因素与矿石堆模拟实验的几乎没有差别,具体如下。

(1)进行实验前,先组装测量设备,使温度探头、二氧化硫检测仪和智能记录仪成为一个整体。本实验只需二氧化硫检测仪和两根较长的温度探头,具体步骤如下:①将二氧化硫检测仪按照记录仪连接要求用2芯屏蔽线连接在1号通道,通道接线端头是A和C,分别对应二氧化硫检测仪内部的正极和信号接头;②把1.5 m长的温度探头按记录仪热电偶连接要求连接在2号通道的B和D接头,用来测量恒温箱工作室的环境温度;③将1.5 m长的温度探头以与上面相同的方式搭接在3号通道的B和D接头,用来测量矿尘层内部的温度。

(2)测量设备安装之后,要与升温设备配合使用,升温设备是恒温箱,已经按设计打了四个温度探头孔,但是本实验只需用到其中两个探头孔(测量环境和矿尘层内部温度),其他两个要用橡皮泥把内、外两个口子堵住;在恒温箱的换气孔处固定了一个呈直角弯曲的金属管道,可以起到两个作用:一是把气体引出室外,避免污染室内设备和工作人员;二是使引出的气体散热降温,避免二氧化硫检测仪在高温下工作而导致设备寿命大大缩短。在金属管的出口处放置二氧化硫检测仪,用来检测反应过程中的二氧化硫浓度。

(3)正式进行实验时,必须要事先准备实验样品,而且实验样品要符合实验设计要求。由于矿尘含硫的特性,导致其本身容易氧化,为了保持每次的实验样品新鲜,提前制备好的矿尘样品必须用密封袋保存,以防止其提前氧化对实验结果产生影响。将备好的矿尘放进圆筒金属罐,按照设计要求,调整好矿尘厚度。

(4)温度探头和二氧化硫检测仪布置好之后,用橡皮泥从内部把探头的缝隙堵住,以减少热量的散失和气体的溢出,同理,用橡皮泥把金属管和换气孔之间的缝隙堵住。

(5)上述流程结束之后,开始进行升温。升温的目的是,以人为的方式加热让矿尘层整体温度升高,缩短实验周期,用更短的时间找出硫化矿尘层在何时开始自热、产生气体、着火及对应的着火温度。模拟实验升温步骤与方法为:①依

据矿山井下正常温度，设定一个环境初始温度，保持恒温；②通过记录仪观察矿尘层内部和环境温度变化，待到矿尘层内部与环境初始温度相差不大时，开始给恒温箱升温，考虑到温度误差，升温 5℃；③等到矿尘层内部温度接近环境温度时，再次把恒温箱温度上调 5℃；④如此反复循环上调温度一直达到恒温箱温度上限值，观察实验变化。

矿尘实验示意图如图 4 – 2 所示。

图 4 – 2　矿尘实验示意图

4.2.2　硫化矿尘层模拟实验与结果分析

4.2.2.1　实验方案设计

矿石堆的组成部分除了块度大小不一的矿石之外，还有粒度大小不等的矿尘，为了验证矿石堆中的矿石与矿尘反应的先后关系，还必须做矿尘层的氧化实验，以便与之前的硫化矿石氧化实验相互对照。

本次实验选取 B、C、D 三类矿样作为研究对象，实验用金属圆筒作为矿尘层盛装容器，可以避免在拿放过程中受外界影响而起飞尘。根据硫化矿山井下不同位置粉尘层厚度的调查，每组实验矿尘层的厚度一致且为 10 mm，圆筒直径为 10 cm，粒度也有限制要求，由于矿尘层是由沉降的矿尘组成，粒度应小于 75 μm，因为飘浮在空气中的矿尘粒度至少小于 75 μm。硫化矿尘层模拟氧化实验的具体设计，如表 4 – 1 所示。

表 4-1　硫化矿尘层模拟氧化实验

实验代码	含硫量/%	厚度/mm	粒度/μm
B	20～30	10	<75
C	10～20		
D	0～10		

4.2.2.2　实验结果与分析

由实验方案可知，模拟实验共有三组，目的是模拟矿尘层氧化、着火情况，找出矿尘层何时自热、何时产生气体、甚至何时着火及相应的温度，进而与矿石氧化研究对照，得出硫化矿氧化规律。

其中何时产生二氧化硫和温度如何变化可以直接通过设备观察出来，而何时自热则必须通过分析得出。由于设备的限制，在矿尘层着火之前或矿尘层温度急剧升高并远大于环境温度时或达到设备温度上限时，则停止升温，若出现矿尘层着火的趋势，便把此刻的温度认作矿尘着火温度。

1. B 类矿尘层的实验结果与分析

B 类矿尘层是由含硫量较高的矿石磨碎而成，十分容易氧化。实验过程中矿尘层温度的变化如图 4-3 所示，二氧化硫浓度变化如图 4-4 所示。

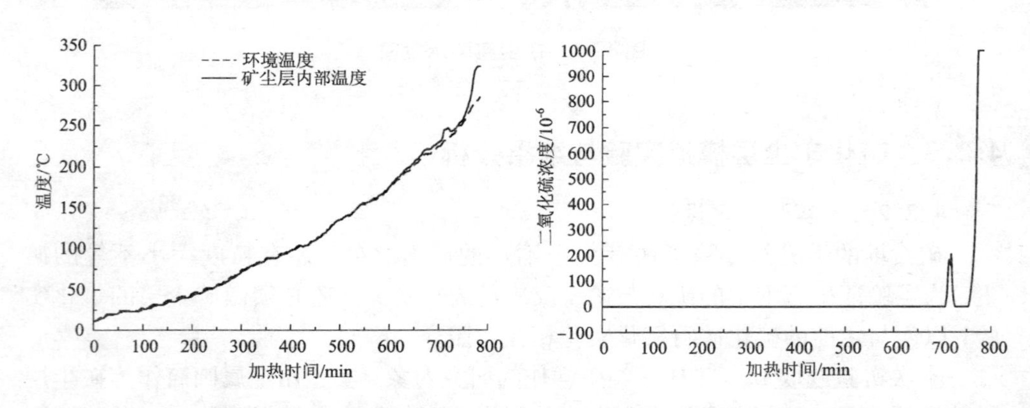

图 4-3　B 类矿尘层实验的温度变化　　图 4-4　B 类矿尘层实验中二氧化硫浓度的变化

本实验因为样品用量很少，可以通过直接观察知道何时开始反应自热，因为实验过程中，矿尘层温度与环境温度很接近，一旦硫化矿尘开始自己产热，便会提高自身温度，紧接着超过环境温度；除此之外，还导致二氧化硫在自热很长一段时间后且反应达到非常剧烈的程度才产生。

由图 4-3 和图 4-4 并对照原始数据可知，随着环境温度的升高，矿尘的温度也会随之升高，有时两者甚至达到相同的温度，当环境温度升高到一定程度，会出现如下实验现象：在实验进行到第 541 min 时，矿尘层温度达到 154℃，大于环境温度 153℃，之后便一直比环境温度高；随着实验的继续进行，在第 707 min，开始有二氧化硫产生，对应的矿尘层温度为 235℃，表明此时矿尘层的反应已经剧烈到一定程度，可是在实验进行到 726 min 至 753 min 时，没有气体产生，然后从 754 min 开始，气体产生且其浓度急剧增大，同时温度从 264℃呈跳跃性地增长，远远高于环境温度。可知有两个增长过程，在相同时间内相对应的则是两个温度明显增大的过程。前一个缓和的过程应该是矿尘层内部靠近罐底部位的反应过程，因为这个部位温度先达到反应值，但是空气不够，反应便无法继续；后面很猛烈的过程应该是矿尘层内部靠近表面部位反应的过程，因为随着温度的升高，这个部位温度也达到了反应值，再加上与空气的充分接触，反应便迅速扩散。这可以在图 4 –5 得到证明，如图 4 –5 所示，中心靠表面部位已经发生了强烈的氧化反应，从而导致其变成了红色的氧化铁，可是边缘却没有明显变化，说明反应主要在中心靠表面部位发生，因为这个部位温度更高，且与空气可以充分接触。发生了如此强烈的反应，便可认为其发生了着火，着火是从二氧化硫产生时开始的。

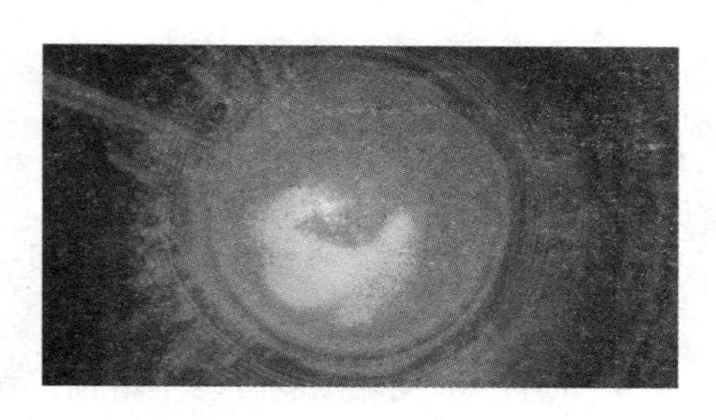

图 4 –5　B 类矿尘层实验现象

2. C 类矿尘层实验结果与分析

C 类矿尘层是由含硫量中等偏下的矿石磨碎而成，也会发生氧化反应。实验过程中矿尘层温度的变化如图 4 –6 所示，二氧化硫浓度变化如图 4 –7 所示。

由图 4 –6 温度走向并对照原始数据可知，随着环境温度的升高，矿尘的温度会随之升高，有时甚至达到与环境相同的温度，当环境温度升高到一定程度，矿尘层便开始发生反应，由于反应之前两温度很接近，一旦发生反应，矿尘层便会产生热量然后温度会马上超过环境温度。在实验进行到第 424 min 时，矿尘层温度达到 161℃，大于环境温度 160℃，之后便一直比环境温度高；随着实验的继续进行，反应剧烈程度逐渐加大，在实验第 579 min，开始有二氧化硫产生，对应的矿尘层温度为 259℃，同时矿尘温度也明显地升高，表明此时矿尘层的反应已经十分剧烈。可是在实验第 594 min 时，二氧化硫浓度达到前期一个小高峰之后便开始下降，并在 601 min 时跌至最小值 0，之后气体浓度便开始回升且快速增大，同时温度的增长幅度明显变大。

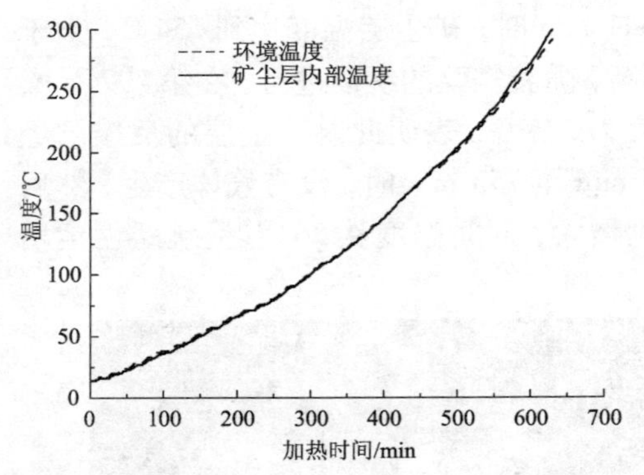

图 4 -6　C 类矿尘层实验温度变化

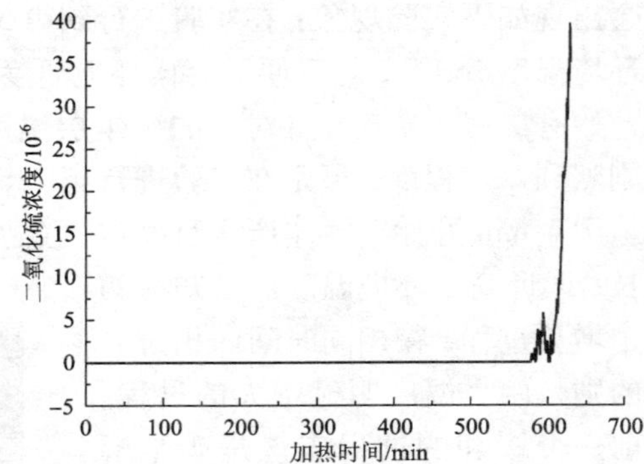

图 4 -7　C 类矿尘层实验中二氧化硫浓度变化

图 4 -7 中二氧化硫浓度有两个增长过程，前一个缓和的过程应该是矿尘层内部靠近罐底部位的反应过程，因为这个部位温度先达到反应值，但是空气不够，反应便无法继续；后面较剧烈的过程应该是矿尘层内部靠近表面部位反应的过程，因为随着温度的升高，这个部位温度也达到了反应值，再加上与空气的充分接触，反应便加快。有二氧化硫产生，可认为矿尘层发生了着火。

3. D 类矿尘层的实验结果与分析

D 类矿尘层是由含硫量最低的矿石磨碎而成，在所有矿尘中，它最稳定也最不容易发生氧化。实验过程中矿尘层温度的变化如图 4 -8 所示，实验过程中没有二氧化硫产生。

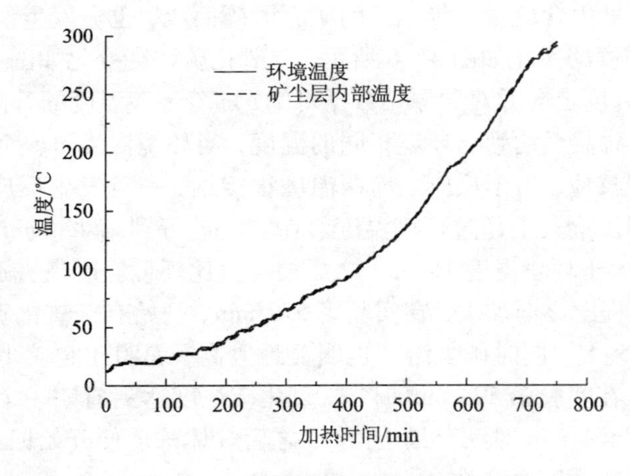

图 4 -8　D 类矿尘层的实验温度变化

从图 4－8 中温度走向和原始数据可知，在实验前期矿尘层内部温度一直小于环境温度，但是两者非常接近有时甚至达到一致，可是到了后期，矿尘层内部温度增长变快，在实验第 572 min 达到 187℃，大于环境温度 186℃，之后一直高于环境温度，表明矿尘内部开始反应产热，否则不可能出现矿尘层内部温度在后期一直比环境温度高的情况。可是在整个实验过程中，没有二氧化硫产生，表明矿尘层后期虽然发生了反应但是反应不够剧烈，因为二氧化硫是反应剧烈的一个特征产物，该类矿尘层含硫量低，性质不活泼，导致反应很不明显，对应气体产物更是接近于无，反之亦然。

4.2.2.3　**综合分析**

根据三类矿尘层实验的结果，将其整合分析。由于模拟实验只有含硫量是变量，故结果如表 4－2 所示。

表 4－2　矿尘层模拟实验结果汇总

实验矿尘层类别	含硫量/%	自热温度/℃与对应时间/min	产生气体的温度/℃与对应时间/min
B	20～30	154/541	235/707
C	10～20	161/424	259/579
D	0～10	187/572	—

由表 4－2 可知，含硫量越大，矿尘层自热温度越小，即矿尘层越容易反应；同理，含硫量越大，矿尘层产生二氧化硫气体的温度越小，即矿尘层越容易发生着火，而当含硫量非常低时，矿尘层不会发生着火，只会发生微弱的自热反应。

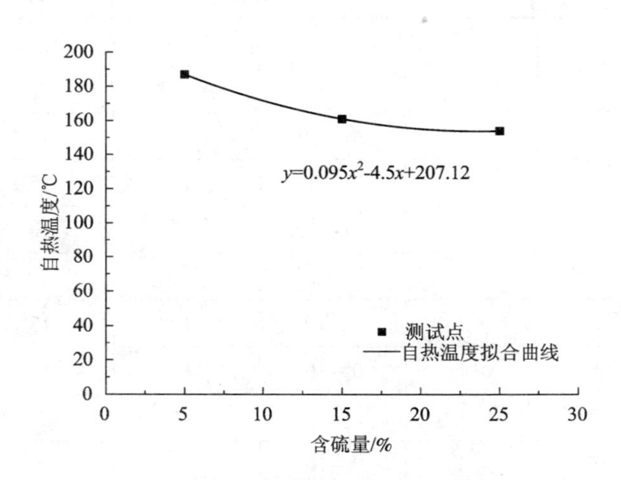

图 4－9　模拟实验含硫量与自热温度关系

图 4－9 给出了模拟实验中含硫量与自热温度之间的关系，并给出了两者间的关系方程，可以用来大致地推断出该含硫量时的矿尘层自热温度。

4.2.3 多因素回归正交实验结果与分析

4.2.3.1 实验方案设计

正常的粉尘着火实验考虑的因素有粒度、厚度等，本实验根据实际情况主要考虑三个因素，分别是含硫量、厚度、粒度。

利用二次回归正交组合实验方法对实验进行设计，先对因素水平进行编码，如表4-3所示。

表4-3 矿尘层影响因素实验回归正交设计编码表

编码值	实际值		
	含硫量 x_3/%	厚度 x_1/mm	粒度 x_2/μm
上水平	20~30	15	<150
零水平(0)	10~20	10	<112
下水平	0~10	5	<75
水平间隔(Δ)	10	5	20

具体实验方案如表4-4所示。

表4-4 矿尘层影响因素回归正交组合实验方案表

实验号	含硫量 x_1/%		厚度 x_2/mm		粒度 x_3/μm	
	编码值	实值	编码值	实值	编码值	实值
1	1	20~30	1	15	1	<150
2	1	20~30	1	15	-1	<75
3	1	20~30	-1	5	1	<150
4	1	20~30	-1	5	-1	<75
5	-1	0~10	1	15	1	<150
6	-1	0~10	1	15	-1	<75
7	-1	0~10	-1	5	1	<150
8	-1	0~10	-1	5	-1	<75
9	0	10~20	0	10	0	<112

4.2.3.2　单组实验结果与分析

先对各单组实验结果进行分析，分析何时与何温度下开始自热、着火、产生二氧化硫，然后再依据回归方程进行实验综合结果分析，分析不同的因素及水平对自热和气体产生的影响。

1. 第一组实验结果分析

本组实验以B类矿样为研究对象，厚度15 mm，粒度小于150 μm，共测定了三个参数，即矿尘层在实验过程中产生的二氧化硫浓度、矿尘层内部温度和环境温度。实验过程中矿尘层温度的变化如图4－10所示，二氧化硫的浓度变化如图4－11所示。

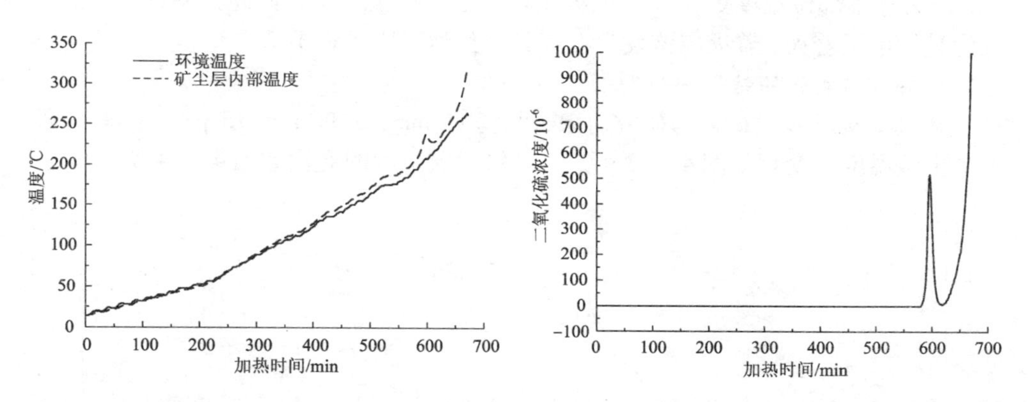

图4－10　矿尘层第一组中实验温度的变化　图4－11　矿尘层第一组实验中二氧化硫浓度的变化

由图4－10和图4－11可知，实验前期，两个温度值很接近，随着环境温度的升高，矿尘层内部温度一直趋近于环境温度。到了实验后期，矿尘层开始发生反应产热，由于之前两温度值差不多，当矿尘层自热时，自身的温度便会增大，很快地超过环境温度，并且可以很明显地被观测出来。根据图4－10温度走向和原始数据，发现在实验第280 min时，矿尘层温度达到80℃，大于环境温度79℃，之后便一直比环境温度高；随着实验的进行，矿尘层温度与环境温度的差值越来越大，表明反应越来越剧烈，在实验第580 min时，矿尘层温度为208℃，开始有二氧化硫产生。可是在实验进行至596 min时，二氧化硫浓度到达第一个顶峰时，二氧化硫浓度便开始回落，直到实验至618 min时，气体浓度降到最低，之后便开始跳跃性地增长，而在这个过程中，矿尘层温度竟和气体浓度保持了相对同步的变化，也出现了很相似的增长和降低过程，这表明二氧化硫浓度是矿尘反应剧烈程度的一个指标。

由图4－11可知，二氧化硫浓度有两个增长过程，在相同时间内相对应的则是两个温度明显增大的过程，这种现象是因为矿尘层中心靠近罐底部位温度先开始反应但是空气不够，之后反应由强变弱；在前者反应一段时间后，矿尘层中心靠近表面部位也开始了反应，再加上与空气的充分接触，反应便迅速扩散。这可以从图 4 - 12 得到证明，如图 4 - 12 所示，中心靠表面部位已经发生了强烈的氧化反应，从而导致其变成了红色的氧化铁，可是边缘却没有明显变化，说明反应主要在中心靠表面部位进行，因为这个部位温度更高，且可以与空气充分接触。发生如此强烈的反应，可认为其发生了着火，着火应该发生在第二个猛烈反应过程中。

图 4 - 12　矿尘层第一组实验现象

2. 第二组实验的结果分析

本组实验以 B 类矿样为研究对象，厚度 15 mm，粒度小于 75 μm。实验过程中矿尘层温度的变化如图 4 - 13 所示，二氧化硫浓度的变化如图 4 - 14 所示。

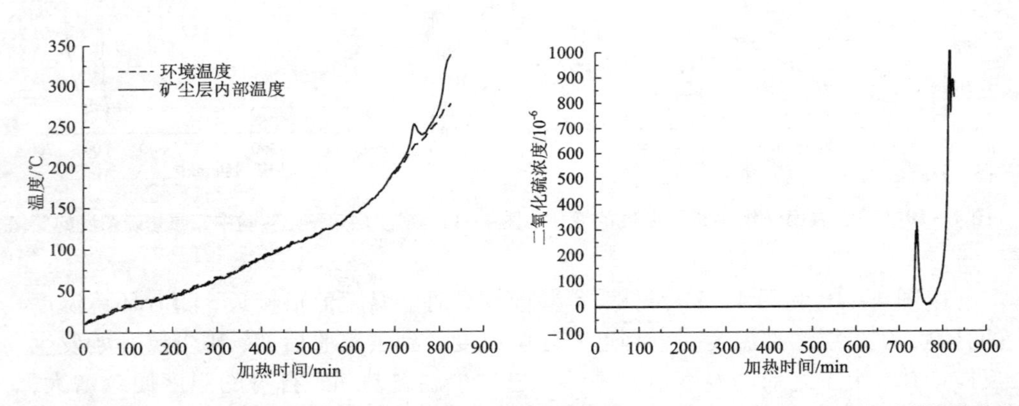

图 4 - 13　矿尘层第二组实验的温度变化　　**图 4 - 14　矿尘层第二组实验中二氧化硫的浓度变化**

从图 4 - 13 和图 4 - 14 可知，实验前期，两个温度值很接近，随着环境温度升高，矿尘层内部温度一直在追赶且接近环境温度。到了实验后期，矿尘层开始发生反应产热，由于之前两温度值差不多，当矿尘层自热时，自身的温度便会增大，很快就超越环境温度，并且可以很明显地被观测出来。根据图 4 - 13 的温度走向和原始数据，发现在实验第 522 min 时，矿尘层温度达到 125℃，大于环境温度 124℃，之后便一直比环境温度高；随着实验的进行，矿尘层温度与环境温度的差值越来越大，表明反应越来越剧烈，在实验第 732 min 时，矿尘层内部温度为 224℃，开始有二氧化硫产生，并在之后一段时间内继续增大。可是在实验第

742 min时，二氧化硫浓度到达第一个顶峰时，便开始回落，直到实验第763 min时，气体浓度降到最低，之后便开始跳跃性地增长，而在这个过程中，矿尘层温度竟和气体浓度保持了相对同步的变化，也出现了很相似的增长和降低过程，这表明二氧化硫是矿尘反应剧烈程度的一个表现特征。

由图4－14可知，二氧化硫浓度有两个增长过程，在相同时间内相对应的则是两个温度明显增大的过程，这种现象是因为矿尘层中心靠近罐底部位温度先开始反应但是空气不够，之后反应由强变弱；在前者反应一段时间后，矿尘层中心靠近表面部位也开始了反应，再加上与空气的充分接触，反应便迅速地扩散。这可以从图4－15得到证明，如图4－15所示，中心靠表面部位已经发生了强烈的氧化反应，从而导致其变成了红色的氧化铁，可是边缘却没有明显变化，说明反应主要在中心靠表面部位，因为这个部位温度更高，且与空气可以充分接触。发生如此强烈的反应，可认为其发生了着火，着火应该发生在第二个猛烈反应过程中。

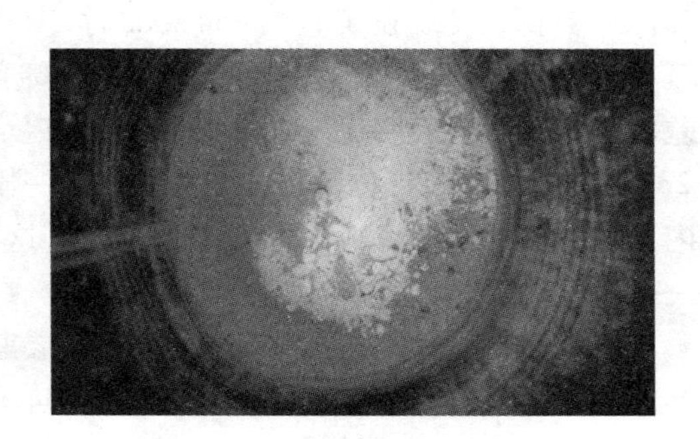

图4－15　矿尘层第二组实验现象

3. 第三组实验的结果分析

本组实验以B类矿样为研究对象，厚度5 mm，粒度小于150 μm，具体如图4－16和图4－17所示，其中图4－16和图4－17分别表示实验过程中的各温度变化和二氧化硫浓度变化。

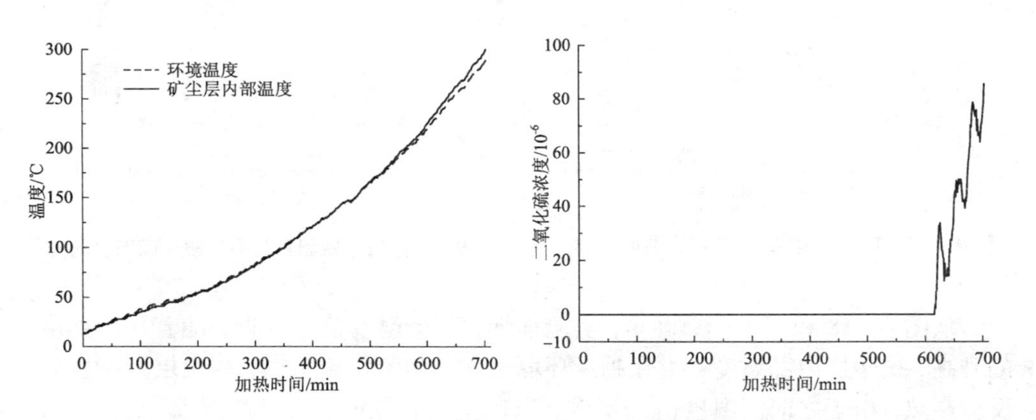

图4－16　矿尘层第三组实验的温度变化　图4－17　矿尘层第三组实验中二氧化硫浓度的变化

从图4－16和图4－17可知，实验前期，两个温度值很接近，随着环境温度的升高，矿尘层内部温度一直在趋近环境温度。到了实验后期，矿尘层开始发生反应产热，由于之前两温度值差不多，当矿尘层自热时，自身的温度便会增大，很快地就超过环境温度，并且可以很明显地被观测出来。根据图4－16中温度走向和原始数据，发现在实验第454 min时，矿尘层内部温度达到145℃，大于环境温度144℃，之后便一直比环境温度高；随着实验的进行，矿尘层温度与环境温度的差值越来越大，表明反应越来越剧烈，在实验第617 min时，矿尘层内部温度为236℃，开始有二氧化硫产生，并在之后一段时间内其浓度继续增大，而在此期间内，矿尘层内部温度也在大幅度地增长，这表明二氧化硫是矿尘反应剧烈程度的一个表现特征。

与之前反应过程不同，本实验的矿尘层厚度只有5 mm，与空气非常容易接触，当温度达到反应值时，便开始持续反应，不会出现与之前相似的两个明显的反应过程。反应虽没有明火产生，但根据其反应的剧烈程度，可认为其在产生二氧化硫时已经发生了着火现象。

4. 第四组实验的结果分析

本组以B类矿样为研究对象，厚度5 mm，粒度小于75 μm。实验过程中矿尘层温度的变化如图4－18所示，二氧化硫的浓度变化如图4－19所示。

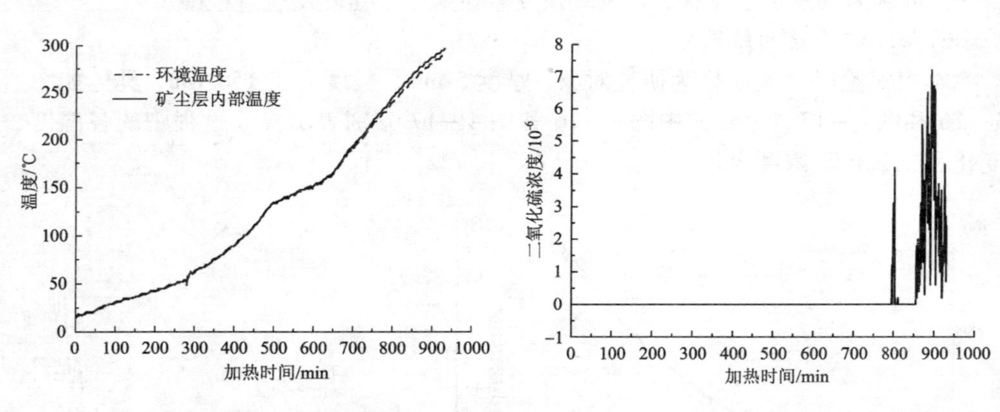

图4－18　矿尘层第四组实验的温度变化　**图4－19　矿尘层第四组实验中二氧化硫浓度的变化**

从图4－18和图4－19可知，实验前期，两个温度值很接近，随着环境温度的升高，矿尘层内部温度一直在趋近环境温度。到了实验后期，矿尘层开始发生反应产热，由于之前两温度值差不多，当矿尘层自热时，自身的温度便会增大，很快地就超过环境温度，并且可以很明显地被观测出来。根据图4－18中温度走向和原始数据，发现在实验第561 min时，矿尘层内部温度达到146℃，大于环境温度145℃，之后便一直比环境温度高；随着实验的进行，矿尘层温度与环境温度的差值慢慢变大，表明反应越来越剧烈。在实验第796 min时，矿尘层内部温度为243℃，开始有二氧化硫产生，但之后很短时间内便停止产生气体，直到实验第856 min，二氧化硫再次产生，而在此期间内，矿尘层内部温度的增长幅度明显变大，这表明二氧化硫是矿尘反应剧烈程度的一个表现特征。

本实验后期的温度增长幅度不是很大，二氧化硫产量也不多，反应中更没有明火产生，但根据其反应的剧烈程度，可认为其在产生二氧化硫时已经发生了着火现象。

5. 第五组实验的结果分析

本组实验以D类矿样为研究对象，厚度15 mm，粒度小于150 μm。实验过程中矿尘层温度的变化如图4－20所示，二氧化硫浓度变化如图4－21所示。

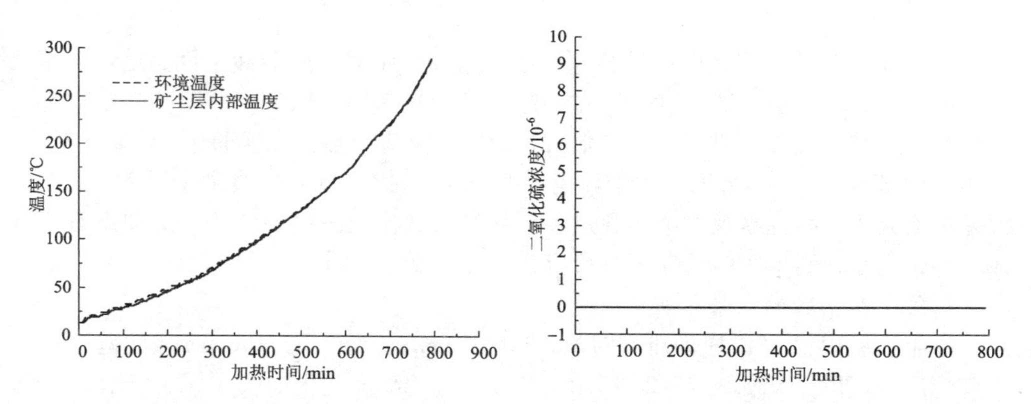

图4－20　矿尘层第五组实验的温度变化　图4－21　矿尘层第五组实验中二氧化硫的浓度变化

从图4－20和图4－21可知，实验前期，两个温度值很接近，随着环境温度升高，矿尘层内部温度一直在趋近环境温度。到了实验后期，矿尘层开始发生反应产热，由于之前两温度值差不多，当矿尘层自热时，自身的温度便会增大，很快就超过环境温度，并且可以很明显地被观测出来。根据图4－20中温度走向和原始数据，发现在实验第645 min时，矿尘层内部温度达到195℃，大于环境温度194℃，之后便一直比环境温度高；随着实验的进行，矿尘层内部温度虽然比环境温度高，但只是高了一点，而在整个实验中，二氧化硫气体浓度一直为零，表明矿尘层虽有氧化反应但是反应非常微弱。

6. 第六组实验的结果分析

本组实验以D类矿样为研究对象，矿尘层含硫量为0～10%，厚度15 mm，粒度小于75 μm。实验过程中矿尘层温度的变化如图4－22所示，二氧化硫浓度变化如图4－23所示。

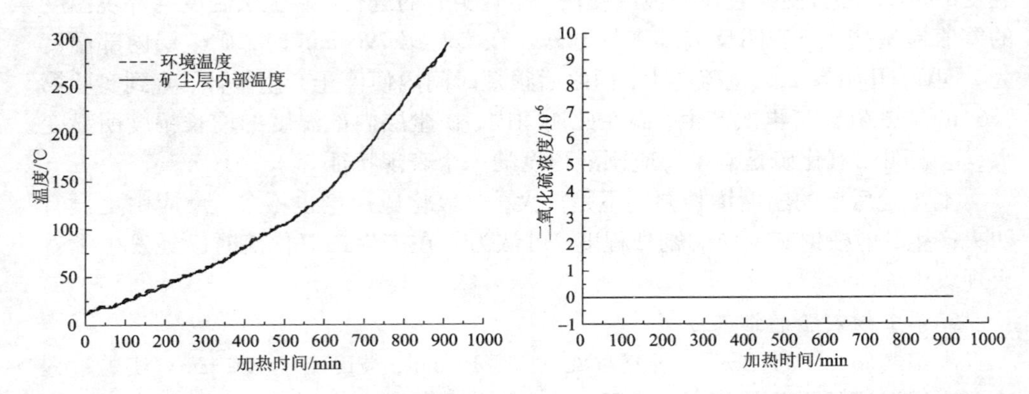

图 4－22　矿尘层第六组实验的温度变化　图 4－23　矿尘层第六组实验中二氧化硫浓度的变化

由图 4－22 的温度走向并结合原始数据可知，在实验前期和中期，随着环境温度的升高，矿尘层内部温度一直在趋近环境温度；到了后期，由于矿尘层内部温度随着环境温度变得非常高，矿尘层开始发生反应产热。在实验第 733 min 时，矿尘层内部温度达到 199℃，大于环境温度 198℃，之后前者一直高于后者，但是温差只有几度，而且纵观整个实验过程，发现二氧化硫浓度始终为零，即没有气体产生，这都表明本实验后期虽有反应，但是反应很微弱。

7. 第七组实验的结果分析

本组实验以 D 类矿样为研究对象，厚度 5 mm，粒度小于 150 μm。实验过程中矿尘层温度的变化如图 4－24 所示，二氧化硫的浓度变化如图 4－25 所示。

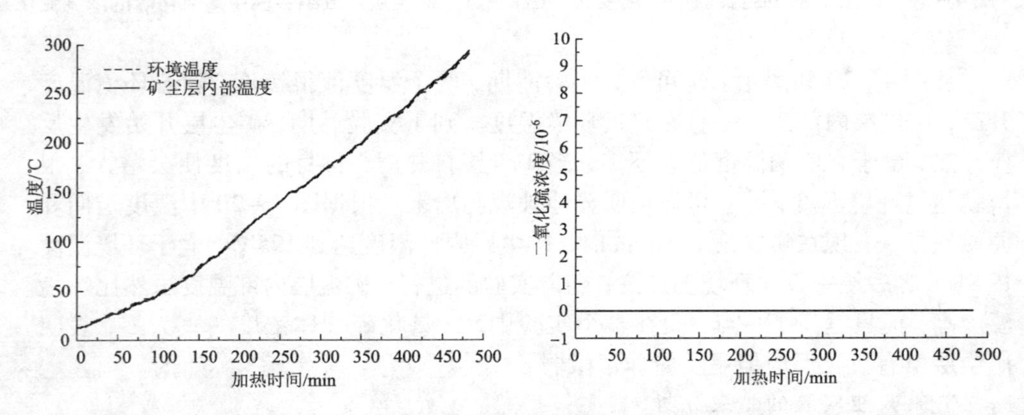

图 4－24　矿尘层第七组实验的温度变化　图 4－25　矿尘层第七组实验中二氧化硫浓度的变化

从图 4－24 和图 4－25 可知，实验前期，两个温度值很接近，随着环境温度升高，矿尘层内部温度一直在趋近环境温度。到了实验后期，矿尘层开始发生反应产热，由于之前两温度值差不多，当矿尘层自热时，自身的温度便会增大，很快就超过环境温度，并且可以很明显地被观测出来。根据图4－24中温度走向和原始数据，发现在实验第357 min时，矿尘层内部温度达到205℃，大于环境温度204℃，之后便一直比环境温度高；随着实验的进行，矿尘层内部温度虽然比环境温度高，但只是高了一点，而在整个实验中，二氧化硫气体浓度一直为零，表明矿尘层虽有氧化反应但是反应非常微弱。

8. 第八组实验的结果分析

本组实验以D类硫化矿样为研究对象，厚度5 mm，粒度小于75 μm。实验过程中矿尘层温度的变化如图4－26所示，二氧化硫的浓度变化如图4－27所示。

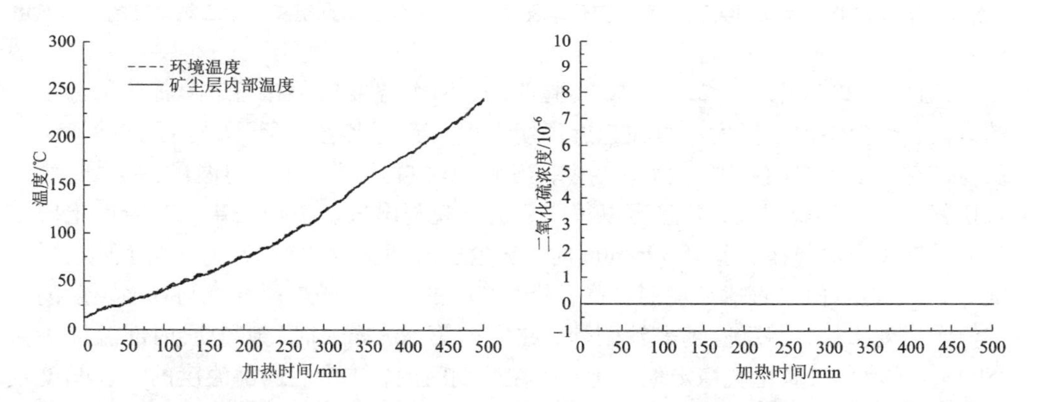

图4－26　矿尘层第八组实验的温度变化　图4－27　矿尘层第八组实验中二氧化硫浓度的变化

由图4－26和图4－27可知，在实验前期和中期，随着环境温度的升高，矿尘层内部温度一直在趋近环境温度；到了后期，由于矿尘层内部温度随着环境温度变得非常高，矿尘层开始发生反应产热。在实验第461 min时，矿尘层内部温度达到215℃，大于环境温度214℃，之后前者一直高于后者，但是温差只有几度，而且纵观整个实验过程，发现二氧化硫浓度始终为零，即没有气体产生，这都表明本实验后期虽有反应，但是反应很微弱。

9. 第九组实验的结果分析

本组实验为零水平实验，以C类硫化矿样为研究对象，厚度10 mm，粒度小于112 μm，实验结果如图4－28和图4－29所示，其中图4－28和图4－29分别表示实验过程中的各温度变化和二氧化硫的浓度变化。

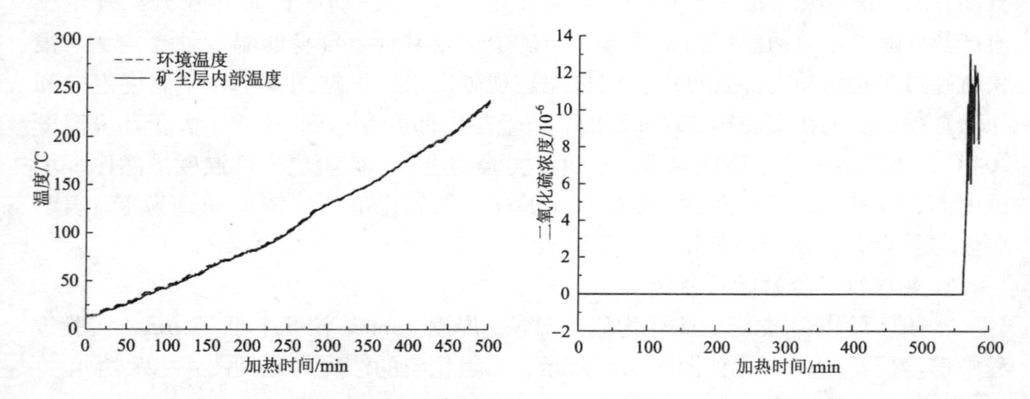

图 4-28 矿尘层第九组实验的温度变化 图 4-29 矿尘层第九组实验中二氧化硫的浓度变化

从图 4-28 和图 4-29 可知，实验前期，两个温度值很接近，随着环境温度的升高，矿尘层内部温度一直在趋近环境温度。到了实验后期，矿尘层开始发生反应产热，由于之前两温度值差不多，当矿尘层自热时，自身的温度便会增大，很快就超过了环境温度，并且可以很明显地被观测出来。根据图 4-28 温度走向和原始数据，发现在实验第 396 min 时，矿尘层内部温度达到 175℃，大于环境温度 174℃，之后便一直比环境温度高；随着实验的进行，矿尘层温度与环境温度的差值慢慢变大，表明反应越来越剧烈，在实验第 563 min 时，矿尘层内部温度为 289℃，开始有二氧化硫稳定地产生，而在此期间内，矿尘层内部温度的增长幅度较之前变大，这表明二氧化硫浓度是矿尘层反应剧烈程度的一个指标。

本实验由于设备的限制，导致反应进入一个关键期但是后续无法再加温，而观其趋势，矿尘层温度增长幅度应该是逐渐加大的并且二氧化硫浓度也应该是持续变大的，所以虽然实验后期温度增长幅度不是很大，二氧化硫产量也不多，反应更没有明火产生，但根据其反应的剧烈程度，可认为其在产生二氧化硫时已经发生了着火现象。

4.2.3.3 综合实验结果回归分析

1. 实验方案及对应的结果

把 4.1.2 氧化影响因素中各单组实验所得出的结果与实验方案综合在一起，总的结果如表 4-5 所示。分析时，以温度为主，时间仅作为辅助参数，因为实验时间浮动性很大，它跟开始时的环境温度等有很大关系，往往因为实验流程的改变而改变，而且本实验的目的之一就是研究温度的变化。

表 4 – 5　实验方案及结果

实验号	因子水平取值			含硫量 x_1 /%	厚度 x_2 /mm	粒度 x_3 /μm	产生二氧化硫时的内部温度 /℃	产生二氧化硫时对应的时间 y_1/min	开始自热的温度 /℃	开始自热时对应的时间 y_2/min
	z_1	z_2	z_3							
1	1	1	1	20 ~ 30	15	< 150	208	580	80	280
2	1	1	– 1	20 ~ 30	15	< 75	224	732	125	552
3	1	– 1	1	20 ~ 30	5	< 150	236	617	145	454
4	1	– 1	– 1	20 ~ 30	5	< 75	243	796	146	561
5	– 1	1	1	0 ~ 10	15	< 150	—	—	195	645
6	– 1	1	– 1	0 ~ 10	15	< 75	—	—	199	745
7	– 1	– 1	1	0 ~ 10	5	< 150	—	—	205	357
8	– 1	– 1	– 1	0 ~ 10	5	< 75	—	—	215	461
9	0	0	0	10 ~ 20	10	< 112	289	563	175	396

2. 回归方程的建立

把相关的计算过程以表格的形式列出，如表 4 – 6 所示。

表 4 – 6　回归计算表

实验号	z_1	z_2	z_3	自热温度 y	y^2	z_1y	z_2y	z_3y
1	1	1	1	80	6400	80	80	80
2	1	1	– 1	125	15625	125	125	– 125
3	1	– 1	1	145	21025	145	– 145	145
4	1	– 1	– 1	146	21316	146	– 146	– 146
5	– 1	1	1	195	38025	– 195	195	195
6	– 1	1	– 1	199	39601	– 199	199	– 199
7	– 1	– 1	1	205	42025	– 205	– 205	205
8	– 1	– 1	– 1	215	46225	– 215	– 215	– 215
9	0	0	0	175	30625	0	0	0
Σ	0	0	0	1485	260867	– 318	– 112	– 60

根据表 4 – 6 中的数据来计算偏回归系数如下：

$$a = \frac{1}{n}\sum_{i=1}^{n} y_i = \bar{y} = 1485/9 = 165 \quad (4-3)$$

$$b_1 = \frac{\sum_{i=1}^{n} z_{1i} y_i}{m_c} = \frac{-318}{8} = -39.75 \quad (4-4)$$

$$b_2 = \frac{\sum_{i=1}^{n} z_{2i} y_i}{m_c} = \frac{-112}{8} = -14 \quad (4-5)$$

$$b_3 = \frac{\sum_{i=1}^{n} z_{3i} y_i}{m_c} = \frac{-60}{8} = -7.5 \quad (4-6)$$

则回归方程为

$$y = 165 - 39.75 z_1 - 14 z_2 - 7.5 z_3 \quad (4-7)$$

各因素的主次顺序可由上述回归方程偏回归系数的绝对值大小确定，而各系数绝对值大小顺序为：$x_1 > x_2 > x_3$。那么，各因素主次顺序为：含硫量 > 厚度 > 粒度。由于对应的各偏回归系数分别为负数、负数、负数，这说明含硫量为下水平、厚度为下水平、粒度为下水平时，实验指标最好，即矿尘层最不容易发生反应。

3. 回归方程显著性检验

回归方程各相关平方和计算如下：

$$SS_T = \sum_{i=1}^{n} y_i^2 - \frac{1}{n}\left(\sum_{i=1}^{n} y_i\right) = 260867 - \frac{1485^2}{9} = 15842 \quad (4-8)$$

$$SS_1 = m_c b_1^2 = 8 \times (-39.75)^2 = 12640.5 \quad (4-9)$$

$$SS_2 = m_c b_2^2 = 8 \times (-14)^2 = 1568 \quad (4-10)$$

$$SS_3 = m_c b_3^2 = 8 \times (-7.5)^2 = 450 \quad (4-11)$$

$$SS_R = SS_1 + SS_2 + SS_3 = 12640.5 + 1568 + 450 = 14658.5 \quad (4-12)$$

$$SS_E = SS_T - SS_R = 15842 - 14658.5 = 1183.5 \quad (4-13)$$

式中：SS_T 为总平方和；SS_R 为回归平方和；SS_E 为误差平方和。

方差分析结果如表 4-7 所示。

表 4-7　方程分析结果

差异源	平方和	自由度	均方值	F 检验	显著性
z_1	12640.5	1	12640.5	53.403	显著
z_2	1568	1	1568	6.624	较显著
z_3	450	1	450	1.901	—

续表 4-7

差异源	平方和	自由度	均方值	F 检验	显著性
回归	14658.5	3	4886.167	20.643	显著
残差	1183.5	5	236.700	—	—
总和	15842	8	—	—	—

由此，三个因素中只有含硫量和厚度对实验有显著影响，回归方程可简化为 $y = 165 - 39.75z_1 - 14z_2$。

4. 回归方程回代

根据实验方案设计的编码公式：

$$z_1 = \frac{x_1 - x_{10}}{\Delta_1} = \frac{x_1 - 15}{10} \tag{4-14}$$

$$z_2 = \frac{x_2 - x_{20}}{\Delta_2} = \frac{x_2 - 10}{10} \tag{4-15}$$

代入上述回归方程，得：

$$y = 165 - 39.75\left(\frac{x_1 - 15}{10}\right) - 14\left(\frac{x_2 - 10}{10}\right) \tag{4-16}$$

4.3　着火理论

4.3.1　着火反应速度理论

在分析着火的条件、研究燃烧过程、估计火势的发展以及分析灭火条件等问题时，均会使用到燃烧反应速度方程，根据化学动力学理论可以得到该方程[144]。

1. 质量作用定律

化学反应前、后反应物与生成物之间的数量关系可通过化学计量方程式来表达，但是，该方程式只是对总体情况的一个反映，无法对反应的实际过程进行说明，即不能够体现反应过程中所经历的过程。在碰撞过程中，反应物的分子可以转变成生成物的分子，这种反应通常称为基元反应。在一个化学反应中，反应物的分子往往要经过若干个基元反应才能最终转化为产物分子。相关实验表明：在温度不变的条件下，对于单相的基元反应，化学瞬间的反应速率与浓度某次幂的乘积成正比关系，即质量作用定律。它反映化学反应速率与物质浓度之间所存在的一种规律。可将其简单理解为：化学反应是由于各反应物分子之间相互碰撞的结果。因此，反应物的浓度越大，即单位体积内反应物分子数越多，分子间碰撞的几率增加，碰撞次数增多，加快了反应的进程。

对于反应式 $aA + bB \rightarrow eE + fF$，其化学反应速度方程可根据上述质量作用定律表示为：

$$v = KC_A^a C_B^b \tag{4-17}$$

式中：K 为比例常数，$m^3/(s \cdot mol)$；a，b 为化学反应级数。

2. 阿累尼乌斯定律

大量实验研究表明：化学反应速度受反应温度的影响很大，而且，这也是一种十分复杂的影响过程。但是，随着温度的升高，反应速度加快是最常见的一种情况。Van't Hoff(范特霍夫)近似规则认为：对于普通的反应，在初始浓度相同的情况下，温度每增加10℃，反应速度提高2~4倍。

阿累尼乌斯提出了反应速度常数 K 与反应温度 T 之间的关系：

$$K = K_0 \exp\left(-\frac{E}{RT}\right) \tag{4-18}$$

式中：E 为反应物活化能，kJ/mol；R 为普适气体常数，为 8.314×10^{-3} kJ/(mol·K)；T 为反应温度，K；K_0 为频率因子，$m^3/(s \cdot mol)$。

式(4-18)通常称为阿累尼乌斯定律。相对于 $\exp(-E/RT)$，可忽略温度对 K_0 的影响。

将式(4-18)两边取对数，得：

$$\ln K = -\frac{E}{RT} + \ln K_0 \tag{4-19a}$$

或者

$$\lg K = -\frac{E}{2.303RT} + \lg K_0 \tag{4-19b}$$

由式(4-19a)和式(4-19b)可以看出：$\ln K$ 或 $\lg K$ 对 $1/T$ 作图，可得到一条直线，由所得直线的截距和斜率可分别求出 K_0、E。

由式(4-17)和式(4-18)可得基元反应的速度方程，即：

$$v = K_0 C_A^a C_B^b \exp\left(-\frac{E}{RT}\right) \tag{4-20}$$

4.3.2 热传导理论

当物体间或者物体的内部存在一定的温度梯度时，由传热学可知，热量会从高温物体(高温区域)转移到低温物体(低温区域)，这种过程称为热传导。

热传导服从傅里叶定律，即在非均匀温度场中，由于导热所形成的某地点的热流密度与该时刻同一地点的温度梯度成正比，在一维温度场中，其数学表达式为：

$$q_x = -k\frac{\mathrm{d}T}{\mathrm{d}x} \tag{4-21}$$

式中：q_x 为热流通量，$\mathrm{W/m^2}$；$\mathrm{d}T/\mathrm{d}x$ 为沿 x 方向的温度梯度，K/m；k 为导热系数，W/(m·K)。

导热系数 k 反映了物质的导热能力。导热系数会因导热物质的不同或同种物质因材料的温度、湿度、密度等因素的不同而存在一定的差异。

4.3.3 热对流理论

在流动过程中流体与流体或周围固体之间产生的热量交换称为对流换热，靠近热固体的热气流在浮力驱动下的流动称为自然对流。流体流过固体的边界层往往由于物体的形状复杂而难以确定，通过微分方程只能确定平板、圆管等最简单形状物体的边界层内温度剖面。而且，在多数情况下只能通过实验来确定壁面与流体间的热交换量。此时，牛顿公式在工程计算上是非常方便的。

牛顿提出流体与壁面热交换通量和它们之间的温度差成正比，如式(4-22)所示：

$$q = h(T_w - T_f) = h\Delta T \tag{4-22}$$

式中：q 为热流密度，$\mathrm{W/m^2}$；h 为比例系数，$\mathrm{W/(m^2 \cdot K)}$。

h 由流场的流动状态、几何形状和流体的热物性三个因素确定。在自然对流状态下，典型的 h 值为5~25 $\mathrm{W/(m^2 \cdot K)}$。

4.3.4 热辐射

物体由于其自身温度所产生并发出的一种电磁辐射称为热辐射，其相应的波长范围为0.4~100 μm。物体被加热时，其中的一些原子和分子被提升到激发态，而原子和分子均有自发地回到低能态的趋向，当这种情况发生时，能量就以电磁辐射的形式发射出来。由于辐射能可以由原子和分子以振动态、电子态和转动态发生变化而发射出来。所以，当对一个物体进行加热后，在其温度上升过程中，分别以热对流和热辐射两种方式造成部分热量损失。过去许多火灾的研究都是在实验室进行的，很少试图去模仿真实的火灾情况，因此实验结果和真实的大型火灾间存在着较大的差异。这种情况存在的主要原因是这些实验并没有考虑热辐射。因为，相对于其他方式的热交换来说，减小火灾的规模就是降低辐射的影响。

单位面积物体在单位时间内所辐射出的能量称为辐射能，根据斯忒藩-玻耳兹曼方程，辐射能量($\mathrm{W/m^2}$)与温度的4次方成正比关系，如式(4-23)所示。

$$E = \varepsilon\sigma T^4 \tag{4-23}$$

式中：σ 为斯忒藩-玻耳兹曼常数，$5.667\times10^{-8}\ \mathrm{W/(m^2 \cdot K^4)}$；$T$ 为热力学温度，

K; ε 为辐射率。

4.4 热自燃理论

4.4.1 谢苗诺夫热自燃理论

可燃物在任何反应体系中，在发生缓慢氧化及放热反应、使系统温度升高的同时，又通过热对流向外部散失一部分热量，降低系统温度。由热自燃理论可知，着火是放热和散热两个因素相互作用所导致的。在放热因素为主导的情况下，会导致系统产生热量累积，系统温度升高，反应速度加快，系统产生自燃；在散热因素为主导的情况下，会导致系统温度降低，不会发生自燃现象。

因此，研究有散热情况下可燃物的自燃条件具有很大的实际意义。为了简化问题，以便于进行研究，做出如下假设：

(1)容器壁的温度为 T_0 且保持恒定不变；

(2)温度和浓度在反应系统内都是均匀分布的；

(3)由反应系统向外界环境的对流换热系数 h 为一定值，即不随温度发生改变；

(4)反应系统放出的热量 Q 为定值。

如果反应系统的体积为 V，反应速度为 ν，则反应系统在单位时间内所放出的热量 q_1 为：

$$q_1 = QV\nu \tag{4-24}$$

将式(4-20)代入式(4-24)，得出系统的放热量为：

$$q_1 = K_0 QVC_A C_B \exp\left(-\frac{E}{RT}\right) \tag{4-25}$$

由热对流理论可得，在单位时间内通过热对流而损失的热量 q_2 可用下式表示：

$$q_2 = hA(T - T_0) \tag{4-26}$$

式中：h 为对流换热系数；A 为传热面积；T 为反应系统温度；T_0 为环境温度。

由于在反应初期 C_A、C_B 与反应开始前的最初浓度 C_{A0}、C_{B0} 很相近，Q、V、K_0 均为常数，因此放热速度 q_1 和混合气温度 T 之间呈指数关系，即 $q_1 \simeq \exp(-E/RT)$，如图 4-30 中曲线所示。当可燃预混物的浓度或压力增加时，曲线将会向左上方移动(q_1')。

由式(4-26)可知，散热速度 q_1 与反应系统温度之间为直线函数关系。如图 4-30 中 q_2 直线所示。当散热速率较大时，直线向右下方移动，例如直线 q_2''。当散热速度大于放热速度时($q_2 > q_1$)，会导致反应物的温度逐渐下降，很显然不可能导致可燃物着火。反之，如放热速度大于散热速度（$q_1 > q_2$），则总有可能导致系统着火。

同时，由式（4－25）和式（4－26）可知，q_1 和 q_2 随温度 T 的变化如图4－30所示。q_1 曲线主要取决于阿累尼乌斯公式中的能量因子 $\exp(-E/RT)$，和温度 T 呈指数关系，q_2 和温度 T 呈线性关系，直线的斜率随 q_1A 值而变化，直线在横坐标上的截距是 T_0，当放热系数 α 不变时，q_2 随环境介质温度的增高直线向右平移。

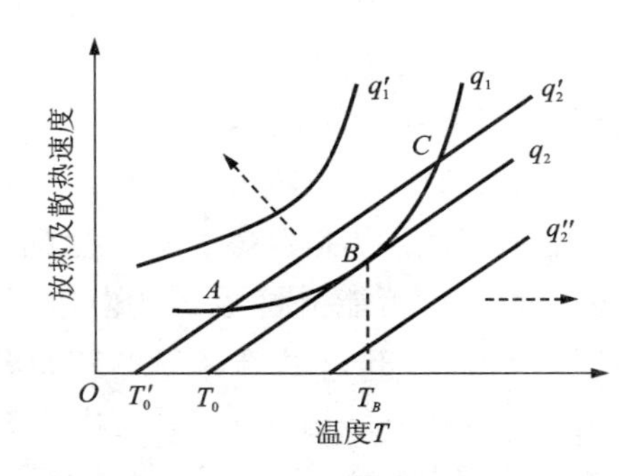

图4－30　放热和散热速度曲线

图4－30中表示了 q_1 和 q_2 间三种不同的情况：第一种情况为放热速度曲线与散热速度曲线相交于 A、C 两点（即图4－30中 q_1 和 q_2'），表示可能存在两个理论上的稳定点，而状态 C 是不稳定的；第二种情况为 q_1 曲线与 q_2 直线既不相切也不相交，表示存在稳定的状态；第三种情况是 q_1 和 q_2 相切于 B 点，这是一种临界状态，切点 B 是不稳定的。由图4－30还可以看出，从直线 q_2' 转变到 q_2 再转变到 q_2'' 可以通过提高环境介质温度的方法来实现。

当系统的放热速率小于其散热速率的时候，会导致系统的温度逐渐降低。显然不可能引起着火。反之，当系统反应的放热速率大于其散热速率时，则反应物总有可能着火。可见，反应由不可能着火转变为可能着火必须经过一点，即 $q_1 - q_2$，这是着火的必要条件。但 $q_1 - q_2$ 还不是着火的充分条件，这从下面的分析可以看出。

（1）当 $T_0 = T_0'$ 时，即当环境介质的温度为 T_0' 时，放热曲线与散热曲线相交于 A、C 两点。在这两点上均满足 $q_1 - q_2$ 的条件，但都还不是着火点。A 点表示系统处于稳定的热平衡状态：如果温度稍升高，此时散热速率大于放热速率，系统便会自行降低而重新回到 A 点的稳定状态；如果温度从 A 点稍微降低，此时 $q_1 > q_2$，系统的温度便会开始上升而重新回到 A 点，结果会导致系统长期在 A 点进行等温反应，系统不可能发生着火。相反，C 点表示系统处于不稳定的热平衡状态：只要温度有微小的降低，系统的放热速率就会小于散热速率，结果使系统温度下降回到 A 点；如果温度稍微升高一点点，则 $q_1 > q_2$，将会使系统温度不断升高，结果导致系统着火。但是，这一点也不是着火温度，因为如果系统的初温是 T_0'，它就不可能自动加热而越过 A 点到达 C 点。除非有外来的能源对系统进行加热，使系统的温度上升达到 C 点，否则，系统总是处于 A 点的稳定状态。所以 C 点不是可燃物的自动着火温度，而是可燃物的强制着火温度。

（2）当 $T_0 = T_0''$ 时，即当环境介质的温度为 T_0'' 时，放热曲线与散热曲线相切于

B 点，即在 B 点达到了反应放热量与系统散热量之间的平衡。但是，该点仍然是一种不稳定工况，在 $T<T_B$ 时，由于 $q_1>q_2$，可燃物将自动升温至 T_B，当系统温度达到 T_B 后，只要微小的扰动使系统温度略有升高，则依然存在 $q_1>q_2$，使可燃物温度升高，最终导致着火。因此，B 点就是可燃物从缓慢氧化状态发展到自燃着火状态的过渡点，是自燃着火发生的临界点，B 点相应的温度 T_B 称为着火温度，相应的 T_0'' 即可能引起可燃物爆燃的最低温度，称之为自燃温度。

(3)当 $T_0=T_0''$ 时，由于系统的初始温度较高，化学反应速率较大，因此反应放热量始终大于系统散热量，系统内不断产生热量积累，温度不断升高，化学反应速率急剧增大，最后总会达到自燃着火。

4.4.2 弗兰克－卡门涅兹基热自燃理论

对于矿尘云着火，由于分布比较均匀，可以认为体系内温度分布均一，故可以用谢苗诺夫热自燃理论对硫化矿尘云的着火过程进行解释。但是，在毕渥数(Bi)较大的情况下($Bi>10$)，系统内部存在较大的温差，或者对于堆积状态的可燃物与空气中的氧之间发生氧化反应十分的缓慢，反应所放出的热量一部分使得系统内的温度逐渐升高，一部分由于热对流通过堆积体的边界向环境散失。如果系统不具备可燃物发生自燃的条件，则可燃物质从堆积时刻开始，经过一段时间的升温后，系统内部的温度将会达到并保持一种稳定状态。当系统具备了一定的自燃条件，则可燃物质从堆积时刻开始，经过一段时间的升温后，会导致系统发生着火。明显，对于后一种情况，在系统达到着火状态之前，系统内部温度不会达到一种稳定分布状态。因此，可以将系统内部能否获得稳态温度分布作为判断系统能否发生自燃的依据。

为了便于分析，做了如下的假设：

(1)反应方程由阿累尼乌斯方程描述，即

$$Q'''_C=\Delta H_C K_n C_{A0}^n \exp(-E/RT) \tag{4-27}$$

式中：Q'''_C 为放热速率，℃/min；ΔH_C 为反应热，J；K_n 为指前因子；C_{A0}^n 为反应物浓度；E 为反应活化能，kJ/mol；R 为气体常数，8.314 J/(mol·K)；T 为环境温度，K。

(2)在系统着火前，反应物消耗量非常小，可将反应物浓度 C_{A0} 假定为常数；

(3)系统的毕渥数 Bi 相当大，因此可假定体系的边界温度与外界环境温度 T_a 相等；

(4)系统的热力学参数不随温度变化而发生改变，即为常数；

对于任何外形的物体，由热传导理论可知，其内部的温度分布均服从导热方程：

$$\frac{\partial^2 T}{\partial x^2}+\frac{\partial^2 T}{\partial y^2}+\frac{\partial^2 T}{\partial z^2}+\frac{Q'''}{K}=\frac{1}{\alpha}\times\frac{\partial T}{\partial t} \tag{4-28}$$

式中：x、y、z 分别为沿直角坐标 x、y、z 轴上的坐标；t 为时间；K 为热导率；α 为热扩散系数。

系统的边界条件为：在边界面 $z=f(x, y)$ 上，$T=T_a$；在温度最高处，$\partial T/\partial x=0$，$\partial T/\partial y=0$，$\partial T/\partial z=0$。

根据上述分析可知，在系统达不到自燃条件时，稳态分布是系统内部温度的最终状态，$\partial T/\partial t=0$，所以式(4－28)为：

$$\frac{\partial^2 T}{\partial x^2}+\frac{\partial^2 T}{\partial y^2}+\frac{\partial^2 T}{\partial z^2}+\frac{Q'''}{K}=0 \tag{4-29}$$

引入无量纲温度 θ 和无量纲距离 x_1、y_1、z：

$$\theta=(T-T_a)(RT_a^2/E) \tag{4-30}$$

$$x_1=x/x_0,\ y_1=y/y_0,\ z_1=z/z_0 \tag{4-31}$$

式中：x_0、y_0、z_0 为体系的特征尺寸。

将式(4－30)和式(4－31)代入式(4－29)，并整理得：

$$\frac{\partial^2 \theta}{\partial x_1^2}+\left(\frac{x_0}{y_0}\right)^2\times\frac{\partial^2 \theta}{\partial y_1^2}+\left(\frac{x_0}{z_0}\right)^2\times\frac{\partial^2 \theta}{\partial z_1^2}=\frac{\Delta H_C K_n C_{A0}^n E x_o^2}{KRT_0^2}\mathrm{e}^{-E/RT} \tag{4-32}$$

由于$(T-T_0)<T_0$，式(4－32)中的指数项可以按照当 z 很小时，$(1+z)^{-1}=(1-z)$的等式来简化，即：

$$\mathrm{e}^{-E/RT}=\mathrm{e}^{-E/R(T+T_0-T_0)}=\mathrm{e}^{-E/RT_0[1+(T-T_0)/T_0]^{-1}}$$
$$\approx \mathrm{e}^{-E/RT_0[1-(T-T_0)/T_0]^{-1}}=\mathrm{e}^{\theta}\mathrm{e}^{-E/RT_0} \tag{4-33}$$

将式(4－33)代入式(4－32)可得：

$$\frac{\partial^2 \theta}{\partial x_1^2}+\left(\frac{x_0}{y_0}\right)^2\times\frac{\partial^2 \theta}{\partial y_1^2}+\left(\frac{x_0}{z_0}\right)^2\times\frac{\partial^2 \theta}{\partial z_1^2}=-\delta\exp(\theta) \tag{4-34}$$

其中

$$\delta=\frac{x_o^2 E\Delta H_C K_n C_{A0}^n}{KRT_a^2}\mathrm{e}^{-E/RT} \tag{4-35}$$

相应的边界条件为：在边界面 $z_1=f_1(x_1, y_1)$上，$\theta=0$；在最高温度处，$\partial T/\partial x=0$，$\partial T/\partial y=0$，$\partial T/\partial z=0$。

显然式(4－34)的解完全受 x_0/y_0、x_0/z_0 和 δ 控制，即 δ 的大小和物体的形状决定了系统内部的稳态温度分布。当确定了物体的形状以后，系统内部的稳态温度分布仅仅取决于 δ。

由式(4－35)可知，δ 表征物体是通过边界向外传热和内部化学放热的相对大小来决定的。因此，当 δ 大于某一临界值 δ_{cr}时，式(4－34)无解，即物体内部不能得到稳态温度分布。很显然 δ_{cr} 仅仅取决于体系的形状，可以通过对式(4－34)分析得知。

当 $\delta=\delta_{cr}$ 时，与系统有关的参数都是临界参数，此时的环境温度称为临界环境温度 $T_{a,\,cr}$，由式(4-35)可得 δ_{cr}：

$$\delta_{cr}=\frac{x_{oc}^{2}E\Delta H_{C}K_{n}c_{A0}^{n}}{KRT_{a,\,cr}^{2}}\mathrm{e}^{-E/RT_{a,\,cr}} \tag{4-36}$$

如果可燃物以简单形状堆积，则内部导热均可归纳为一维导热形式，建立如图 4-31 所示的坐标系，则相应的稳态导热方程为：

$$\frac{d^{2}T}{dx^{2}}+\frac{\beta}{x}\times\frac{dT}{dx}+\frac{Q'''}{K}=0 \tag{4-37}$$

式中，$\beta=0$，对应厚度为 $2x_0$ 的平板；$\beta=1$，对应半径为 x_0 的无限长圆柱；$\beta=2$，对应半径为 x_0 的球体；$\beta=3.28$，对应边长为 $2x_0$ 的立方体。

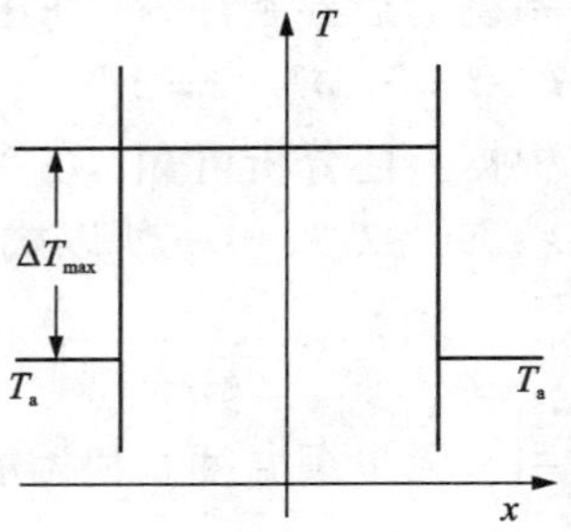

图 4-31　弗兰克-卡门涅兹模型

相应的，对式(4-37)进行无量纲化后可得：

$$\frac{d^{2}T}{dx_{1}^{2}}+\frac{\beta}{x_{1}}\times\frac{dT}{dx_{1}}=-\delta\exp(\theta) \tag{4-38}$$

δ 的表达式与式(4-35)相同。对于一些简单形状堆积，通过数学求解，可得出相应的临界自燃准则参数 δ_{cr}：对无限大的平板，$\delta_{cr}=0.88$；对无限长的圆柱体，$\delta_{cr}=2$；对球体，$\delta_{cr}=3.32$；对立方体，$\delta_{cr}=2.52$。当体系的 $\delta>\delta_{cr}$ 时，体系自燃着火。

4.5　硫化矿尘层最低着火温度实验研究

4.5.1　实验装置及测试原理

硫化矿尘层最低着火温度实验测试基本装置如图 4-32 所示。

图 4-32　粉尘层着火温度测试装置及原理

1—盛粉环；2—热板；3—加热器；4—加热器控温用热电偶；
5—热板温度记录用电偶；6—粉尘层温度记录用电偶

在图 4 - 32 所示装置的基础上添加 WRNK—191 型铠装热电偶(实验时将四支热电偶组成热电偶束记录粉尘层内部不同厚度的温度，以监测粉尘层内部分层温度变化)如图 4 - 33b 所示、气体检测变送器(监测实验过程中 SO_2 气体)如图 4 - 33c 所示 、智能无纸记录仪(记录上述两种实验监测数据)如图 4 - 33d 所示装置来进行该部分实验[145]，如图 4 - 33a 所示。

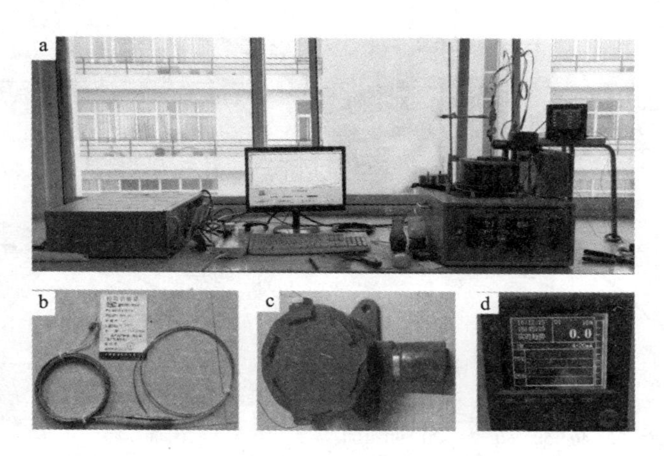

图 4 - 33　矿尘层着火测试装置及相关监测组件

4.5.2　硫化矿尘层最低着火温度实验结果与分析

硫化矿尘层最低着火温度实验主要考虑矿尘含硫量、粒径(测试选取 A200、A300、A500 、B200、B300、B500、C200、C300、C500 粒度组)以及矿尘层厚度三个因素，其中矿尘层厚度包括 12.5 mm 和 5 mm 两个测试厚度，测试结果主要包括硫化矿尘层最低着火温度测试结果、12.5 mm 粉尘层内部温度动态监测结果、SO_2 监测结果。

4.5.2.1　硫化矿尘层最低着火温度测试结果

12.5 mm 硫化矿尘层最低着火温度测试结果如图 4 - 34 所示。

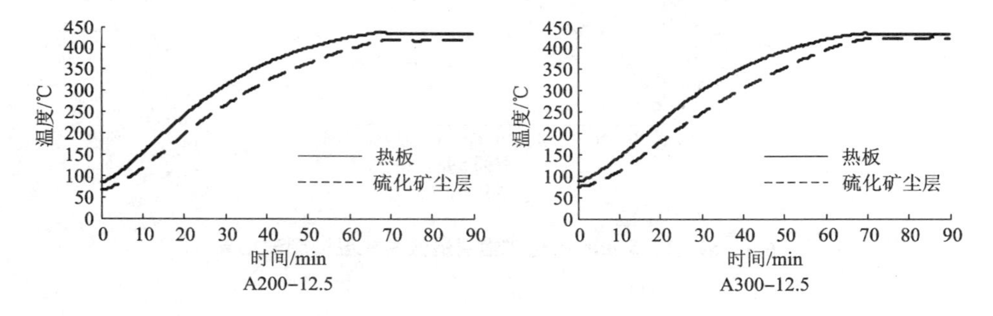

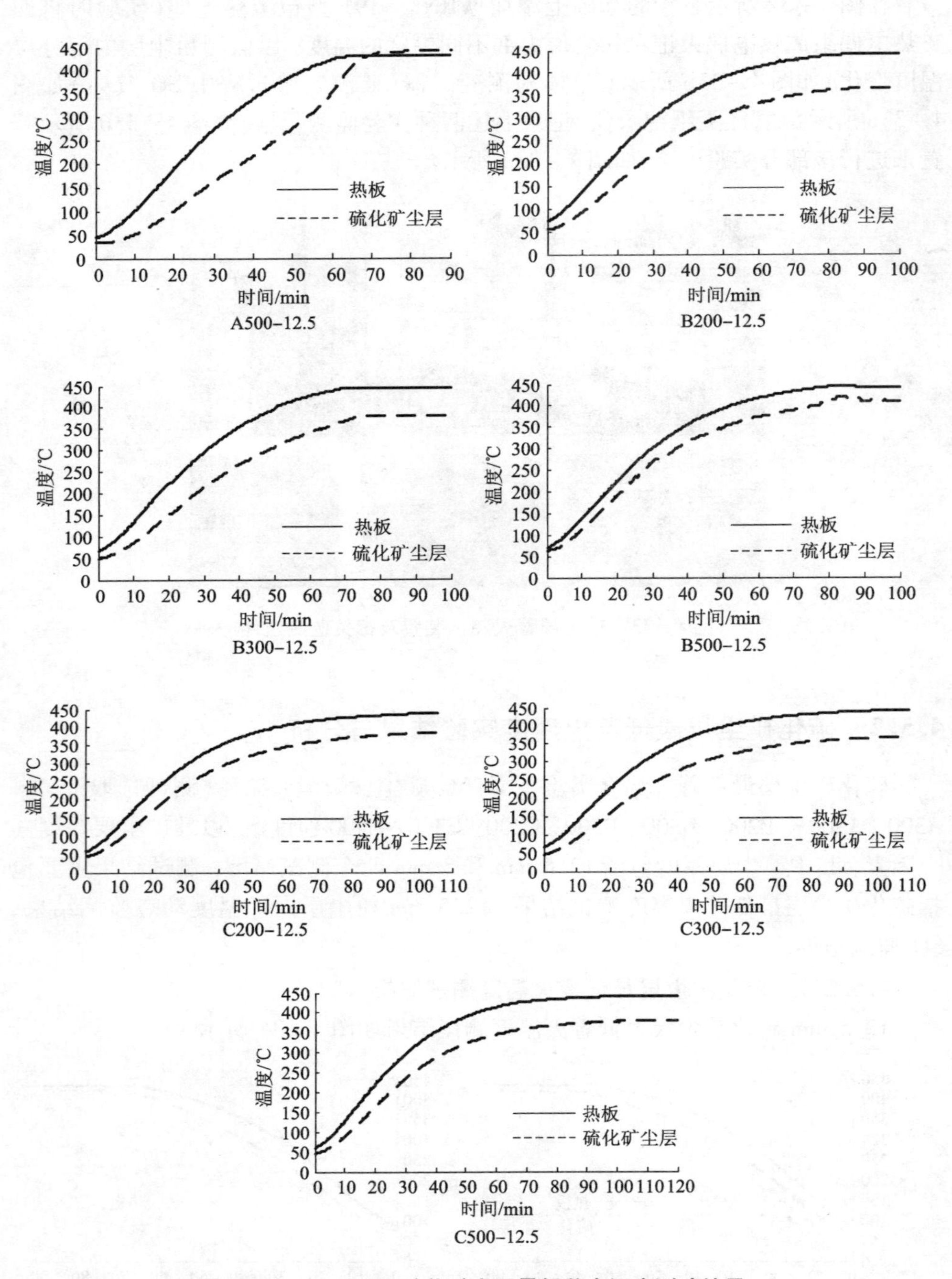

图 4-34　12.5 mm 硫化矿尘层最低着火温度测试结果

由图4－34所示测试结果可知，设备只监测到A500－12.5组发生着火，其余组均未监测到着火。在未监测到着火的各组升温曲线中，热板升温曲线和矿尘层升温曲线走势大体一致，每组矿尘的升温曲线的升温速率由慢到快，然后变缓，最后趋于平稳。具有着火倾向性的矿尘温度趋于平稳时和热板的温度相近。同时可以看出：① 同一含硫量的粉尘层，粒度越小，越容易着火；② 粒径相同时，含硫量越高的矿尘越容易着火。因为A500－12.5组粉尘含硫量高且粒径较小，故在所有组中最容易着火。

5 mm硫化矿尘层最低着火温度测试结果如图4－35所示。

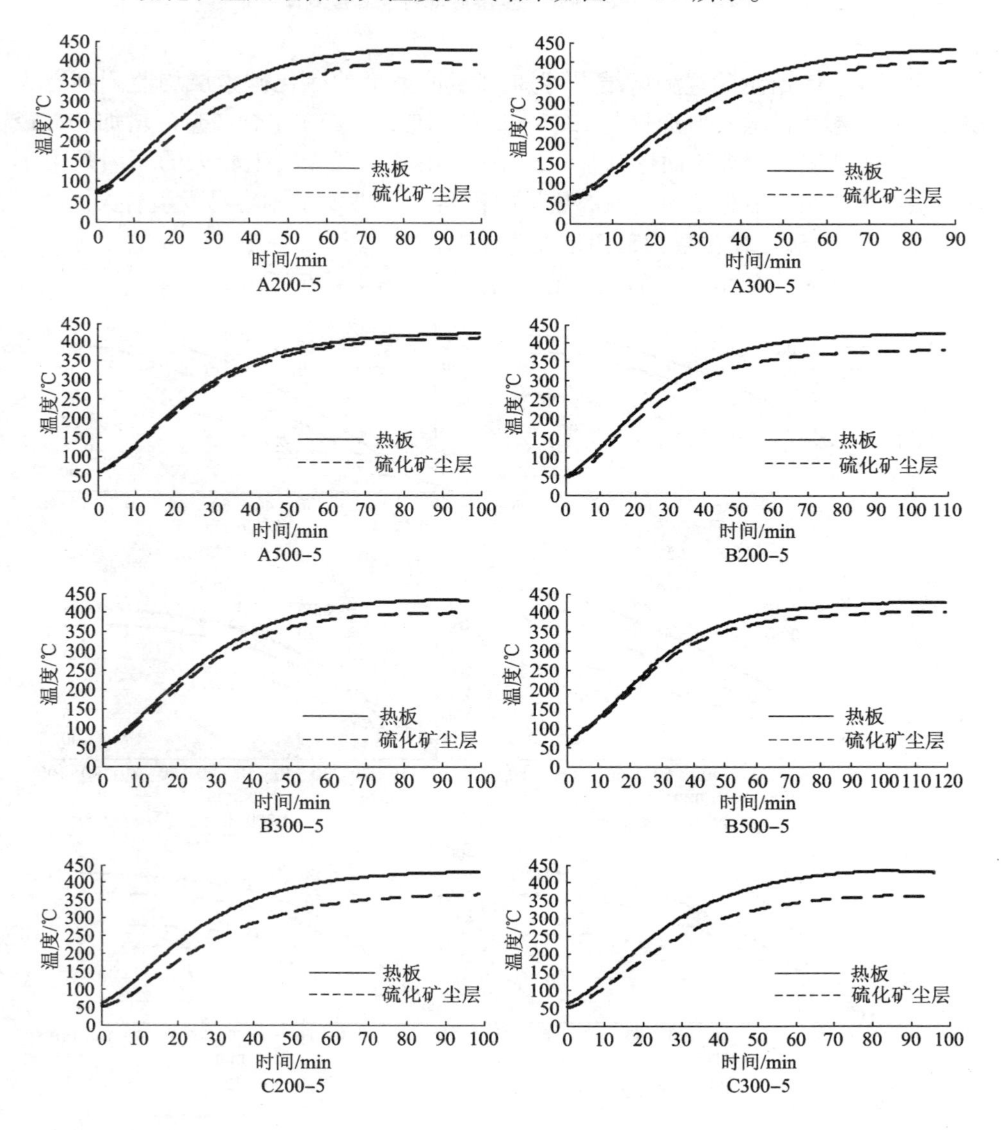

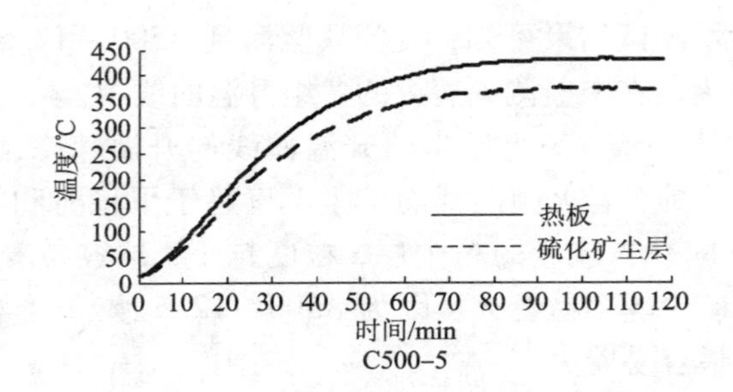

图 4-35　5 mm 硫化矿尘层最低着火温度测试结果

由图 4-35 所示装置测试结果可知，5 mm 厚度的硫化矿尘层均监测到着火现象出现。粉尘的着火倾向性与 12.5 mm 的相似，随着矿尘含硫量的增加和粒径的减小，矿尘层的着火倾向性增加。5 mm 厚度矿尘层未发生着火的原因是由于矿尘层厚度太薄，不利于粉尘内部热量的积累[146]，所以，不容易发生着火。

4.5.2.2　硫化矿尘层内部温度变化动态监测

12.5 mm 硫化矿尘层内部温度动态监测图如图 4-36 所示。

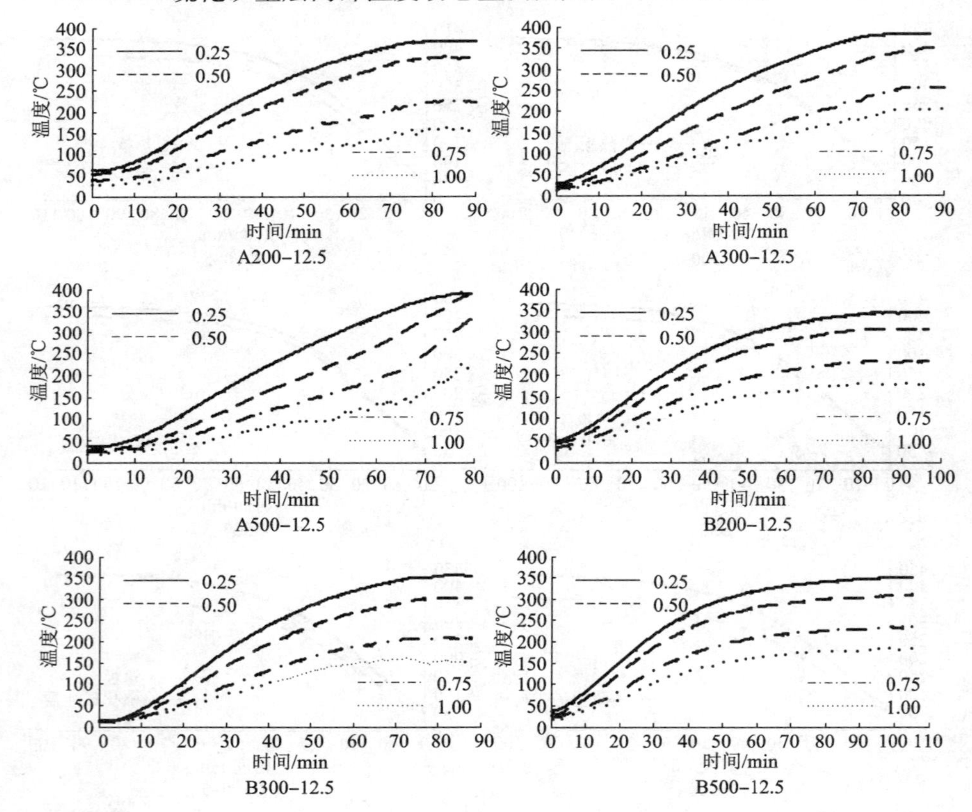

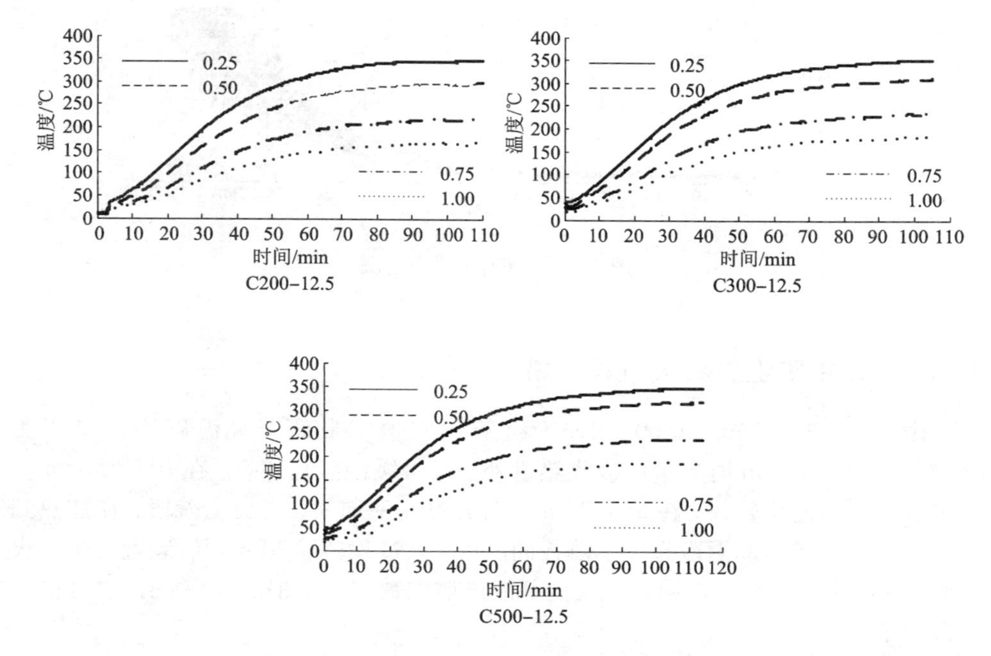

图 4－36　12.5 mm 矿尘层内部温度动态监测

图 4－36 中各温度曲线由上到下分别表示硫化矿尘层内部各监测点距离热板表面无量纲厚度 0.25 mm、0.5 mm、0.75 mm、1.00 mm 处的温度，由各组实验所获得的监测曲线可以看出，矿尘层内的温度变化曲线基本相同，且矿尘层之间存在着一定的温度梯度。在初始加热阶段，层内各点温度变化较快，加热一段时间后，各点温度逐渐趋于稳定。由此可以推断，除 A500－12.5 随着温度的升高出现了温度突变发生着火外，其他各组实验均未发生着火，这与使用矿尘层最低着火温度测试结果是相符的。

4.5.2.3　二氧化硫动态监测

在实验过程中随着矿尘温度的升高会产生大量的 SO_2，本次实验对每组粉尘层加热过程中 SO_2 进行动态采样，采样频率为 1 次/秒。A500－12.5 加热过程中 SO_2 的动态监测结果如图 4－37 所示。由监测结果可知，初始阶段 SO_2 的生成速率基本保持不变，且该过程经历时间相对较长，随着温度的升高，生成速率逐渐增加，当温度达到一定值时，产生速率迅速增加。将该组氧化升温阶段时 SO_2 动态监测数据进行拟合分析，得出拟合方程 y。由拟合所得的 SO_2 采样点增长曲线也可以反映出硫化矿尘层从初始状态缓慢氧化到快速氧化放热着火的过程。

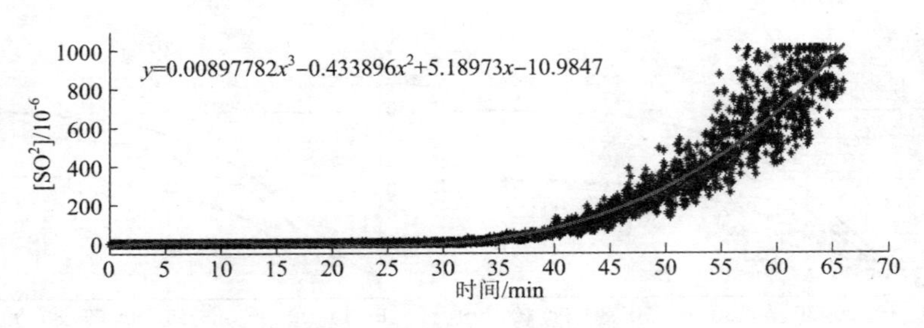

图 4－37　SO_2采样点监测

4.5.3　硫化矿尘层着火过程分析

由图 4－38 可知，A500－12.5 组硫化矿尘层最低着火温度测试结果为 430℃，在 0～10 min 时矿尘层吸收热量处于一个缓慢氧化状态，在 10～55 min 时粉尘氧化自热速率较快，在 55～70 min 时升温速率加快，为突变阶段，在加热到 70 min 左右时矿尘的温度超过了热板的温度，该过程持续 20 min 后装置发生着火报警，如图 4－39 所示。由矿尘层内部温度监测数据（如图 4－40 所示）也可得出一致的结论。

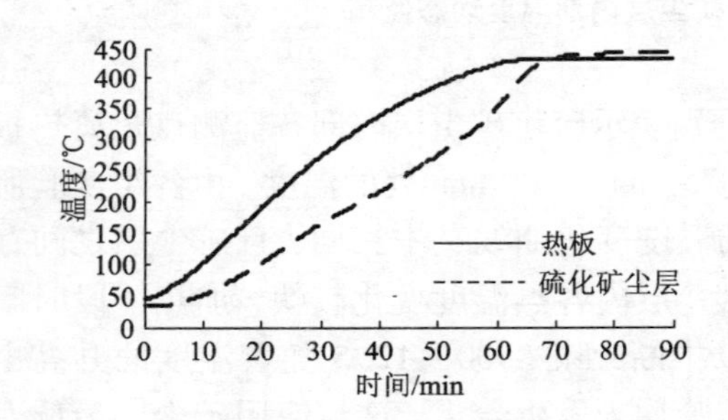

图 4－38　硫化矿尘层最低着火温度测试结果

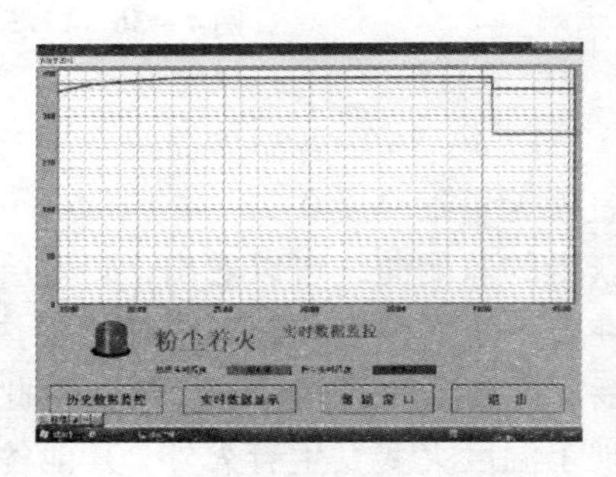

图 4－39　装置监测结果（着火报警）

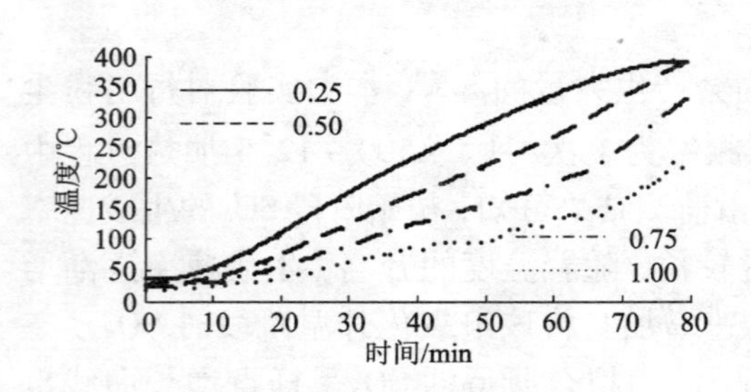

图 4－40　矿尘层内部温度监测数据

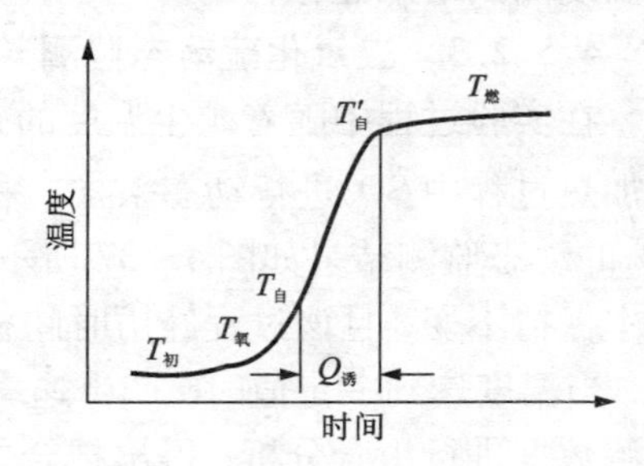

图 4－41　粉尘着火过程温度变化示意图

由上述过程可知，硫化矿尘层的着火过程也符合固体可燃物质的燃烧过程[147]。由图 4－41 可知，可燃物的燃烧可分为氧化自热、着火、燃烧三个阶段，物质自燃过程中温度的变化如图 4－41 所示。$T_{初}$ 为可燃物的初始加热温度，即初始加热阶段，该阶段的大部分热量主要用于可燃物质的加热，来提高可燃物自身的温度，其温度上升趋势比较平缓。温度升高至 $T_{氧}$，可燃物开始发生氧化，由于此时温度较低，氧化反应速率较慢，在该过程中产生的热量还不够抵消向外界散失的热量。如果在这个时候停止对可燃物加热，将不会引起可燃物发生着火，如果对可燃物继续进行加热，温度将会快速上升至 $T_{自}$，即使在此时停止对可燃物加热，可燃物的温度仍然会自行升高，温度达到 $T'_{自}$时，就会导致可燃物发生着火燃烧。在这个过程中，$T_{自}$ 是可燃物发生着火时，理论上所要达到的温度，即理论自燃点，$T'_{自}$是测得的实际自燃点，即开始出现火焰时的温度，物质燃烧时的温度为 $T_{燃}$。由 $T_{自}$ 到 $T'_{自}$间的时间间隔称为燃烧诱导期，或者着火延滞期，在安全防范上这个阶段具有一定的实际意义。

根据上述论述可以将硫化矿尘层的着火过程分为如下几个阶段：

(1)低温氧化期。在低温条件下，空气中的氧扩散到硫化矿尘颗粒表面，并被矿尘颗粒以物理氧吸附的形式吸附在其表面，物理氧吸附过程中会产生少量的热量，这是一个能量积蓄、激发硫化矿尘活性的过程，需要经历较长的时间，该阶段有少量的 SO_2气体产生，产生速率比较平稳。

(2)化学氧化自热期。硫化矿尘在经历了物理氧吸附过程后，矿尘颗粒的能量增加，导致颗粒中反应物的活性升高，进而转入化学氧吸附作用阶段，该过程使得反应物的能量进一步增加，FeS_2分子的活性逐渐被激活，当 FeS_2分子的活性增加到一定程度之后，氧化反应速率加快，放热速率也加快。由弗兰克－卡门涅兹基热自燃理论可知，当热量产生的速率大于向环境散发的速率时，矿尘层内部热量的不断积聚会导致硫化矿尘层的温度快速升高，矿尘的氧化放热速率也进一步加快，该阶段 SO_2气体产生速率明显加快。

(3)着火期。当硫化矿尘层经历了化学氧化自热期后，矿尘颗粒中的反应物分子的活性将达到一定的程度，反应速率快速增加，温度也随之快速升高，最终达到硫化矿尘层的着火点，此时化学反应速率达到极值，同时 SO_2气体的生成速率也迅速增加。

由上述阶段划分可知，低温氧化自热期在硫化矿尘层整个氧化自热着火过程中进行得比较缓慢即在着火过程的初期不易被察觉。但是，为了确保矿山安全生产，防患于未然，必须在硫化矿尘层低温氧化自热阶段采取有效的防范治理措施，以防止进入第二、第三阶段而引发硫化矿山内因火灾。

4.5.4　硫化矿尘层着火现象分析

实验过程中随着温度的升高，硫化矿尘层发生氧化自热，当达到一定温度条件时，发生着火。从矿尘层发生氧化自热到着火的整个过程中，不会产生火焰也不会发烟，最明显的特征就是产生大量的 SO_2，粉尘的颜色会发生明显的变化，同时粉尘层在加热过程中会发生体积收缩和板结，导致粉尘层与粉尘环壁脱离以及粉尘表面出现裂隙，如图 4－42 所示。将着火的粉尘层翻开，可以看到正在着火燃烧的硫化矿尘，如图 4－43 所示。这表明硫化矿尘层着火时，火源一般在矿尘层内部，很难被发现，这也导致了硫化矿尘着火时难以被察觉。同时还可以观察到矿尘层状态的硫化矿尘的燃烧过程是在固体表面进行的，通常只产生炽热的红热表面，不产生火焰，是一种表面燃烧形式。

图 4－42　硫化矿尘层着火前后对比

由图 4－44 可以看到粉尘层表面的温度由粉尘层边缘向粉尘层中心增高，这主要是由于金属环的导热性比硫化矿尘的导热性强，故靠近金属环的那部分矿尘先发生氧化着火。

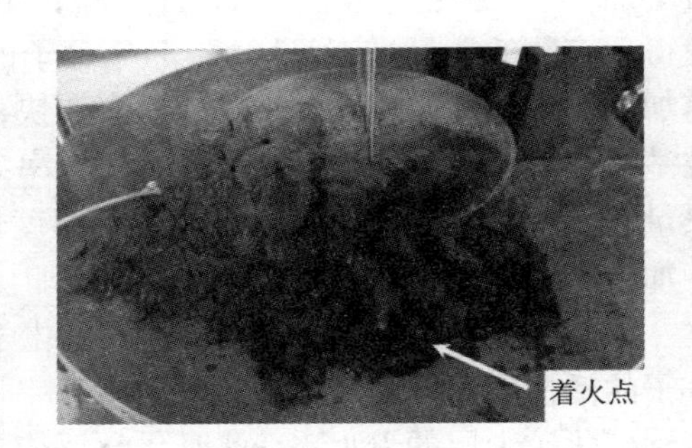

图 4－43　矿尘层着火

由图 4－45 可知，在竖直方向上矿尘层内部粉尘颜色的变化，可以证明在升温过程矿尘内部存在一定的温度梯度，矿尘层的热量由下向上依次传递，这个过程与矿尘层内部分层温度的监测结果是一致的。

由图 4－46 可知，不同类型的硫化矿尘加热后颜色不同，越容易着火的矿尘，含硫量越高，加热后矿尘的颜色越深，呈红褐色。这可以作为硫化矿尘氧化或着火的一个判别特征。

图 4 - 44　矿尘层表面氧化着火现象

图 4 - 45　矿尘层内部着火现象

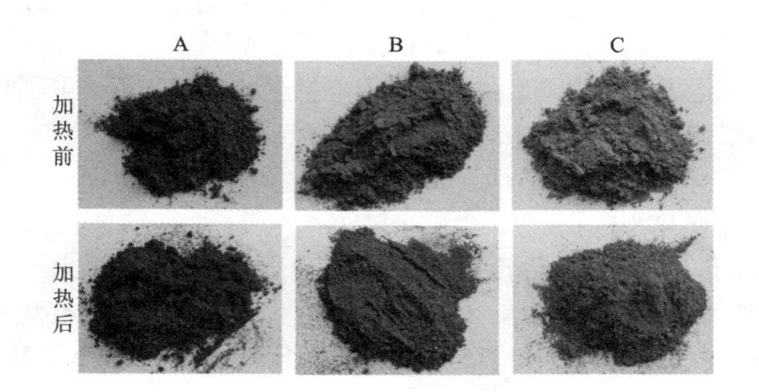

图 4 - 46　硫化矿粉尘加热前后对比

4.5.5　硫化矿尘层着火理论模型探究

在硫化矿山开采过程中，硫化矿尘层的着火一般是由于硫化矿尘内部氧化自热或者硫化矿尘堆积表面温度过高的地方所致。对于矿尘层来讲，一般矿尘层在径向方向的尺寸比较大，在厚度方向尺寸较小，因此可将矿尘层视为一个无限大的平板[148-151]。在矿尘层内部热量传递过程中，只考虑矿尘层在厚度方向的热交换，在径向方向的热交换忽略不计[152]。假设矿尘层内部热源稳定，不受其他因素影响，热量以热传导的方式在矿尘层内部垂直向上传递，矿尘层顶部只考虑自燃对流散热[153]。假设在矿尘层着火前、后，矿尘的质量没有损失，即不计加热过程中由于 SO_2 气体逸出所导致的那部分质量损失，反应服从阿累尼乌斯(Arrhenius)定律的一级反应。在升温自燃过程中，由于反应比较缓慢，故可以假设矿尘层内部的温度分布是处于稳态的。由傅里叶(Fourier)导热定律可知，硫化矿尘层在恒温热板上的一维稳态能量守恒方程可表示为：

$$-\lambda\frac{\partial^2 T}{\partial y^2}=A\Delta H_R\rho\exp\left(\frac{-E}{RT}\right)\tag{4-39}$$

式中：λ 为导热系数；A 为指前因子，s^{-1}；ΔH_R 为反应热，J/kg；ρ 为堆积粉尘密度，kg/m^3；E 为反应活化能，J/mol；R 为普适气体常数，8.314 J/(mol·K)；T 为矿尘温度，K。

设 T_A 为环境温度，ΔT 为矿尘层与环境之间的温差，则粉尘层的温度可表示为 $T = T_A + \Delta T$，引入无因次温度变量 θ，设 $\theta = [E/RT_A^2(T - T_A)]$，式(4－39)可以表示为：

$$\frac{d^2\theta}{dz^2} = -\delta e^{\theta} \tag{4-40}$$

式中：δ 为无因次加热速率，即：

$$\delta = A\Delta H_R\rho\left(\frac{r^2}{\lambda}\right)\left(\frac{E}{RT_A^2}\right)\exp\left(\frac{-E}{RT_A}\right) \tag{4-41}$$

由 Thomas 边界条件可知，在矿尘层内部矿尘的温度为先升高后降低，在矿尘层中部位置处的某点温度达到最大值，毕渥数表示如下：

$$Bi = hr/\lambda \tag{4-42}$$

式中：h 为对流换热系数；r 为矿尘层半高。

恒温热板上的矿尘层是厚度为 $2r$(r 为矿尘层半高)的无限大平板，矿尘层底面与温度为 T_P 的恒温热板接触，矿尘层顶部受牛顿冷却作用与环境接触。设 z 为无因次矿尘层厚度，在 $y=0$ 处，$z=0$；$y=2r$ 处，$z=2$；在矿尘层温度最大值处，$y=r$，$z=z_m$。

设矿尘层顶部表面与外界环境接触处的温度为 T_S，则由 Thomas 边界条件：

$$z=0, T=T_P, \theta=0 \tag{4-43a}$$

$$\theta=\theta_m, d\theta/dz=0 \tag{4-43b}$$

$$z=2, -\lambda(dT/dz)_s = h(T_S - T_A) \tag{4-43c}$$

对于式(4－42c)所示的边界条件，矿尘层顶部温度的变化是由热板向上导热引起的，即

$$\lambda\left(\frac{dT}{dy}\right)_S \approx \frac{\lambda}{2r}(T_P - T_S) \tag{4-44}$$

将方程式(4－41)及式(4－44)联立可得无因次加热速率：

$$\delta = A\Delta HR\rho\left(\frac{r^2}{\lambda}\right)\left(\frac{E}{RT_P^2}\right)\exp\left(\frac{-E}{RT_P}\right) \tag{4-45}$$

由式(4－40)可知，δ 最大时的温度为矿尘层的理论临界着火温度，利用此式计算不同 r 下的各参数值。对于无限大平板，由式(4－34)经数学求解得出硫化矿尘层的临界着火准则参数 $\delta_c r=0.88$，当 $\delta>\delta_c r$ 时，矿尘层发生着火。

同时，由式(4－45)可知，$\ln(\delta_{cr}T_P^2/r^2)$ 与 $1/T_P$ 为线性关系，对其进行拟合，可以得出斜率为 $-E/R$ 的拟合曲线，因此可以由此获得硫化矿尘的反应活化能。

4.6　本章小结

本章首先介绍了硫化矿尘层氧化的概念、影响因素和氧化机理。其次，利用自主设计实验装置，进行实验室实验，实验内容包括：利用 B、C、D 三类矿样模拟矿尘层氧化，确定矿尘层自热、产生气体所对应的时间和温度；通过多因素回归正交实验研究分析含硫量、厚度、粒度对自热和气体产生的影响。最后，介绍了着火理论和自热理论，并通过粉尘层最低着火温度测试装置及相关测试设备对硫化矿尘层最低着火温度进行了实验研究。主要研究结论为：

(1)含硫量越大，矿尘层自热温度越小，即矿尘层越容易反应，产生二氧化硫气体的温度越小。当含硫量非常低时，矿尘层只会发生微弱的自热反应；含硫量与自热温度之间的关系为：$y=0.095x^2-4.5x+207.12$。

(2)各因素对矿尘层自热和气体产生的影响的大小顺序为：含硫量 > 厚度 > 粒度；所得回归方程为：$y=165-39.75\left(\frac{x_1-15}{10}\right)-14\left(\frac{x_2-10}{10}\right)$。

(3)随着矿尘含硫量的增加和粒径的减小，矿尘层的着火倾向性增加；矿尘层厚度太薄，不利于粉尘内部热量的积累。

(4)由各组实验所获得的监测曲线可知，粉尘层内的温度变化曲线基本相同，且矿尘层与层之间存在着一定的温度梯度，在初始加热阶段，层内各点温度变化较快，加热一段时间后，各点温度逐渐趋于稳定。

(5)初始阶段 SO_2 的生成速率非常低，且该过程经历时间相对较长，随着温度的升高，生成速率逐渐增大，当温度达到一定值时，生成速率迅速增大。

(6)硫化矿尘层的着火过程也符合固体可燃物质的燃烧过程，经历低温氧化期、化学氧化自热期、着火期三个阶段。

(7)硫化矿尘层着火时，火源一般在矿尘层内部，很难被发现，导致了硫化矿尘着火时难以被察觉；矿尘层状态的硫化矿尘的燃烧过程是在固体表面进行的，通常只产生炽热的红热表面，不产生火焰，是一种表面燃烧形式；含硫量越高的矿尘，加热后矿尘的颜色越深，呈红褐色，可以作为硫化矿尘氧化或着火的一个判别特征。

(8)根据热力学理论可计算硫化矿尘的加热速率：$\delta=A\Delta HR\rho\left(\frac{r^2}{\lambda}\right)\left(\frac{E}{RT_{\mathrm{P}}^2}\right)\exp\left(\frac{-E}{RT_{\mathrm{P}}}\right)$，$\delta$ 最大时的温度为矿尘层的理论临界着火温度。

第5章　硫化矿尘云最低着火温度实验研究

5.1　实验设备及测试原理

5.1.1　实验设备

国际上通用的粉尘云最低着火温度测试装置主要有BAM恒温炉和G－G恒温炉两种。两种测试装置结构不同，所获得的测试结果存在一定的差异。W. Hensel[154]推荐BAM恒温炉为粉尘云最低着火温度的最佳测试装置。王海福等[155]指出，BAM恒温炉所测结果略低于G－G炉所测结果。

本实验采用第二种测试装置，也是国家标准GB/T 16429—1996[156]和国际标准IEC 61241－2－1—1994[157]均推荐的G－G炉作为本次硫化矿尘云最低着火温度的测试装置。实验装置及原理如图5－1所示。

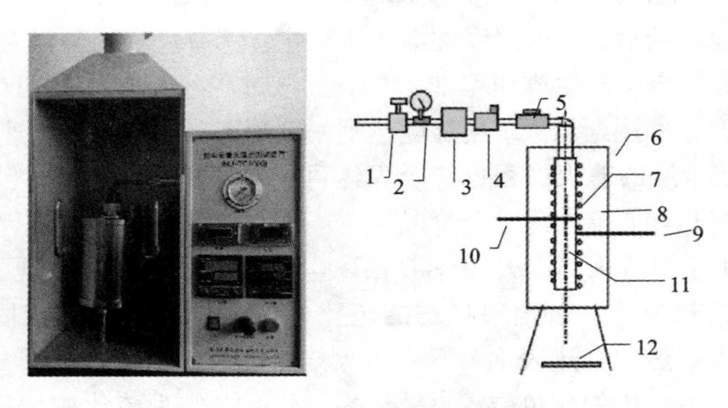

图5－1　测试装置及示意图

1—针阀；2—压力表；3—储气罐；4—电磁阀；5—盛粉室；6—炉壳；7—加热电阻丝；8—绝热材料；9—控温用热电偶；10—炉壁温度记录用热电偶；11—石英炉管；12—反射镜

5.1.2　测试原理

测试原理：首先将一定量硫化矿尘装入盛粉室，当炉温上升到设定温度并恒定时，开启电磁阀，利用储气罐高压气体将矿尘吹入炉管内，从炉管下部观察是否着火，判断着火后，再进行着火温度测定。

着火判据：若在炉管下端有明显火焰，则视为着火；若滞后 3 s 以后出现火焰或只有火星无火焰，则视为未着火。

最低着火温度的确定：根据测试标准规定，装置测试所获得的数据需要进行修正之后才可以应用于生产实践，修正方法如下：

当 $T_{min测} > 300℃$ 时，$T_{min} = T_{min测} - 20℃$；

当 $T_{min测} < 300℃$ 时，$T_{min} = T_{min测} - 10℃$；

若测试粉尘在加热炉的温度达到 1000℃时仍未出现着火，测试报告中应加以说明。

5.2　硫化矿尘云着火现象分析

对于大多数其他常见可燃性粉尘而言，在测定粉尘云最低着火温度过程中，判断粉尘是否着火的标准主要是通过观察加热炉管下端有没有火焰喷出或火焰滞后喷出，若有，则判定为着火；若没有产生火焰只有火花(火星)，则判为未着火。而对于硫化矿尘云最低着火温度的实验，它不同于其他粉尘的着火行为，如一些粗粒级矿尘颗粒在着火时只产生火花，如图 5－2a 所示，也不会像其他粉尘着火时出现火焰[158]，例如石松子粉测试时所观察的现象，如图 5－2b 所示。但是，这与 Mintz 和 Dainty[159] 使用 G－G 炉和 P. R. Amyotte[160] 使用 BAM 炉测试硫化矿尘云最低着火温度时观察到的现象是不一致的。这主要是由于硫化矿尘在粉尘云状态时矿尘颗粒的着火燃烧形式为固体表面燃烧，燃烧时的反应是燃烧物质和氧在硫化矿尘颗粒表面直接进行的，该燃烧形式不会产生火焰，也不会产生烟，只会出现炽热的物质，着火现象不同于其他粉尘。同时，在测试过程中所设置的加热温度远未达到硫化矿尘的熔点(硫化亚铁的熔点为 1171℃)，着火过程中它们不会熔融，固体表面呈无火焰的高温炽热发光状态，空气中的氧不断扩散到固体高温表面被吸附，进而发生气－固非均相反应，反应的产物带着热量从固体表面逸出。因而，不能用实验过程中是否产生火焰的现象作为硫化矿尘是否着火的判断标准。在研究硫化矿尘最低着火温度的实验中，将是否产生火花作为着火的判断标准，根据每次实验时产生火花的多少来判定着火的强度[161]。

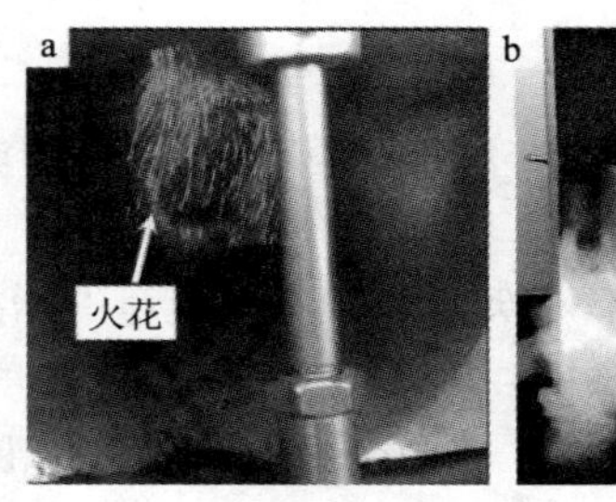

图 5－2　硫化矿尘和石松子粉着火现象

5.3 主要影响因素分析

5.3.1 含硫量的影响

实验条件：将样品 A500、B500、C500 在质量浓度分别为 442.48 g/m^3、2218.64 g/m^3和 1327.43 g/m^3的条件下进行测试，结果如图 5－3 所示。

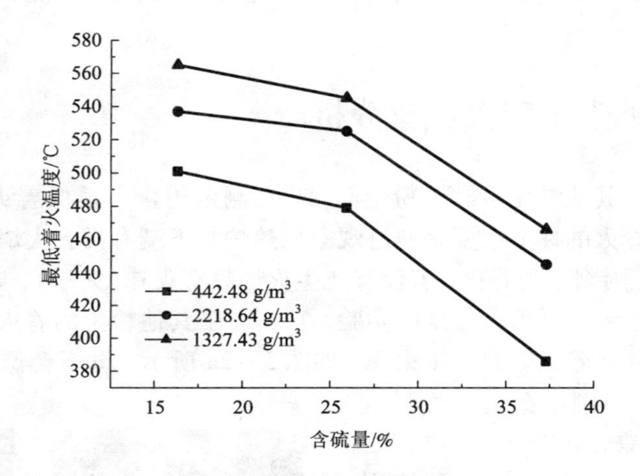

图 5－3　含硫量对最低着火温度的影响

由图 5－3 可知，随矿尘含硫量的增加，硫化矿尘云最低着火温度降低，且含硫量在 27.5% ~40% 时，最低着火温度下降幅度和下降速率均高于含硫量为 15% ~27.5% 时，在两个含硫量区间范围内，质量浓度为 442.48 g/m^3组最低着火温度分别对应下降了 93℃、22℃，质量浓度为 2218.64 g/m^3组最低着火温度分别对应下降了 80℃、12℃，质量浓度为 1327.43 g/m^3组最低着火温度分别对应下降了 79℃、21℃。这主要是由于随着矿尘含硫量增加，相应增加了矿尘中氧化自燃物质的含量，导致反应时放出的热量增加，从而降低了矿尘云的最低着火温度。含硫量低的矿尘中 SiO_2 含量增加，在高温下 SiO_2 质量减少并放出结晶水[162-165]，吸收部分热量[166]，同时还会对粉尘间热传导和热辐射起到一定的阻隔作用[167-168]，增加了硫化矿尘云的最低着火温度。

由此可知，硫化矿尘中硫元素含量越高，矿尘云的着火温度越低，硫化矿尘产生内因火灾的风险越高。因此有学者将硫化矿物中 S 的含量作为判断硫化矿尘自燃倾向性的一个衡量指标，如表 5－1 所示，即认为矿石的含硫量越高，自燃发火的危险性就越大。由以上分析可知，该判断标准具有一定的科学性。

表 5－1　硫铁矿含硫量与自燃性的关系

含硫量/%	<15	15～20	>26
自燃性	可能性小	可能性一般	可能性大

5.3.2　粒径的影响

实验条件：将 A、B、C 三类硫化矿尘各自所对应的三种粒度均在质量浓度为 442.48 g/m^{3}条件下进行测试，测试结果如图 5－4 所示。

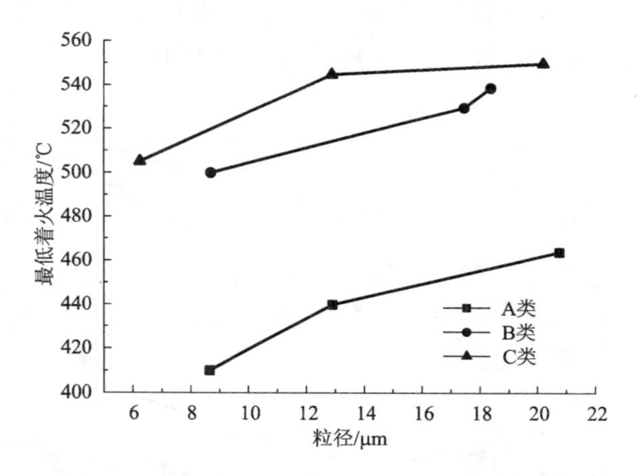

图 5－4　矿尘粒径对硫化矿尘云最低着火温度的影响

由图 5－4 可知，三类硫化矿尘云的最低着火温度均随粒径减小而降低，且通过加热炉底部矿尘颗粒的着火情况可以发现，着火的硫化矿尘颗粒基本上为小粒度范围的颗粒，且小颗粒越多，着火时产生的火花越多，着火现象越明显。

这主要是由于矿尘云状态的硫化矿尘的着火是在矿尘颗粒表面发生的，矿尘颗粒粒径减小，意味着其比表面积增大[169]，则增大了矿尘颗粒与空气的接触面积，增强了矿尘的化学活性，加速了矿尘颗粒的氧化放热反应，反应更加剧烈和完全，使系统放出热量大于散失热量，最终导致硫化矿尘云最低着火温度降低[170－171]。同时，矿尘的分散度和悬浮时间均受矿尘颗粒大小的影响，进而影响了矿尘云的形成。有研究表明[172]，只有粒径小于 10 μm 的矿尘颗粒才能在运动气流中长时间悬浮，形成相对稳定的矿尘云。由图 5－4 可知，三类硫化矿尘云的最低着火温度均分布在 5～10 μm 粒度范围内，且通过观察加热炉底部粉尘的着火情况发现，着火的硫化矿尘颗粒基本上为小粒度范围的颗粒，且小颗粒越多，着火时产生的火花越多。较大的颗粒由于沉降速度过快，只是矿尘颗粒表面部分着火或仅仅被加热。小颗粒的粉尘由于分散度好且在加热炉内加热时间长，反应更充分，放热量更大，在一定程度上降低了硫化矿尘云的着火温度。

由图5－4中三类硫化矿尘云的最低着火温度的变化范围可知：粒径对A类矿尘云的最低着火温度的影响最明显，B、C两类矿尘云最低着火温度受粒径变化的影响较小。

5.3.3 质量浓度的影响

实验条件：在含硫量、粒径等条件相同的情况下，将A500、B500、C500三种硫化矿尘在442.48 g/m^3、1327.43 g/m^3、2212.39 g/m^3、3097.35 g/m^3四种质量浓度下进行最低着火温度的测试，结果如图5－5所示。

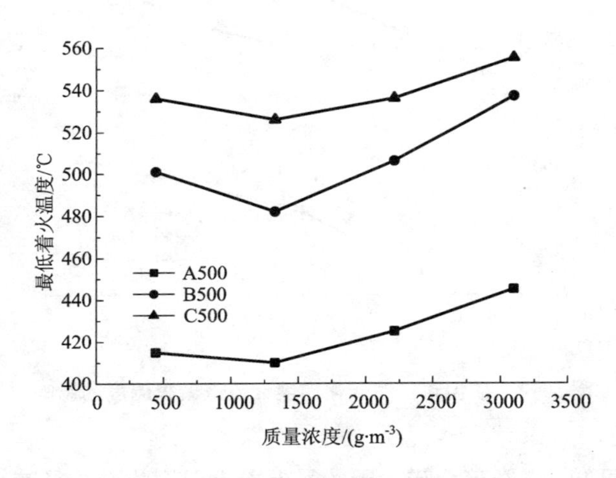

图5－5 质量浓度对最低着火温度的影响

由图5－5可知，硫化矿尘云最低着火温度首先随着矿尘质量浓度的增加而降低，当质量浓度达到一定值时，随着质量浓度增加，矿尘云最低着火温度又逐渐升高，即存在一个着火最佳质量浓度[173]（或称敏感浓度或临界着火质量浓度）。这是由于硫化矿尘质量浓度较低时，系统内矿尘含量较少，反应释放热量也较少，需要从外界吸收一定的热量使矿尘着火，因此着火温度偏高。当质量浓度增加时，系统内的矿尘含量增多，反应释放热量增加，且能将热量辐射给其他矿尘颗粒，使更多的矿尘颗粒受热发生氧化放热反应，减少从外界吸收的热量，导致测得的硫化矿尘云的着火温度降低。当质量浓度继续增加时，由于系统中充满过多矿尘颗粒，系统中的氧含量相对减少，在一定喷粉压力下不能形成较好的矿尘云，且矿尘云着火特性参数与质量浓度的关系减弱，颗粒热辐射此时不占据主要地位，大量矿尘颗粒需要消耗更多的外界热量[174]，所以超过一定质量浓度值时矿尘云最低着火温度再次升高。从矿尘爆炸的角度来考虑，矿尘云爆炸需要在一定的浓度下才会发生。

5.4　硫化矿尘云最低着火温度

实验条件：将每类矿样制得的 A500、B500、C500 三种粒度规格的样品在 442.48 g/m^3、1327.43 g/m^3、2212.39 g/m^3、3097.35 g/m^3 四种矿尘质量浓度下进行最低着火温度的测试。

测试结果表明：A 类硫化矿尘云的最低着火温度主要分布在 386～520℃，且绝大多数着火点分布在 420～470℃；B 类硫化矿尘云的最低着火温度主要分布在 454～550℃；C 类硫化矿尘云的最低着火温度主要分布在 501～567℃。选取每类硫化矿尘云最低着火温度的最小值作为该类矿尘的最低着火温度，见表 5－2。由表 5－2 可知三类硫化矿尘云的最低着火温度关系为：$T_A < T_B < T_C$。因此从硫化矿尘云最低着火温度可知：在同等条件下 A 类硫化矿尘最容易导致硫化矿山内因火灾，B 类其次，C 类相比前两类发生着火的可能性较低。

表 5－2　硫化矿尘云最低着火温度测试结果

粉尘种类	A 类	B 类	C 类
最低着火温度/℃	386	454	512

必须指出，由于受各种因素的综合影响，硫化矿尘云的着火具有不恒定性，而且硫化矿尘云的最低着火温度又是在实验次数有限的条件下测得的（是一个统计数值），因此，采用实验值指导生产实践时，必须将安全系数考虑进去。即在编制金属矿山安全规程时，井下最高允许温度要小于实验测定的矿尘云最低着火温度。有学者提出在生产实际中温度不许超过由标准装置上所测得实验值的 70%，也有规定为设备表面最高允许温度不能超过矿尘最低着火温度的 2/3，并且要求生产设备进气口的空气温度至少比实验测试数值低 50℃[175－176]。

5.5　硫化矿尘云最低着火温度实验理论分析

由谢苗诺夫热自燃理论可知，对于温度和浓度都是均匀分布的反应系统，系统是否着火的主要判别依据为系统的放热和散热哪个占优势，即系统内部是否有热量的累积。由于硫化矿尘云最低着火温度测试是瞬间完成的，因此可以将硫化矿尘在测试系统的浓度分布看作是均匀的，且系统内部温度分布也是均匀的。在测试瞬间，系统内的总热量 $Q_{总}$ 主要由系统提供的热量 $Q_{系}$（点火源）和硫化矿尘瞬间反应放出的能量 $Q_{尘}$ 两部分组成，即 $Q_{总}=Q_{系}+Q_{尘}$。由此式可知，在矿尘着火所需总能量一定的情况下，硫化矿尘着火时反应释放的能量（即自身提供的能量）越大时，所需系统提供的能量越小，即测得的矿尘云的最低着火温度越低。

因此，在防治硫化矿尘云火灾时主要有两种途径：一是控制着火源，即明火、高温热表面、摩擦与撞击、电气火花和静电火花等；二是清除悬浮于空气中的硫化矿尘。

当将硫化矿尘的含硫量作为影响因素时，含硫量的增加也意味着粉尘中可燃物含量的增加；而将质量浓度作为影响因素考虑时，质量浓度的增加也在一定程度上增加了可燃物的含量。由质量作用定律和阿累尼乌斯公式可知：化学反应是反应物各分子间碰撞后产生的，化学反应速度与反应物的浓度成正比关系，所以，单位体积内的可燃物数目越多，反应过程进行得越快，反应物放出的热量越多，硫化矿尘云最低着火温度越低，着火现象越明显。

5.6 硫化矿尘云着火机理研究

通常情况下，煤粉、石松子粉、粮食作物粉等其他粉尘在能量或火源作用下着火时[177-178]，会有火焰或者大量烟雾产生，这主要是因为这些粉尘在着火时会在粒子表面由于热分解析出可燃性挥发分或由于高温产生可燃性蒸气。由上述硫化矿尘着火实验现象可知，硫化矿尘的着火形式不同于上述粉尘，因此它的内因火灾机理也和其他典型可燃性粉尘有所差异。

（1）对于典型可燃性粉尘，其着火过程通常解释为：

①粒子表面受到热源或其他形式能量的激发，导致表面温度升高。

②粒子表面的分子受热分解产生气体，分散在粒子四周。

③产生的气体与空气混合成可燃混合气体，进而着火产生火焰。

④火焰产生热，加速了粉尘的分解。放出的气相可燃性物质与空气混合，继续发火传播，如此循环反复，在一定条件下会发生爆炸。

目前，这是粉尘云着火爆炸机理的最常见解释，这种着火爆炸形式实质上属于气体着火爆炸，如图 5-6(a)所示。

（2）而对于硫化矿粉尘所产生的着火爆炸现象可解释为：

①硫化矿尘粒子表面受到足够热源或者其他形式能量激发，导致表面温度升高。

②硫化矿尘粒子表面迅速氧化，并产生大量的热，放出的热量不仅加速了粒子自身的氧化，而且在一定条件下会导致硫化矿尘粒子着火，粒子呈炽热状态

(火星)，同时放出的热量还加热了矿尘粒子周围的气体，这些高温气体作为一种能量源引发周围矿尘粒子氧化放热着火。

③如此的反复会导致大量的硫化矿尘粒子着火，产生大量的热，从而导致周围环境温度急剧升高，当体积受到限制时，会发生爆炸。

综上可知，硫化矿尘云内因火灾机理不同于第一种形式，爆炸产生的机理也不同，它是由硫化矿尘氧化放热导致的一定空间内气体压力的突增和无法控制的膨胀效应产生的，是一种单纯的空气热膨胀导致的爆炸，如图5-6(b)所示。

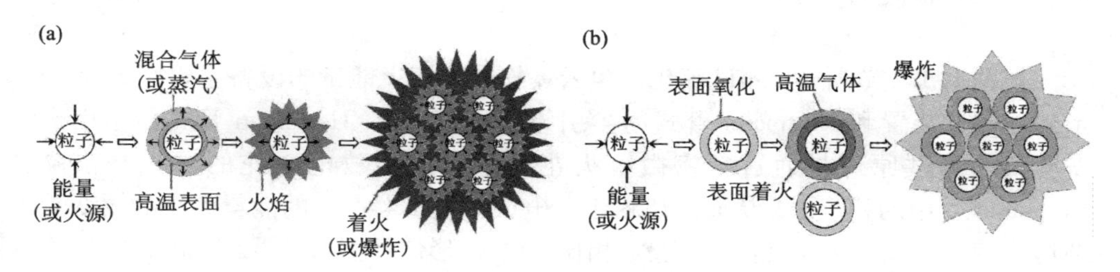

图5-6　粉尘云火灾机理示意图

5.7　本章小结

本章主要对硫化矿尘最低着火温度进行测试实验并作分析探讨，得出相应的结论：

(1)通过分析着火现象，认为硫化矿尘的燃烧形式为固体表面燃烧，由此对硫化矿尘测试过程中的着火判据做出相应的调整。

(2)通过单因素实验得出：含硫量越高，硫化矿尘云最低着火温度越低，矿尘云最低着火温度随粒径的减小而降低，随矿尘质量浓度的增加呈现先降低后升高的趋势，矿尘干燥前后对测试结果有一定的影响，这种影响与矿尘粒度有一定关系。

(3)实验测得A、B、C三种硫化矿尘云最低着火温度分别为386℃、454℃、512℃。

(4)测试系统内的总热量$Q_{总}$主要由系统提供的热量$Q_{系}$和粉尘瞬间反应放出的能量$Q_{粉}$两部分组成，即$Q_{总}=Q_{系}+Q_{尘}$。

(5)通过对比硫化矿尘与常见粉尘着火机理，探讨了硫化矿尘云的着火机理，并认为硫化矿尘爆炸是由于矿尘氧化放热导致的一定空间内气体压力突增和无法控制的膨胀效应产生的，是一种单纯的空气热膨胀爆炸形式。

第 6 章　硫化矿尘云爆炸最小点火能量实验研究

6.1　实验设备

根据 1.3.2 节所述，测试硫化矿尘云爆炸最小点火能量的设备主要有 20 L 球形爆炸测试装置和 Hartmann 管式粉尘引燃实验仪[180]。Hartmann 管式粉尘引燃实验仪的测试原理是通过精密微电火花发生器产生放电火花的方式来击穿 Hartmann 管中的粉尘云，从而点燃粉尘。电火花发生器产生的能量大小的改变是通过改变电容大小来实现的。因此，相比 20 L 球形爆炸测试装置，Hartmann 管式粉尘引燃实验仪的测试结果更为准确且成本更低。但 Hartmann 管式粉尘引燃实验仪的最大点火能量一般在几焦、几十焦量级[181]，如东北大学安全工程研究中心研制的 Hartmann 管式粉尘引燃实验仪的最大点火能量为 16.65 J。无法点燃最小点火能量较大的粉尘，硫化矿尘云就是这类粉尘。因此，本次实验采用 20 L 球形爆炸测试装置测试硫化矿尘爆炸最小点火能量。

实验设备采用东北大学安全工程研究中心研制的 ETD - 20L DG 型 20 L 球形爆炸测试系统，其主要包括装置本体、控制系统和数据采集系统三大部分。装置本体是用来形成高紊流粉尘云状态并承受爆炸载荷的空心、带夹套双层不锈钢球体，是测试系统的关键部件。以工业可编程控制器(PLC)为核心的控制系统用于控制储粉罐进气、喷粉、采样触发、点火等一系列自动化工作。数据采集系统利用进口的压电式瞬态压力传感器探测本体内的爆炸压力信号，并通过台湾研华(Advantech)数据采集卡进行爆炸压力数据的采集，利用采样软件进行数据分析、曲线图像保存和打印。设备工作原理为：用 2 MPa 高压空气将储粉罐内的可燃粉尘经气粉机械两相阀和分散喷嘴喷至抽成真空的 20 L 球形装置内部；同时开始用计算机采样并用点火装置点火引爆气粉混合物；最后对采样结果进行分析、计算，完成实验，如图 6 - 1 所示，清洗后可重复实验。ETD - 20 L DG 型 20 L 球形爆炸测试系统实际效果图如图 6 - 2 所示，其主要技术参数如表 6 - 1 所示。

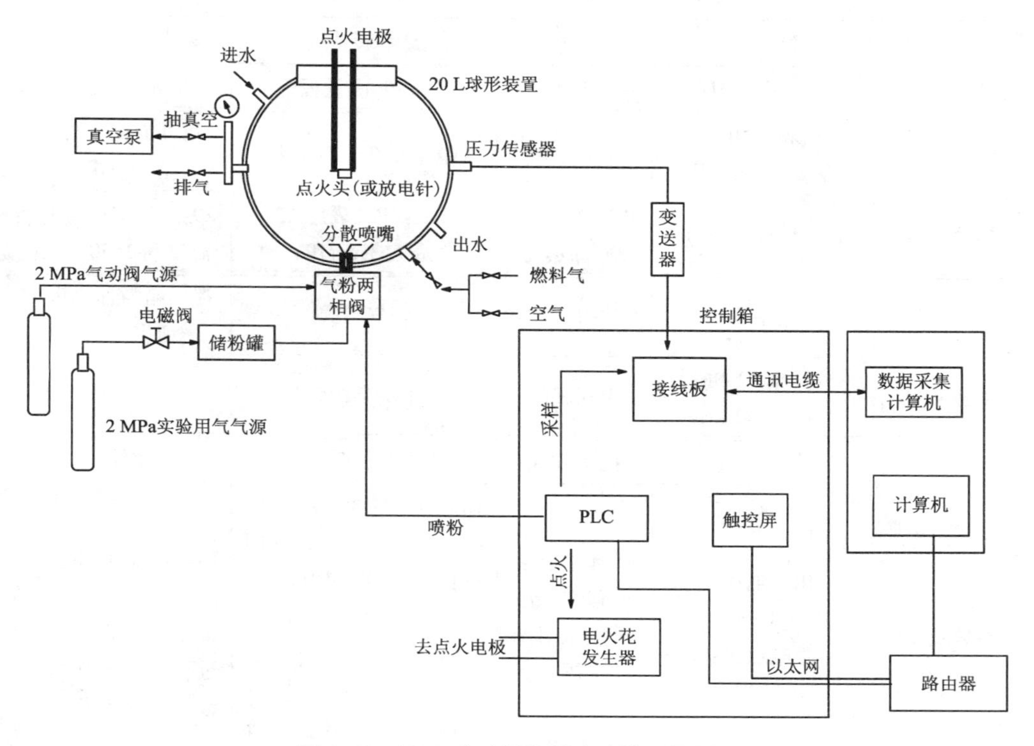

图 6-1　20 L 球形爆炸测试系统工作原理

图 6-2　ETD-20 L DG 型 20 L 球形爆炸测试系统

表 6-1 ETD-20 L DG 型主要技术参数

项目	额定电压	额定电流	真空表精度	粉尘分散压力
参数及说明	220 V 50 Hz	5 A	0.4% 满量程	2.0 MPa(表压)
项目	气粉两相阀活塞驱动压力	爆炸容器	爆炸容器工作压力	爆炸容器工作温度范围
参数及说明	2.0 MPa(表压)	20 L 球形，带冷却/加热夹套	2.0 MPa(表压)，最大 3.5 MPa	20~135℃(瞬时温度为 1650℃)
项目	数据采集卡	气体引入方式	配气方式	控制箱与计算机通讯方式
参数及说明	分辨率 12 Bit；频率：100 kHz	手动阀门	分压法手动配气	以太网
项目	点火能量	控制方式	压电传感器	软件
参数及说明	化学电火：2~10 kJ；静电点火：2~10 kJ	本地控制和远程控制：面板按钮、触控屏、计算机	动态量程：1.379 MPa (0~5 V 输出)，可用量程：2.758 MPa(0~10 V 输出)。分辨率：0.021 kPa。谐振频率：>500 kHz。非线性度：<1%。配合 ICP 恒流源，输出 0~5V。	ExTest 2010 爆炸测试系统。支持本地、远程实验过程控制、实验数据管理和报表

6.1.1 装置本体

20 L 球形爆炸测试装置本体为不锈钢双层夹套球形结构，如图 1-18 所示。机械两相阀是 20 L 球形爆炸测试装置的关键部件之一，用于将粉尘在 60 ms 左右的时间内喷入到 20 L 球形爆炸测试装置内部，其驱动电压为 DC12 V。分散喷嘴用于将粉尘比较均匀地分散在球形装置内部，同时得到较高的紊流度。进气电磁阀用于向储粉罐充入 2 MPa 的高压气体，其驱动电压为 AC220 V。

6.1.2 控制系统

20 L 球形爆炸控制系统是用来控制系统进气、触发采样、开阀喷粉、点火过程的，整个实验过程在不到 1 s 的时间内全部完成，中间进气、喷粉、触发采样、点火等动作的时间控制均以 ms 为单位。控制系统采用日本松下 FPX-L14 型工业可编程控制器(PLC)。PLC 共有 8 入 6 出共 14 个继电器型触点，各触点功能分配如表 6-2 所示。

表 6－2　PLC 输入、输出点数分配

输入点号	X0	X1	X2	X3	X4	X5	X6	X7
用途	自动	自动运行启动	安全限位开关	粉罐压力开关	急停开关	手动进气按钮	手动清洗按钮	手动
输出点号	Y0	Y1	Y2	Y3	Y4	Y5	—	—
用途	点火	采样触发	喷粉或清洗	进气	安全限位显示	压力到位显示	—	—
COM	＋DC12 V	＋DC5 V	＋DC12 V	AC220 V	AC220 V	AC220 V	—	—

6.1.3　数据采集系统

数据采集系统用于记录爆炸过程中压力的变化。其原理是：由压力传感器将瞬时爆炸压力信号转换为 0～5 V 的标准电压信号，然后利用计算机将电压信号记录下来，并将其转换为等值的压力信号，以便读取与分析。

数据采集系统的硬件主要包括压力传感器、数据采集卡、接线卡和计算机。数据采集卡是用来将模拟电压信号转换为数字信号。由于系统采集的是瞬态信号，对采集卡的转换速率要求比较高，因此，系统选用了台湾研华(Advantech)公司生产的数据采集卡 PCL－818 L，该卡最高转换频率为 40 kHz，采样数据为 12 位，精度为 0.2‰。

传感器采用美国 Dytran 公司制造的压电式高灵敏度传感器，灵敏度为 21.2 mV/psi(1 psi = 6.895 kPa)，动态响应频率为 250 kHz，其测压范围为 0～250 psi，对应的压力电压比为 0.323 MPa/V。传感器由 9 V 干电池作为恒流源供电。采样系统硬件连接线路如图 6－3 所示。

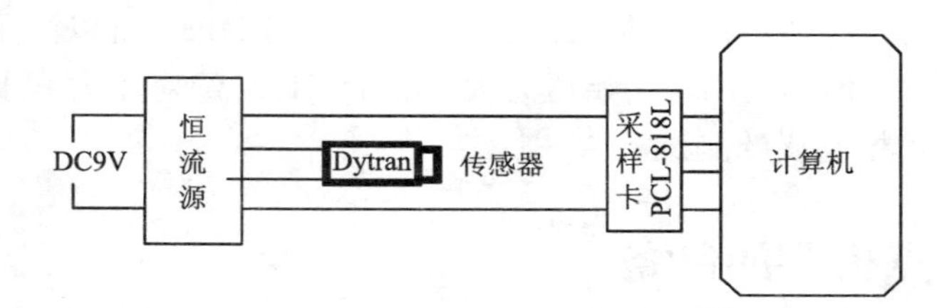

图 6－3　计算机数据采集系统硬件连接线路图

6.1.4 测试系统操作步骤及使用注意事项

(1)使用 20 L 球形爆炸测试系统进行硫化矿尘云爆炸实验时，操作步骤如下：

① 系统检查。对装置各系统进行检查，确保 20 L 球形爆炸测试装置系统线路连接良好，气路系统表压为 2.0 MPa；

② 预热系统。打开控制箱电源并启动计算机控制程序，系统预热 5 min 左右；

③ 安装化学点火头。将点火头安装好并将密封盖封装好后进行点火电极电阻测试，所测电阻在 2 Ω 以内为正常；

④ 硫化矿尘云的称量与装药。按照实验设计，称取一定量的硫化矿尘云装入储粉罐中，将罐盖旋紧；

⑤ 抽真空。关闭出气口，打开抽气口用真空泵将 20 L 球形装置球内空气抽至 -0.05 MPa，完成后关闭抽气口；

⑥ 进气扬尘、点火操作。在数据采集系统上按下“运行”按钮，完成爆炸实验；

⑦ 数据记录。在计算机上输入参数，记录爆炸实验数据；

⑧ 清洗、收集硫化矿尘云爆炸残渣。用钢丝球对 20 L 球内部进行擦拭，通过吸尘器将 20 L 球内积存的粉尘残渣清除。

(2)20 L 球形爆炸测试装置属于精密设备，而且爆炸实验具有危险性。因此，实验时需注意以下安全事项：

① 禁止 20 L 球形装置内压力高于大气压，必须在排气门处于开启状态时才能打开装置上盖；

② 安装点火头前，必须用安全钳使点火电极短路；用万用表测量点火头时，必须扣上上盖然后测量，防止意外电流引爆点火头；

③ 清洗设备和实验前必须先关好真空表前的阀门，否则会损坏压力表；

④ 设备的设计压力为 2.5 MPa，工作压力为 1.5 MPa，可以满足一般工业粉尘爆炸性的测试，但不得用于初始压力大于 0.15 MPa(绝对压力)的爆炸性测试，也不适用于爆炸性物质的测试。

6.2 化学点火头的制备

6.2.1 化学点火头制作

20 L 球形爆炸容器通常使用化学点火头作为引爆源，主要成分为锆粉、硝酸钡和过氧化钡(图6－4)，将三者按照4∶3∶3的比例混和而成，产生多大的能量由三者质量决定，如0.24 g质量能产生1 kJ能量，2.4 g质量能产生10 kJ能量。

将硝酸钡、过氧化钡分别置于研钵中研磨至200目以下，筛分后分别置于恒温箱中烘干后备用。由于锆粉具有易燃的特点，将水中封存的锆粉置于恒温箱中，先用105℃的温度烘干至锆粉水分蒸发，再调节温度至80℃，把结块的锆粉烘干成粉末状。将锆粉、硝酸钡、过氧化钡按4∶3∶3的比例均匀混合后，称量不同质量的混合物与引线包好后即可得到不同能量的点火头。制备完成的10 kJ化学点火头如图6－5所示。

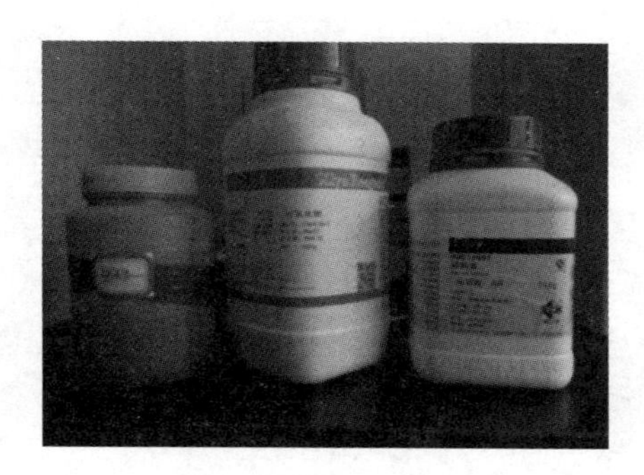

图6－4　锆粉、过氧化钡、硝酸钡(从左至右)

图6－5　制备完成的化学点火头(10 kJ)

在制备化学点火头时应注意以下安全问题：① 盛装及处理粉料容器必须良好接地；② 制作人必须在有防护的装置内并佩戴防护眼镜操作；③ 制作场地应配备灭火设施和其他安全应急设施。制备完成的点火头应储存在凉爽、干燥的容器内。

6.2.2　化学点火头检测

根据GB/T 16425—1996的要求，需对制备的化学点火头进行检测，以检验点火头的性能。测试是在没有添加粉尘样品、20 L容器抽至真空状态且在储粉罐喷气的情况下对化学点火头进行压力测试。随机抽取已制备完成的1 kJ、2 kJ、3 kJ、4 kJ、6 kJ、8 kJ、9 kJ、10 kJ和12 kJ点火头各一个，进行空白实验(即不添加粉尘)，结果如表6－3所示，不同点火能量的化学点火头爆炸压力曲线图如图6－6～图6－14所示。不同于电火花点火，化学点火头引燃后会喷射出炙热的燃烧产物并诱导一定程度的湍流。点火头释放的热量会导致容器内压力上升，称为点火头升压，其与点火头能量线性相关，结果如图6－15所示。

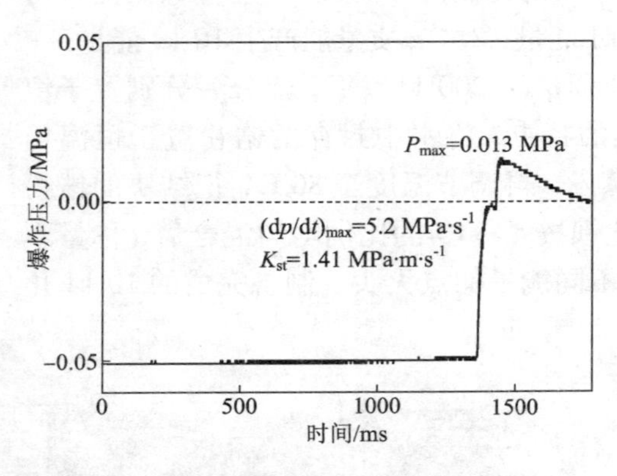

图 6-6　1 kJ 化学点火头爆炸压力曲线

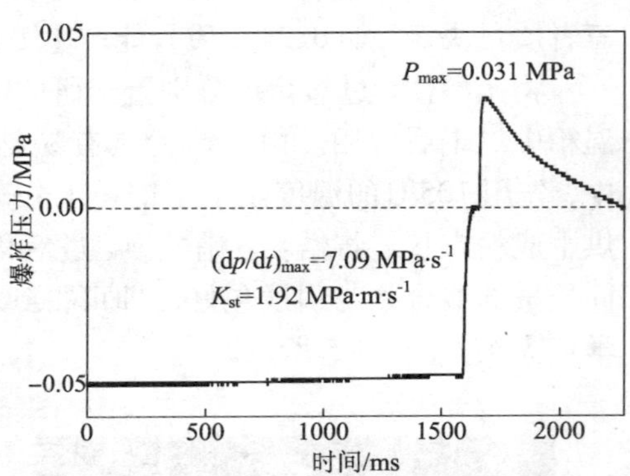

图 6-7　2 kJ 化学点火头爆炸压力曲线

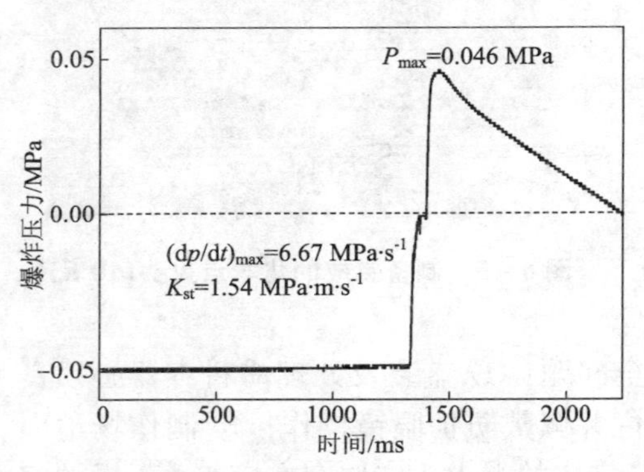

图 6-8　3 kJ 化学点火头爆炸压力曲线

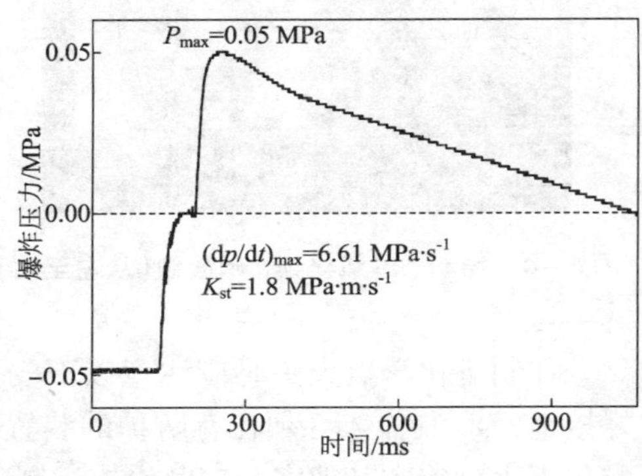

图 6-9　4 kJ 化学点火头爆炸压力曲线

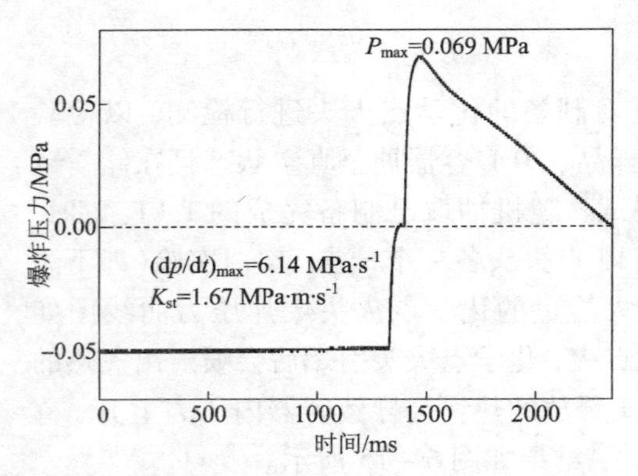

图 6-10　6 kJ 化学点火头爆炸压力曲线

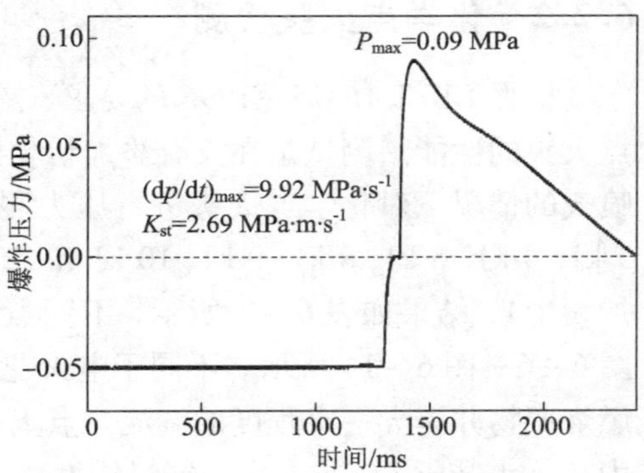

图 6-11　8 kJ 化学点火头爆炸压力曲线

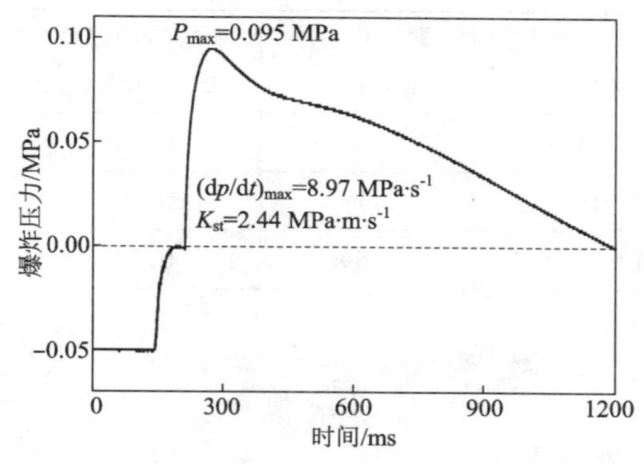

图 6－12　9 kJ 化学点火头爆炸压力曲线

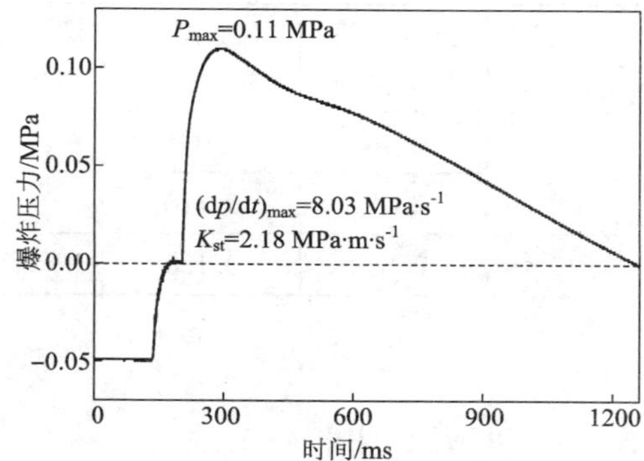

图 6－13　10 kJ 化学点火头爆炸压力曲线

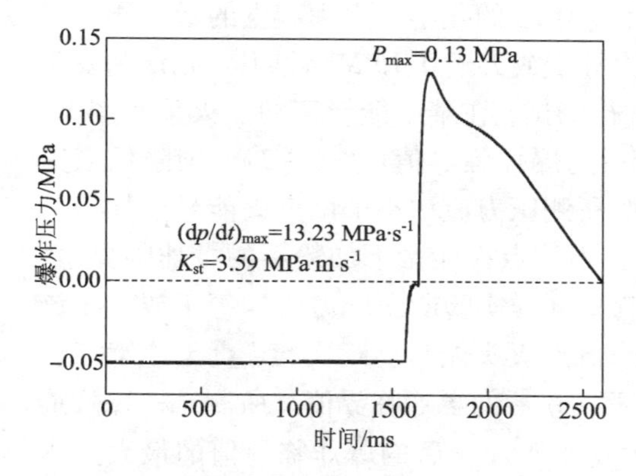

图 6－14　12 kJ 化学点火头爆炸压力曲线

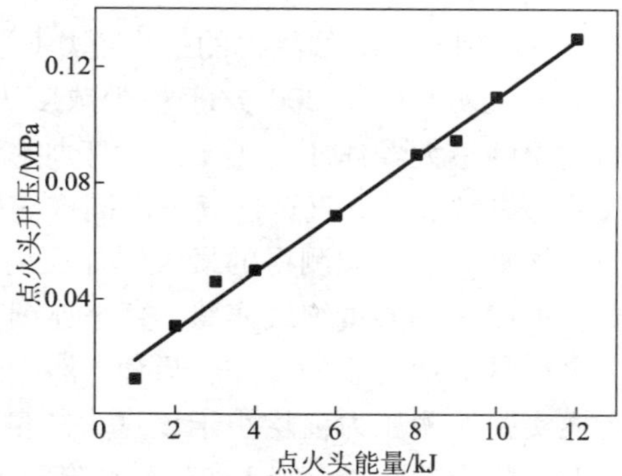

图 6－15　点火头能量与点火头升压关系

表 6－3　不同能量的点火头爆炸特性

点火头能量/kJ	点火头粉料质量/g	最大爆炸压力/MPa	最大爆炸压力上升速率/(MPa·s^{-1})	爆炸指数/(MPa·m·s^{-1})	加粉后的爆炸临界值/MPa
1	0.24	0.013	5.20	1.41	0.06
2	0.48	0.031	7.09	1.92	0.07
3	0.72	0.046	5.67	1.54	0.08
4	0.96	0.050	6.61	1.80	0.09
6	1.44	0.069	6.14	1.67	0.11
8	1.92	0.090	9.92	2.69	0.13

续表 6-3

点火头能量/kJ	点火头粉料质量/g	最大爆炸压力/MPa	最大爆炸压力上升速率/(MPa·s^{-1})	爆炸指数/(MPa·m·s^{-1})	加粉后的爆炸临界值/MPa
9	2.16	0.095	8.97	2.44	0.14
10	2.40	0.110	8.03	2.18	0.15
12	2.88	0.130	13.23	3.59	0.17

6.3 实验依据

参照 GB/T 16425—1996《粉尘云爆炸下限浓度测定方法》来进行最小点火能量的测定。根据 GB/T 16425—1996 所述，10 kJ 的化学点火头产生的最大压力为 0.11 ±0.01 MPa，如测得的最大爆炸压力等于或大于0.15 MPa 表压，则认为发生了爆炸。实验时按 200 g/m^{3}粉尘浓度进行测试，在某一能量值的点火头作用下，如测得的最大爆炸压力等于或大于加粉后的爆炸临界值(表 6-3)，则降低点火头能量继续实验，直至连续三次同样实验所测压力值均小于该点火能量下加粉后的爆炸临界值。如测得的最大爆炸压力小于该点火能量下加粉后的爆炸临界值，则增加点火头能量继续实验，直至连续三次同样实验所测压力值均等于或大于该点火能量下加粉后的爆炸临界值，然后降低点火头能量继续实验，直至连续三次同样实验所测压力值均小于该点火能量下加粉后的爆炸临界值。所测试样爆炸最小点火能量 E_{min}则介于 E_1(3 次实验压力均小于加粉后的爆炸临界值的最大点火能量)和 E_2(3 次实验压力均等于或大于加粉后的爆炸临界值的最小点火能量)之间，即：

$$E_1 < E_{min} < E_2$$

6.4 硫化矿尘云最小点火能量实验

6.4.1 A 类硫化矿尘云最小点火能量

6.4.1.1 A200 组

A200 为超高含硫组，含硫量为 36.9%，D50 为 9.076 μm，在硫化矿尘云质量浓度为 200 g/m^{3}下按照点火能量逐渐增大的顺序进行实验。首先测试点火能量为 1 kJ 情况下硫化矿尘云爆炸强度，测得硫化矿尘云最大爆炸压力为 0.022 MPa，小于 1 kJ 点火头作用下的爆炸临界值 0.06 MPa，故未发生爆炸，继续增大点火能量。在点火能量为 2 kJ 情况下硫化矿尘云最大爆炸压力为 0.042 MPa，小于2 kJ点火头作用下的爆炸临界值0.07 MPa，故未发生爆炸，继续增大点火能量。在点火能量为 3 kJ 情况下硫化矿尘云最大爆炸压力为 0.061 MPa，小于3 kJ点火头作用下的爆炸临界值0.08 MPa，故未发生爆炸，继续增大点火能量。在点火能量为 4 kJ 情况下硫化矿尘云最大爆炸压力为 0.082 MPa，小于4 kJ点火头作用下的爆炸临界值0.09 MPa，故未发生爆炸，继续增大点火能量。在点火能量为 6 kJ 情况下硫化矿尘云最大爆炸压力为 0.14 MPa，大于6 kJ点火头作用下的爆炸临界值0.11 MPa，故发生爆炸。继续重复2次 4 kJ 点火能量下的硫化矿尘云最大爆炸压力分别为 0.08 MPa、0.086 MPa，均小于爆炸临界值 0.09 MPa，且硫化矿尘云在点火能量为 8 kJ、10 kJ下均大于相应爆炸临界值，故确定 A200 组在质量浓度为200 g/m^{3}下的最小点火能量为4～6 kJ。图6－16～图6－22 给出了不同点火能量下硫化矿尘云爆炸压力曲线图，硫化矿尘云爆炸强度参数如表6－4 所示。

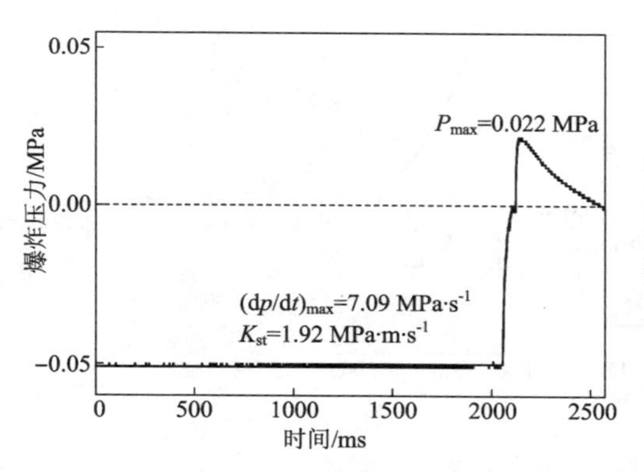

图6－16　1 kJ 点火能量下爆炸压力曲线图

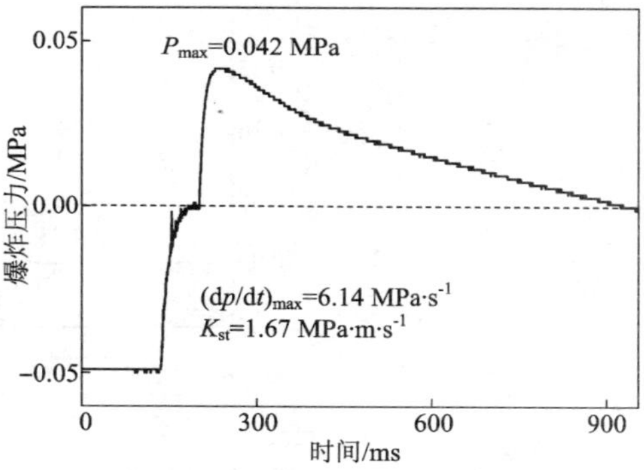

图6－17　2 kJ 点火能量下爆炸压力曲线图

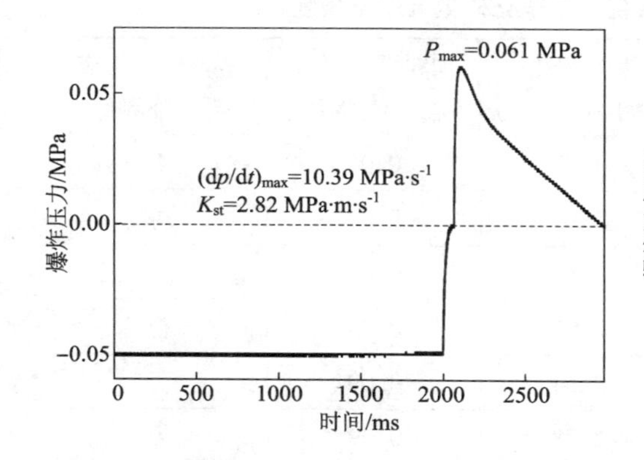

图6－18　3 kJ 点火能量下爆炸压力曲线图

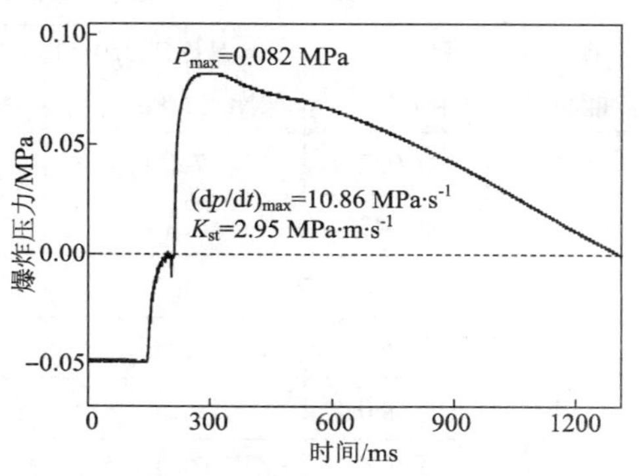

图6－19　4 kJ 点火能量下爆炸压力曲线图

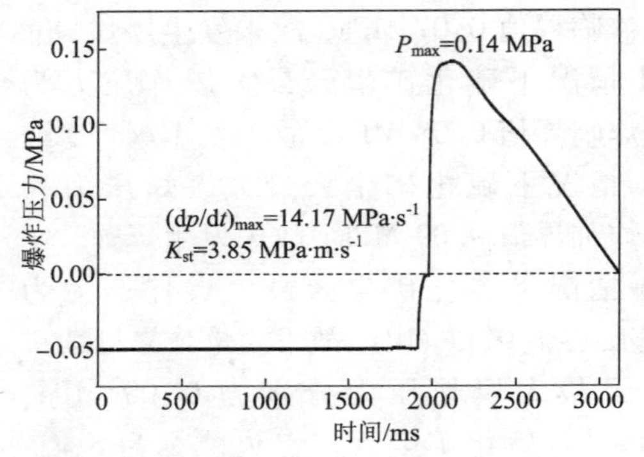

图 6-20　6 kJ 点火能量下爆炸压力曲线图

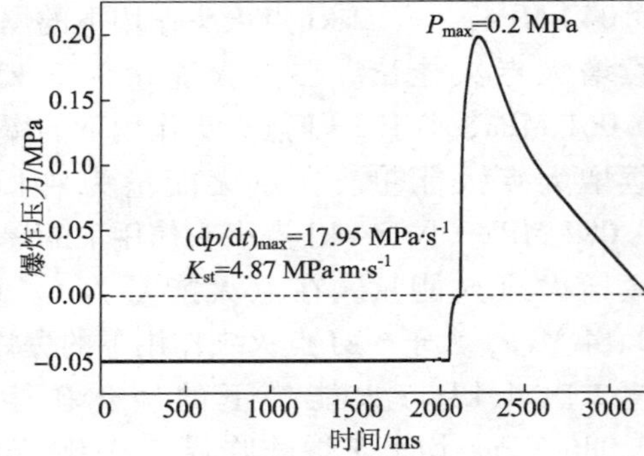

图 6-21　8 kJ 点火能量下爆炸压力曲线图

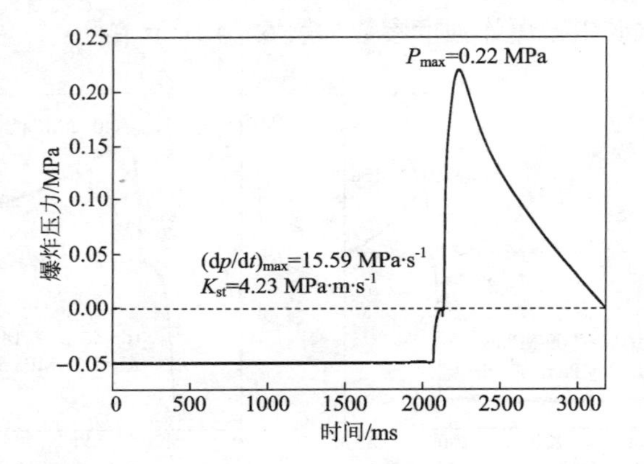

图 6-22　10 kJ 点火能量下爆炸压力曲线图

表 6-4　A200 组不同点火能量下硫化矿尘云爆炸强度

点火头能量/kJ	最大爆炸压力/MPa	最大爆炸压力上升速率/(MPa·s^{-1})	爆炸指数/(MPa·m·s^{-1})	加粉后的爆炸临界值/MPa	是否达到相应爆炸临界值
1	0.022	7.09	1.92	0.06	否
2	0.042	6.14	1.67	0.07	否
3	0.061	10.39	2.82	0.08	否
4	0.082	10.86	2.95	0.09	否
4	0.080	9.34	2.54	0.09	否
4	0.086	10.23	2.78	0.09	否

续表6-4

点火头能量/kJ	最大爆炸压力/MPa	最大爆炸压力上升速率/(MPa·s^{-1})	爆炸指数/(MPa·m·s^{-1})	加粉后的爆炸临界值/MPa	是否达到相应爆炸临界值
6	0.140	14.17	3.85	0.11	是
8	0.200	17.95	4.87	0.13	是
10	0.220	15.59	4.23	0.15	是

6.4.1.2　A300组

A300为超高含硫组，含硫量为36.65%，D50为7.59 μm，在硫化矿尘云质量浓度为200 g/m^{3}下按照点火能量逐渐增大的顺序进行实验。首先测试点火能量为1 kJ情况下硫化矿尘云爆炸强度，测得硫化矿尘云最大爆炸压力为0.022 MPa，小于1 kJ点火头作用下的爆炸临界值0.06 MPa，故未发生爆炸，继续增大点火能量。在点火能量为2 kJ情况下硫化矿尘云最大爆炸压力为0.044 MPa，小于2 kJ点火头作用下的爆炸临界值0.07 MPa，故未发生爆炸，继续增大点火能量。在点火能量为3 kJ情况下硫化矿尘云最大爆炸压力为0.062 MPa，小于3 kJ点火头作用下的爆炸临界值0.08 MPa，故未发生爆炸，继续增大点火能量。在点火能量为4 kJ情况下硫化矿尘云最大爆炸压力为0.095 MPa，大于4 kJ点火头作用下的爆炸临界值0.09 MPa，故发生爆炸。继续重复2次3 kJ点火能量下的硫化矿尘云最大爆炸压力分别为0.07 MPa、0.066 MPa，均小于爆炸临界值0.08 MPa，且硫化矿尘云在点火能量为6 kJ、8 kJ、10 kJ下均大于相应爆炸临界值，故确定A300组在质量浓度为200 g/m^{3}下的最小点火能量为3~4 kJ。图6-23~图6-29给出了不同点火能量下硫化矿尘云爆炸压力曲线图，硫化矿尘云爆炸强度参数如表6-5所示。

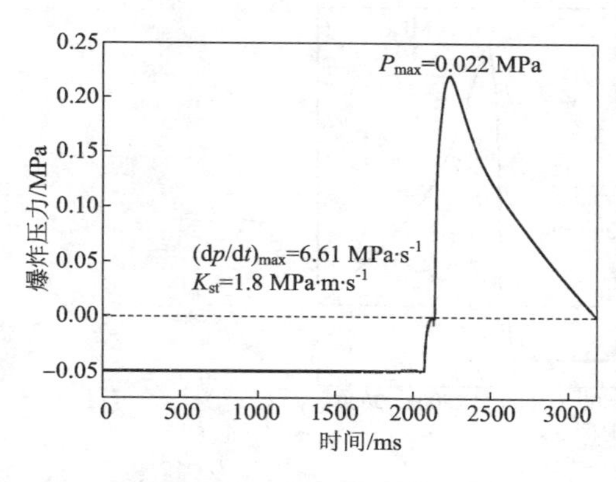

图6-23　1 kJ点火能量下爆炸压力曲线图

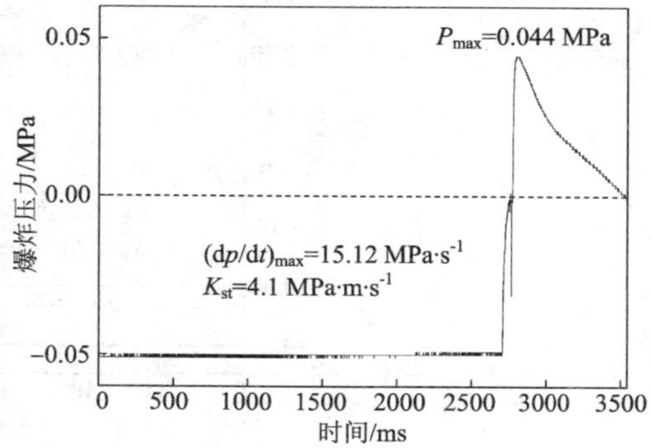

图6-24　2 kJ点火能量下爆炸压力曲线图

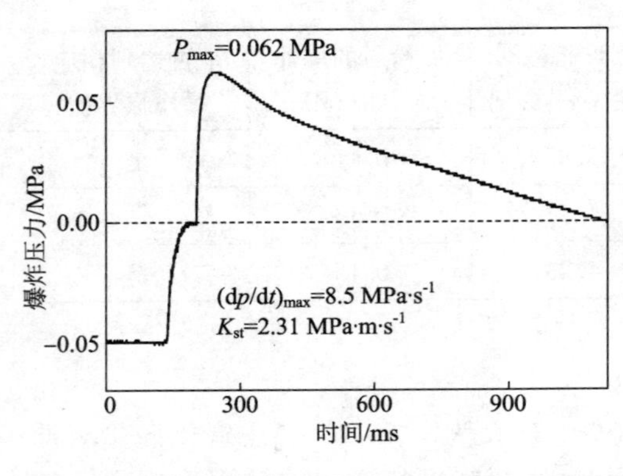

图 6-25　3 kJ 点火能量下爆炸压力曲线图

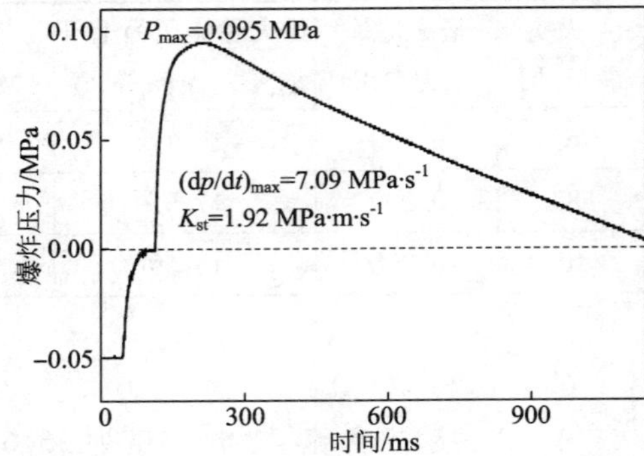

图 6-26　4 kJ 点火能量下爆炸压力曲线图

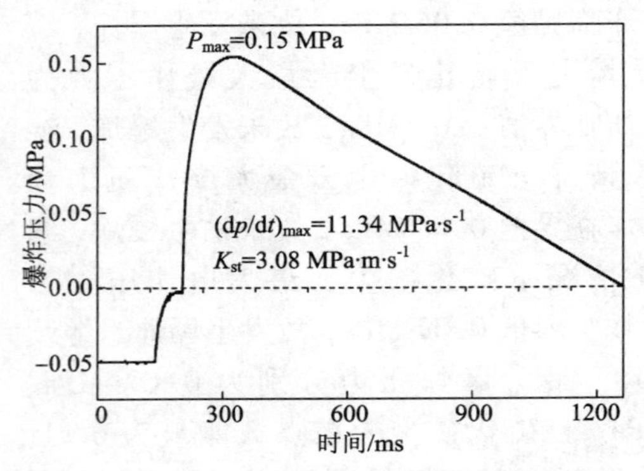

图 6-27　6 kJ 点火能量下爆炸压力曲线图

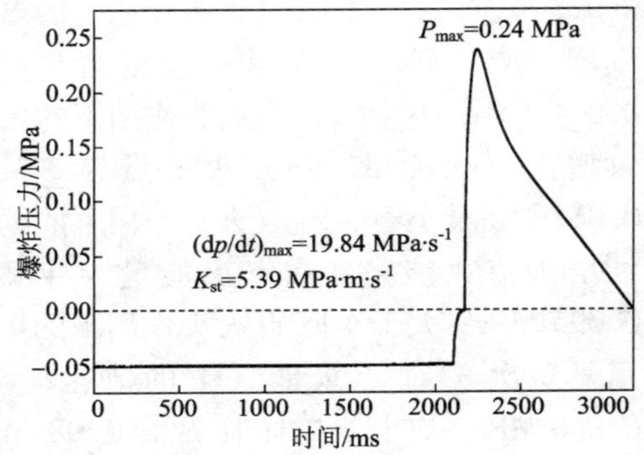

图 6-28　8 kJ 点火能量下爆炸压力曲线图

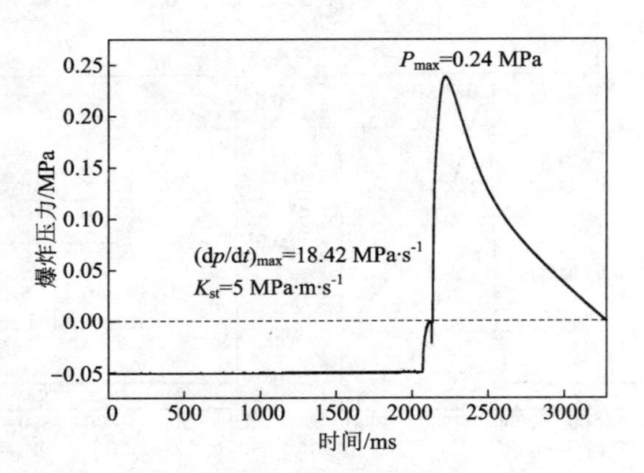

图 6-29　10 kJ 点火能量下爆炸压力曲线图

表6-5 A300组不同点火能量下硫化矿尘云爆炸强度

点火头能量/kJ	最大爆炸压力/MPa	最大爆炸压力上升速率/($MPa \cdot s^{-1}$)	爆炸指数/($MPa \cdot m \cdot s^{-1}$)	加粉后的爆炸临界值/MPa	是否达到相应爆炸临界值
1	0.022	6.61	1.80	0.06	否
2	0.044	15.12	4.10	0.07	否
3	0.062	8.50	2.31	0.08	否
3	0.070	10.02	2.72	0.08	否
3	0.066	9.44	2.56	0.08	否
4	0.095	7.09	1.92	0.09	是
6	0.150	11.34	3.08	0.11	是
8	0.240	19.84	5.39	0.13	是
10	0.240	18.42	5.00	0.15	是

6.4.1.3 A500组

A500为超高含硫组，含硫量为37.9%，D50为4.829 μm，在硫化矿尘云质量浓度为200 g/m^{3}下按照点火能量逐渐增大的顺序进行实验。首先测试点火能量为2 kJ情况下硫化矿尘云爆炸强度，测得硫化矿尘云最大爆炸压力为0.038 MPa，小于2 kJ点火头作用下的爆炸临界值0.07 MPa，故未发生爆炸，继续增大点火能量。在点火能量为3 kJ情况下硫化矿尘云最大爆炸压力为0.057 MPa，小于3 kJ点火头作用下的爆炸临界值0.08 MPa，故未发生爆炸，继续增大点火能量。在点火能量为4 kJ情况下硫化矿尘云最大爆炸压力为0.094 MPa，大于4 kJ点火头作用下的爆炸临界值0.09 MPa，故发生爆炸。继续重复2次3 kJ点火能量下的硫化矿尘云最大爆炸压力分别为0.053 MPa、0.06 MPa，均小于爆炸临界值0.08 MPa，且硫化矿尘云在点火能量为6 kJ、8 kJ、10 kJ下均大于相应爆炸临界值，故确定A500组在质量浓度为200 g/m^{3}下的最小点火能量为3~4 kJ。图6-30~图6-35给出了不同点火能量下硫化矿尘云爆炸压力曲线图，硫化矿尘云爆炸强度参数如表6-6所示。

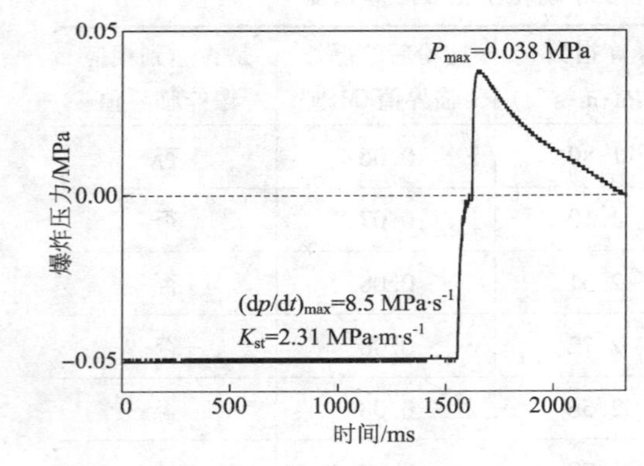

图 6－30　2 kJ 点火能量下爆炸压力曲线图

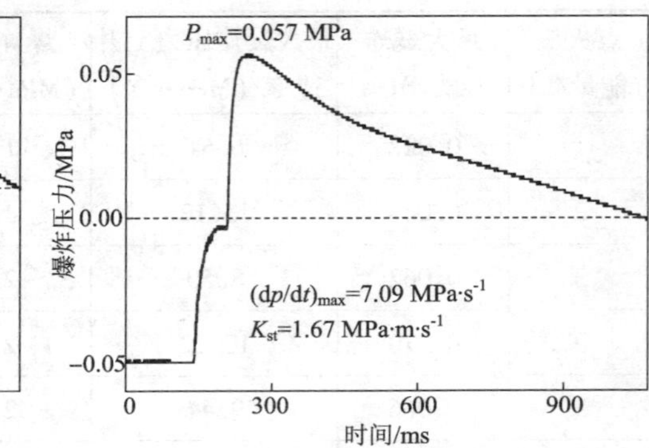

图 6－31　3 kJ 点火能量下爆炸压力曲线图

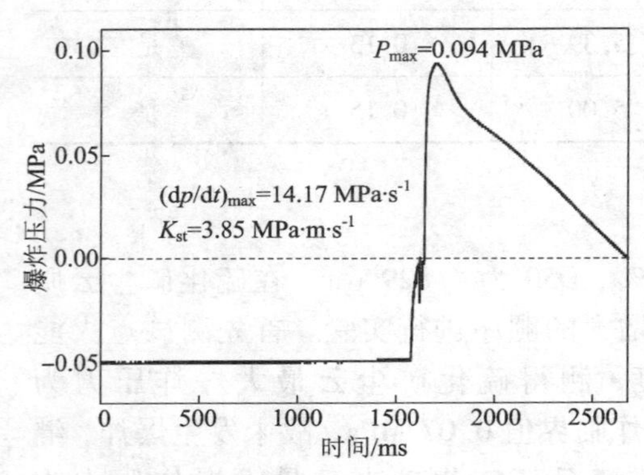

图 6－32　4 kJ 点火能量下爆炸压力曲线图

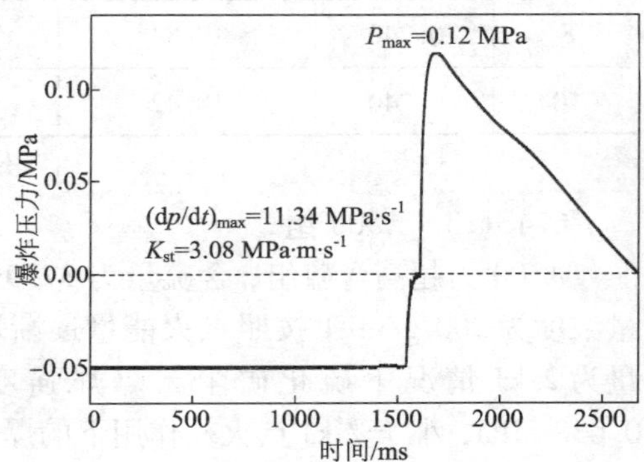

图 6－33　6 kJ 点火能量下爆炸压力曲线图

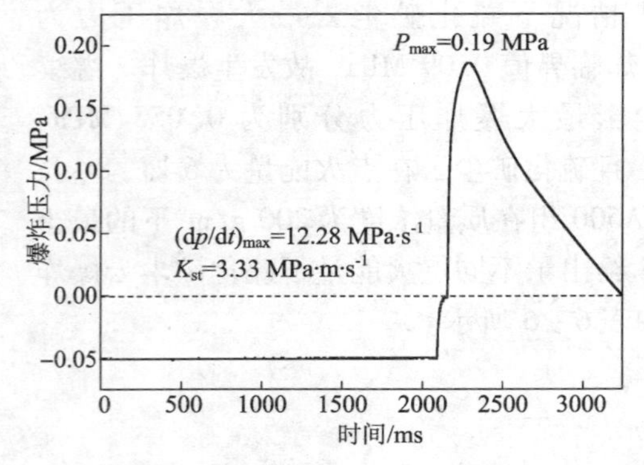

图 6－34　8 kJ 点火能量下爆炸压力曲线图

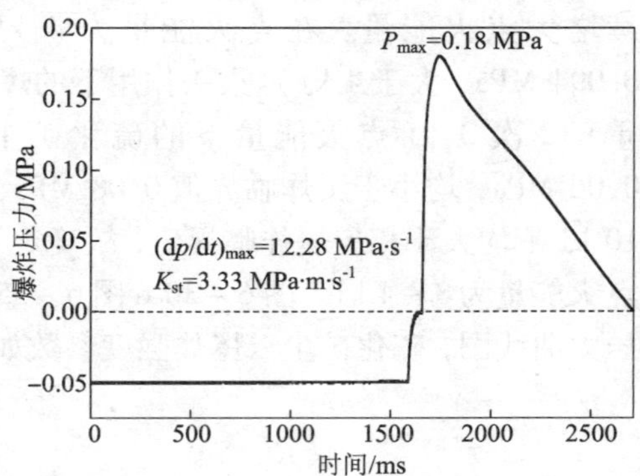

图 6－35　10 kJ 点火能量下爆炸压力曲线图

表6-6 A500组不同点火能量下硫化矿尘云爆炸强度

点火头能量/kJ	最大爆炸压力/MPa	最大爆炸压力上升速率/($MPa \cdot s^{-1}$)	爆炸指数/($MPa \cdot m \cdot s^{-1}$)	加粉后的爆炸临界值/MPa	是否达到相应爆炸临界值
2	0.038	8.50	2.31	0.07	否
3	0.057	7.09	1.67	0.08	否
3	0.053	9.45	1.92	0.08	否
3	0.060	9.45	2.56	0.08	否
4	0.094	14.17	3.85	0.09	是
6	0.120	11.34	3.08	0.11	是
8	0.190	12.28	3.33	0.13	是
10	0.180	12.28	3.33	0.15	是

6.4.2 B类硫化矿尘云最小点火能量

6.4.2.1 B200组

B200组为高含硫组，含硫量为25.68%，D50为9.467 μm，在硫化矿尘云质量浓度为200 g/m^3下按照点火能量逐渐增大的顺序进行实验。首先测试点火能量为2 kJ情况下硫化矿尘云爆炸强度，测得硫化矿尘云最大爆炸压力为0.036 MPa，小于2 kJ点火头作用下的爆炸临界值0.07 MPa，故未发生爆炸，继续增大点火能量。在点火能量为4 kJ情况下硫化矿尘云最大爆炸压力为0.062 MPa，小于4 kJ点火头作用下的爆炸临界值0.09 MPa，故未发生爆炸，继续增大点火能量。在点火能量为6 kJ情况下硫化矿尘云最大爆炸压力为0.093 MPa，小于6 kJ点火头作用下的爆炸临界值0.11 MPa，故未发生爆炸，继续增大点火能量。在点火能量为8 kJ情况下硫化矿尘云最大爆炸压力为0.125 MPa，小于8 kJ点火头作用下的爆炸临界值0.13 MPa，故未发生爆炸，继续增大点火能量。在点火能量为10 kJ情况下硫化矿尘云最大爆炸压力为0.13 MPa，小于10 kJ点火头作用下的爆炸临界值0.15 MPa，故未发生爆炸，继续增大点火能量。在3次12 kJ点火能量下的硫化矿尘云最大爆炸压力分别为0.15 MPa、0.15 MPa、0.14 MPa，均小于爆炸临界值0.17 MPa，故判定B200组在质量浓度为200 g/m^3下的最小点火能量大于12 kJ。图6-36～图6-41给出了不同点火能量下硫化矿尘云爆炸压力曲线图，硫化矿尘云爆炸强度参数如表6-7所示。

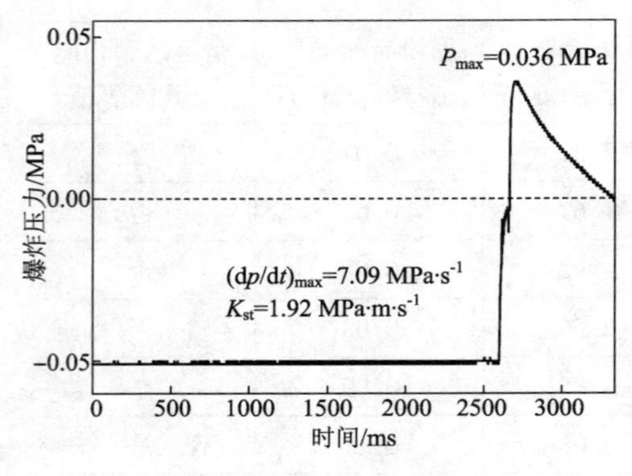

图 6－36　2 kJ 点火能量下爆炸压力曲线图

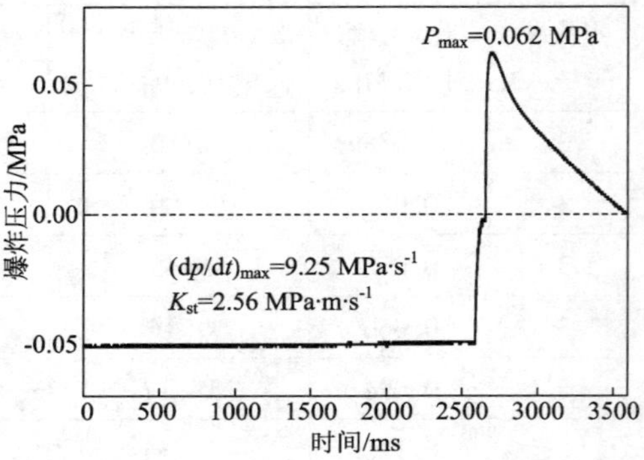

图 6－37　4 kJ 点火能量下爆炸压力曲线图

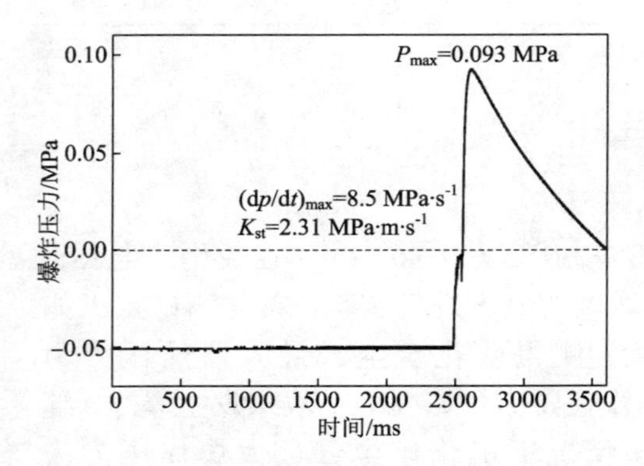

图 6－38　6 kJ 点火能量下爆炸压力曲线图

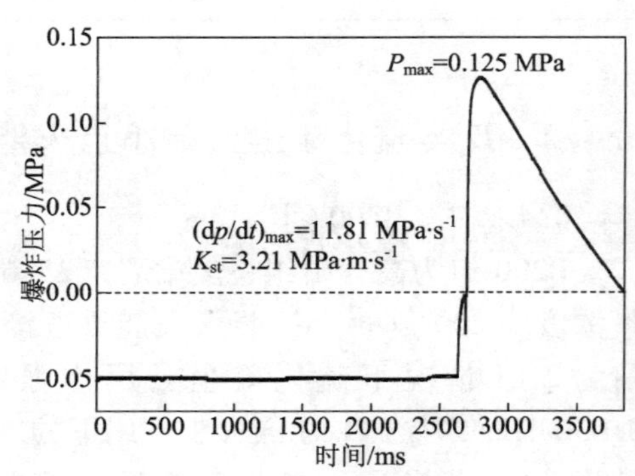

图 6－39　8 kJ 点火能量下爆炸压力曲线图

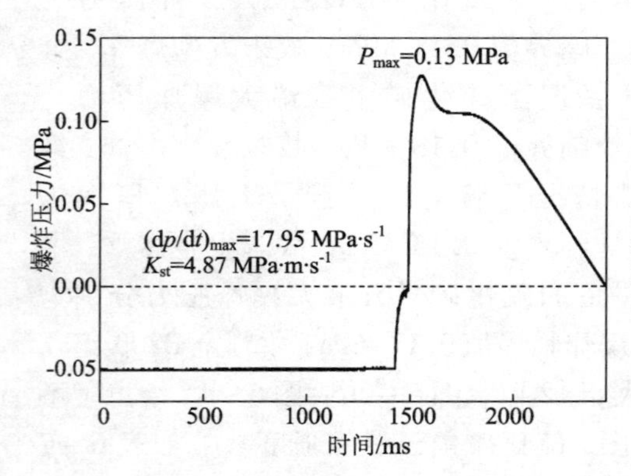

图 6－40　10 kJ 点火能量下爆炸压力曲线图

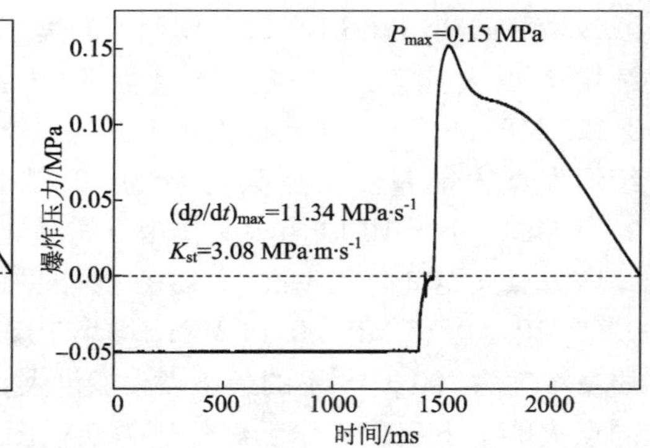

图 6－41　12 kJ 点火能量下爆炸压力曲线图

表6-7　B200组不同点火能量下硫化矿尘云爆炸强度

点火头能量/kJ	最大爆炸压力/MPa	最大爆炸压力上升速率/(MPa·s^{-1})	爆炸指数/(MPa·m·s^{-1})	加粉后的爆炸临界值/MPa	是否达到相应爆炸临界值
2	0.036	7.09	1.92	0.07	否
4	0.062	9.45	2.56	0.09	否
6	0.093	8.50	2.31	0.11	否
8	0.125	11.81	3.21	0.13	否
10	0.130	17.95	4.87	0.15	否
12	0.150	11.34	3.08	0.17	否

6.4.2.2　B300组

B300组为高含硫组，含硫量为26.18%，D50为6.185 μm，在硫化矿尘云质量浓度为200 g/m^{3}下按照点火能量逐渐增大的顺序进行实验。首先测试点火能量为2 kJ情况下硫化矿尘云爆炸强度，测得硫化矿尘云最大爆炸压力为0.033 MPa，小于2 kJ点火头作用下的爆炸临界值0.07 MPa，故未发生爆炸，继续增大点火能量。在点火能量为4 kJ情况下硫化矿尘云最大爆炸压力为0.067 MPa，小于4 kJ点火头作用下的爆炸临界值0.09 MPa，故未发生爆炸，继续增大点火能量。在点火能量为6 kJ情况下硫化矿尘云最大爆炸压力为0.1 MPa，小于6 kJ点火头作用下的爆炸临界值0.11 MPa，故未发生爆炸，继续增大点火能量。在点火能量为8 kJ情况下硫化矿尘云最大爆炸压力为0.12 MPa，小于8 kJ点火头作用下的爆炸临界值0.13 MPa，故未发生爆炸，继续增大点火能量。在点火能量为9 kJ情况下硫化矿尘云最大爆炸压力为0.12 MPa，小于9 kJ点火头作用下的爆炸临界值0.14 MPa，故未发生爆炸，继续增大点火能量。在点火能量为10 kJ情况下硫化矿尘云最大爆炸压力为0.16 MPa，大于10 kJ点火头作用下的爆炸临界值0.15 MPa，故发生爆炸。重复2次9 kJ点火能量下的硫化矿尘云最大爆炸压力分别为0.13 MPa、0.12 MPa，均小于爆炸临界值0.14 MPa，故确定B300组在质量浓度为200 g/m^{3}下的最小点火能量为9～10 kJ。图6-42～图6-47给出了不同点火能量下硫化矿尘云爆炸压力曲线图，硫化矿尘云爆炸强度参数如表6-8所示。

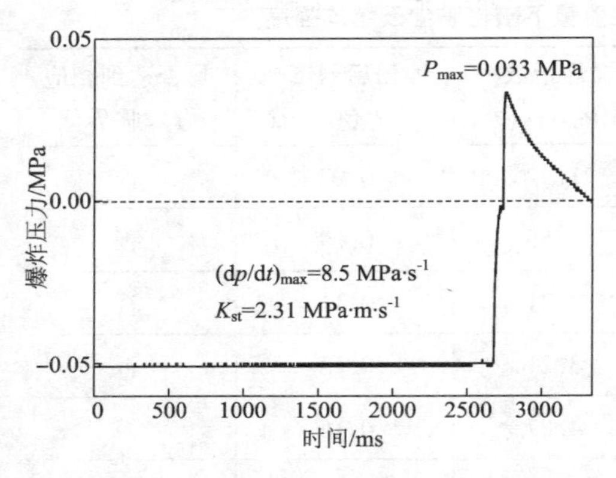

图 6-42　2 kJ 点火能量下爆炸压力曲线图

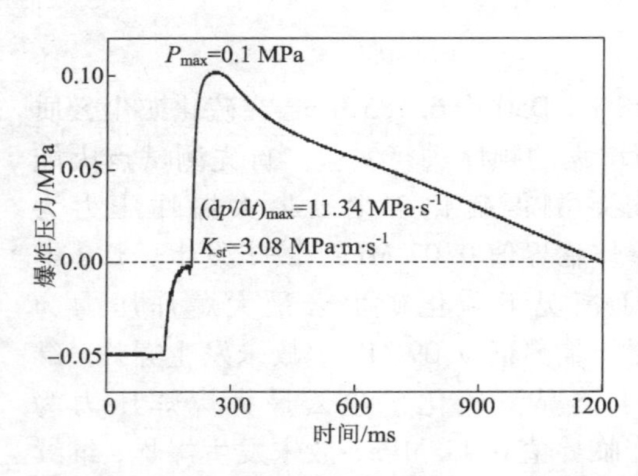

图 6-44　6 kJ 点火能量下爆炸压力曲线图

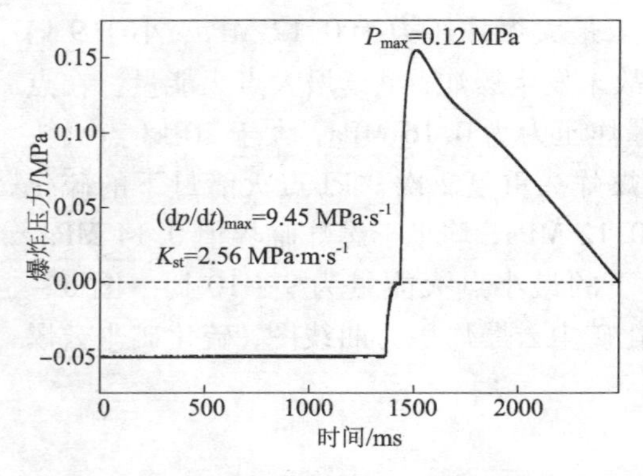

图 6-46　9 kJ 点火能量下爆炸压力曲线图

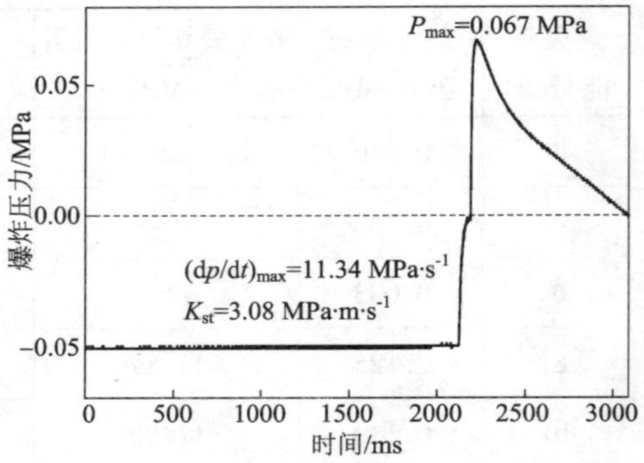

图 6-43　4 kJ 点火能量下爆炸压力曲线图

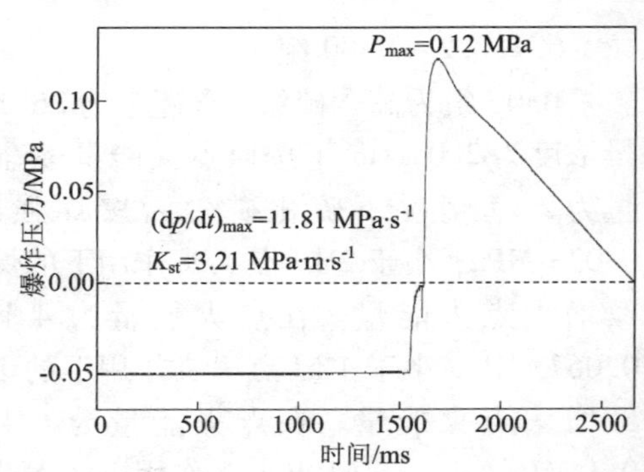

图 6-45　8 kJ 点火能量下爆炸压力曲线图

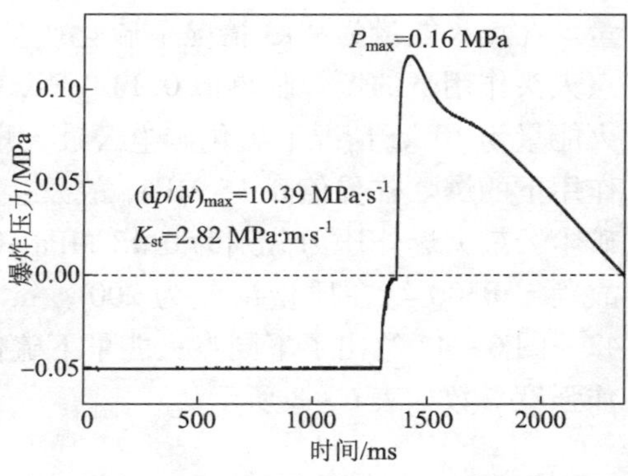

图 6-47　10 kJ 点火能量下爆炸压力曲线图

表6-8　B300组不同点火能量下硫化矿尘云爆炸强度

点火头能量/kJ	最大爆炸压力/MPa	最大爆炸压力上升速率/($MPa\cdot s^{-1}$)	爆炸指数/($MPa\cdot m\cdot s^{-1}$)	加粉后的爆炸临界值/MPa	是否达到相应爆炸临界值
2	0.033	8.50	2.31	0.07	否
4	0.067	11.34	3.08	0.09	否
6	0.100	11.34	3.08	0.11	否
8	0.120	11.81	3.21	0.13	否
9	0.120	10.39	2.82	0.14	否
10	0.160	9.45	2.56	0.15	是

6.4.2.3　B500组

B500组为高含硫组，含硫量为25.60%，D50为3.563 μm，在硫化矿尘云质量浓度为200 g/m^{3}下按照点火能量逐渐增大的顺序进行实验。首先测试点火能量为2 kJ情况下硫化矿尘云爆炸强度，测得硫化矿尘云最大爆炸压力为0.034 MPa，小于2 kJ点火头作用下的爆炸临界值0.07 MPa，故未发生爆炸，继续增大点火能量。在点火能量为4 kJ情况下硫化矿尘云最大爆炸压力为0.063 MPa，小于4 kJ点火头作用下的爆炸临界值0.09 MPa，故未发生爆炸，继续增大点火能量。在点火能量为6 kJ情况下硫化矿尘云最大爆炸压力为0.093 MPa，小于6 kJ点火头作用下的爆炸临界值0.11 MPa，故未发生爆炸，继续增大点火能量。在点火能量为8 kJ情况下硫化矿尘云最大爆炸压力为0.13 MPa，等于8 kJ点火头作用下的爆炸临界值0.13 MPa，故发生爆炸。重复2次6 kJ点火能量下的硫化矿尘云最大爆炸压力分别为0.09 MPa、0.098 MPa，均小于爆炸临界值0.11 MPa，且硫化矿尘云在点火能量为10 kJ下均大于其爆炸临界值，故确定B500组在质量浓度为200 g/m^{3}下的最小点火能量为6~8 kJ。图6-48~图6-52给出了不同点火能量下硫化矿尘云爆炸压力曲线图，硫化矿尘云爆炸强度参数如表6-9所示。

表6-9　B500组不同点火能量下硫化矿尘云爆炸强度

点火头能量/kJ	最大爆炸压力/MPa	最大爆炸压力上升速率/($MPa\cdot s^{-1}$)	爆炸指数/($MPa\cdot m\cdot s^{-1}$)	加粉后的爆炸临界值/MPa	是否达到相应爆炸临界值
2	0.034	5.67	1.54	0.07	否
4	0.063	10.39	2.82	0.09	否
6	0.093	10.86	2.95	0.11	否

续表 6-9

点火头能量/kJ	最大爆炸压力/MPa	最大爆炸压力上升速率/($MPa \cdot s^{-1}$)	爆炸指数/($MPa \cdot m \cdot s^{-1}$)	加粉后的爆炸临界值/MPa	是否达到相应爆炸临界值
6	0.090	9.68	2.63	0.11	否
6	0.098	10.12	2.75	0.11	否
8	0.130	14.64	3.97	0.13	是
10	0.150	11.34	3.08	0.15	是

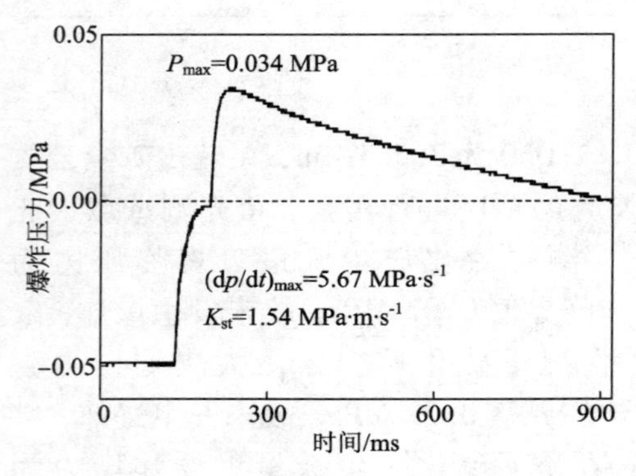

图 6-48　2 kJ 点火能量下爆炸压力曲线图

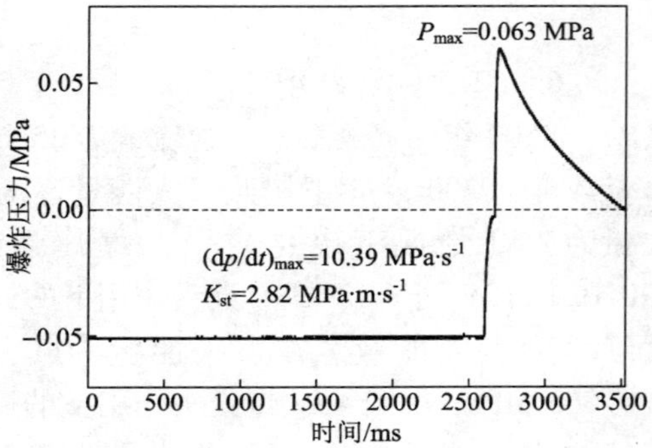

图 6-49　4 kJ 点火能量下爆炸压力曲线图

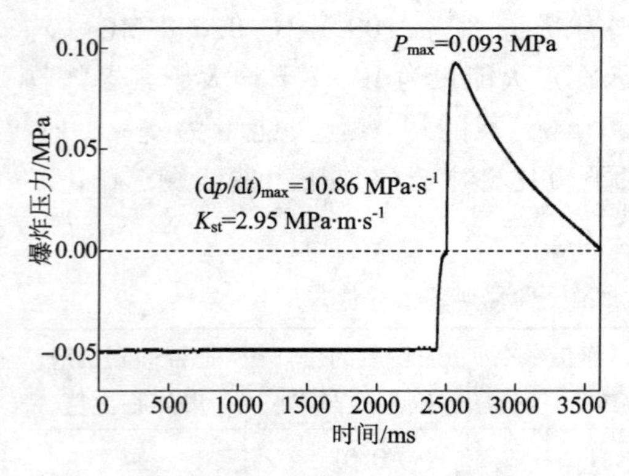

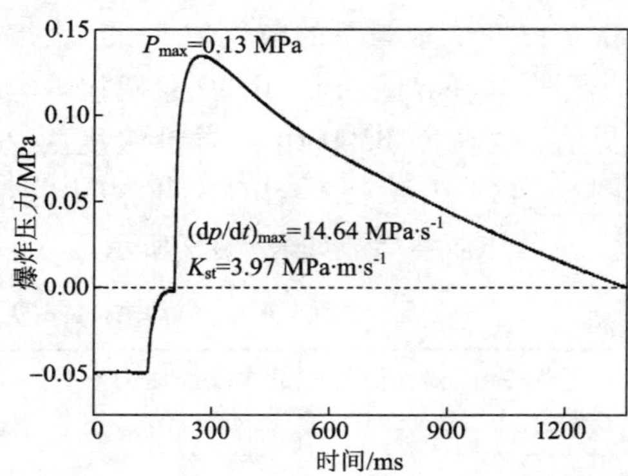

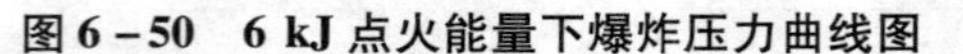

图 6-50　6 kJ 点火能量下爆炸压力曲线图

图 6-51　8 kJ 点火能量下爆炸压力曲线图

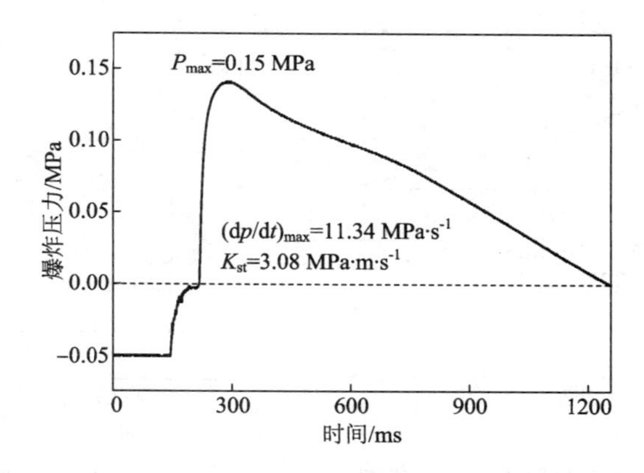

图 6－52　10 kJ 点火能量下爆炸压力曲线图

6.4.3　C 类硫化矿尘云最小点火能量

6.4.3.1　C200 组

C200 组为中含硫组，含硫量为 17.12%，D50 为 9.287 μm，在硫化矿尘云质量浓度为 200 g/m^{3}下按照点火能量逐渐增大的顺序进行实验。首先测试点火能量为 2 kJ 情况下硫化矿尘云爆炸强度，测得硫化矿尘云最大爆炸压力为 0.031 MPa，小于 2 kJ 点火头作用下的爆炸临界值 0.07 MPa，故未发生爆炸，继续增大点火能量。在点火能量为 4 kJ 情况下硫化矿尘云最大爆炸压力为 0.056 MPa，小于 4 kJ 点火头作用下的爆炸临界值 0.09 MPa，故未发生爆炸，继续增大点火能量。在点火能量为 6 kJ 情况下硫化矿尘云最大爆炸压力为 0.085 MPa，小于 6 kJ 点火头作用下的爆炸临界值 0.11 MPa，故未发生爆炸，继续增大点火能量。在点火能量为 8 kJ 情况下硫化矿尘云最大爆炸压力为 0.1 MPa，小于 8 kJ 点火头作用下的爆炸临界值 0.13 MPa，故未发生爆炸，继续增大点火能量。在点火能量为 10 kJ 情况下硫化矿尘云最大爆炸压力为 0.13 MPa，小于 10 kJ 点火头作用下的爆炸临界值 0.15 MPa，故未发生爆炸，继续增大点火能量。在 3 次 12 kJ 点火能量下的硫化矿尘云最大爆炸压力分别为 0.14 MPa、0.13 MPa、0.14 MPa，均小于爆炸临界值 0.17 MPa，故判定 C200 组在质量浓度为 200 g/m^{3}下的最小点火能量大于 12 kJ。图 6－53 ~ 图 6－58 给出了不同点火能量下硫化矿尘云爆炸压力曲线图，硫化矿尘云爆炸强度参数如表 6－10 所示。

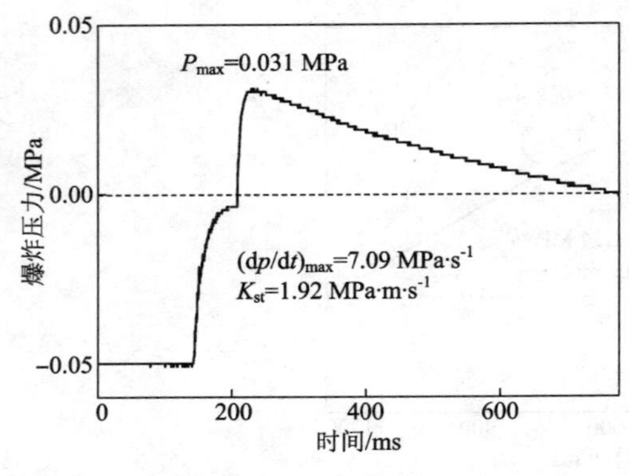

图 6-53　2 kJ 点火能量下爆炸压力曲线图

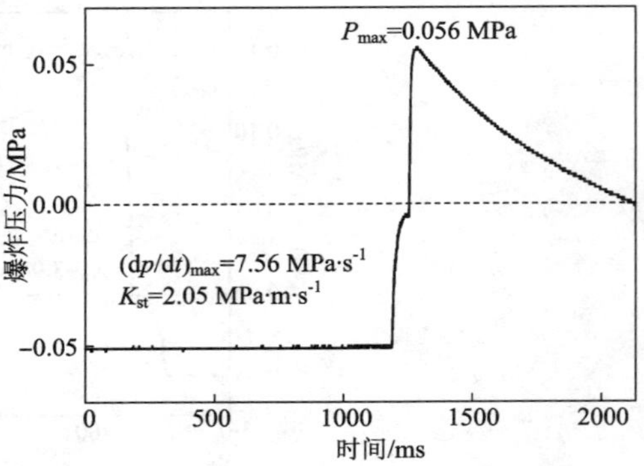

图 6-54　4 kJ 点火能量下爆炸压力曲线图

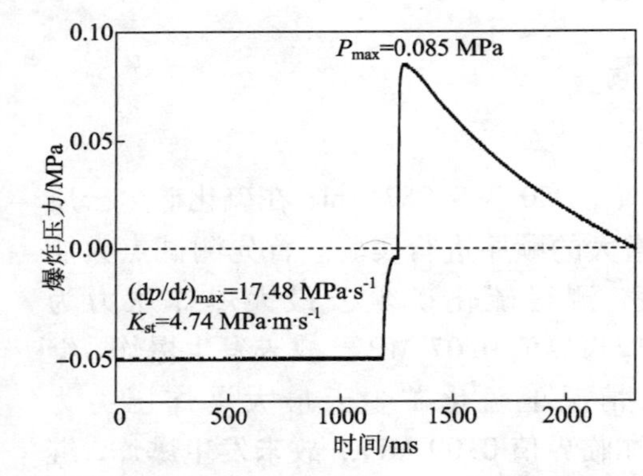

图 6-55　6 kJ 点火能量下爆炸压力曲线图

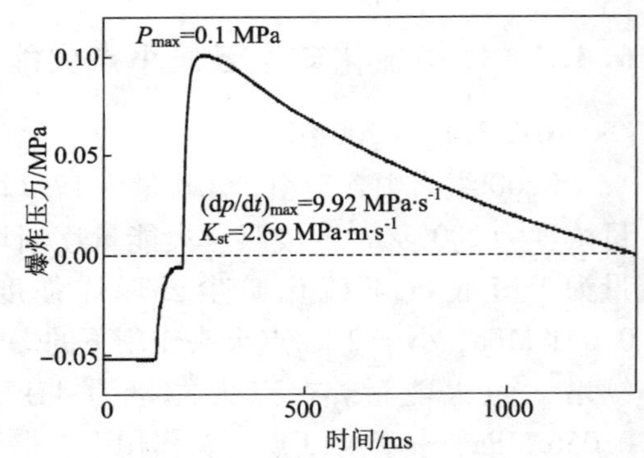

图 6-56　8 kJ 点火能量下爆炸压力曲线图

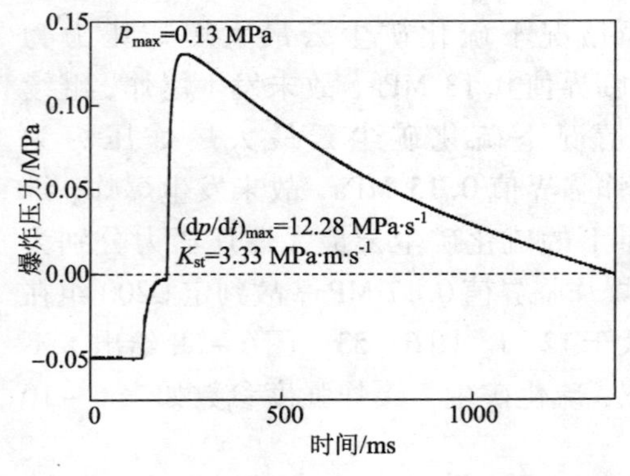

图 6-57　10 kJ 点火能量下爆炸压力曲线图

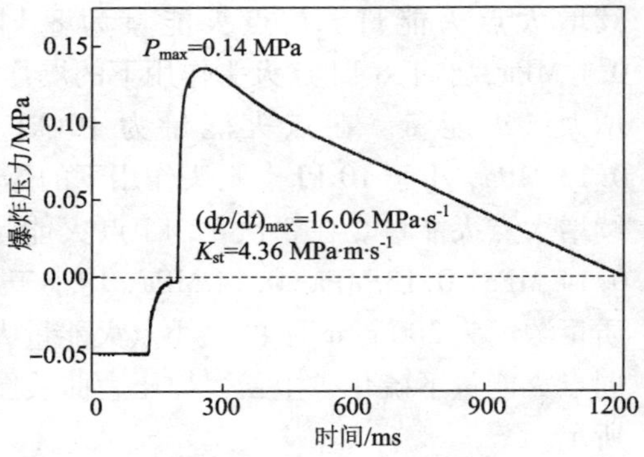

图 6-58　12 kJ 点火能量下爆炸压力曲线图

表6-10　C200组不同点火能量下硫化矿尘云爆炸强度

点火头能量/kJ	最大爆炸压力/MPa	最大爆炸压力上升速率/(MPa·s^{-1})	爆炸指数/(MPa·m·s^{-1})	加粉后的爆炸临界值/MPa	是否达到相应爆炸临界值
2	0.031	7.09	1.92	0.07	否
4	0.056	7.56	2.05	0.09	否
6	0.085	17.48	4.74	0.11	否
8	0.100	9.92	2.69	0.13	否
10	0.130	12.28	3.33	0.15	否
12	0.140	16.06	4.36	0.17	否

6.4.3.2　C300组

C300组为中含硫组，含硫量为15.46%，D50为6.098 μm，在硫化矿尘云质量浓度为200 g/m^{3}下按照点火能量逐渐增大的顺序进行实验。首先测试点火能量为2 kJ情况下硫化矿尘云爆炸强度，测得硫化矿尘云最大爆炸压力为0.034 MPa，小于2 kJ点火头作用下的爆炸临界值0.07 MPa，故未发生爆炸，继续增大点火能量。在点火能量为4 kJ情况下硫化矿尘云最大爆炸压力为0.056 MPa，小于4 kJ点火头作用下的爆炸临界值0.09 MPa，故未发生爆炸，继续增大点火能量。在点火能量为6 kJ情况下硫化矿尘云最大爆炸压力为0.084 MPa，小于6 kJ点火头作用下的爆炸临界值0.11 MPa，故未发生爆炸，继续增大点火能量。在点火能量为8 kJ情况下硫化矿尘云最大爆炸压力为0.12 MPa，小于8 kJ点火头作用下的爆炸临界值0.13 MPa，故未发生爆炸，继续增大点火能量。在点火能量为10 kJ情况下硫化矿尘云最大爆炸压力为0.14 MPa，小于10 kJ点火头作用下的爆炸临界值0.15 MPa，故未发生爆炸，继续增大点火能量。在3次12 kJ点火能量下的硫化矿尘云最大爆炸压力均为0.14 MPa，小于爆炸临界值0.17 MPa，故判定C300组在质量浓度为200 g/m^{3}下的最小点火能量大于12 kJ。图6-59~图6-64给出了不同点火能量下硫化矿尘云爆炸压力曲线图，硫化矿尘云爆炸强度参数如表6-11所示。

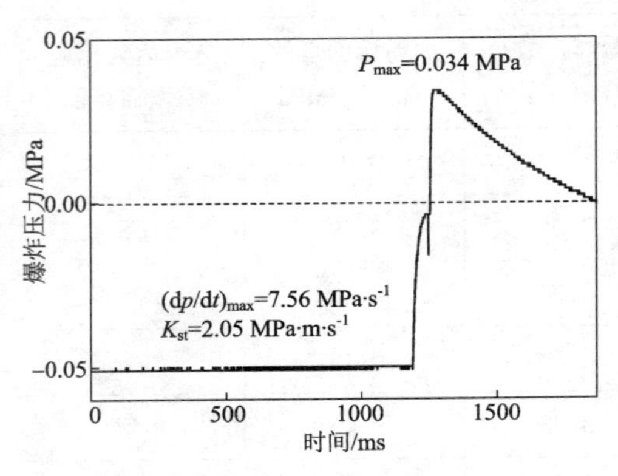

图 6－59　2 kJ 点火能量下爆炸压力曲线图

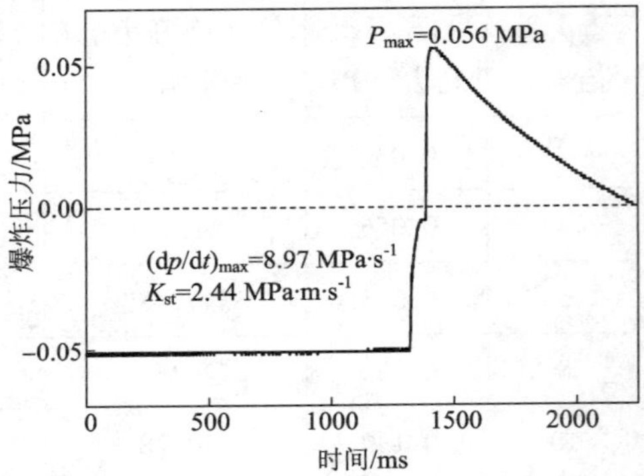

图 6－60　4 kJ 点火能量下爆炸压力曲线图

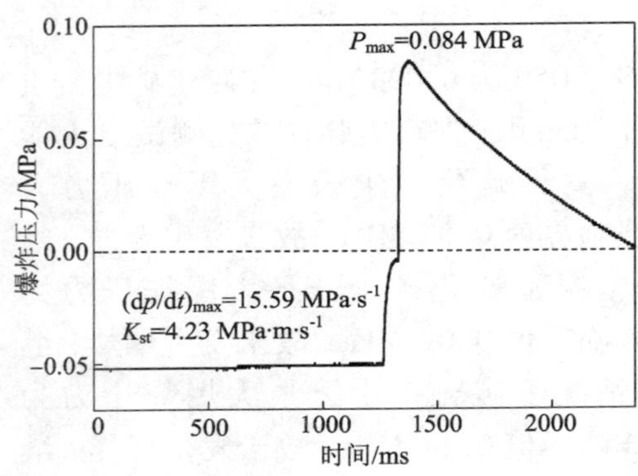

图 6－61　6 kJ 点火能量下爆炸压力曲线图

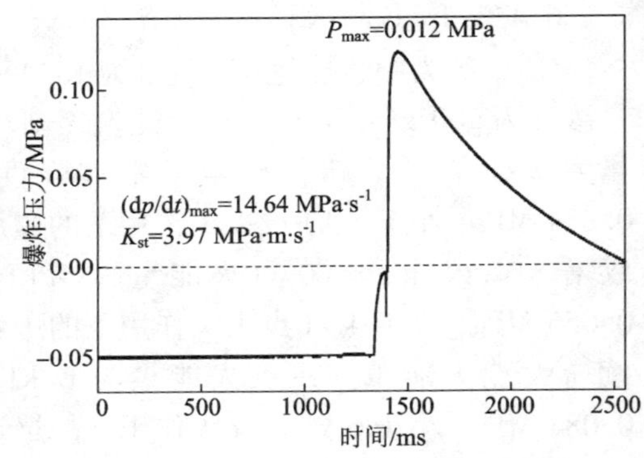

图 6－62　8 kJ 点火能量下爆炸压力曲线图

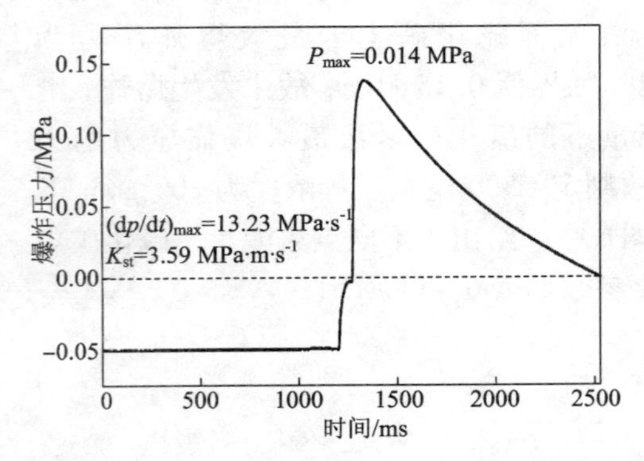

图 6－63　10 kJ 点火能量下爆炸压力曲线图

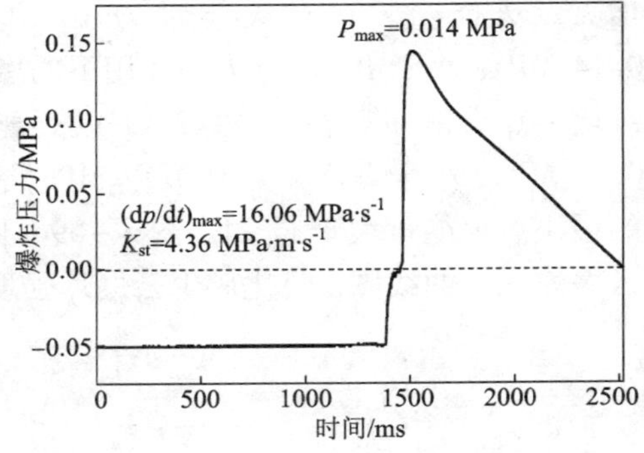

图 6－64　12 kJ 点火能量下爆炸压力曲线图

表6-11　C300组不同点火能量下硫化矿尘云爆炸强度

点火头能量/kJ	最大爆炸压力/MPa	最大爆炸压力上升速率/($MPa\cdot s^{-1}$)	爆炸指数/($MPa\cdot m\cdot s^{-1}$)	加粉后的爆炸临界值/MPa	是否达到相应爆炸临界值
2	0.034	7.56	2.05	0.07	否
4	0.056	8.97	2.44	0.09	否
6	0.084	15.59	4.23	0.11	否
8	0.120	14.64	3.97	0.13	否
10	0.140	13.23	3.59	0.15	否
12	0.140	16.06	4.36	0.17	否

6.4.3.3　C500组

C500组为中含硫组，含硫量为15.96%，D50为3.313 μm，在硫化矿尘云质量浓度为200 g/m³下按照点火能量逐渐增大的顺序进行实验。首先测试点火能量为2 kJ情况下硫化矿尘云爆炸强度，测得硫化矿尘云最大爆炸压力为0.031 MPa，小于2 kJ点火头作用下的爆炸临界值0.07 MPa，故未发生爆炸，继续增大点火能量。在点火能量为4 kJ情况下硫化矿尘云最大爆炸压力为0.057 MPa，小于4 kJ点火头作用下的爆炸临界值0.09 MPa，故未发生爆炸，继续增大点火能量。在点火能量为6 kJ情况下硫化矿尘云最大爆炸压力为0.076 MPa，小于6 kJ点火头作用下的爆炸临界值0.11 MPa，故未发生爆炸，继续增大点火能量。在点火能量为8 kJ情况下硫化矿尘云最大爆炸压力为0.1 MPa，小于8 kJ点火头作用下的爆炸临界值0.13 MPa，故未发生爆炸，继续增大点火能量。在点火能量为10 kJ情况下硫化矿尘云最大爆炸压力为0.15 MPa，等于10 kJ点火头作用下的爆炸临界值0.15 MPa，故发生爆炸。但在3次12 kJ点火能量下的硫化矿尘云最大爆炸压力分别为0.15 MPa、0.14 MPa、0.15 MPa，均小于爆炸临界值0.17 MPa，故还是判定B200组在质量浓度为200 g/m³下的最小点火能量大于12 kJ。图6-65～图6-70给出了不同点火能量下硫化矿尘云爆炸压力曲线图，硫化矿尘云爆炸强度参数如表6-12所示。

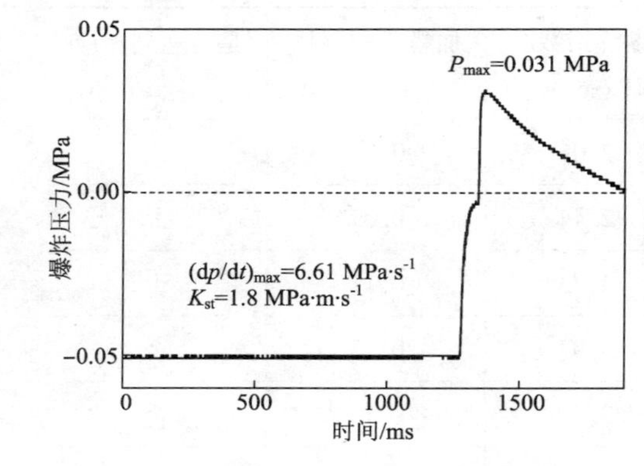

图 6-65　2 kJ 点火能量下爆炸压力曲线图

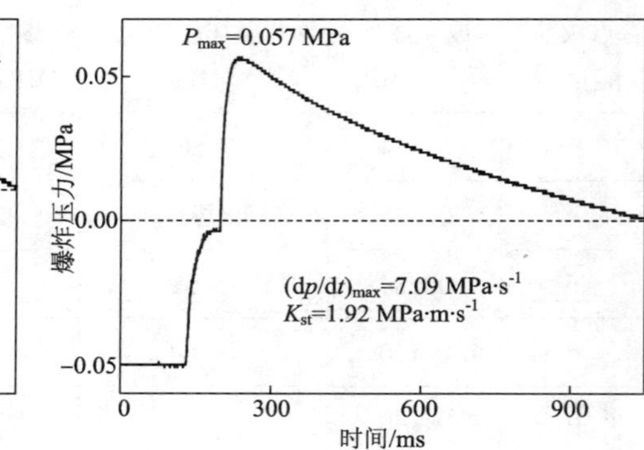

图 6-66　4 kJ 点火能量下爆炸压力曲线图

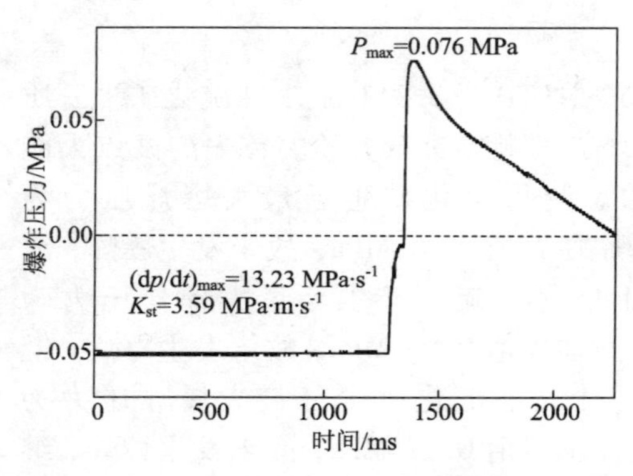

图 6-67　6 kJ 点火能量下爆炸压力曲线图

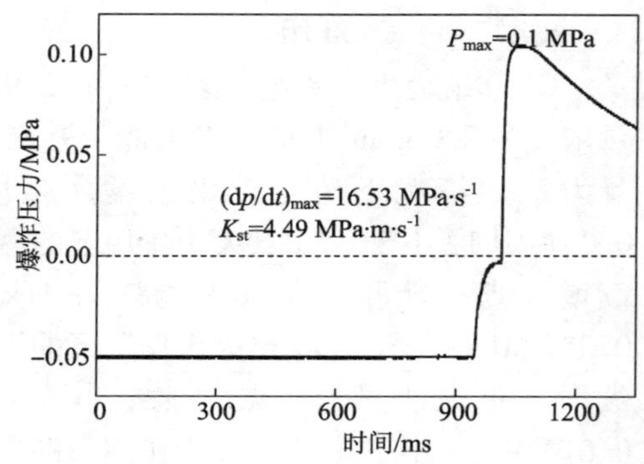

图 6-68　8 kJ 点火能量下爆炸压力曲线图

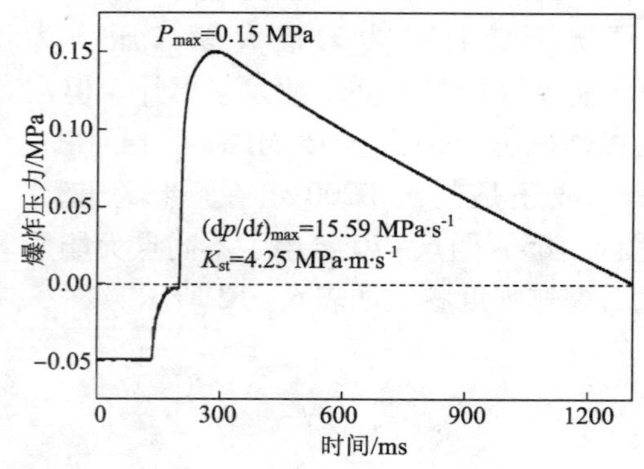

图 6-69　10 kJ 点火能量下爆炸压力曲线图

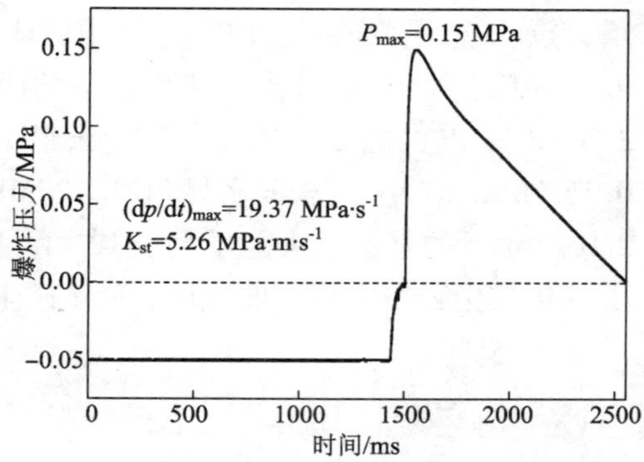

图 6-70　12 kJ 点火能量下爆炸压力曲线图

表6－12　C500组不同点火能量下硫化矿尘云爆炸强度

点火头能量/kJ	最大爆炸压力/MPa	最大爆炸压力上升速率/($MPa \cdot s^{-1}$)	爆炸指数/($MPa \cdot m \cdot s^{-1}$)	加粉后的爆炸临界值/MPa	是否达到相应爆炸临界值
2	0.031	6.61	1.80	0.07	否
4	0.057	7.09	1.92	0.09	否
6	0.076	13.23	3.59	0.11	否
8	0.100	16.53	4.49	0.13	否
10	0.150	15.59	4.23	0.15	是
12	0.150	19.37	5.26	0.17	否

6.5　本章小结

测试粉尘爆炸最小点火能量设备主要有20 L球形爆炸测试装置和Hartmann管式粉尘引燃实验仪，Hartmann管式粉尘引燃实验仪适用于低成本的实验方案、高准确的实验结果以及点火能量较小的粉尘，而硫化矿尘点火能量较大。因此，本章利用ETD－20L DG型20L球形爆炸测试系统测试了不同含硫量、不同粒径下硫化矿尘云最小点火能量，得到以下主要结论：

(1)在硫化矿尘云质量浓度为200 g/m^3条件下，A300组最小点火能量为3～4 kJ，B300组最小点火能量为9～10 kJ，C300组最小点火能量大于12 kJ，即硫化矿尘云含硫量越大，其最小点火能量越小。

(2)在硫化矿尘云质量浓度为200 g/m^3条件下，B200组最小点火能量大于12 kJ，B300组最小点火能量为9～10 kJ，B500组最小点火能量大于6～8 kJ，即硫化矿尘云的粒径越小，其最小点火能量越小。

第7章　硫化矿尘云爆炸强度实验研究

7.1　实验依据及点火头校核

7.1.1　实验依据

常见粉尘的爆炸下限浓度主要为 20～60 g/m^3，爆炸上限主要为 2000～6000 g/m^3。结合常见粉尘的爆炸极限范围并参照 GB/T 16426—1996《粉尘云最大爆炸压力和最大压力上升速率测定方法》，设定 60 g/m^3、250 g/m^3、500 g/m^3、750 g/m^3、1000 g/m^3、1500 g/m^{3}六个浓度基点，通过实验得到各基准点的最大爆炸压力 P_{max}、最大爆炸压力上升速率$(dP/dt)_{max}$及爆炸指数 K_{st}。综合各基准点的最大爆炸压力参数能够对该组硫化矿尘云的可爆性进行判定，即硫化矿尘云被引爆后产生最大爆炸压力大于或等于0.15 MPa，则说明该浓度下发生了爆炸。若硫化矿尘云在上述浓度范围出现可爆区间，则该组矿尘具有可爆性，可进行爆炸下限实验；反之，则认为该组硫化矿尘云在 1500 g/m^{3}范围内，以 10 kJ 点火能量点火不足以引爆，视该组硫化矿尘云为惰性粉尘，不具有可爆性[182]。

7.1.2　化学点火头性能校核

按照6.2.1 节所述方法制作10 kJ 化学点火头，在同一批点火头中随机抽取5个进行空白实验[183]（仅引爆点火头，不喷入粉尘）。测得的点火头最大爆炸压力分别为 0.1 MPa、0.11 MPa、0.11 MPa、0.12 MPa、0.12 MPa，均在 0.11±0.01 MPa 范围内，点火头符合 GB/T 16425—1996 中对 10 kJ 点火能量的要求，点火头爆炸压力曲线图如图 7－1～图7－5 所示。

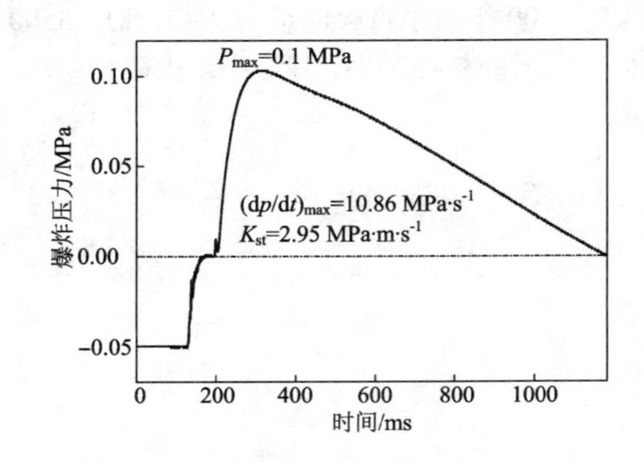

图 7－1　10 kJ 化学点火头爆炸压力曲线图 1

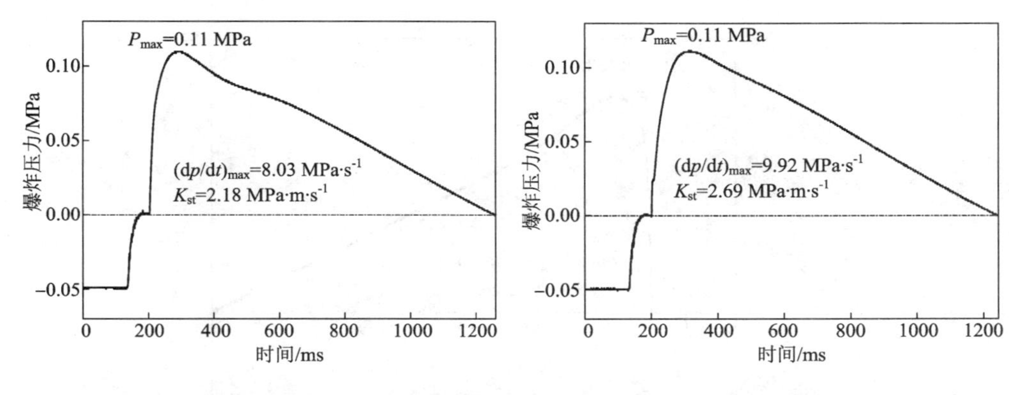

图 7－2　10 kJ 化学点火头爆炸压力曲线图 2　　**图 7－3　10 kJ 化学点火头爆炸压力曲线图 3**

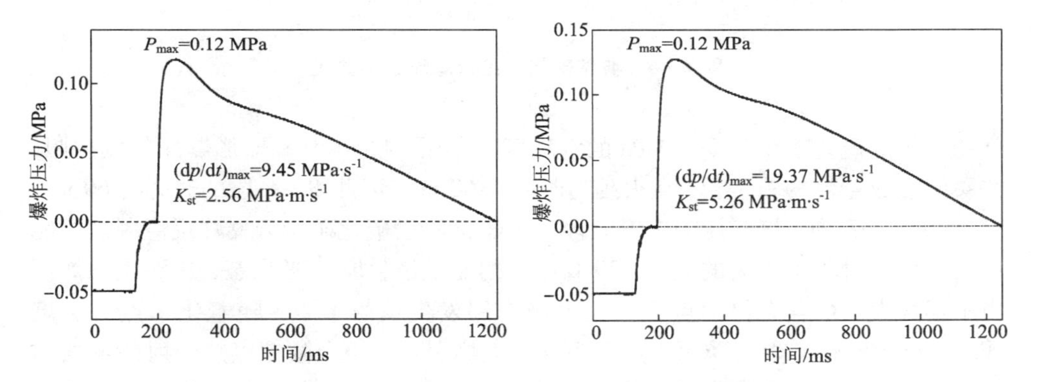

图 7－4　10 kJ 化学点火头爆炸压力曲线图 4　　**图 7－5　10 kJ 化学点火头爆炸压力曲线图 5**

7.2　硫化矿尘云爆炸强度实验

7.2.1　典型硫化矿尘云爆炸压力曲线分析

实验采用 20 L 球形爆炸装置，由压力探头输出爆炸压力数据。选取 B300 组中浓度为 190 g/m^3 的爆炸压力曲线作为典型硫化矿尘云爆炸压力曲线进行分析[184]，如图 7－6 所示。

典型爆炸压力曲线主要能够体现爆炸过程的五个阶段：

(1) $A \sim B$ 段：爆炸前抽真空阶段。在实验测试时，将硫化矿尘云放入储粉罐中，封闭 20 L 球后需进行抽真空操作。本实验将 20 L 球内空气用真空泵抽至 −0.05 MPa，以平衡喷粉过程中冲入 20 L 球内部的空气压力。

(2) $B \sim C$ 段：爆炸前喷粉阶段。在采样开关后，气粉两相阀的开关被打开，

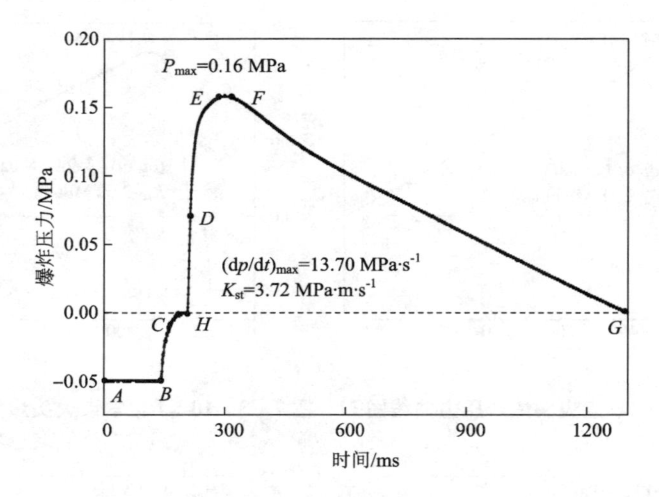

图7-6　典型硫化矿尘云爆炸压力曲线

储粉罐中的硫化矿尘云受2 MPa的空气压力作用，喷入20 L球形爆炸装置内胆，并瞬间形成悬浮的粉尘云，点火延迟时间为60 ms，因此$B\sim C$段的时间为60 ms。

(3)$C\sim E$段：爆炸压力上升阶段。由于该阶段硫化矿尘云爆炸反应释放的能量超过传导过程中损失的能量，20 L球内的能量呈急剧膨胀状态，从而使爆炸压力不断增大。C点为化学点火头受电极作用发生爆炸节点，随着化学点火头爆炸，悬浮的硫化矿尘云受化学点火头爆炸火焰引爆，粉尘微粒以热辐射的形式向外辐射爆炸能量，形成剧烈的爆炸湍流。在D点时，爆炸压力上升速率达到峰值，采集系统能够自动输出最大爆炸压力上升速率$(dp/dt)_{max}$，最大爆炸压力上升速率为13.70 MPa·s^{-1}。D点之后爆炸压力依然呈上升趋势，并在E点达到爆炸压力峰值p_{max}，其爆炸压力峰值为0.16 MPa > 0.15 MPa，说明B300组在190 g/m^{3}浓度下发生爆炸。

其中，t_{CH}为诱导时间：粉尘受点火头点火起(C)至爆炸压力曲线的切线与时间横轴交点(H)间的时间间隔。

(4)$E\sim F$段：爆炸峰值维持阶段。该阶段硫化矿尘云爆炸反应所释放的能量与向外界传导的损失能量相当，系统内的爆炸峰值能够进行极短暂的维持，具体数值可通过分析输出系统输出的数据得到，B300组在190 g/m^{3}浓度下的爆炸峰值维持时间约为31.5 ms。

其中，t_{CF}为燃烧持续时间：粉尘受点火头点火起(C)至出现最大爆炸压力末端(F)之间的时间间隔。

(5)$F\sim G$段：爆炸压力衰减阶段。该阶段硫化矿尘云爆炸反应所释放的能量不足以抵消向外界传导的损失能量，系统内的爆炸能量逐渐耗散，从而使爆炸压力逐渐减小。

7.2.2　硫化矿尘云爆炸压力曲线

7.2.2.1　可爆实验组

1. A500 组

A500 组为超高含硫组，含硫量为 37.9%，D50 为 3.563 μm，矿石含水率为 0.102%，Fe 元素的含量为 38.71%。图 7－7～图 7－12 给出了不同质量浓度下硫化矿尘云爆炸压力曲线图，硫化矿尘云爆炸强度参数如表 7－1 所示。A500 组含硫量超过 30%，其性质已属于硫精矿，不在设计含硫量范围内，因此，本组实验主要用于比较研究。由于 A 组含硫量过高，即使在浓度为 60 g/m³ 的较低范围，最大爆炸压力也达到了 0.16 MPa，说明该组硫化矿尘云相对于其他组极易发生爆炸。

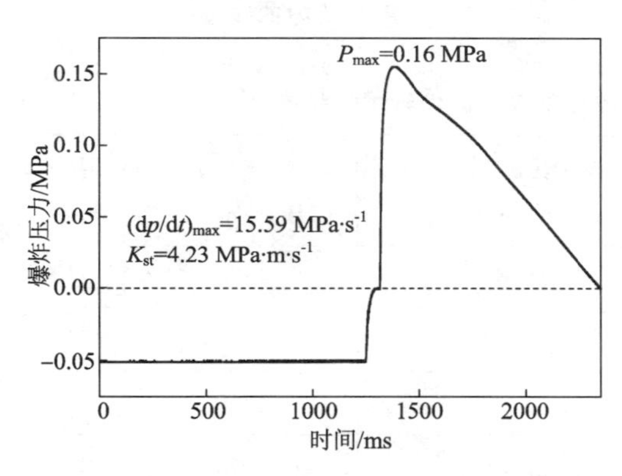

图 7－7　A500 组 60 g/m³ 硫化矿尘云爆炸压力曲线

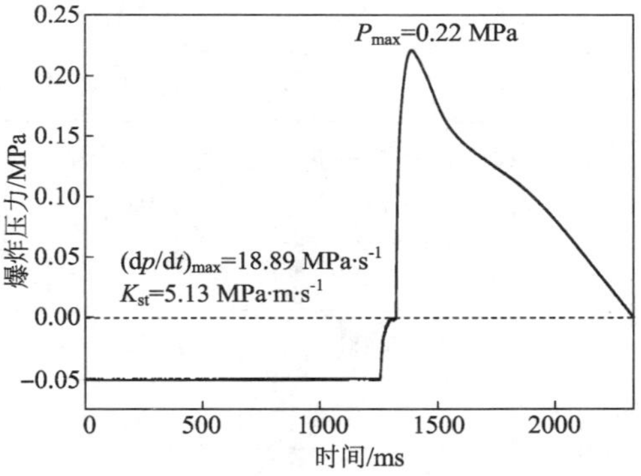

图 7－8　A500 组 250 g/m³ 硫化矿尘云爆炸压力曲线

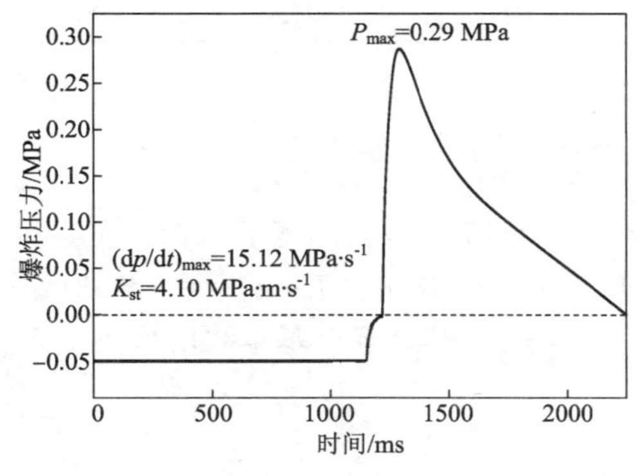

图 7－9　A500 组 500 g/m³ 硫化矿尘云爆炸压力曲线

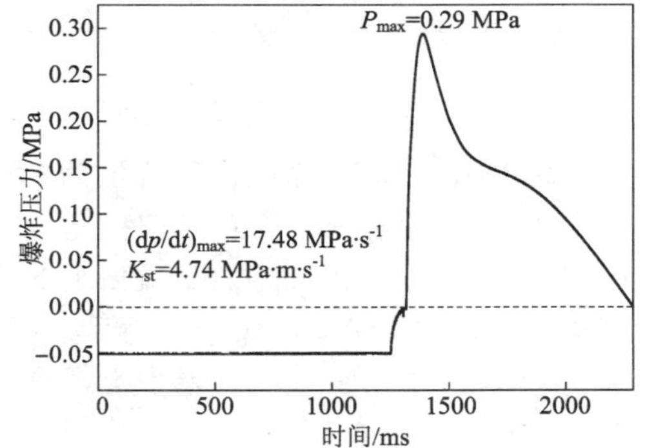

图 7－10　A500 组 750 g/m³ 硫化矿尘云爆炸压力曲线

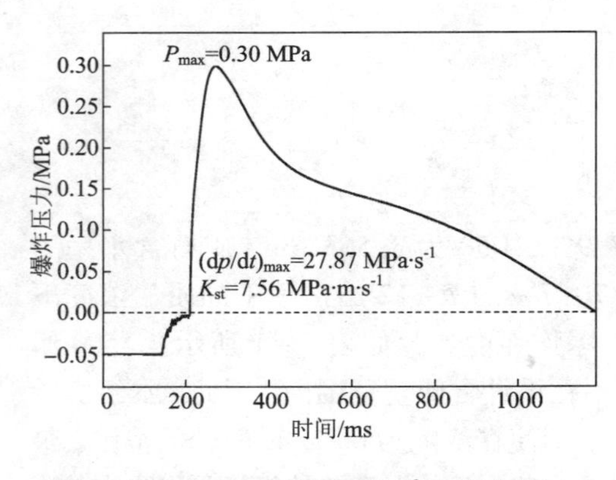

图 7-11　A500 组 1000 g/m³ 硫化矿尘云爆炸压力曲线

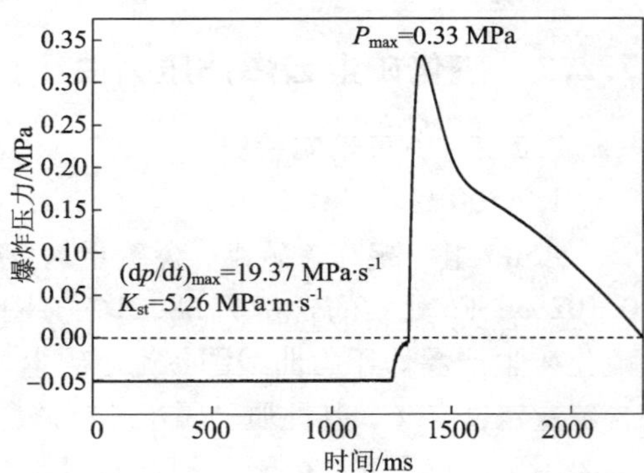

图 7-12　A500 组 1500 g/m³ 硫化矿尘云爆炸压力曲线

表 7-1　A500 组不同质量浓度下硫化矿尘云爆炸强度

矿尘浓度 /($g \cdot m^{-3}$)	矿尘质量 /g	最大爆炸压力 /MPa	最大爆炸压力上升速率 /($MPa \cdot s^{-1}$)	爆炸指数 /($MPa \cdot m \cdot s^{-1}$)	爆炸与否
60	1.206	0.16	15.59	4.23	是
250	5.001	0.22	18.89	5.13	是
500	10.000	0.29	15.12	4.10	是
750	15.004	0.29	17.48	4.74	是
1000	20.007	0.30	27.87	7.56	是
1500	30.011	0.33	19.37	5.26	是

2. B200 组

B200 组为高含硫组，含硫量为 25.68%，D50 为 9.467 μm，矿石含水率 0.098%，Fe 元素的含量为 27.24%。图 7-13 ~ 图 7-18 给出了不同质量浓度下硫化矿尘云爆炸压力曲线图，硫化矿尘云爆炸强度参数如表 7-2 所示。B200 组硫化矿尘云样品除在 60 g/m³ 浓度范围未发生爆炸，其余五个基本浓度均发生爆炸，说明该组硫化矿尘云较易发生爆炸。

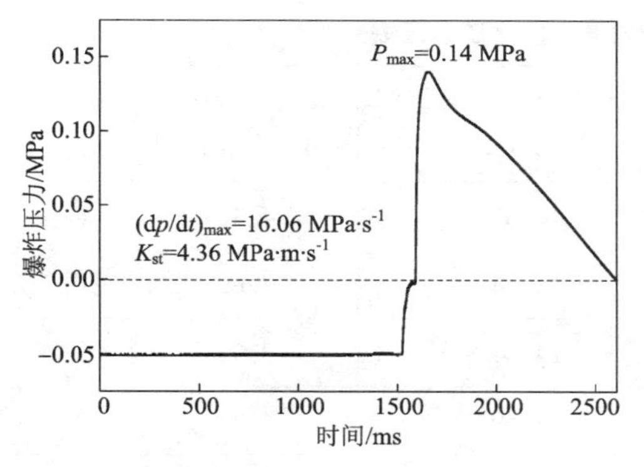

图 7－13　B200 组 60 g/m^{3}硫化矿尘云爆炸压力曲线

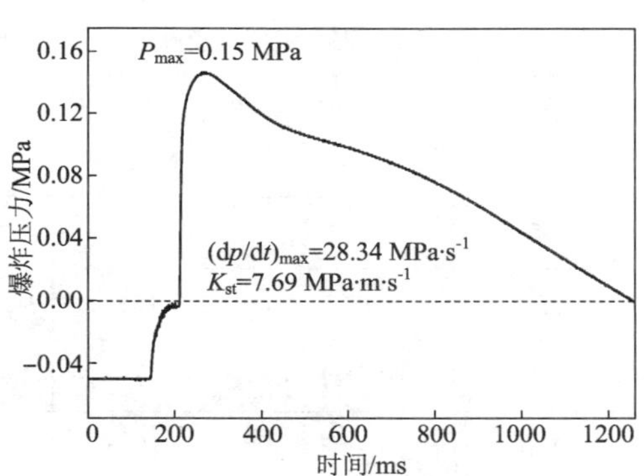

图 7－14　B200 组 250 g/m^{3}硫化矿尘云爆炸压力曲线

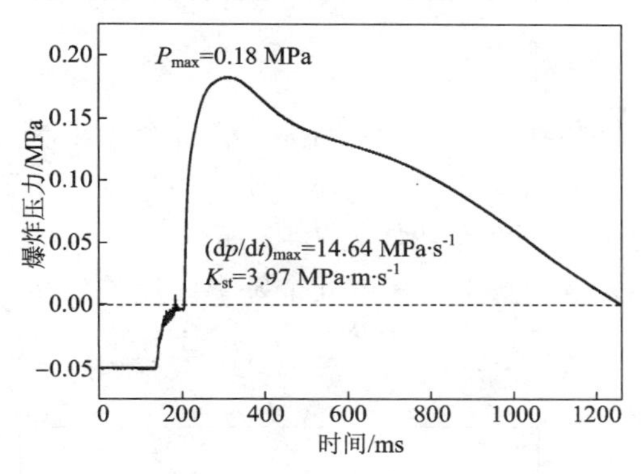

图 7－15　B200 组 500 g/m^{3}硫化矿尘云爆炸压力曲线

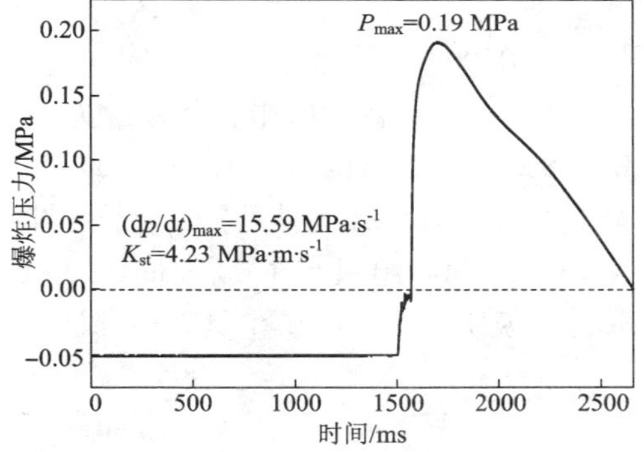

图 7－16　B200 组 750 g/m^{3}硫化矿尘云爆炸压力曲线

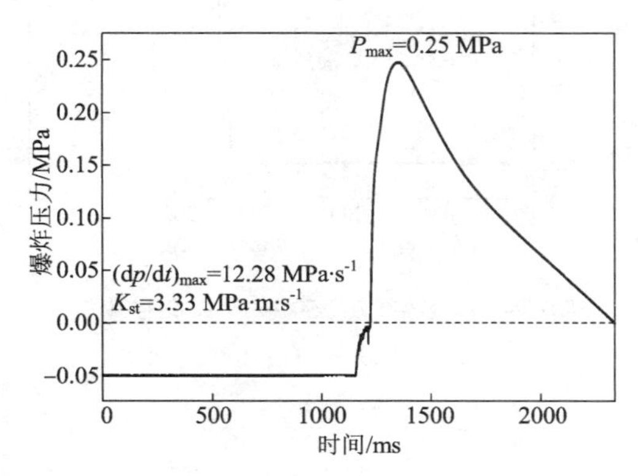

图 7－17　B200 组 1000 g/m^{3}硫化矿尘云爆炸压力曲线

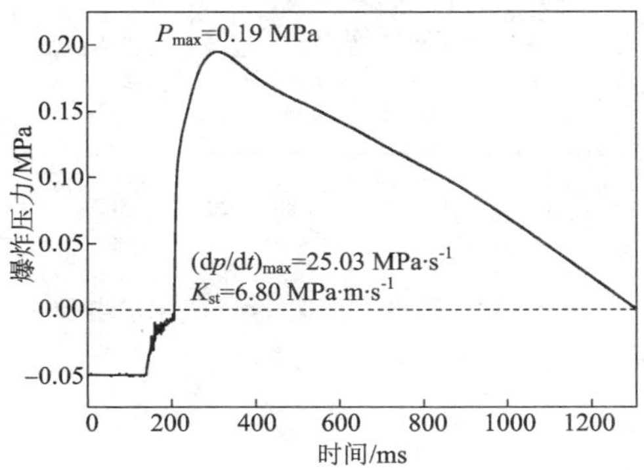

图 7－18　B200 组 1500 g/m^{3}硫化矿尘云爆炸压力曲线

表 7 – 2　B200 组不同质量浓度下硫化矿尘云爆炸强度

矿尘浓度 /(g·m^{-3})	矿尘质量 /g	最大爆炸压力 /MPa	最大爆炸压力上升速率 /(MPa·s^{-1})	爆炸指数 /(MPa·m·s^{-1})	爆炸与否
60	1.202	0.14	16.06	4.36	否
250	5.047	0.15	28.34	7.69	是
500	10.011	0.18	14.64	3.97	是
750	15.008	0.19	15.59	4.23	是
1000	20.002	0.25	12.28	3.33	是
1500	30.052	0.19	25.03	6.80	是

3. B300 组

B300 组为高含硫组，含硫量为 26.18%，D50 为 6.185 μm，矿石含水率为 0.098%，Fe 元素的含量为 28.05%。图 7 – 19 ~ 图 7 – 24 给出了不同质量浓度下硫化矿尘云爆炸压力曲线图，硫化矿尘云爆炸强度参数如表 7 – 3 所示。与 B200 组类似，B300 组只有在 60 g/m^{3}浓度范围未发生爆炸，其余五个基本浓度均发生爆炸，说明该实验组矿尘具有可爆性。

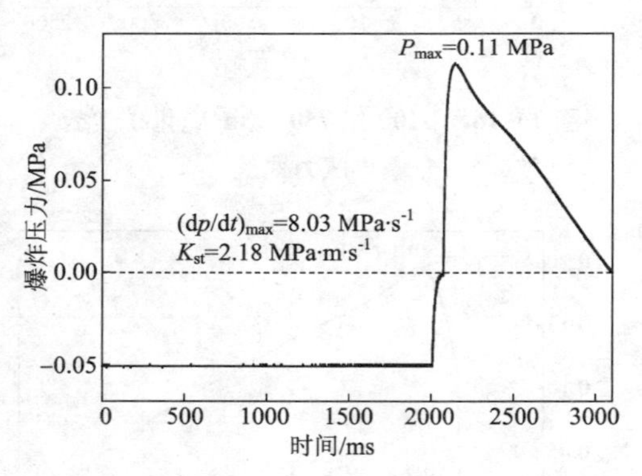

图 7 – 19　B300 组 60 g/m^3 硫化矿尘云爆炸压力曲线

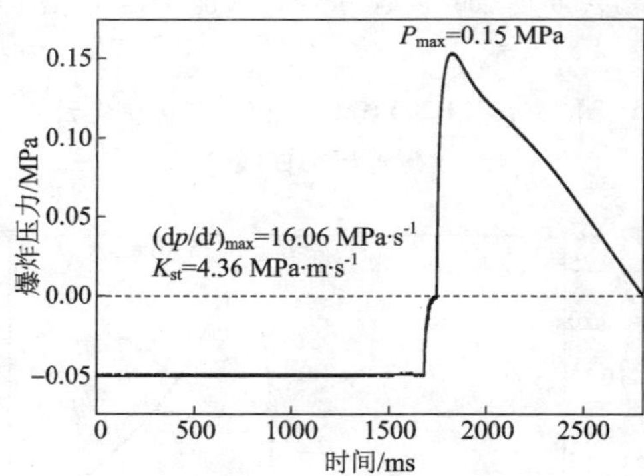

图 7 – 20　B300 组 250 g/m^{3}硫化矿尘云爆炸压力曲线

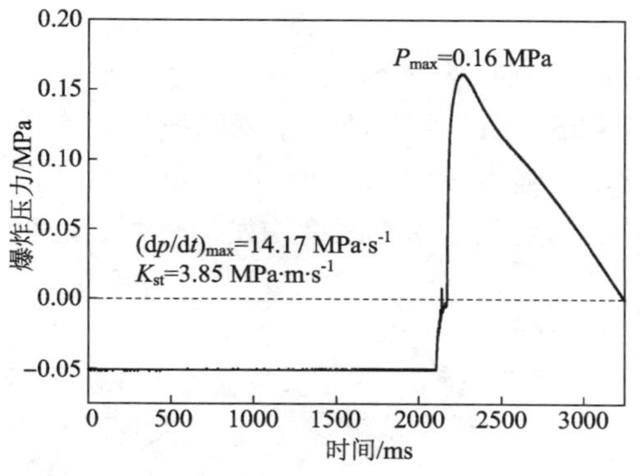

图 7－21　B300 组 500 g/m³硫化矿尘云爆炸压力曲线

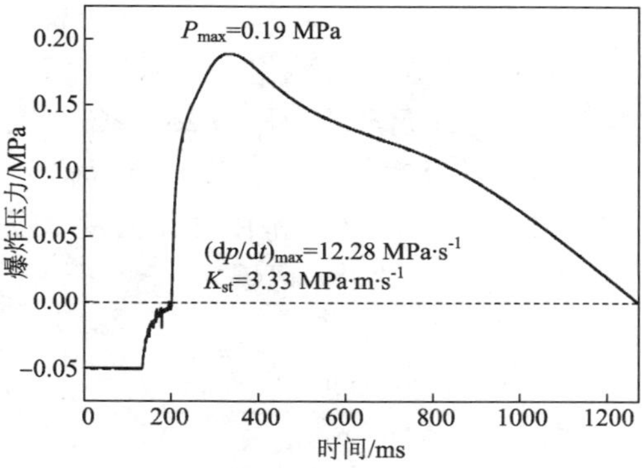

图 7－22　B300 组 750 g/m³硫化矿尘云爆炸压力曲线

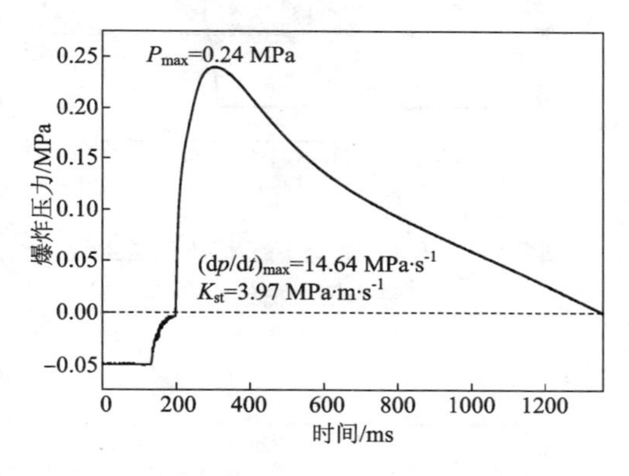

图 7－23　B300 组 1000 g/m³硫化矿尘云爆炸压力曲线

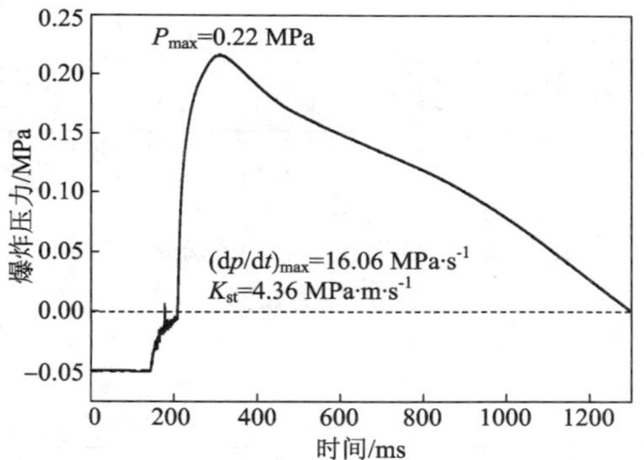

图 7－24　B300 组 1500 g/m³硫化矿尘云爆炸压力曲线

表 7－3　B300 组不同质量浓度下硫化矿尘云爆炸强度

矿尘浓度 /(g·m^{-3})	矿尘质量 /g	最大爆炸压力 /MPa	最大爆炸压力上升速率 /(MPa·s^{-1})	爆炸指数 /(MPa·m·s^{-1})	爆炸与否
60	1.200	0.11	8.03	2.18	否
250	4.998	0.15	16.06	4.36	是
500	10.016	0.16	14.17	3.85	是
750	15.005	0.19	12.28	3.33	是
1000	20.002	0.24	14.64	3.97	是
1500	30.009	0.22	16.06	4.36	是

4. B500 组

B500 组为高含硫组，含硫量为 25.60%，D50 为 3.563 μm，矿石含水率为 0.098%，Fe 元素的含量为 26.44%。图 7－25～图 7－30 给出了不同质量浓度下硫化矿尘云爆炸压力曲线图，硫化矿尘云爆炸强度参数如表 7－4 所示。在高含硫组中，60 g/m^{3}浓度范围均无法发生爆炸，其余五个基本浓度均发生爆炸，说明该实验组硫化矿尘云可爆。

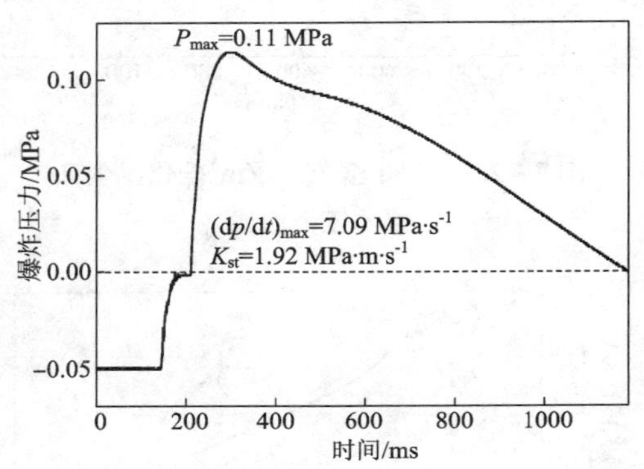

图 7－25　B500 组 60 g/m^{3}硫化矿尘云爆炸压力曲线

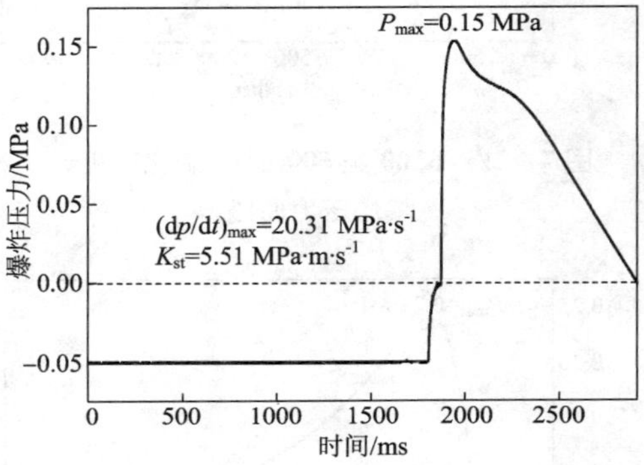

图 7－26　B500 组 250 g/m^{3}硫化矿尘云爆炸压力曲线

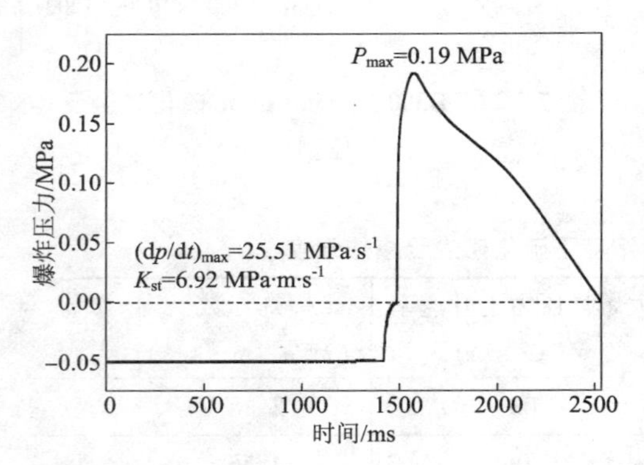

图 7－27　B500 组 500 g/m^{3}硫化矿尘云爆炸压力曲线

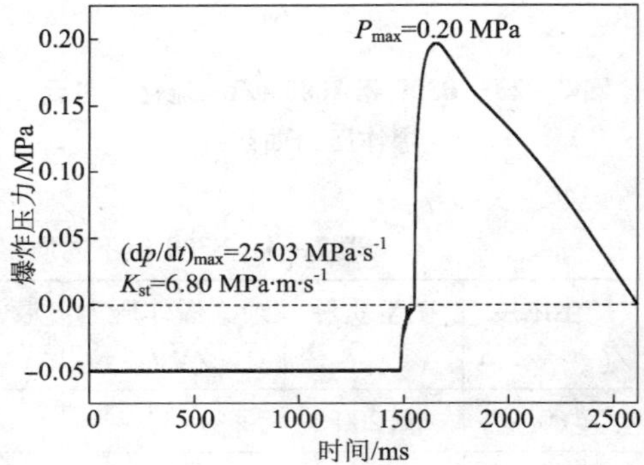

图 7－28　B500 组 750 g/m^{3}硫化矿尘云爆炸压力曲线

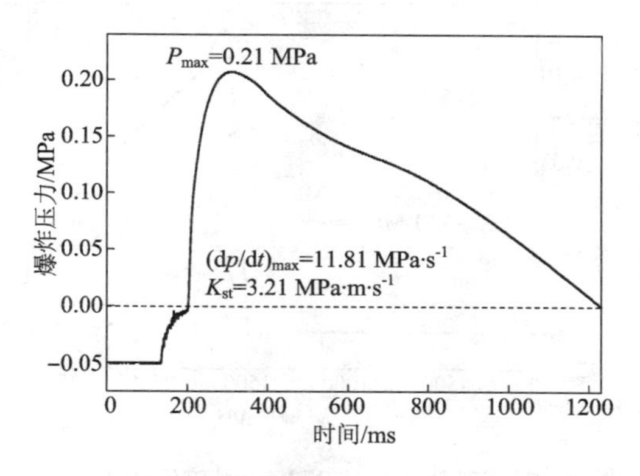

图7-29 B500组1000 g/m³硫化矿尘云爆炸压力曲线

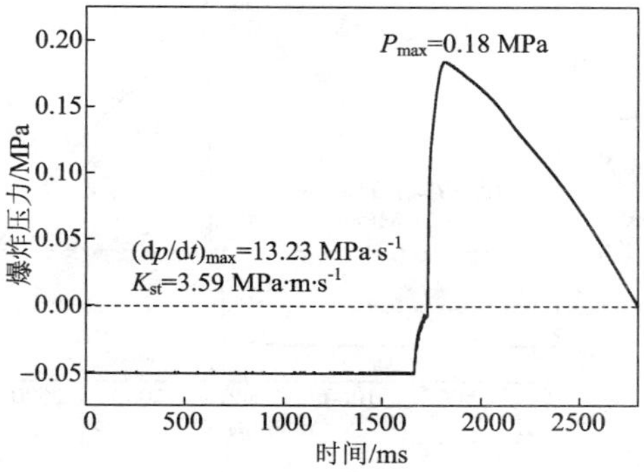

图7-30 B500组1500 g/m³硫化矿尘云爆炸压力曲线

表7-4 B500组不同质量浓度下硫化矿尘云爆炸强度

矿尘浓度 /(g·m^{-3})	矿尘质量 /g	最大爆炸压力 /MPa	最大爆炸压力上升速率 /(MPa·s^{-1})	爆炸指数 /(MPa·m·s^{-1})	爆炸与否
60	1.207	0.11	7.09	1.29	否
250	5.043	0.15	20.31	5.51	是
500	10.051	0.19	25.51	6.92	是
750	15.024	0.20	25.03	6.80	是
1000	19.973	0.21	11.81	3.21	是
1500	30.021	0.18	13.23	3.59	是

5. C200组

C200组为中含硫组，含硫量为17.12%，D50为9.287 μm，矿石含水率为0.203%，Fe元素的含量为23.37%。图7-31~图7-36给出了不同质量浓度下硫化矿尘云爆炸压力曲线图，硫化矿尘云爆炸强度参数如表7-5所示。C200组为中含硫组，设置的基本浓度只有750 g/m³与1000 g/m³发生爆炸，其余四个浓度均未发生爆炸，该组硫化矿尘云依然具有可爆性。

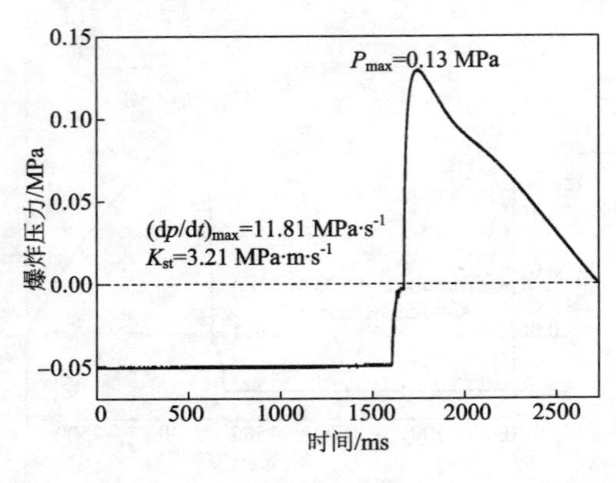

图 7－31　C200 组 60 g/m³ 硫化矿尘云爆炸压力曲线

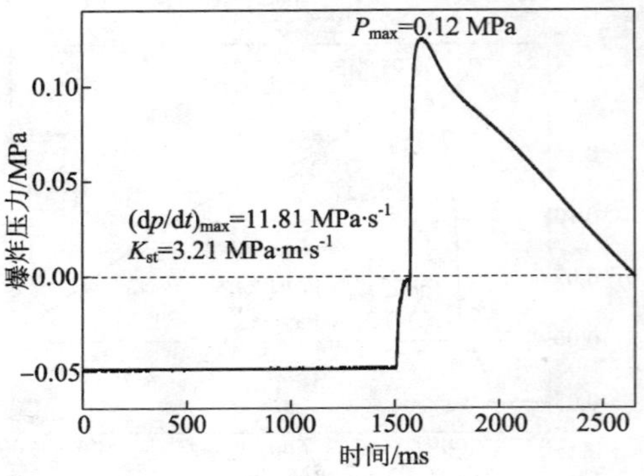

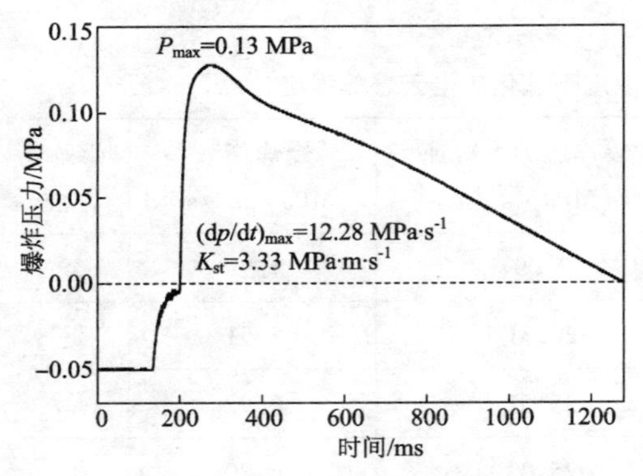

图 7－32　C200 组 250 g/m³ 硫化矿尘云爆炸压力曲线

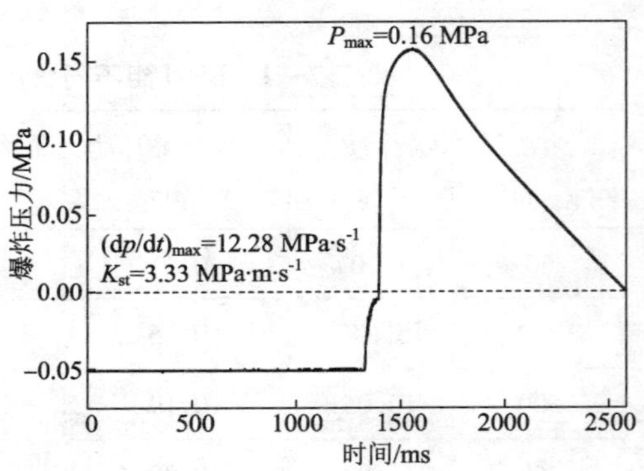

图 7－33　C200 组 500 g/m³ 硫化矿尘云爆炸压力曲线

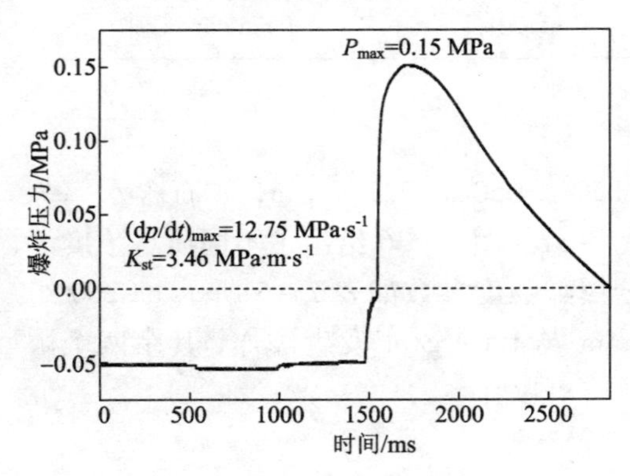

图 7－34　C200 组 750 g/m³ 硫化矿尘云爆炸压力曲线

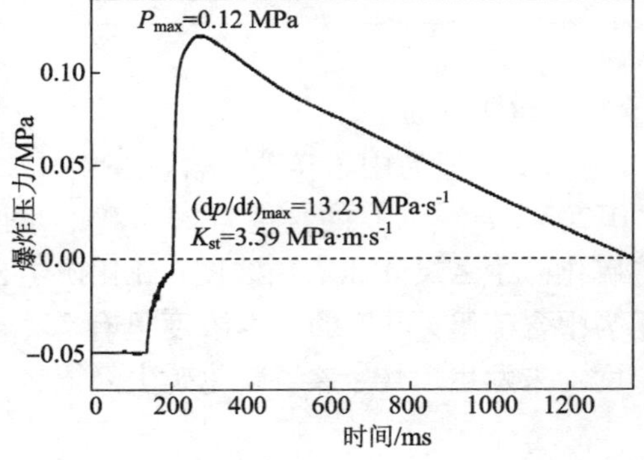

图 7－35　C200 组 1000 g/m³ 硫化矿尘云爆炸压力曲线

图 7－36　C200 组 1500 g/m³ 硫化矿尘云爆炸压力曲线

表 7－5　C200 组不同质量浓度下硫化矿尘云爆炸强度

矿尘浓度 /(g·m^{-3})	矿尘质量 /g	最大爆炸压力 /MPa	最大爆炸压力上升速率 /(MPa·s^{-1})	爆炸指数 /(MPa·m·s^{-1})	爆炸与否
60	1.202	0.13	11.81	3.21	否
250	5.003	0.12	11.81	3.21	否
500	10.008	0.13	12.28	3.33	否
750	15.006	0.16	12.28	3.33	是
1000	20.002	0.15	12.75	3.46	是
1500	30.002	0.12	13.23	3.59	否

7.2.2.2　不爆实验组

1. C300 组

C300 组为中含硫组，含硫量为 15.46%，D50 为 6.098 μm，矿石含水率为 0.203%，Fe 元素的含量为 23.37%。图 7－37～图 7－42 给出了不同质量浓度下硫化矿尘云爆炸压力曲线图，硫化矿尘云爆炸强度参数如表 7－6 所示。C300 组的 D50 比 C200 的更小，但在设定的 6 个浓度范围内均未爆炸，说明含硫量对硫化矿尘云爆炸的影响更大，含硫量为 15.46% 的硫化矿尘云在 10 kJ 点火能量条件下不可爆。尽管 C300 组不可爆，但存在爆炸压力上升区与爆炸压力下降区，其升降幅度较为平缓。

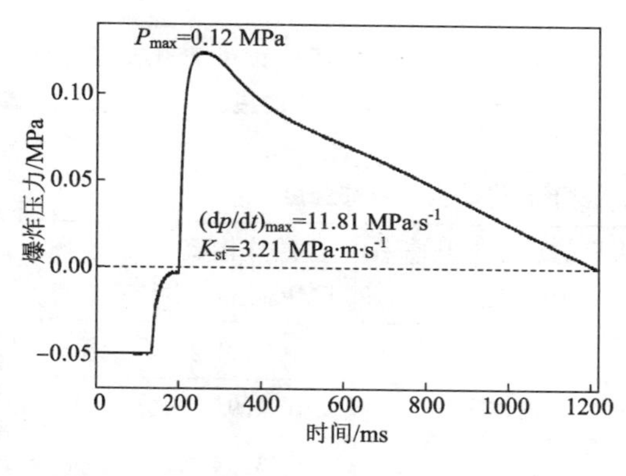

图 7－37　C300 组 60 g/m^3 硫化矿尘云爆炸压力曲线

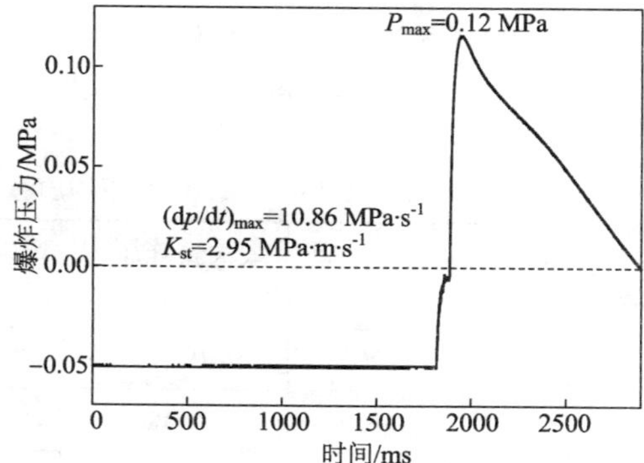

图 7－38　C300 组 250 g/m^3 硫化矿尘云爆炸压力曲线

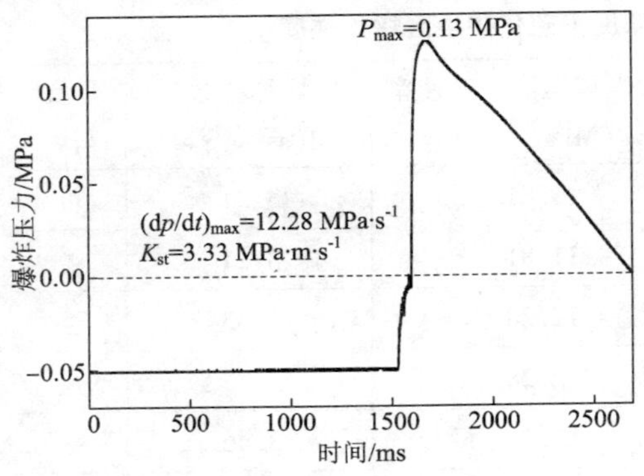

图 7-39 C300 组 500 g/m³硫化矿尘云爆炸压力曲线

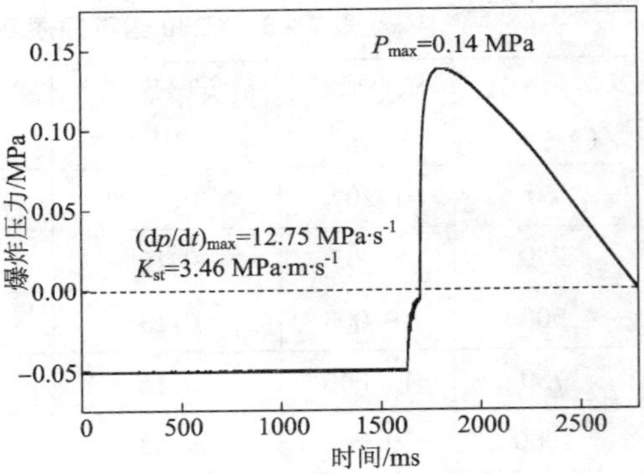

图 7-40 C300 组 750 g/m³硫化矿尘云爆炸压力曲线

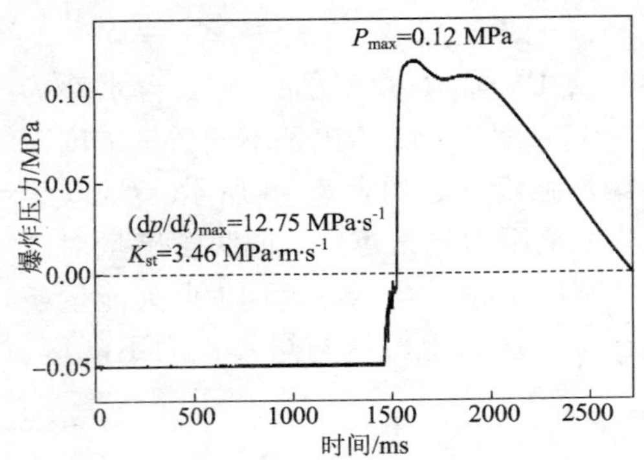

图 7-41 C300 组 1000 g/m³硫化矿尘云爆炸压力曲线

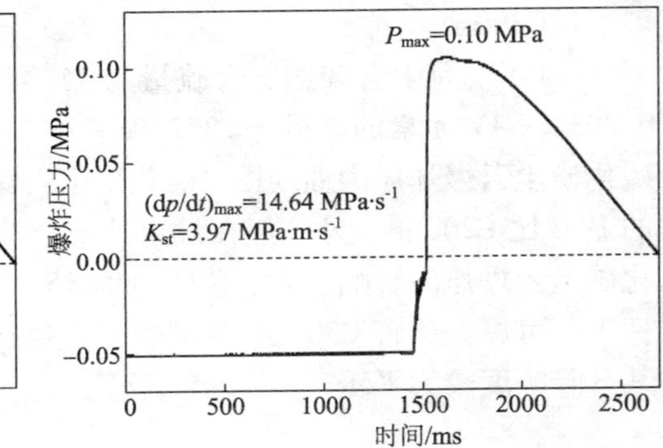

图 7-42 C300 组 1500 g/m³硫化矿尘云爆炸压力曲线

表 7-6 C300 组不同质量浓度下硫化矿尘云爆炸强度

矿尘浓度 /(g·m^{-3})	矿尘质量 /g	最大爆炸压力 /MPa	最大爆炸压力上升速率 /(MPa·s^{-1})	爆炸指数 /(MPa·m·s^{-1})	爆炸与否
60	1.202	0.12	11.81	3.21	否
250	5.006	0.12	10.86	2.95	否
500	10.005	0.13	12.28	3.33	否
750	15.004	0.14	12.75	3.46	否
1000	20.005	0.12	12.75	3.46	否
1500	30.002	0.10	14.64	3.97	否

2. C500 组

C500 组为中含硫组，含硫量为 15.96%，D50 为 3.313 μm，矿石含水率为 0.203%，Fe 元素的含量为 23.81%。图 7－43～图 7－48 给出了不同质量浓度下硫化矿尘云爆炸压力曲线图，硫化矿尘云爆炸强度参数如表 7－7 所示。C500 组在 6 个浓度范围内均未爆炸，说明含硫量为 15.96% 的硫化矿尘云在 10 kJ 点火能量条件下不可爆，该组硫化矿尘云为惰性粉尘。因该组硫化矿尘云自身不具有爆炸性，其最大爆炸压力点较离散，未表现出较明显的规律。

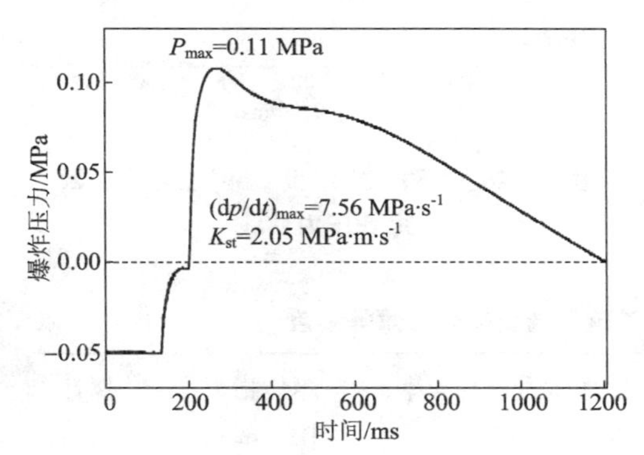

图 7－43　C500 组 60 g/m^3 硫化矿尘云爆炸压力曲线

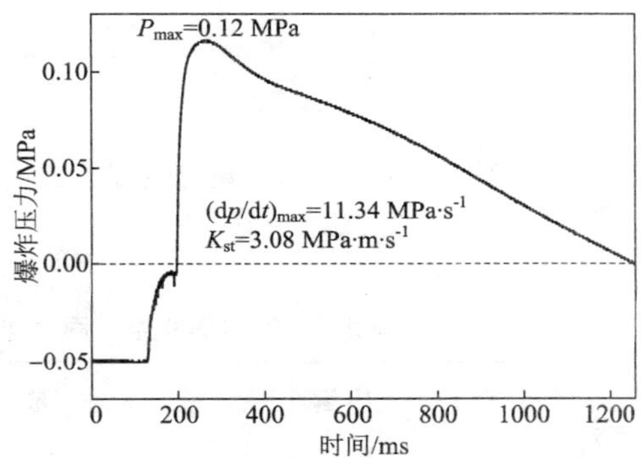

图 7－44　C500 组 250 g/m^3 硫化矿尘云爆炸压力曲线

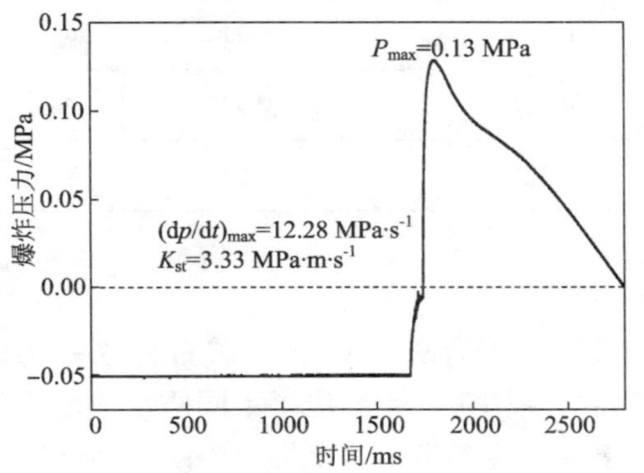

图 7－45　C500 组 500 g/m^3 硫化矿尘云爆炸压力曲线

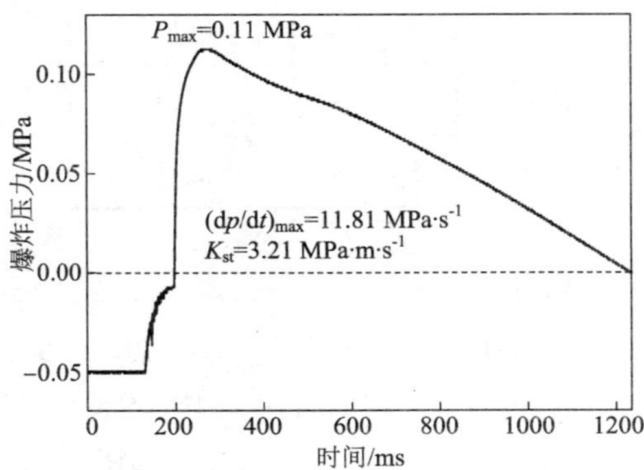

图 7－46　C500 组 750 g/m^3 硫化矿尘云爆炸压力曲线

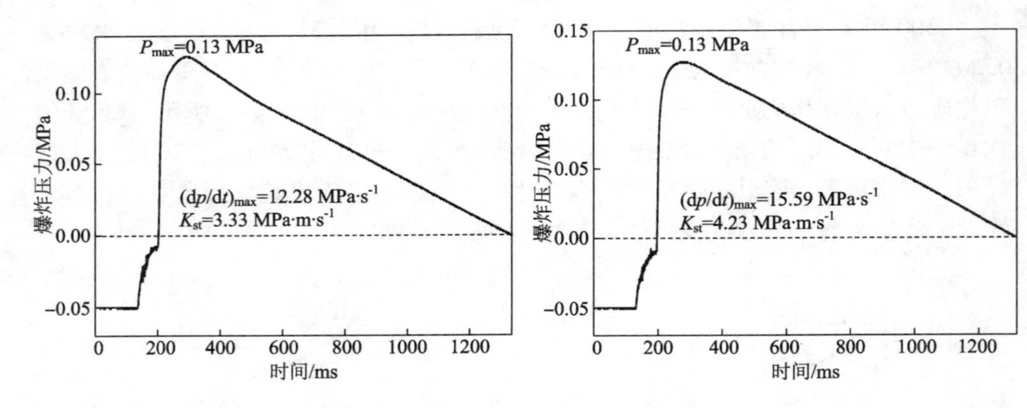

图 7－47　C500 组 1000 g/m³ 硫化矿尘云爆炸压力曲线

图 7－48　C500 组 1500 g/m³ 硫化矿尘云爆炸压力曲线

表 7－7　C500 组不同质量浓度下硫化矿尘云爆炸强度

矿尘浓度 /(g·m^{-3})	矿尘质量 /g	最大爆炸压力 /MPa	最大爆炸压力上升速率 /(MPa·s^{-1})	爆炸指数 /(MPa·m·s^{-1})	爆炸与否
60	1.200	0.11	7.56	2.05	否
250	5.006	0.12	11.34	3.08	否
500	10.007	0.13	12.28	3.33	否
750	15.004	0.11	11.81	3.21	否
1000	20.007	0.13	12.28	3.33	否
1500	30.008	0.13	15.59	4.23	否

3. D200 组

D200 组为低含硫组，含硫量为 9.18%，D50 为 9.511 μm，矿石含水率为 0.106%，Fe 元素的含量为 18.99%。图 7－49～图 7－54 给出了不同质量浓度下硫化矿尘云爆炸压力曲线图，硫化矿尘云爆炸强度参数如表 7－8 所示。D200 组为低含硫组，由于含硫量过低，设定的 6 个浓度均未发生爆炸。低含硫组并未明显出现中、高含硫组拟合曲线中的爆炸压力快速上升区，能够确定其在 10 kJ 点火能量条件下不具有可爆性，即 D200 组硫化矿尘云为惰性粉尘。

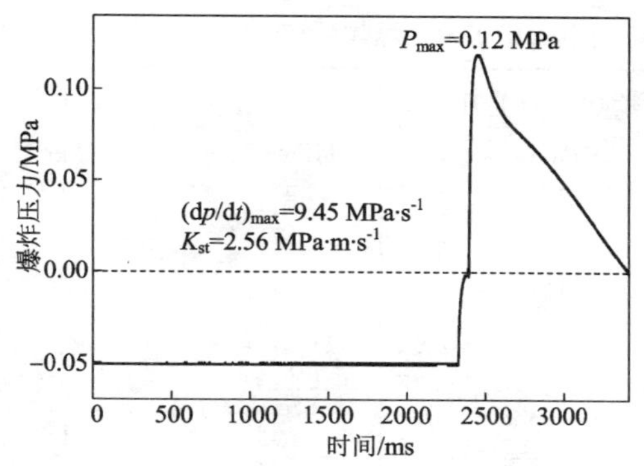

图7-49　D200组60 g/m³硫化矿尘云爆炸压力曲线

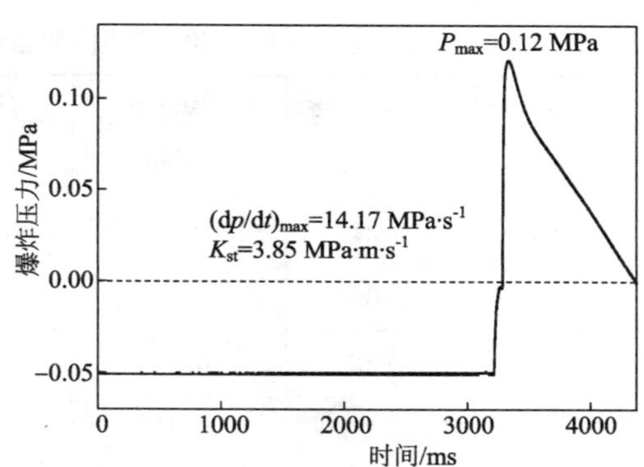

图7-50　D200组250 g/m³硫化矿尘云爆炸压力曲线

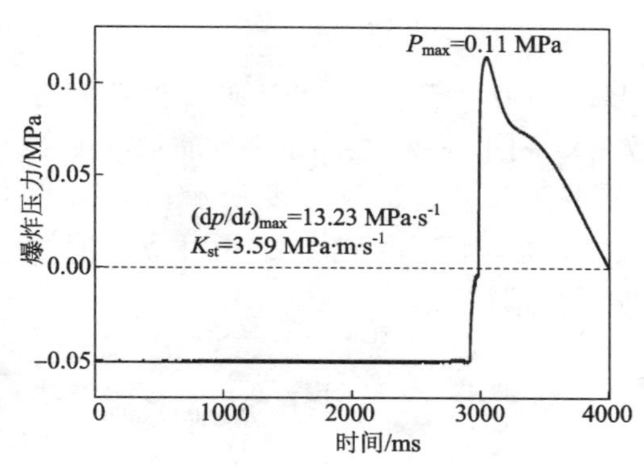

图7-51　D200组500 g/m³硫化矿尘云爆炸压力曲线

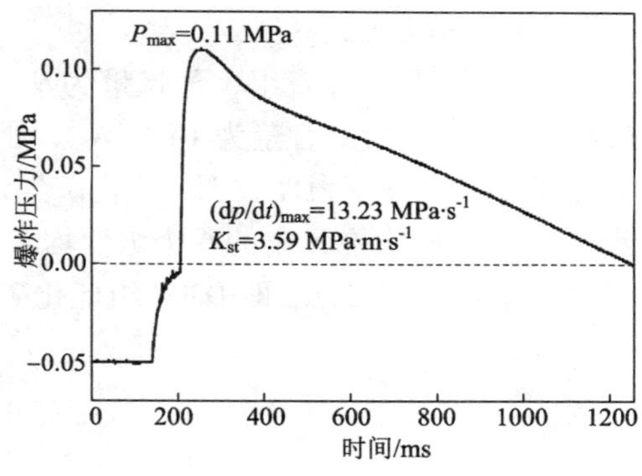

图7-52　D200组750 g/m³硫化矿尘云爆炸压力曲线

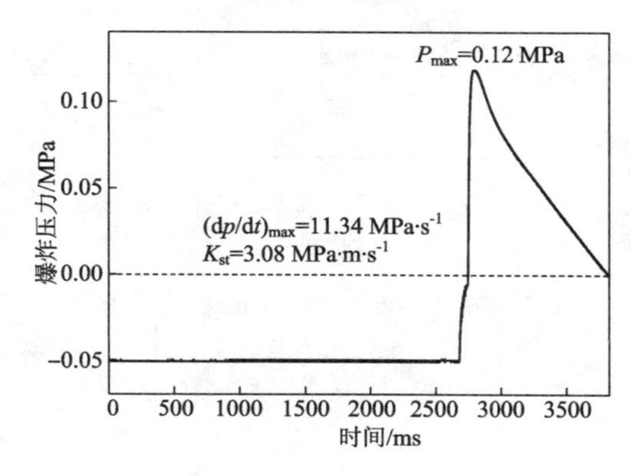

图7-53　D200组1000 g/m³硫化矿尘云爆炸压力曲线

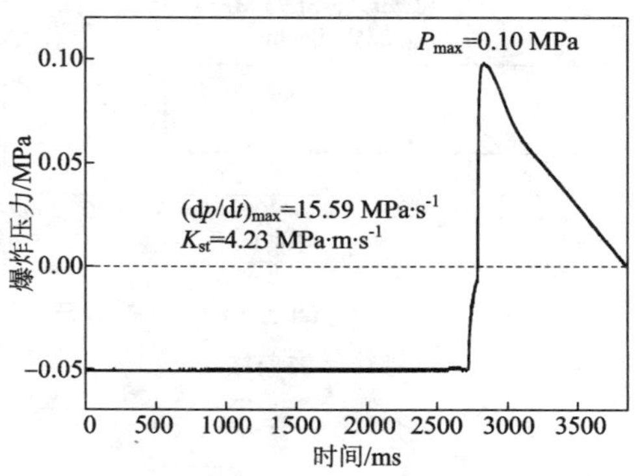

图7-54　D200组1500 g/m³硫化矿尘云爆炸压力曲线

表 7－8　D200 组不同质量浓度下硫化矿尘云爆炸强度

矿尘浓度 /(g·m^{-3})	矿尘质量 /g	最大爆炸压力 /MPa	最大爆炸压力上升速率 /(MPa·s^{-1})	爆炸指数 /(MPa·m·s^{-1})	爆炸与否
60	1.210	0.12	9.45	2.56	否
250	5.003	0.12	14.17	3.85	否
500	10.024	0.11	13.23	3.59	否
750	15.032	0.11	13.23	3.59	否
1000	20.041	0.12	11.34	3.08	否
1500	29.998	0.10	15.59	4.23	否

4. D300 组

D300 组为低含硫组，含硫量为 9.74%，D50 为 7.158 μm，矿石含水率为 0.106%，Fe 元素的含量为 16.95%。图 7－55～图 7－60 给出了不同质量浓度下硫化矿尘云爆炸压力曲线图，硫化矿尘云爆炸强度参数如表 7－9 所示。与 D200 组一样，D300 组在设定的 6 个浓度均未发生爆炸，能够确定其在 10 kJ 点火能量条件下不具有可爆性，即 D300 组硫化矿尘云为惰性粉尘。

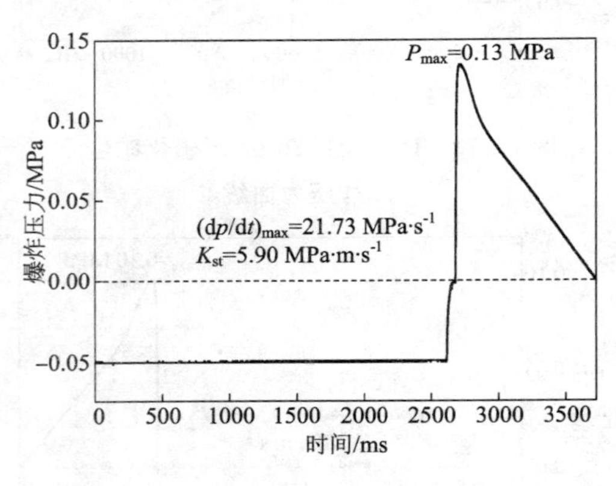

图 7－55　D300 组 60 g/m^3 硫化矿尘云爆炸压力曲线

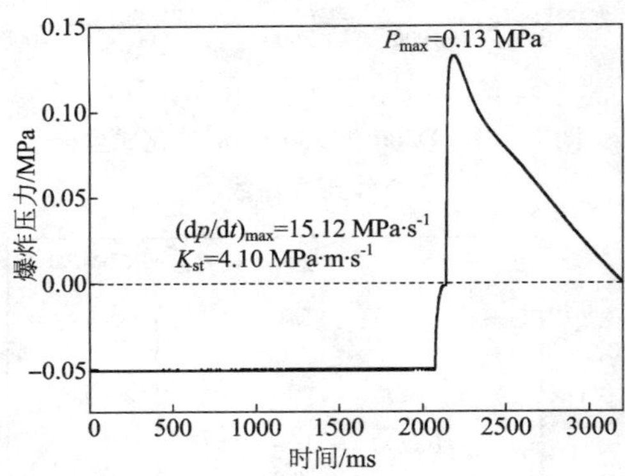

图 7－56　D300 组 250 g/m^3 硫化矿尘云爆炸压力曲线

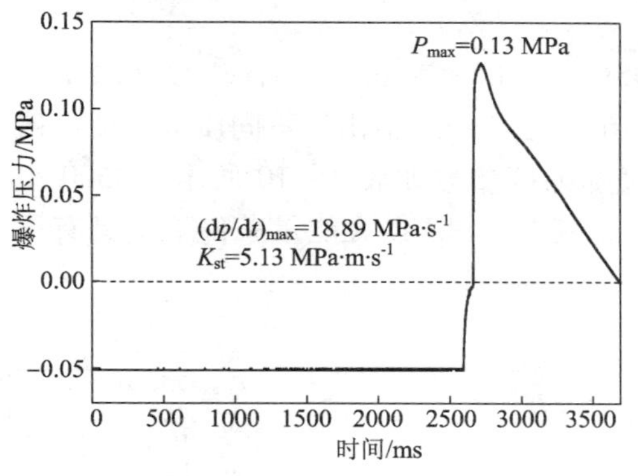

图 7－57　D300 组 500 g/m^3 硫化矿尘云爆炸压力曲线

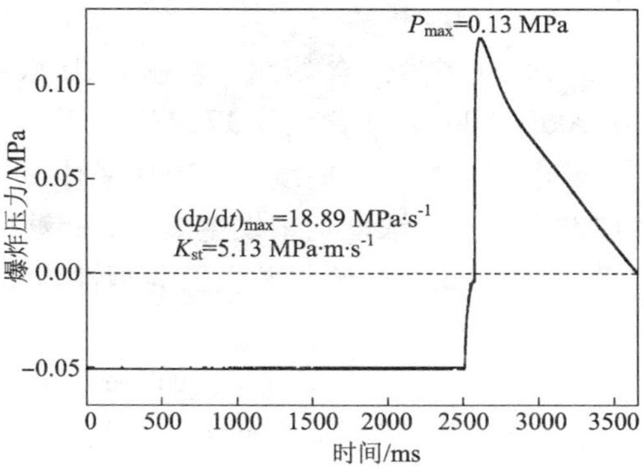

图 7－58　D300 组 750 g/m^3 硫化矿尘云爆炸压力曲线

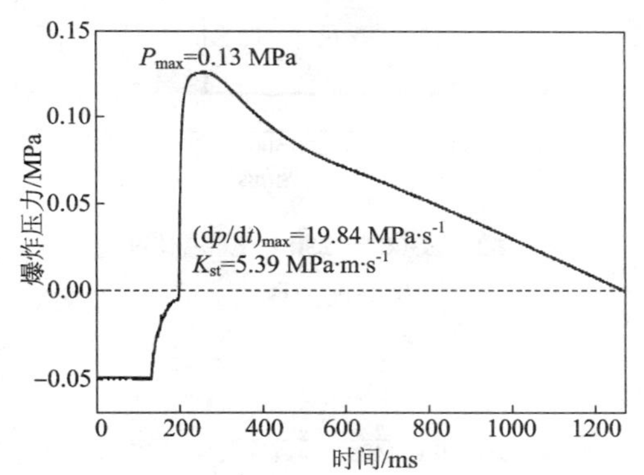

图 7－59　D300 组 1000 g/m^3 硫化矿尘云爆炸压力曲线

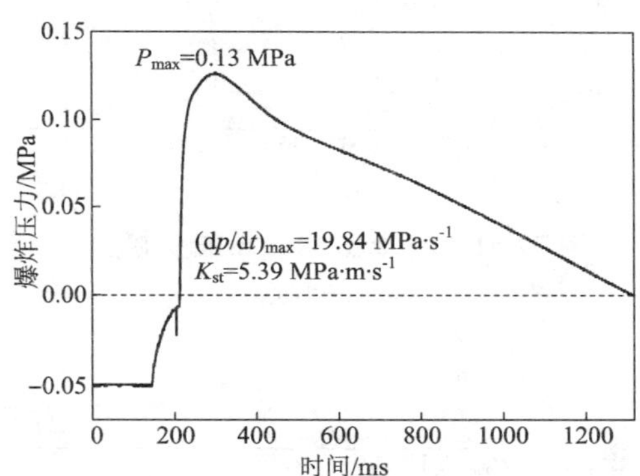

图 7－60　D300 组 1500 g/m^3 硫化矿尘云爆炸压力曲线

表 7－9　D300 组不同质量浓度下硫化矿尘云爆炸强度

矿尘浓度 /(g·m^{-3})	矿尘质量 /g	最大爆炸压力 /MPa	最大爆炸压力上升速率 /(MPa·s^{-1})	爆炸指数 /(MPa·m·s^{-1})	爆炸与否
60	1.201	0.13	21.73	5.90	否
250	5.008	0.13	15.12	4.10	否
500	10.025	0.13	18.89	5.13	否
750	14.998	0.13	18.89	5.13	否
1000	20.027	0.13	19.84	5.39	否
1500	29.987	0.13	12.28	3.33	否

5. D500 组

D500 组为低含硫组，含硫量为 8.45%，D50 为 5.039 μm，矿石含水率为 0.106%，Fe 元素含量为 17.97%。图 7－61～图 7－66 给出了不同质量浓度下硫化矿尘云爆炸压力曲线图，硫化矿尘云爆炸强度参数如表 7－10 所示。D500 组在设定的 6 个浓度均未发生爆炸，能够确定其在 10 kJ 点火能量条件下不具有可爆性，即 D500 组硫化矿尘云为惰性粉尘。

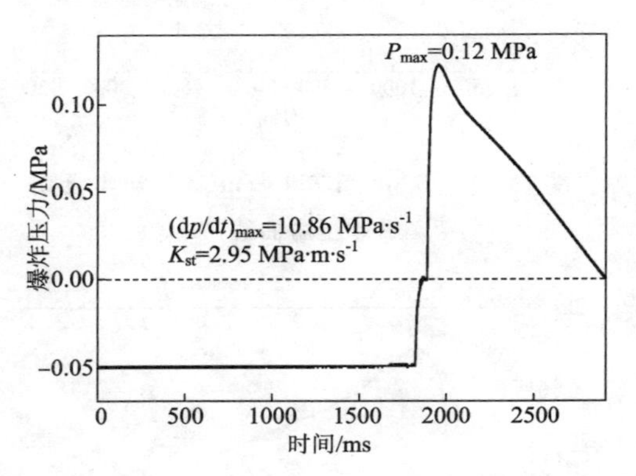

图 7－61　D500 组 60 g/m³ 硫化矿尘云爆炸压力曲线

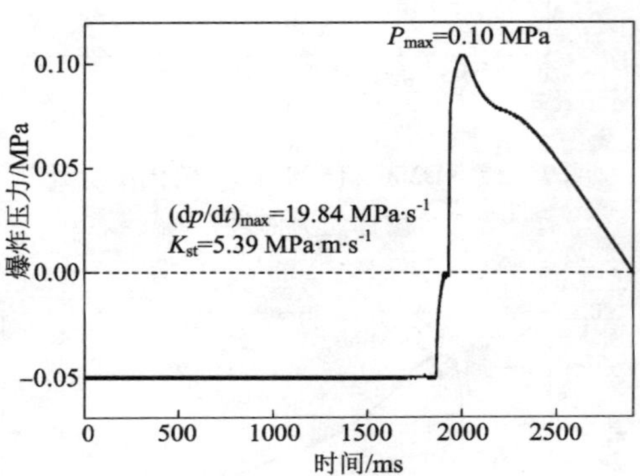

图 7－62　D500 组 250 g/m³ 硫化矿尘云爆炸压力曲线

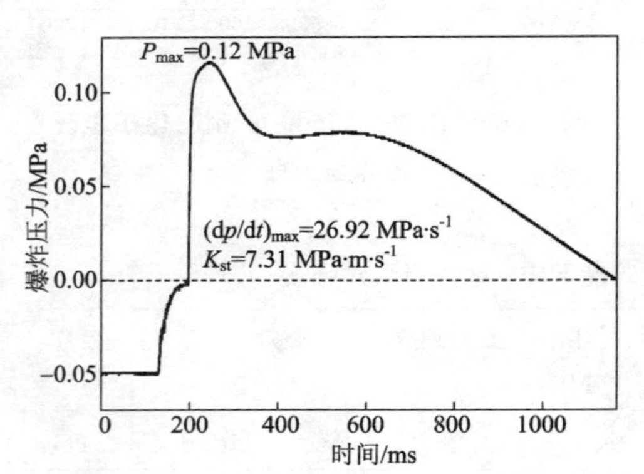

图 7－63　D500 组 500 g/m³ 硫化矿尘云爆炸压力曲线

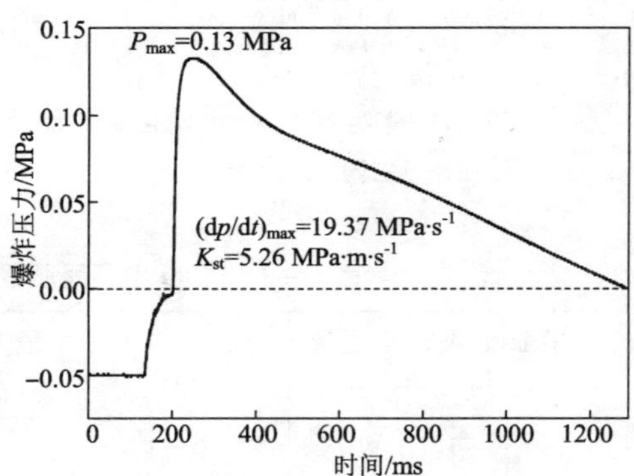

图 7－64　D500 组 750 g/m³ 硫化矿尘云爆炸压力曲线

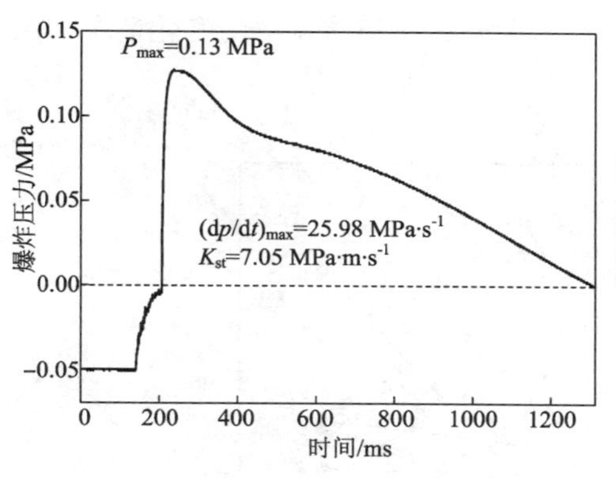

图 7－65　D500 组 1000 g/m³硫化矿尘云爆炸压力曲线

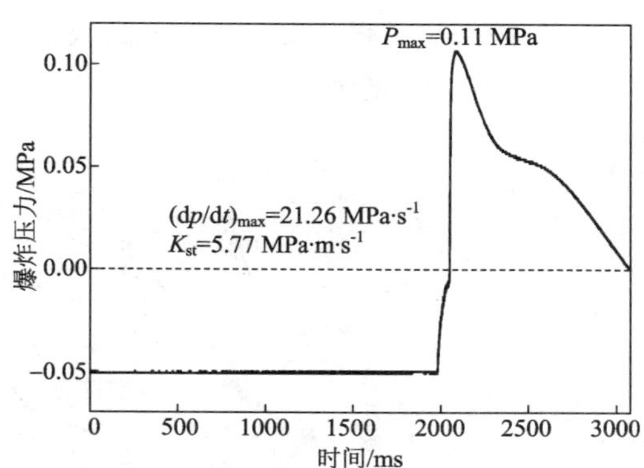

图 7－66　D500 组 1500 g/m³硫化矿尘云爆炸压力曲线

表 7－10　D500 组不同质量浓度下硫化矿尘云爆炸强度

矿尘浓度 /(g·m^{-3})	矿尘质量 /g	最大爆炸压力 /MPa	最大爆炸压力上升速率 /(MPa·s^{-1})	爆炸指数 /(MPa·m·s^{-1})	爆炸与否
60	1.204	0.12	10.86	2.95	否
250	5.024	0.10	19.84	5.39	否
500	10.002	0.12	26.92	7.31	否
750	15.002	0.13	19.37	5.26	否
1000	20.030	0.13	25.98	7.05	否
1500	30.023	0.11	21.26	5.77	否

7.2.3　硫化矿尘云爆炸猛烈度分级

评价粉尘的爆炸猛烈度主要通过比较爆炸指数 K_{st} 与最大爆炸压力上升速率 $(dp/dt)_{max}$ 来确定[185-186]，根据 ISO 6184/1—1985 将粉尘的爆炸猛烈度分为三级，如表 7－11 所示。

表 7－11　粉尘爆炸猛烈度分级标准表

爆炸猛烈度	爆炸指数 /(MPa·m·s^{-1})	最大爆炸压力上升速率 /(MPa·s^{-1})	爆炸属性
St1 级	0～20	0～73.7	爆炸性弱
St2 级	20～30	73.7～110.5	爆炸性强
St3 级	>30	>110.5	爆炸性极强

各组硫化矿尘云爆炸指数及最大爆炸压力上升速率随质量浓度变化情况如图 7－67 和图 7－68 所示。

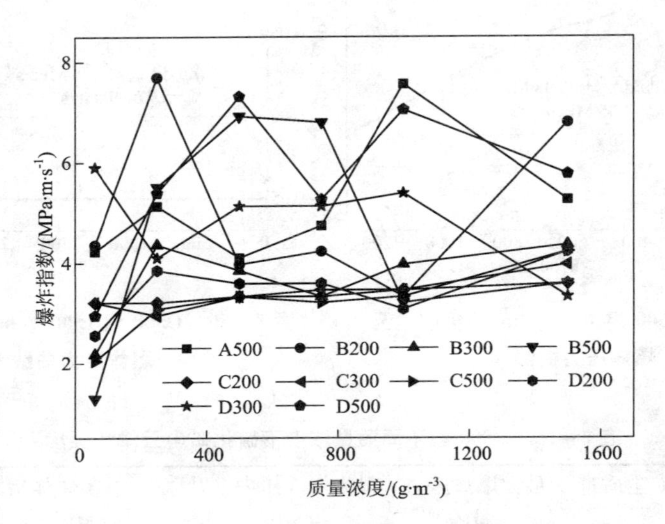

图 7－67　硫化矿尘云爆炸指数随质量浓度变化情况

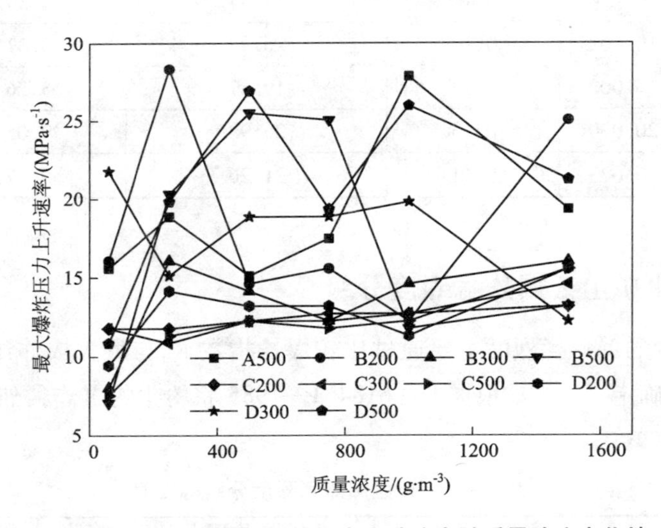

图 7－68　硫化矿尘云最大爆炸压力上升速率随质量浓度变化情况

分析可知，相比于铝粉、纤维素粉、铝铁合金粉这些常见的易爆粉尘，硫化矿尘云的爆炸猛烈度明显较低。各实验组的爆炸指数均不超过 8 $MPa \cdot m \cdot s^{-1}$，最大爆炸压力上升速率不超过 30 $MPa \cdot s^{-1}$，明显符合 St1 级的标准。因此，含硫量小于37.9%的硫化矿尘云均在St1级，表现为弱爆炸性粉尘。

7.2.4　燃烧持续时间

燃烧持续时间是指从点火时刻到最大爆炸压力值时的时间间隔。曾有学者研究表明燃烧持续时间与爆炸下限浓度存在关系。随着质量浓度的增加，燃烧持续时间先增大后减少，燃烧时间最长的浓度可简单判定为爆炸下限浓度。也有学者指出最小点火能量和燃烧时间存在关系，从压力与时间关系中可以得出最小点火能量。不同质量浓度下各组硫化矿尘云燃烧持续时间如表7－12所示，化学点火头燃烧持续时间如表7－13所示。

表7－12　各组硫化矿尘云燃烧持续时间

质量浓度/(g·m^{-3})	燃烧持续时间/ms									
	A500	B200	B300	B500	C200	C300	C500	D200	D300	D500
60	83.5	74	68.5	100.5	82	65.5	80.5	67	51.5	77.5
250	71.5	61	83.5	80.5	64.5	66	78	63	58	80.5
500	77	111.5	103.5	94	86.5	90	69	70	68	51.5
750	73	139.5	143	116.5	163.5	145.5	95.5	62	50.5	60.5
1000	67	139	111.5	117	202	104	100.5	62	63.5	30
1500	55	113.5	105	97.5	73.5	129.5	94.5	63	90	43.5

表7－13　化学点火头燃烧持续时间

实验次数	1	2	3	4	5
燃烧持续时间/ms	160.5	129	119.5	133.5	122.5

对比表7－12和表7－13可知，化学点火头的燃烧持续时间比绝大多数硫化矿尘云的燃烧持续时间都要长，这主要是由于空白实验的空气充足且无粉尘介质存在，能量损失相对较慢，爆炸压力上升的时间相对较长，燃烧持续时间也相对较久；而进行硫化矿尘云爆炸实验过程，点火头的能量被硫化矿尘云所吸收，其后的压力主要由硫化矿尘云自身的燃烧或爆炸提供，此时的燃烧持续时间主要由硫化矿尘云自身特性与粉尘浓度所决定。

除D500组外，各组硫化矿尘云的燃烧持续时间基本呈现先增大后减小的趋势。究其原因，D500组含硫量过低，仅为8.45%，本身不具有可爆性，因此燃烧时间没有太明显的规律性。由于低含硫组（D 组）的含硫量均在 10% 以内，点火头的爆炸能量被硫化矿尘云吸收，燃烧持续时间均维持在较短范围。同时，A 组的燃烧持续时间相对于可爆实验组（B200、B300、B500、C200）较短，主要原因在于 A 组含硫量为 37.9%，粉尘含硫很高，能够产生更多的气体硫化物，加剧了爆炸反应进行。

对比各实验组的燃烧持续时间可知，各实验组在浓度低于 250 g/m^3 时，基本表现为 500 目筛下的硫化矿尘云组的燃烧持续时间均大于同含硫级的其他实验组，这主要是因为硫化矿尘云的粒径越小，在小浓度范围能形成越稳定的粉尘湍流，燃烧或爆炸过程更加充分。而当浓度高于 250 g/m^3 时，同含硫级的实验均能形成稳定的粉尘湍流，这时的燃烧持续时间主要由含硫量与粒径共同决定，B 组表现为 B200 的燃烧持续时间最长，C 组表现为 C200 组的燃烧持续时间最长。在燃烧持续时间超过峰值后开始下降，原因在于随着粉尘浓度的增加，充入的空气比重减少，影响到粉尘爆炸过程中表面反应的供氧量，从而导致燃烧或爆炸过程不完全。

7.3 硫化矿尘云最大爆炸压力影响因素分析

7.3.1 质量浓度对硫化矿尘云最大爆炸压力的影响

图 7 - 69 ~ 图 7 - 74 显示了各组硫化矿尘云爆炸压力随质量浓度变化曲线。随着质量浓度的增加，硫化矿尘云爆炸压力呈现先增大后减小的趋势。其原因是 20 L 球内硫化矿尘云浓度较低时，氧气供应充分，燃烧处于富氧状态，此时影响爆炸压力的主要因素是硫化矿尘云的浓度。随着硫化矿尘云浓度的增加，参与燃烧反应的矿尘随之增多，容器内矿尘爆炸放热量增加，热量在矿尘颗粒间传递效率提高，充足的氧气促使反应加快进行[187]，爆炸压力随之增加并达到最大值。进一步增加硫化矿尘云浓度，导致 20 L 球内氧气供应不足，燃烧处于富燃料状态，缺氧阻碍了燃烧反应的进行，硫化矿尘云颗粒不能完全燃烧，多余的矿尘并未参与燃烧反应。此外，硫化矿尘云放出的热量一部分被周围未燃烧的颗粒吸收，降低爆炸后温度，阻碍火焰传播，因此反应较慢，最终导致爆炸压力随着浓度的增加而减小。

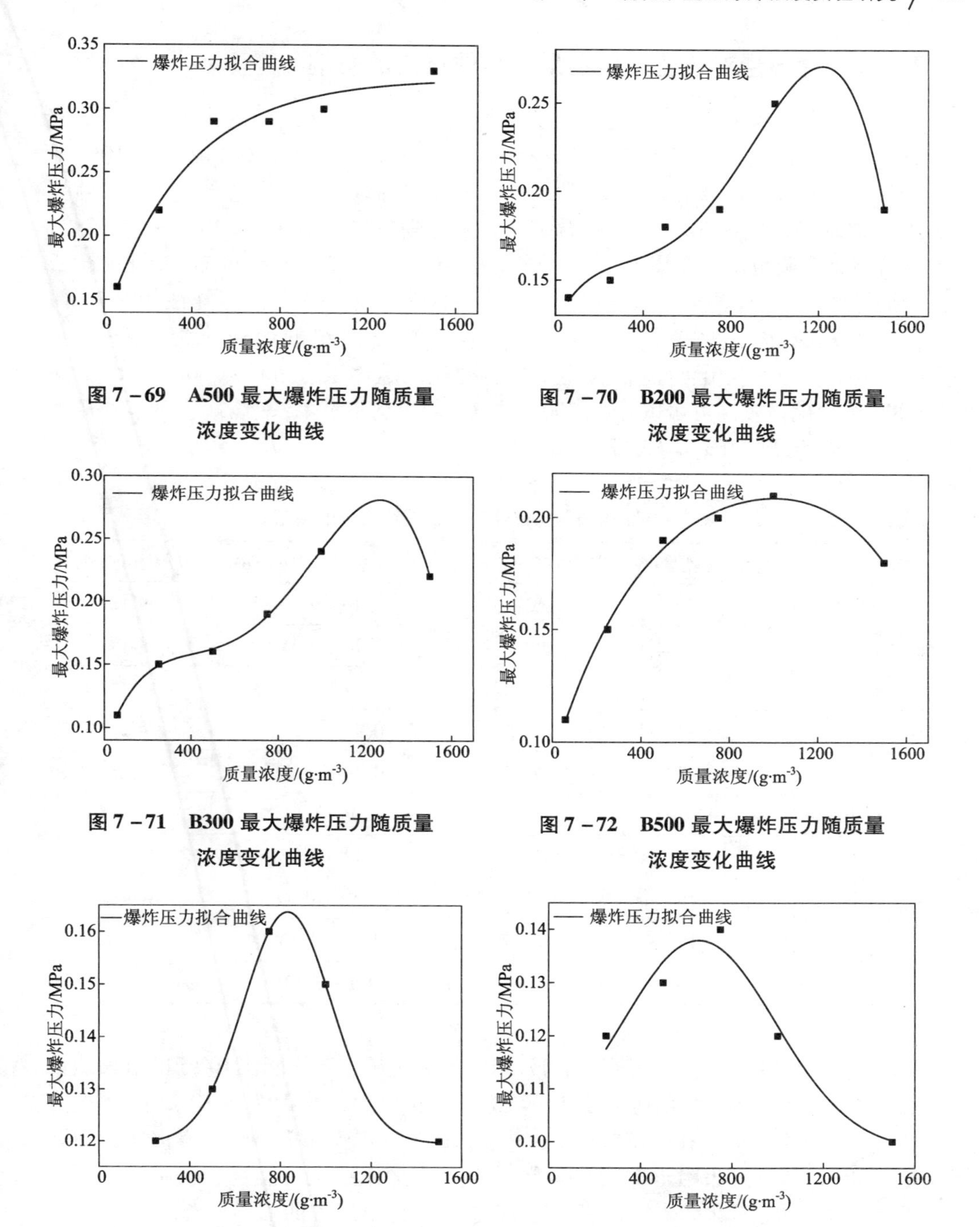

图7-69　A500最大爆炸压力随质量浓度变化曲线

图7-70　B200最大爆炸压力随质量浓度变化曲线

图7-71　B300最大爆炸压力随质量浓度变化曲线

图7-72　B500最大爆炸压力随质量浓度变化曲线

图7-73　C200最大爆炸压力随质量浓度变化曲线

图7-74　C300最大爆炸压力随质量浓度变化曲线

7.3.2 含硫量对硫化矿尘云最大爆炸压力的影响

为测定含硫量对硫化矿尘云最大爆炸压力的影响，需进行硫化矿尘云爆炸实验，将含硫量划分为低含硫组（含硫量 < 10%）、中含硫组（含硫量为 10% ~ 20%）和高含硫组（含硫量为 20% ~30%）三个含硫级，经测定高含硫组的含硫范围主要为 25.6% ~26.18%，中含硫组含硫范围主要集中在 15.46% ~17.12%，低含硫组含硫范围主要集中在 8.45% ~9.74%。由 7.2.3 小节可知，硫化矿尘云为弱爆炸性粉尘，爆炸猛烈度为 St1 级。正因为硫化矿尘云的爆炸性相对较低，其爆炸压力也不及常见粉尘的爆炸压力。高含硫组的爆炸压力为 0.11 ~ 0.25 MPa，均表现出可爆粉尘特性；中含硫组的爆炸压力为 0.1 ~0.16 MPa，除 C200 组含硫量较高可爆以外，C300 组与 C500 组均不可爆；低含硫组的爆炸压力为 0.098 ~0.13 MPa，均表现为不可爆粉尘特性，具体如表 7 – 14 所示。

表 7 – 14 含硫量与硫化矿尘云爆炸性影响关系表

矿尘类别	设计含硫量/%	含硫量/%	实验爆炸压力/MPa	粉尘可爆性
A500	>30	37.9	0.16 ~0.33	可爆
B200	20 ~30	25.68	0.14 ~0.25	可爆
B300	20 ~30	26.18	0.11 ~0.24	可爆
B500	20 ~30	25.6	0.11 ~0.21	可爆
C200	10 ~20	17.12	0.12 ~0.16	可爆
C300	10 ~20	15.46	0.1 ~0.14	不可爆
C500	10 ~20	15.96	0.11 ~0.13	不可爆
D200	<10	9.18	0.098 ~0.12	不可爆
D300	<10	9.74	0.12 ~0.13	不可爆
D500	<10	8.45	0.1 ~0.13	不可爆

由表 7 – 14 可知，含硫量高于 17.12% 的硫化矿尘云均能在 10 kJ 的点火能量条件下发生爆炸，而含硫量低于 15.96% 的硫化矿尘云均无法在 10 kJ 的点火能量条件下发生爆炸。在一定浓度范围内，其产生的爆炸压力略高于空白实验的爆炸压力，说明点火头附近的粉尘颗粒受点火能量作用发生燃烧，但强度不及爆炸。结果表明，硫化矿尘云在 10 kJ 点火能量条件下爆炸的临界含硫量为 16% ~ 17%，即高于临界含硫量的硫化矿尘云为可爆粉尘，低于临界含硫量的硫化矿尘云为不可爆粉尘[188]。

图7-75～图7-78给出了500目筛下不同质量浓度的硫化矿尘云最大爆炸压力随含硫量变化曲线。随着质量浓度的增加，硫化矿尘云最大爆炸压力呈现增加趋势。在同一粒径下，含硫量越大，最大爆炸压力越大。这是因为含硫量越大，硫化矿尘云颗粒越容易被点燃，越多的颗粒被点燃，放出热量也越多，导致最大爆炸压力越大。反之含硫量越小，已点燃的颗粒释放出的热量大量被周围未燃烧的颗粒吸收，导致最大爆炸压力越小。

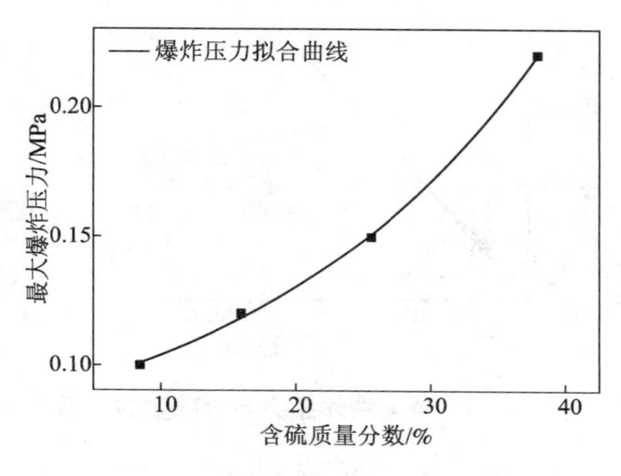

图7-75 250 g/m³质量浓度下最大爆炸压力随含硫量变化曲线

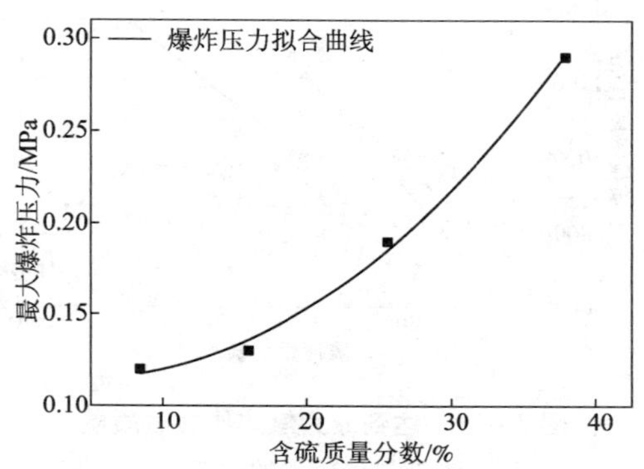

图7-76 500 g/m³质量浓度下最大爆炸压力随含硫量变化曲线

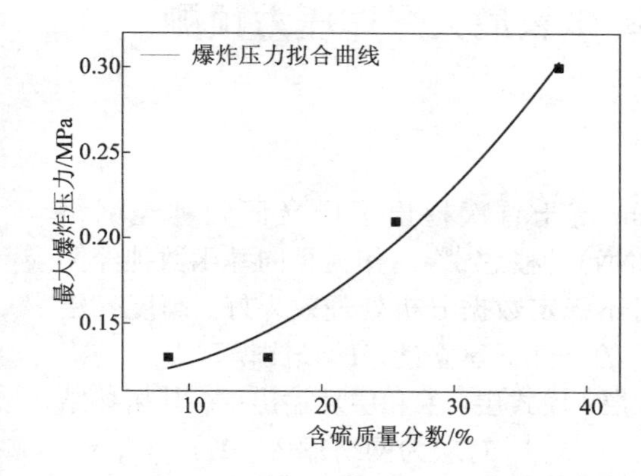

图7-77 1000 g/m³质量浓度下最大爆炸压力随含硫量变化曲线

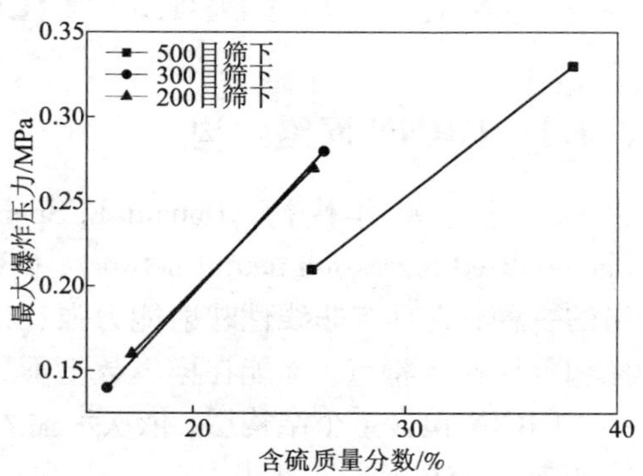

图7-78 1500 g/m³质量浓度下最大爆炸压力随含硫量变化曲线

含硫量的大小也影响着达到最大爆炸压力时的质量浓度。根据图7-69～图7-74拟合曲线，A500组在质量浓度为1500 g/m³时达到最大爆炸压力0.33 MPa；B200组在质量浓度为1220 g/m³时达到最大爆炸压力0.27 MPa；B300组在质量浓度为1270 g/m³时达到最大爆炸压力0.28 MPa；B500组在质量浓度为

1000 g/m^{3}时达到最大爆炸压力 0.21 MPa；C200 组在质量浓度为 830 g/m^{3}时达到最大爆炸压力 0.16 MPa；C300 组在质量浓度为 650 g/m^{3}时达到最大爆炸压力 0.14 MPa。如图 7－79～图 7－80 所示，含硫量越大，达到最大爆炸压力时的浓度和压力值越大。

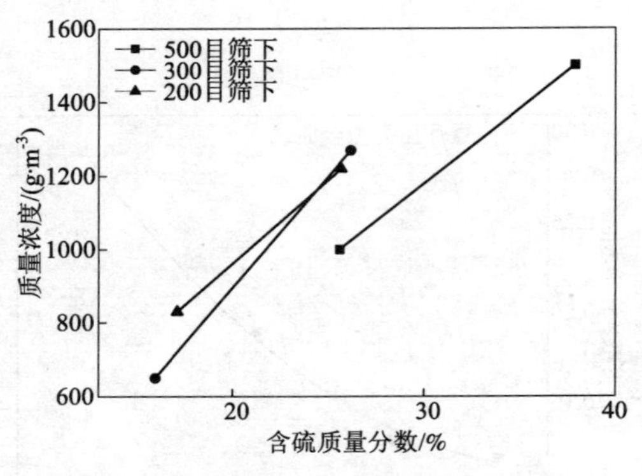

图 7－79　达到最大爆炸压力时质量浓度与含硫量的关系

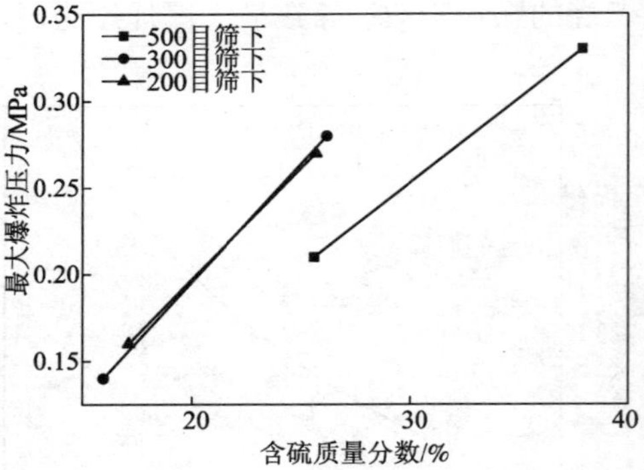

图 7－80　最大爆炸压力与含硫量的关系

7.4　基于 GRNN 模型的硫化矿尘云最大爆炸压力预测

7.4.1　GRNN 网络结构

20 世纪 90 年代初，Donald F. Specht 博士首次提出了广义回归神经网络(generalized regression neural network，GRNN)的概念[189]。作为径向基函数神经网络的一种，它具有非线性映射能力强、对不稳定数据分析处理效果好、高度容错性和鲁棒性等特点，并能在样本数量不足的条件下建立良好的预测模型[190]。

GRNN 包含 4 个结构层，依次为输入层、模式层、求和层及输出层，其拓扑结构如图 7－81 所示。其中，$\boldsymbol{X}=[x_1, x_2, \cdots, x_n]^{\mathrm{T}}$ 对应为网络输入，$\boldsymbol{Y}=[y_1, y_2, \cdots, y_n]^{\mathrm{T}}$ 对应为网络输出。

1. 输入层

作为一种简单的分布单元，输入层各神经元可以直接给模式层传递输入变量，同时，输入层神经元的数目与学习样本中输入向量的维数一致。

2. 模式层

模式层神经元的数目与学习样本的数目相同，各神经元与各样本之间形成一一对应，模式层神经元的传递函数如式(7－1)所示：

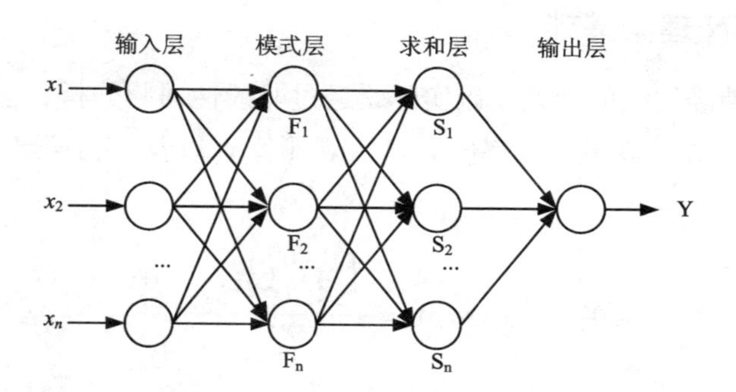

图 7－81　硫化矿尘云爆炸压力预测 GRNN 拓扑结构图

$$\boldsymbol{p}_i = \exp\left[-\frac{(\boldsymbol{X}-X_i)^{\mathrm{T}}(\boldsymbol{X}-X_i)}{2\sigma^2}\right](i=1,2,\cdots,n) \tag{7-1}$$

3. *求和层*

求和层求和主要采用两类神经元。

第一类神经元主要通过对各模式层中神经元的各项输出进行求和，其模式层和各神经元的连接权值均为 1，计算公式与传递函数分别如式(7－2)、式(7－3)所示。

$$\boldsymbol{f}_1 = \sum_{i=1}^{n}\exp\left[-\frac{(\boldsymbol{X}-X_i)^{\mathrm{T}}(\boldsymbol{X}-X_i)}{2\sigma^2}\right] \tag{7-2}$$

$$\boldsymbol{S}_{\mathrm{D}} = \sum_{i=1}^{n}\boldsymbol{P}_i \tag{7-3}$$

第二类神经元计算公式主要采用加权求和的方法对各模式层神经元进行求和，其中，模式层中第 i 个神经元与求和层中第 j 个分子求和神经元之间的连接权值为第 i 个输出样本 Y_i 中的第 j 个元素，计算公式与传递函数分别如式(7－4)、式(7－5) 所示。

$$\boldsymbol{f}_2 = \sum_{i=1}^{n}Y_i\exp\left[-\frac{(\boldsymbol{X}-X_i)^{\mathrm{T}}(\boldsymbol{X}-X_i)}{2\sigma^2}\right] \tag{7-4}$$

$$\boldsymbol{S}_{\mathrm{N}j} = \sum_{i=1}^{n}y_{ij}\boldsymbol{P}_i(j=1,2,\cdots,k) \tag{7-5}$$

4. *输出层*

输出层中各神经元的数目与学习样本中输出向量 $S_{\mathrm{N}j}$ 的维数相等，与求和层的输出向量 S_{D} 的维数亦相等，神经元 j 的输出与估计结果 $\boldsymbol{Y}(\boldsymbol{X})$ 的第 j 个元素形成一一对应，如式(7－6) 所示。

$$\boldsymbol{y}_i = \frac{\boldsymbol{S}_{\mathrm{N}j}}{\boldsymbol{S}_{\mathrm{D}}}(j=1,2,\cdots,k) \tag{7-6}$$

7.4.2 GRNN 理论基础

广义回归神经网络的理论基础实际是通过非线性回归分析，建立联合概率密度函数$f(x, y)$，并计算最大概率值y。输入观测值x_k以及预测输出y，可得x_k的回归方程$\hat{\boldsymbol{Y}}$为

$$\hat{\boldsymbol{Y}} = \boldsymbol{E}(y/x_k) = \frac{\int_{-\infty}^{+\infty} y \int (x_k, y) \mathrm{d}y}{\int_{-\infty}^{+\infty} \int (x_k, y) \mathrm{d}y} \tag{7-7}$$

经 Parzen 非参数估计，概率密度函数$f(x, y)$可由样本集$\{x_i, y_i\}$估算得到：

$$\hat{f}(x_k, y) = \frac{1}{n(2\pi)^{(p+1)/2}\sigma^{p+1}} \sum_{i=1}^{n} \exp\left[-\frac{(x_k - x_i)^{\mathrm{T}}(x_k - x_i)}{2\sigma^2}\right] \exp\left[-\frac{(x_k - y_i)^2}{2\sigma^2}\right] \tag{7-8}$$

式中：x_i、y_i为随机变量x和y的样本观测值；n为样本容量；p为随机变量x的维数；σ为光滑因子。

将式(7－8)带入式(7－7)，可得

$$\hat{\boldsymbol{Y}}(x) = \frac{\sum_{i=1}^{n} \exp\left[-\frac{(x_k - x_i)^{\mathrm{T}}(x_k - x_i)}{2\sigma^2}\right] \int_{-\infty}^{+\infty} y \exp\left[-\frac{(y - y_i)^2}{2\sigma^2}\right] \mathrm{d}y}{\sum_{i=1}^{n} \exp\left[-\frac{(x_k - x_i)^{\mathrm{T}}(x_k - x_i)}{2\sigma^2}\right] \int_{-\infty}^{+\infty} \exp\left[-\frac{(y - y_i)^2}{2\sigma^2}\right] \mathrm{d}y} \tag{7-9}$$

因为

$$\int_{-\infty}^{+\infty} z\mathrm{e}^{-z^2} \mathrm{d}z = 0 \tag{7-10}$$

整理式(7－9)、式(7－10)可得

$$\hat{\boldsymbol{Y}}(x) = \frac{\sum_{i=1}^{n} y_i \exp\left[-\frac{(x_k - x_i)^{\mathrm{T}}(x_k - x_i)}{2\sigma^2}\right]}{\sum_{i=1}^{n} \exp\left[-\frac{(x_k - x_i)^{\mathrm{T}}(x_k - x_i)}{2\sigma^2}\right]} \tag{7-11}$$

7.4.3 硫化矿尘云爆炸压力预测

7.4.3.1 硫化矿尘云爆炸压力预测模型

硫化矿尘云爆炸实验的影响因素很多，本预测模型主要采用含硫量、粒径、浓度、矿石含水率、Fe 的含量五项指标作为网络输入值，以硫化矿尘云最大爆炸压力$P_{\max}$作为网络输出值，建立 GRNN 硫化矿尘云最大爆炸压力预测模型。临界爆炸压力取 0.145 MPa，即预测结果高于该压力视为发生爆炸，反之则不爆。

1. B200 最大爆炸压力预测模型

将 A500、B300、B500、C200、C300、C500、D200、D300、D500 组实验数据作为网络的训练样本，用以预测 B200 组数据。其中，训练样本数据为 69 组，预测数据为 10 组。

2. B300 最大爆炸压力预测模型

将 A500、B200、B500、C200、C300、C500、D200、D300、D500 组实验数据作为网络的训练样本，用以预测 B300 组数据。其中，训练样本数据为 67 组，预测数据为 12 组。

3. B500 最大爆炸压力预测模型

将 A500、B200、B300、C200、C300、C500、D200、D300、D500 组实验数据作为网络的训练样本，用以预测 B500 组数据。其中，训练样本数据为 68 组，预测数据为 11 组。

4. C200 最大爆炸压力预测模型

对数据进行分类，将 A500、B200、B300、B500、C300、C500、D200、D300、D500 组实验数据作为网络的训练样本，用以预测 C200 组数据。其中，训练样本数据为 69 组，预测数据为 10 组。

7.4.3.2　B200 组硫化矿尘云爆炸压力预测

通过 GRNN 模型对 B200 组硫化矿尘云最大爆炸压力 P_{max} 预测，可以得到 P_{max} 预测结果，如表 7－15 所示。

表 7－15　B200 组硫化矿尘云最大爆炸压力预测结果

质量浓度 /(g·m^{-3})	含硫量 /%	粒径 /μm	矿石含水率 /%	含 Fe /%	最大爆炸压力 /MPa	预测最大爆炸压力 /MPa	预测误差 /%
60	25.68	9.467	0.098	27.24	0.13991	0.128002	8.51
230	25.68	9.467	0.098	27.24	0.141799	0.143955	－1.52
240	25.68	9.467	0.098	27.24	0.145579	0.147835	－1.55
250	25.68	9.467	0.098	27.24	0.146523	0.148918	－1.63
260	25.68	9.467	0.098	27.24	0.147468	0.149638	－1.47
300	25.68	9.467	0.098	27.24	0.148413	0.153131	－3.18
500	25.68	9.467	0.098	27.24	0.182427	0.158239	13.26
750	25.68	9.467	0.098	27.24	0.19093	0.189109	0.95
1000	25.68	9.467	0.098	27.24	0.24762	0.239993	3.08
1500	25.68	9.467	0.098	27.24	0.194709	0.198961	－2.18

对硫化矿尘云最大爆炸压力预测结果进行整理分析可知，B200 组的爆炸压力预测效果整体良好，误差均在 15% 以内，各实验组预测的平均误差为 3.73%，最大误差为 13.26%。同时，对爆炸下限浓度的预测精确度高，预测结果为 230 g/m^3，与实验结果一致，如图 7 - 82 所示。

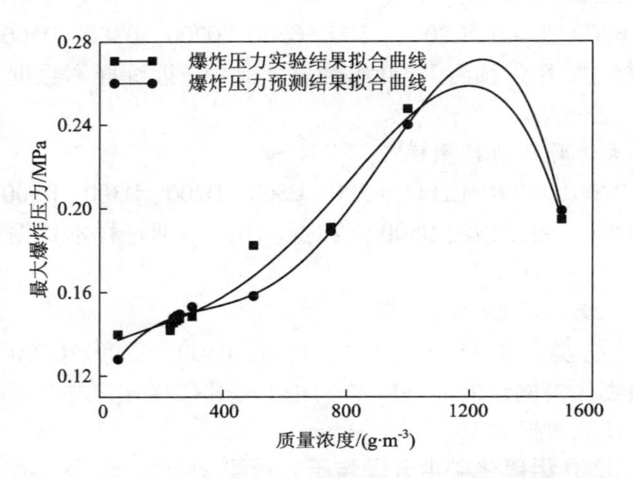

图 7 - 82　B200 组硫化矿尘云最大爆炸压力随质量浓度变化的实验与预测结果拟合曲线

7.4.3.3　B300 **组硫化矿尘云爆炸压力预测**

通过 GRNN 模型对 B300 组硫化矿尘云最大爆炸压力 P_{max} 预测，可以得到 P_{max} 预测结果，如表 7 - 16 所示。

表 7 - 16　B300 组硫化矿尘云最大爆炸压力预测结果

质量浓度 /(g·m^{-3})	含硫量 /%	粒径 /μm	矿石含水率 /%	含铁量 /%	最大爆炸压力 /MPa	预测最大爆炸压力 /MPa	预测误差 /%
60	26.18	6.185	0.098	28.05	0.113455	0.125417	-10.54
150	26.18	6.185	0.098	28.05	0.133296	0.144514	-8.42
160	26.18	6.185	0.098	28.05	0.145579	0.145420	0.11
170	26.18	6.185	0.098	28.05	0.148413	0.146112	1.55
180	26.18	6.185	0.098	28.05	0.149358	0.146647	1.82
250	26.18	6.185	0.098	28.05	0.153137	0.148572	2.98
280	26.18	6.185	0.098	28.05	0.157861	0.149123	5.54

续表 7－16

质量浓度 /(g·m⁻³)	含硫量 /%	粒径 /μm	矿石含水率 /%	含铁量 /%	最大爆炸压力 /MPa	预测最大爆炸压力 /MPa	预测误差 /%
350	26.18	6.185	0.098	28.05	0.157861	0.150263	4.81
500	26.18	6.185	0.098	28.05	0.161641	0.151938	6.00
750	26.18	6.185	0.098	28.05	0.189041	0.206992	-9.50
1000	26.18	6.185	0.098	28.05	0.240061	0.206992	13.78
1500	26.18	6.185	0.098	28.05	0.21644	0.184316	14.84

对硫化矿尘云最大爆炸压力预测结果进行整理分析可知，B300 组所有浓度基点的预测误差均在 15% 以内，其中最大误差为 14.84%，平均误差为 6.66%。同时，对爆炸下限浓度的预测精确度高，预测结果为 150 g/m³，与实验结果一致，预测效果良好，如图 7－83 所示。

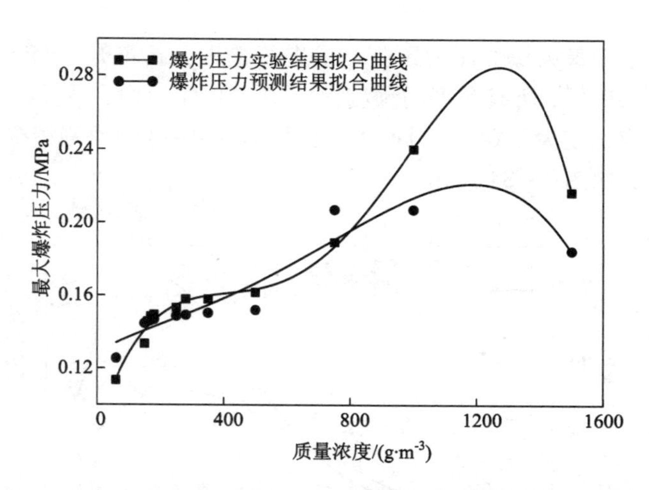

图 7－83　B300 组硫化矿尘云最大爆炸压力随质量浓度变化的实验与预测结果拟合曲线

7.4.3.4　B500 组硫化矿尘云爆炸压力预测

通过 GRNN 模型对 B500 组硫化矿尘云最大爆炸压力 P_{max} 预测，可以得到 P_{max} 预测结果，如表 7－17 所示。

表 7-17 B500 组硫化矿尘云最大爆炸压力预测结果

质量浓度 /(g·m^{-3})	含硫量 /%	粒径 /μm	矿石含水率 /%	含铁量 /%	最大爆炸压力/MPa	预测最大爆炸压力 /MPa	预测误差 /%
50	25.60	3.563	0.098	26.44	0.122903	0.123641	-0.60
200	25.60	3.563	0.098	26.44	0.141799	0.141134	0.47
210	25.60	3.563	0.098	26.44	0.146523	0.145980	0.37
220	25.60	3.563	0.098	26.44	0.145579	0.146792	-0.83
230	25.60	3.563	0.098	26.44	0.151248	0.147652	2.38
250	25.60	3.563	0.098	26.44	0.153137	0.149633	2.29
500	25.60	3.563	0.098	26.44	0.191875	0.171474	10.63
750	25.60	3.563	0.098	26.44	0.196599	0.202806	-3.16
1000	25.60	3.563	0.098	26.44	0.206992	0.220061	-6.31
1500	25.60	3.563	0.098	26.44	0.184316	0.194551	-5.55

对硫化矿尘云最大爆炸压力预测结果进行整理分析可知，B500 组共计 10 组数据的预测效果良好，所有数据的预测误差均在 15% 以内，最大误差为 10.63%，预测数据的平均误差为 3.05%。同时，对爆炸下限浓度的预测精确度高，预测结果为 200 g/m^3，如图 7-84 所示。。

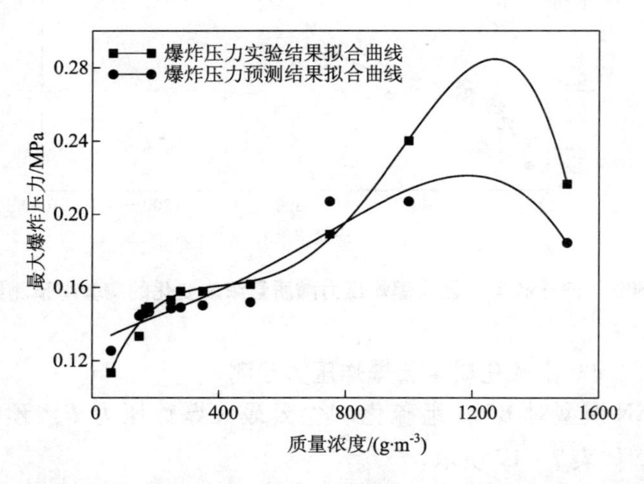

图 7-84 B500 组硫化矿尘云最大爆炸压力随质量浓度变化的实验与预测结果拟合曲线

7.4.3.5　C200 组硫化矿尘云爆炸压力预测

通过 GRNN 模型对 C200 组硫化矿尘云最大爆炸压力 P_{max} 预测，可以得到 P_{max} 预测结果，如表 7－18 所示。

表 7－18　C200 组硫化矿尘云最大爆炸压力预测结果

质量浓度 /(g·m^{-3})	含硫量 /%	粒径 /μm	矿石含水率 /%	含铁量 /%	最大爆炸压力 /MPa	预测最大爆炸压力 /MPa	预测误差 /%
60	17.12	9.287	0.203	23.37	0.129517	0.128058	1.13
250	17.12	9.287	0.203	23.37	0.124792	0.122566	1.78
500	17.12	9.287	0.203	23.37	0.127627	0.130481	－2.24
600	17.12	9.287	0.203	23.37	0.141799	0.14072	0.76
630	17.12	9.287	0.203	23.37	0.141799	0.146073	－3.01
640	17.12	9.287	0.203	23.37	0.144634	0.147164	－1.75
650	17.12	9.287	0.203	23.37	0.148413	0.147052	0.92
750	17.12	9.287	0.203	23.37	0.157861	0.146359	7.29
1000	17.12	9.287	0.203	23.37	0.151248	0.134174	11.29
1500	17.12	9.287	0.203	23.37	0.120068	0.122442	－1.98

分析预测结果可知，通过 GRNN 神经网络模型对硫化矿尘云最大爆炸压力的预测数据与原始数据的相关性良好，预测误差均在 15% 以内，最大误差为 11.29%，平均误差为 3.21%，如图 7－85 所示。由预测数据得到的爆炸下限浓度为(600, 630) g/m^3，与实验结果 640 g/m^3 间存在一定的误差，这主要是由于 C 组只有 C200 组发生爆炸，而 C300、C500 组均未发生爆炸，相比于 B 组(均发生爆炸)，实验样本偏少。

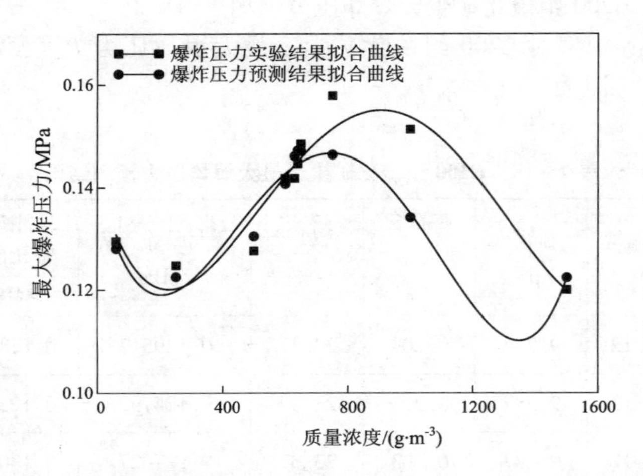

图 7－85　C200 组硫化矿尘云最大爆炸压力随质量浓度变化的实验与预测结果拟合曲线

7.5　本章小结

本章采用 20 L 球形爆炸装置，以含硫量与粒径为主要影响因素进行实验，分析了爆炸实验数据与主要影响因子间的规律，并利用 GRNN 模型建立了硫化矿尘最大爆炸压力 P_{max} 的预测模型。得到以下主要结论：

(1)针对硫化矿尘云爆炸强度参数研究，主要对高含硫组(B 类)、中含硫组(C 类)、低含硫组(D 类)进行了实验，获得各实验组的最大爆炸压力 P_{max}、最大爆炸压力上升速率$(d_p/d_t)_{max}$及爆炸指数 K_{st} 三项数据。

(2)利用最大爆炸压力上升速率与爆炸指数两项指标对硫化矿尘的爆炸猛烈度进行分级，结果表明，含硫量低于 37.9% 的硫化矿尘均属于弱爆炸性粉尘，爆炸猛烈度均为 St1 级。

(3)质量浓度对硫化矿尘云爆炸的影响主要体现在可爆实验组上，对不可爆实验组影响不明显。随浓度的增大，可爆实验组的最大爆炸压力先增大后减小，并存在最大爆炸压力峰值。

(4)含硫量对硫化矿尘云爆炸的影响比粒径更明显，随着含硫量的增大，硫化矿尘的爆炸性增强，硫化矿尘的爆炸压力也增大。其中，超高含硫组(A 类)极易爆、高含硫组(B 类)易爆、中含硫组(C 类)可爆、低含硫组(D 类)不爆。从实验角度来说，硫化矿尘的爆炸临界含硫量应为 16% ~17%，含硫量高于 17% 的硫化矿尘爆炸风险高，而含硫量低于 16% 的硫化矿尘爆炸风险低。硫化矿尘爆炸临界含硫量的确定，为高硫矿山预防硫化矿尘爆炸事故的发生提供了数据参考。

(5)粒径对硫化矿尘爆炸的影响主要体现在燃烧持续时间 t_{CF} 上，同含硫级的实验组在质量浓度低于250 g/m^{3}时，随着粒径的减小，粉尘更容易形成稳定粉尘云，使爆炸火焰传播得更好，燃烧持续时间也随之增长。而随着质量浓度的增大，粉尘的燃烧持续时间主要受含硫量与浓度共同影响。

(6)以硫化矿尘的含硫量、粒径、浓度、Fe的含量及矿石的含水率五个参数作为输入指标，硫化矿尘的最大爆炸压力 P_{max} 作为输出指标，构建了GRNN神经网络预测模型。模型对B200组、B300组、B500组和C200组的最大爆炸压力的预测效果良好，各组的平均预测误差依次为：3.73%、6.66%、3.05%和3.21%。

第8章　硫化矿尘云爆炸下限浓度实验研究

8.1　实验依据

硫化矿尘云爆炸下限浓度（C_{min}）在硫化矿尘云通过爆炸性检测的基础上进行确定，参照GB/T 16425—1996《粉尘云爆炸下限浓度测定方法》，在爆炸强度实验中最低爆炸浓度与最高不爆浓度中逐步缩小区间，首先以最高不爆浓度作为区间下限，取10 g/m^{3}的整数倍增加实验样品，当某一浓度（C_1）的压力值等于或大于0.15 MPa时，再以10 g/m^{3}的级差减小粉尘浓度进行实验，若某一浓度（C_2）的压力小于0.15 MPa时，需进行重复实验，直至3次实验结果均小于0.15 MPa，则该组试样的爆炸下限浓度为$C_2 \sim C_1$且趋于C_2。

8.2　硫化矿尘云爆炸下限浓度确定

粉尘爆炸下限浓度是指在常温、常压实验条件下，依照现有标准，在规定爆炸容器中测定能够维持可燃粉尘火焰传播所产生的必要爆炸压力的最低浓度。本章将在上一章研究成果的基础上对硫化矿尘云爆炸下限浓度C_{min}进行研究，即对B200组、B300组、B500组、C200组的爆炸下限浓度进行研究分析。通过实验获得相应条件下硫化矿尘云爆炸下限浓度，为高硫矿山控制作业环境的硫化矿尘云浓度，以及预防硫化矿尘云爆炸提供参考。

8.2.1　爆炸下限浓度的实验确定

1. B200组

由第7章确定B200组硫化矿尘云爆炸下限浓度范围为60～250 g/m^3，现进一步缩小其区间，直至确定爆炸下限浓度。先对B200组浓度为200 g/m^{3}硫化矿尘云在10 kJ点火能量条件下进行爆炸实验，其最大爆炸压力为0.13 MPa，小于0.15 MPa，说明未发生爆炸。因而进一步将爆炸下限浓度缩小至200～250 g/m^3。在200～250 g/m^{3}浓度内以10 g/m^{3}为级差，逐级往下进行爆炸实验，尽管浓度为240 g/m^{3}的实验组前两次实验均未发生爆炸，最大爆炸压力分别为0.14 MPa、0.13 MPa，但第3次实验的最大爆炸压力为0.15 MPa，即发生了爆炸，按照GB/T 16425—1996仍视硫化矿尘云在该浓度范围能够发生爆炸。对浓度为230 g/m^{3}的硫化矿尘云进行实验，该浓度范围的硫化矿尘云在连续 3 次实验中最大爆炸压力均为 0.14 MPa，均未发生爆炸。经实验可得，B200 组硫化矿尘云的爆炸下限浓度为 230 ~ 240 g/m^3，C_{min} 约为 230 g/m^3。爆炸压力曲线见图 8 - 1 ~ 图 8 - 7，各实验质量浓度下的爆炸强度参数如表 8 - 1 所示。

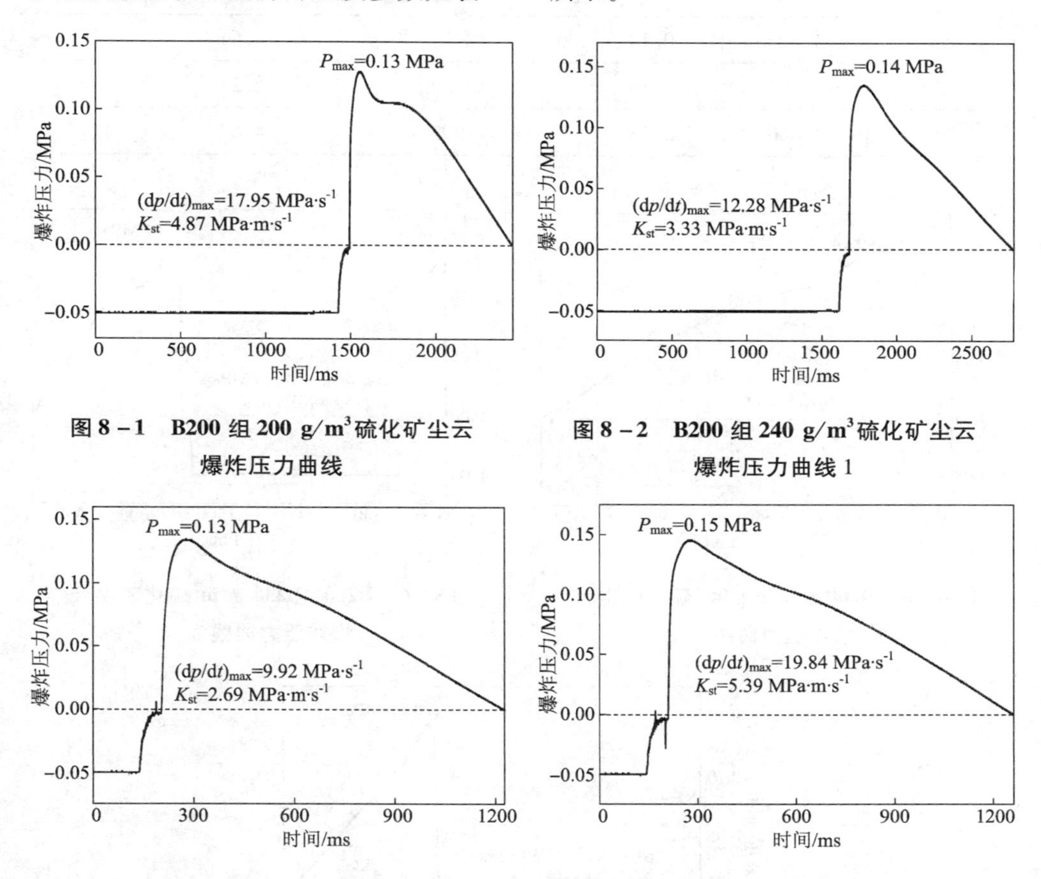

图 8 - 1 B200 组 200 g/m^3 硫化矿尘云爆炸压力曲线

图 8 - 2 B200 组 240 g/m^3 硫化矿尘云爆炸压力曲线 1

图 8 - 3 B200 组 240 g/m^3 硫化矿尘云爆炸压力曲线 2

图 8 - 4 B200 组 240 g/m^3 硫化矿尘云爆炸压力曲线 3

表 8 - 1 B200 组各实验质量浓度下的爆炸强度参数

矿尘浓度 /(g · m^{-3})	矿尘质量 /g	最大爆炸压力/MPa	最大爆炸压力上升速率/(MPa · s^{-1})	爆炸指数 /(MPa · m · s^{-1})	爆炸与否
240	4.799	0.14	12.28	3.33	否
240	4.801	0.13	9.92	2.69	否
240	4.805	0.15	19.84	5.39	是

续表 8－1

矿尘浓度/(g·m⁻³)	矿尘质量/g	最大爆炸压力/MPa	最大爆炸压力上升率/(MPa·s⁻¹)	爆炸指数/(MPa·m·s⁻¹)	爆炸与否
230	4.602	0.14	22.67	6.15	否
230	4.603	0.14	20.78	5.64	否
230	4.603	0.14	15.59	4.23	否
200	4.006	0.13	17.95	4.87	否

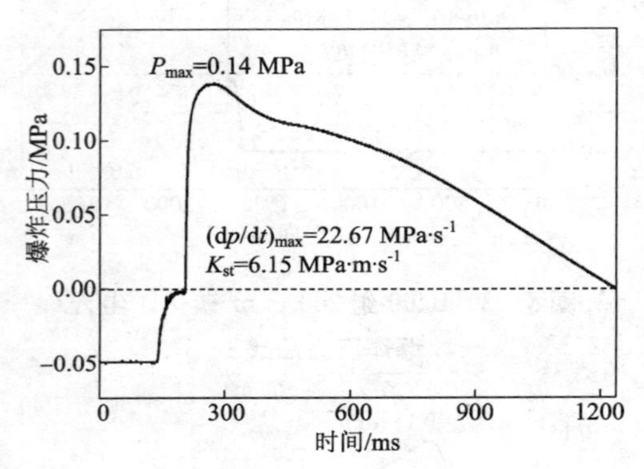

图 8－5　B200 组 230 g/m³ 硫化矿尘云爆炸压力曲线 1

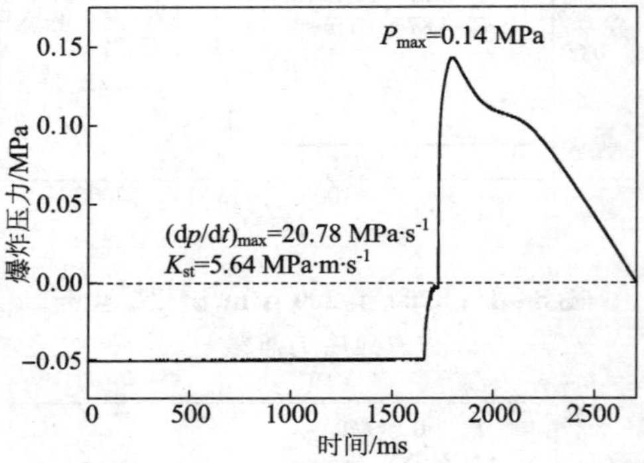

图 8－6　B200 组 230 g/m³ 硫化矿尘云爆炸压力曲线 2

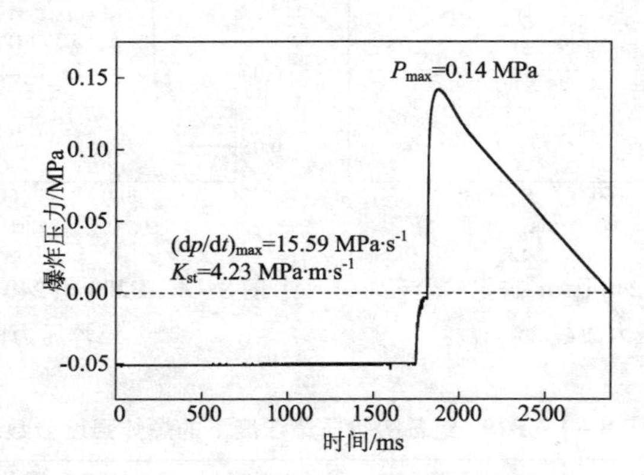

图 8－7　B200 组 230 g/m³ 硫化矿尘云爆炸压力曲线 3

2. B300 组

由第 7 章确定 B300 组硫化矿尘云的爆炸下限浓度范围为 60～250 g/m³，现进一步缩小区间，直至确定爆炸下限浓度。B300 组在浓度为 190 g/m³ 下的硫化矿尘云最大爆炸压力为0.19 MPa，其值大于0.15 MPa，说明硫化矿尘云在该浓度下发生了爆炸。由 B200 爆炸下限浓度实验结果可推测，B300 组爆炸下限浓度在 60～190 g/m^{3}内应更接近 190 g/m^3。因此，在该范围内以 10 g/m^{3}为级差逐步往下进行爆炸实验。浓度为 180 g/m^{3}的硫化矿尘云在第 1 次实验的最大爆炸压力为 0.14 MPa，其值小于 0.15 MPa，说明未发生爆炸，但第 2 次实验最大爆炸压力为 0.15 MPa，说明发生爆炸，则认为其在该浓度范围可爆。继续以 10 g/m^{3}为级差逐步往下进行爆炸实验，由于 B300 组浓度为 170 g/m^{3}与 160 g/m^{3}的硫化矿尘云最大爆炸压力均为0.15 MPa，试样矿尘发生爆炸。对浓度为 150 g/m^{3}的硫化矿尘云进行 3 次连续爆炸实验均未发生爆炸，其最大爆炸压力分别为 0.14 MPa、0.14 MPa和 0.13 MPa。经实验可得，B300 组硫化矿尘云的爆炸下限浓度为150～160 g/m^3，C_{min}约为 150 g/m^3。爆炸压力曲线见图 8－8～图 8－15，各实验质量浓度下的爆炸强度参数如表 8－2 所示。

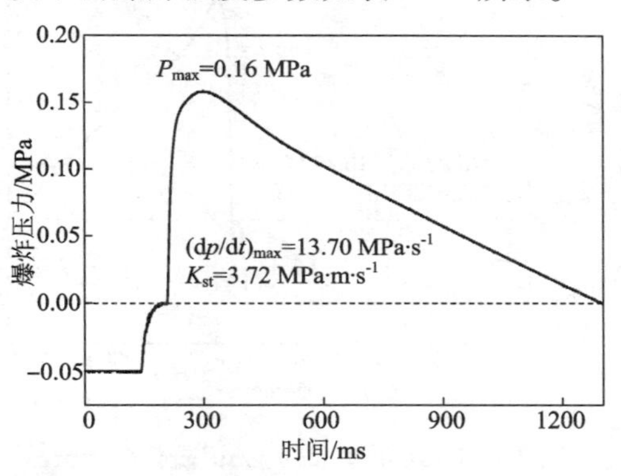

图 8－8　B300 组 190 g/m^{3}硫化矿尘云爆炸压力曲线

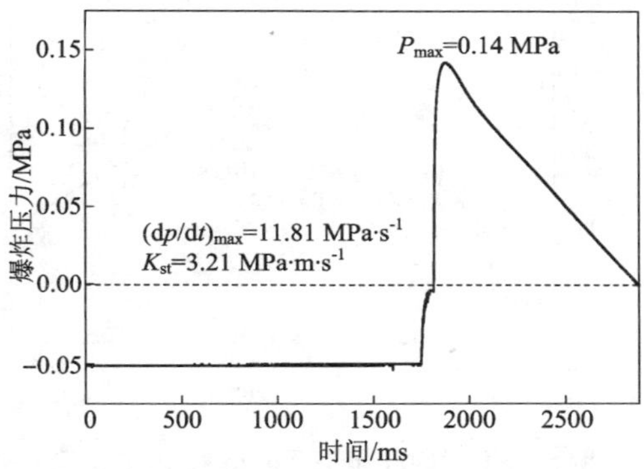

图 8－9　B300 组 180 g/m^{3}硫化矿尘云爆炸压力曲线 1

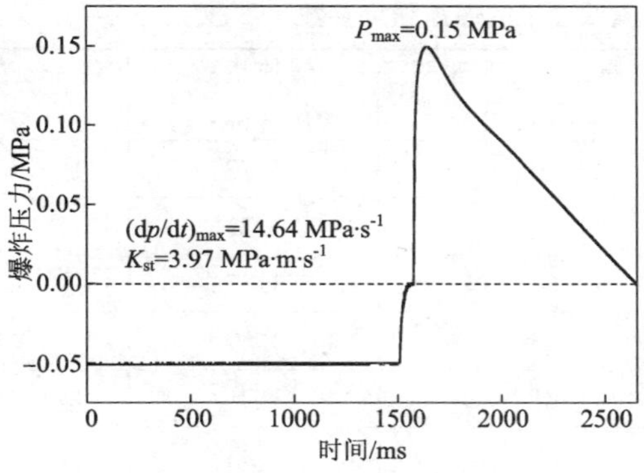

图 8－10　B300 组 180 g/m^{3}硫化矿尘云爆炸压力曲线 2

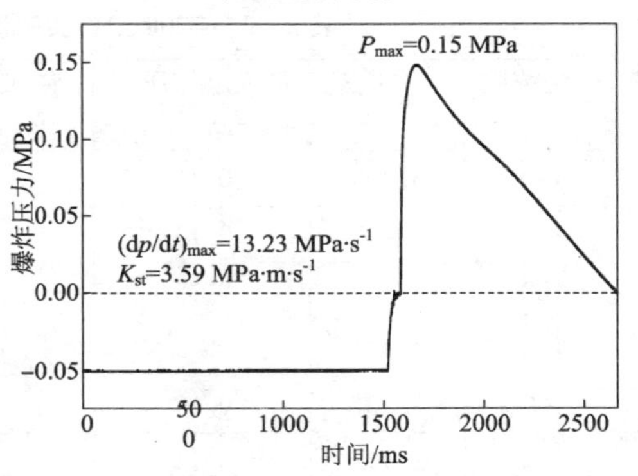

图 8－11　B300 组 170 g/m^{3}硫化矿尘云爆炸压力曲线

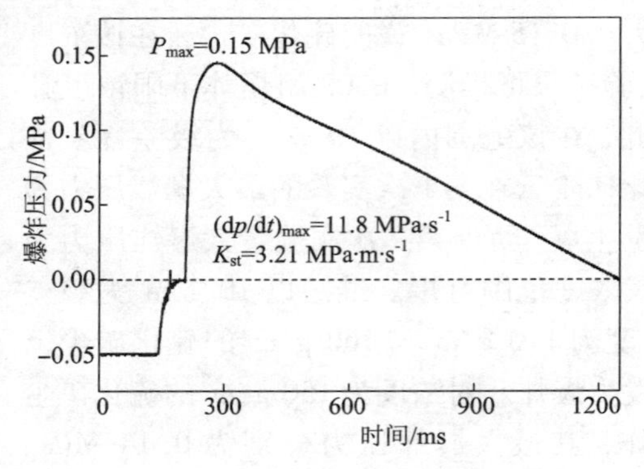

图 8-12　B300 组 160 g/m³ 硫化矿尘云爆炸压力曲线

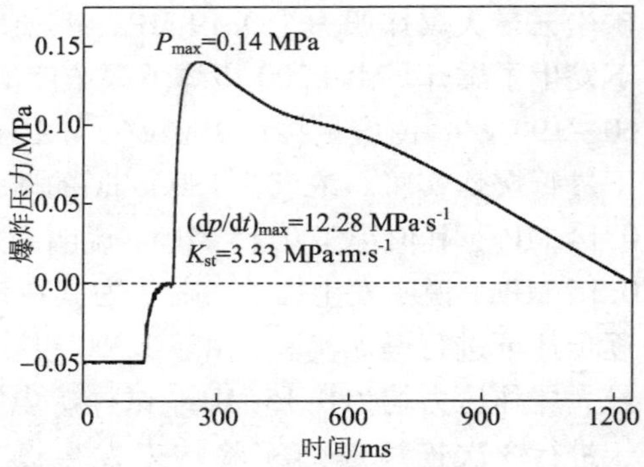

图 8-13　B300 组 150 g/m³ 硫化矿尘云爆炸压力曲线 1

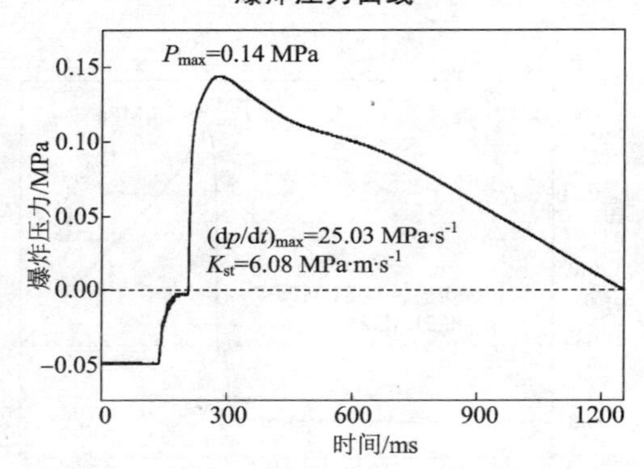

图 8-14　B300 组 150 g/m³ 硫化矿尘云爆炸压力曲线 2

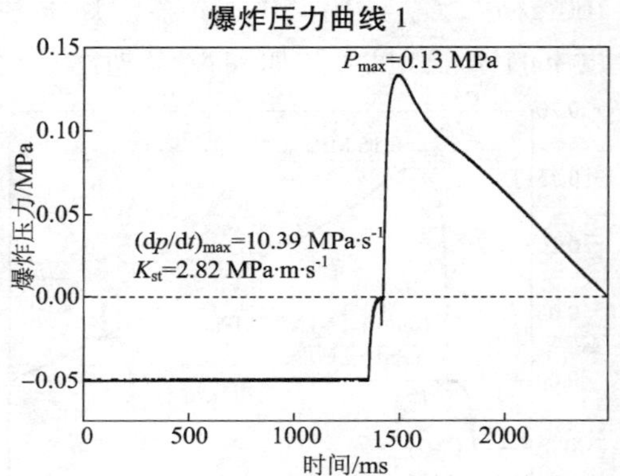

图 8-15　B300 组 150 g/m³ 硫化矿尘云爆炸压力曲线 3

表 8-2　B300 组各实验质量浓度下的爆炸强度参数

矿尘浓度 /(g·m^{-3})	矿尘质量 /g	最大爆炸压力 /MPa	最大爆炸压力上升速率 /(MPa·s^{-1})	爆炸指数 /(MPa·m·s^{-1})	爆炸与否
190	3.808	0.16	13.70	3.72	是
180	3.607	0.14	11.81	3.21	否
180	3.605	0.15	14.64	3.97	是
170	3.403	0.15	13.23	3.59	是
160	3.201	0.15	11.81	3.21	是
150	2.991	0.14	12.28	3.33	否
150	3.004	0.14	25.03	6.80	否
150	2.999	0.13	10.39	2.82	否

3. B500 组

由第 7 章确定 B500 组硫化矿尘云的爆炸下限浓度为 60 ~ 250 g/m^3，现进一步缩小其区间，直至确定爆炸下限浓度。先对 125 g/m^3 与 230 g/m^3 两个浓度点的硫化矿尘云进行爆炸实验，两个浓度点的最大爆炸压力分别为 0.14 MPa、0.15 MPa，前者未发生爆炸，后者发生爆炸，由此将爆炸下限浓度区间进一步缩小至 125 ~ 230 g/m^3。依据 B200 组实验经验，对爆炸区间以 10 g/m^3 为级差逐步往下进行爆炸实验。浓度为 230 g/m^3 与 220 g/m^3 的硫化矿尘云最大爆炸压力均为 0.15 MPa，即实验均发生爆炸。而浓度为 210 g/m^3 的硫化矿尘云在前 2 次实验中均未发生爆炸，最大爆炸压力均为 0.14 MPa，但第 3 次实验最大爆炸压力为 0.15 MPa，矿尘发生爆炸。对浓度为 200 g/m^3 的硫化矿尘云进行 3 次连续实验，3 次实验均未发生爆炸，最大爆炸压力分别为 0.13 MPa、0.14 MPa 和 0.14 MPa。经实验可得，B500 组硫化矿尘云的爆炸下限浓度为 200 ~ 210 g/m^3，C_{min} 约为 200 g/m^3。爆炸压力曲线见图 8 - 16 ~ 图 8 - 24，各实验质量浓度下的爆炸强度参数如表 8 - 3 所示。

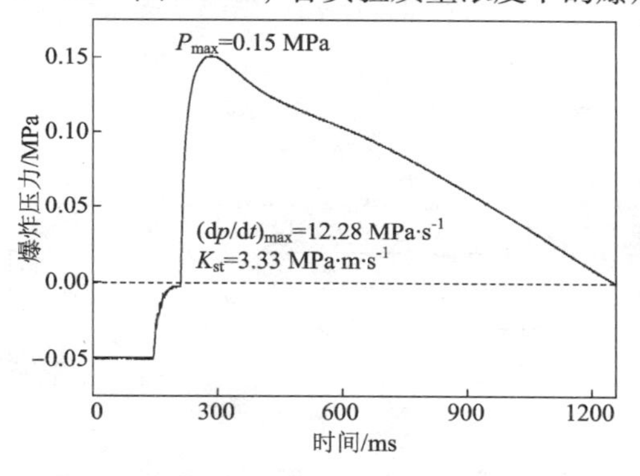

图 8 - 16　B500 组 230 g/m^3 硫化矿尘云爆炸压力曲线

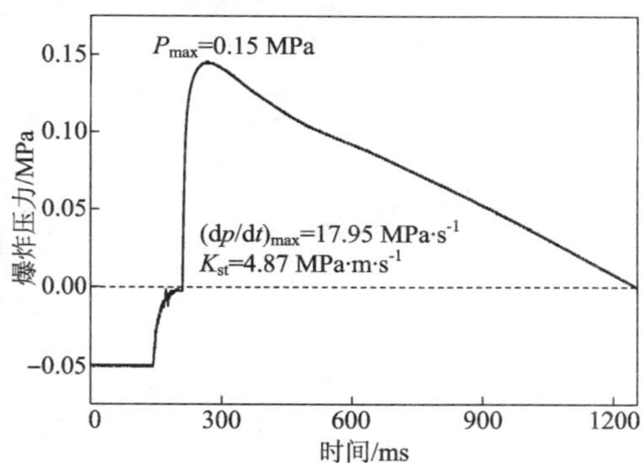

图 8 - 17　B500 组 220 g/m^3 硫化矿尘云爆炸压力曲线

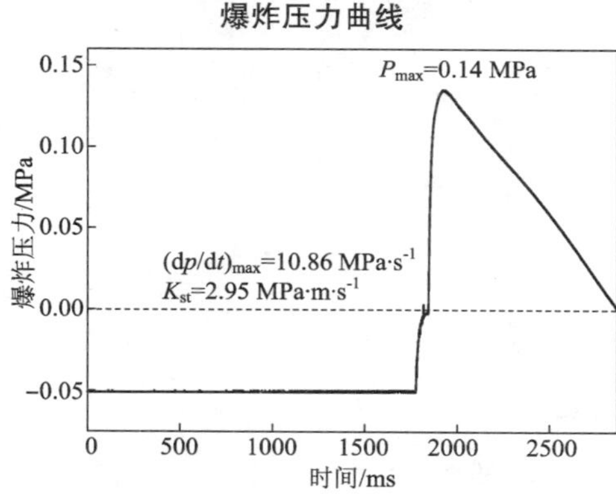

图 8 - 18　B500 组 210 g/m^3 硫化矿尘云爆炸压力曲线 1

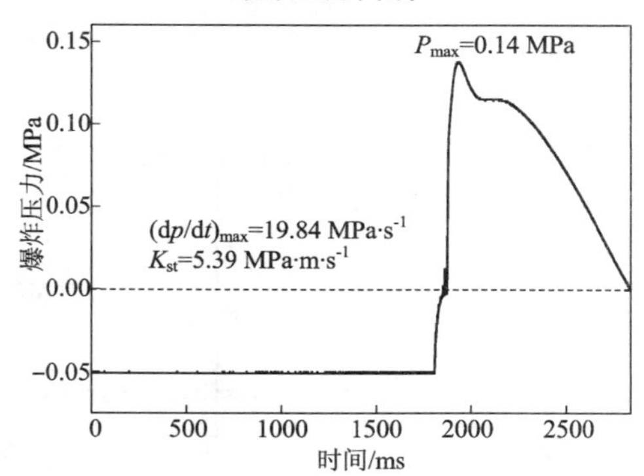

图 8 - 19　B500 组 210 g/m^3 硫化矿尘云爆炸压力曲线 2

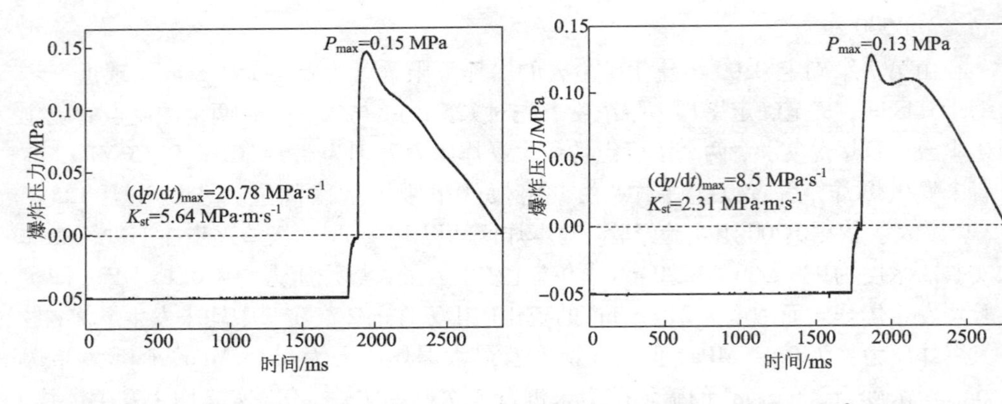

图 8－20　B500 组 210 g/m^3 硫化矿尘云爆炸压力曲线 3

图 8－21　B500 组 200 g/m^3 硫化矿尘云爆炸压力曲线 1

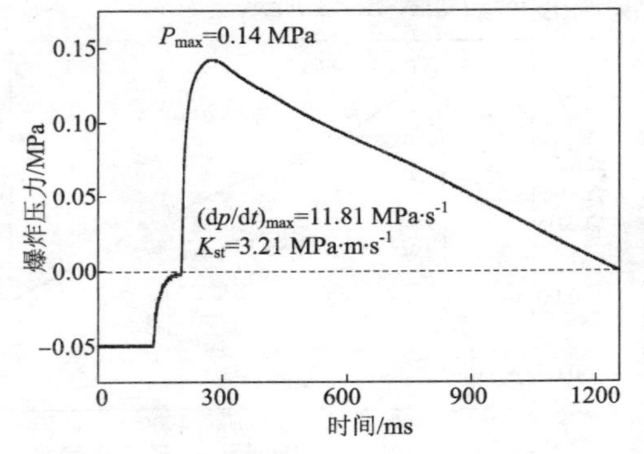

图 8－22　B500 组 200 g/m^3 硫化矿尘云爆炸压力曲线 2

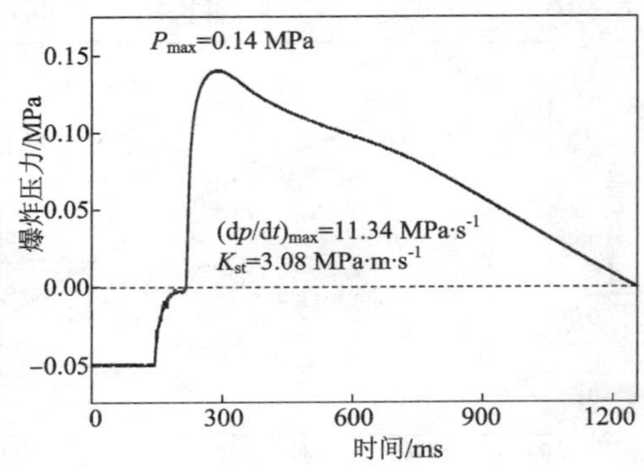

图 8－23　B500 组 200 g/m^3 硫化矿尘云爆炸压力曲线 3

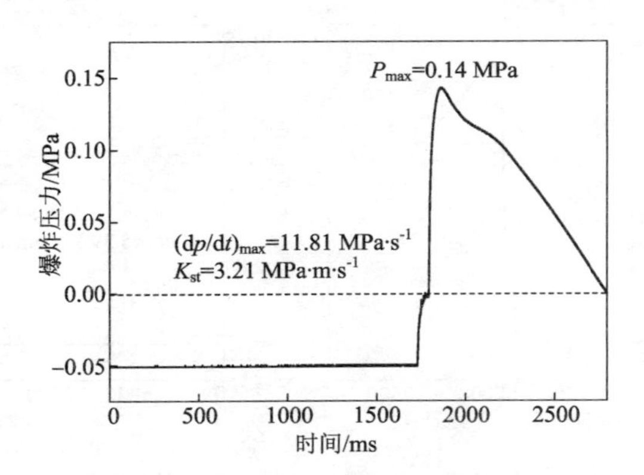

图 8－24　B500 组 125 g/m^3 硫化矿尘云爆炸压力曲线

表 8－3　B500 组各实验质量浓度下的爆炸强度参数

矿尘浓度 /(g·m⁻³)	矿尘质量 /g	最大爆炸压力 /MPa	最大爆炸压力上升速率 /(MPa·s⁻¹)	爆炸指数 /(MPa·m·s⁻¹)	爆炸与否
230	4.601	0.15	12.28	3.33	是
220	4.401	0.15	17.95	4.87	是
210	4.200	0.14	10.86	2.95	否
210	4.206	0.14	19.84	5.39	否
210	4.208	0.15	20.78	5.64	是
200	4.006	0.13	8.50	2.31	否
200	4.005	0.14	11.81	3.21	否
200	4.007	0.14	11.34	3.08	否
125	2.500	0.14	11.81	3.21	否

4. C200 组

C200 组为中含硫组中唯一存在爆炸区间的实验组，其爆炸下限浓度为 500～750 g/m³，现进一步缩小其爆炸区间，直至确定爆炸下限浓度。对浓度为 600 g/m³ 与 650 g/m³的硫化矿尘云进行爆炸实验，其最大爆炸压力分别为 0.14 MPa、0.15 MPa，爆炸下限浓度区间进一步缩小至 600～650 g/m³。对浓度为 630 g/m³ 进行爆炸实验，其最大爆炸压力为 0.14 MPa，硫化矿尘云未发生爆炸。于是对 630 g/m³的硫化矿尘云进行 3 次连续实验，其最大爆炸压力分别为 0.14 MPa、0.14 MPa、0.13 MPa，三次实验均未发生爆炸。结果表明，C200 组硫化矿尘云的爆炸下限浓度为 640～650 g/m³，C_{min} 约为 640 g/m³。爆炸压力曲线见图 8－25～图 8－30，各实验质量浓度下的爆炸强度参数如表 8－4 所示。

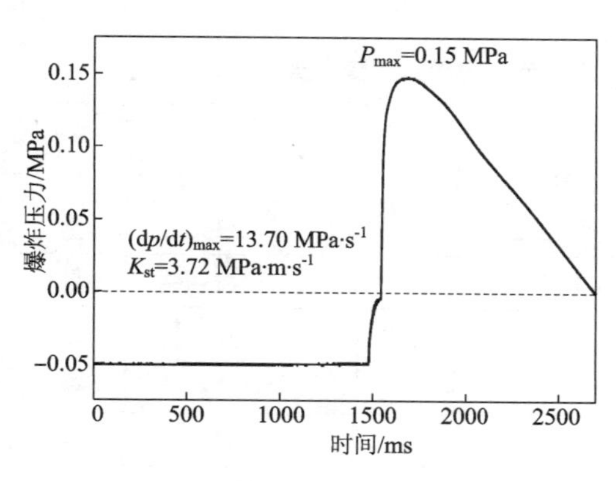

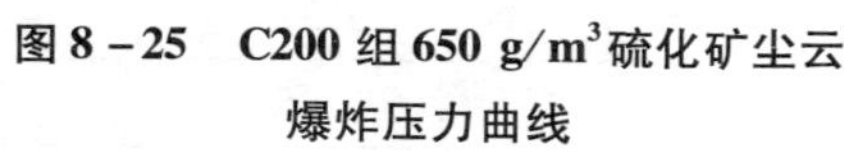
图 8－25　C200 组 650 g/m³硫化矿尘云爆炸压力曲线

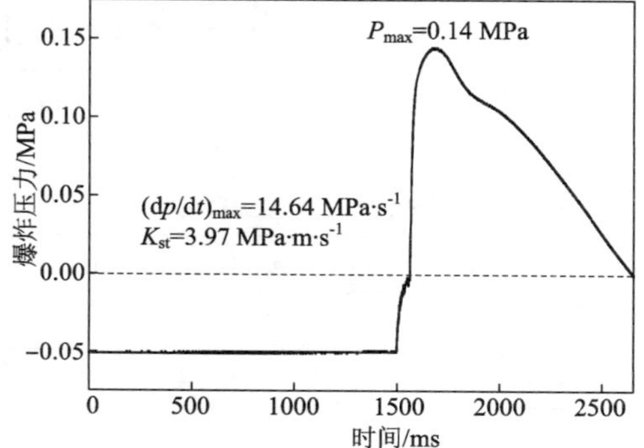

图 8－26　C200 组 640 g/m³硫化矿尘云爆炸压力曲线 1

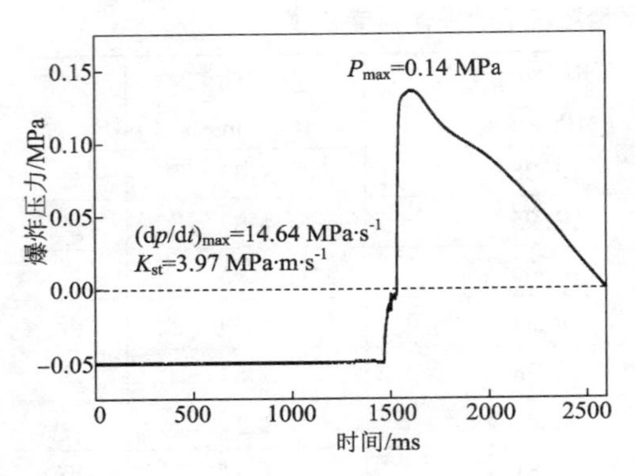

图 8-27　C200 组 640 g/m^{3}硫化矿尘云爆炸压力曲线 2

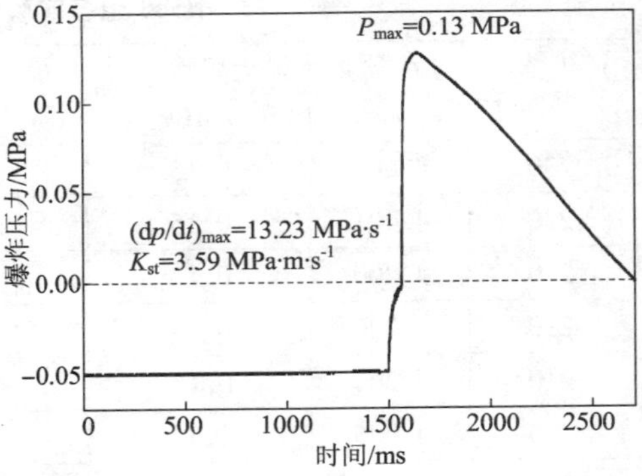

图 8-28　C200 组 640 g/m^{3}硫化矿尘云爆炸压力曲线 3

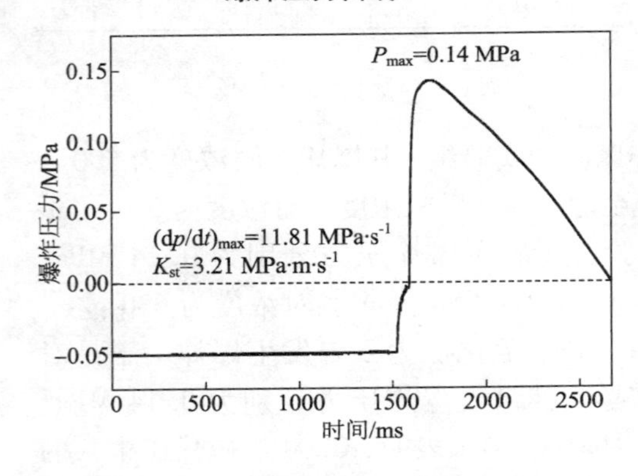

图 8-29　C200 组 630 g/m^{3}硫化矿尘云爆炸压力曲线

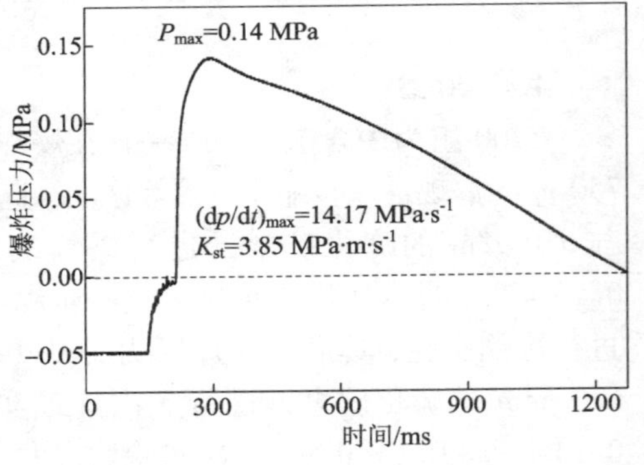

图 8-30　C200 组 600 g/m^{3}硫化矿尘云爆炸压力曲线

表 8-4　C200 组各实验质量浓度下的爆炸强度参数

矿尘浓度 /(g·m^{-3})	矿尘质量 /g	最大爆炸压力 /MPa	最大爆炸压力上升速率 /(MPa·s^{-1})	爆炸指数 /(MPa·m·s^{-1})	爆炸与否
750	15.006	0.16	12.28	3.33	是
650	13.009	0.15	13.70	3.72	是
640	12.808	0.14	14.64	3.97	否
640	12.802	0.14	14.64	3.97	否
640	12.802	0.13	13.23	3.59	否
630	12.602	0.14	11.81	3.21	否
600	12.008	0.14	14.17	3.85	否

8.2.2　爆炸下限浓度的预测

以爆炸压力曲线为基础，采用 GRNN 神经网络对硫化矿尘云爆炸下限浓度进行预测，结果如表 8－5 所示。由表 8－5 可知，采用 GRNN 神经网络对硫化矿尘云爆炸下限浓度预测比爆炸压力曲线的整体精度明显更高。与对 B 组爆炸下限浓度的预测结果相比，GRNN 网络对 C200 组预测精度相对更低，主要原因是由于 B 组全部可爆，而 C 组仅 C200 组可爆，导致实验样本存在一定的干扰。同时，常规实验条件下，因喷粉过程中粉尘云形成的湍流度不同也对实验数据的准确性造成影响，从而影响预测精度。

表 8－5　GRNN 神经网络与爆炸压力曲线预测结果对比

矿尘类别	实验结果/$(g \cdot m^{-3})$	爆炸压力曲线		GRNN 神经网络	
		预测结果/$(g \cdot m^{-3})$	预测误差/%	预测结果/$(g \cdot m^{-3})$	预测误差/%
B200	230	151	34.3	230	0
B300	150	264	76	150	0
B500	200	239	19.5	200	0
C200	640	659	2.97	600	6.25

8.3　硫化矿尘云爆炸影响因素分析

8.3.1　含硫量对硫化矿尘云爆炸下限浓度的影响

含硫量是影响硫化矿尘云爆炸的一项重要因素，其不仅影响硫化矿尘云爆炸强度，而且还影响爆炸下限浓度。图 8－31 给出了含硫量对硫化矿尘云爆炸下限浓度的影响，即含硫量越大，矿尘爆炸下限浓度越低。气相点火机理认为硫化矿尘云爆炸是由于其颗粒受热分解产生的气体与空气混合构成混合气体，发生气相反应，释放热量并产生火焰。含硫量越高的硫化矿尘云越容易被点燃且挥发效

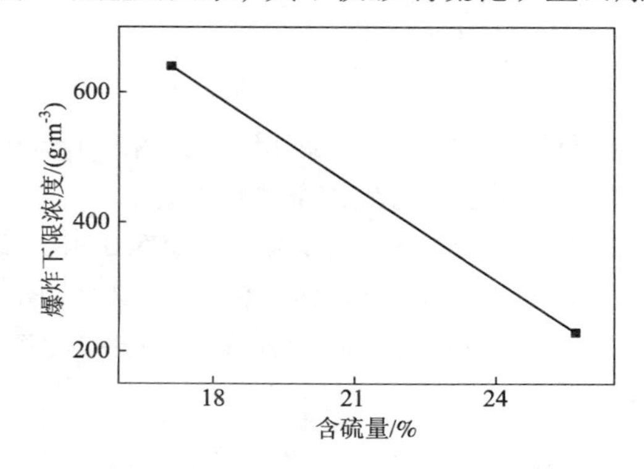

图 8－31　硫化矿尘云爆炸下限浓度与含硫量的关系

率越高，火焰能在矿尘颗粒间隙较大的环境下传播，因此能在低质量浓度下发生爆炸。

8.3.2 粒径对硫化矿尘云爆炸下限浓度的影响

图 8－32 显示了不同粒径的 B 类硫化矿尘云爆炸下限浓度。在本次实验中，硫化矿尘云爆炸下限浓度随粒径的增加呈现先减小后增大的趋势，而常见可燃性粉尘的爆炸下限浓度则随粒径的减小而呈现降低的趋势。对于一般可燃性粉尘，粉尘粒径越小，其比表面积越大，与空气中氧气的总接触面积越大，氧气向粉尘颗粒表面扩散的时间越短，粉尘颗粒内部因缺氧而不充分燃烧的现象有效减弱，燃烧热的释放也加快[191]，因此，爆炸下限浓度越低。与此相反，粉尘的粒径越大，颗粒质量越大，沉降速度越快，燃烧反应程度越低，且粉尘颗粒内部因缺氧而不能完全燃烧，从而减慢了燃烧热的释放和传递。造成本次实验与一般可燃性粉尘规律不一致的主要原因有两点：一是硫化矿尘云中含有 SiO_2，而 SiO_2 属于抑爆剂，它通过吸收燃烧颗粒释放的热量，提升矿尘爆炸反应过程中的氧气传递阻力；二是这三组硫化矿尘云中位粒径偏小，粒级差为 2～3 μm，导致粒径对硫化矿尘云爆炸下限浓度的影响并不明显。加之矿尘中 SiO_2 的含量不一致，以致爆炸下限浓度出现随粒径的增大呈现先减小后增大的现象。

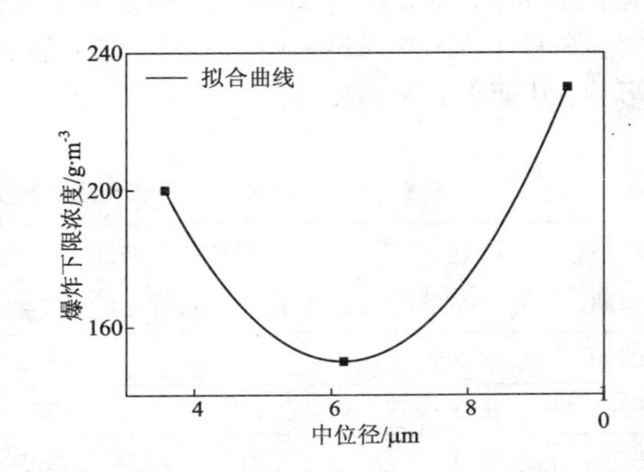

图 8－32 硫化矿尘云爆炸下限浓度与粒径的关系

8.4 本章小结

本章采用 20 L 球形爆炸装置，测试了硫化矿尘云在不同含硫量、不同粒径下的爆炸下限浓度，得到以下主要结论：

（1）通过对 B200 组、B300 组、B500 组、C200 组逐渐缩小爆炸区间进行实验，获得了上述各组爆炸下限浓度依次为：230 g/m³、150 g/m³、200 g/m³ 和 640 g/m³。

（2）含硫量对硫化矿尘云爆炸下限浓度有显著影响，含硫量越高，爆炸下限浓度越低。

第 9 章　硫化矿尘爆炸机理/理论研究

9.1　硫化矿尘爆炸机理

硫化矿尘爆炸是一个复杂的非定常气－固两相动力学过程，其爆炸机理至今尚未研究透彻。目前，学术上主要存在几种不同观点，以下主要介绍硫化矿尘气相爆炸机理、表面非均相爆炸机理和爆炸性混合物爆炸机理。

9.1.1　气相爆炸机理

气相爆炸机理认为硫化矿尘通过热辐射、热对流等方式从外界获得引爆能量（主要来源于硫化矿氧化自燃着火），使矿尘颗粒表面温度迅速升高。当温度升高到分解温度时，矿尘颗粒迅速发生热分解产生气体[192]，分布在矿尘颗粒周围。分解产生的气体与空气混合构成混合气体，发生气相反应，释放反应热并产生火焰。反应热进一步促进矿尘分解，释放气体，维持燃烧并传递能量。

9.1.2　表面非均相爆炸机理

表面非均相爆炸机理认为硫化矿尘着火过程分为三个阶段：首先氧气与硫化矿尘颗粒表面发生氧化反应，使矿尘颗粒表面发生着火；而后挥发分在矿尘颗粒四周形成气相层，阻止氧气向颗粒表面扩散；最后，挥发分着火，并促使粉尘颗粒重新燃烧。因此，对于表面非均相爆炸机理，氧分子必须先通过扩散作用到达矿尘颗粒表面，并吸附在矿尘颗粒表面发生氧化反应，然后反应产物脱离颗粒表面扩散到周围环境中。

9.1.3　爆炸性混合物爆炸机理

硫化矿尘爆炸属气相爆炸，还可以认为是可燃性气体贮藏在矿尘自身之中，故它也是一个爆炸性混合物的爆炸。从机理上来说，爆炸性混合物与点火源接触，便有原子或自由基生成而成为连锁反应的作用中心。爆炸混合物在一点上着火后，热能以及连锁载体都向外传播，促使临近的一层爆炸混合物发生化学反应，然后这一层又成为热能和连锁载体的源泉而引起另一层爆炸混合物发生反应。火焰是以一层层同心圆球面的形式向四周蔓延的，火焰速度在传播中逐渐增加，若在火焰扩散途径中有遮挡物，则由于气体温度的上升而引起压力的急剧增加，可造成极大的破坏。

1. 连锁反应理论与支链爆炸

物质分子间发生化学反应，首要条件是相互碰撞。在标准状态下，单位时间、单位体积内气体分子相互碰撞约 10^{28} 次。但相互碰撞的分子不一定发生反应，只有少数具有一定能量的分子相互碰撞才会发生反应，这种分子称为活化分子。一个活化分子(基)只能与一个分子起反应，如在氯化氢的反应中，引入一个光子就能生成十万个氯化氢分子，这就是连锁反应的结果。根据连锁反应理论，气态分子间的作用，不是两个分子直接作用得出最后产物，而是活性分子自由基与另一分子作用产生新基，新基又迅速参与反应，如此延续下去形成一系列连锁反应。

连锁反应通常分为直链反应与支链反应两种。在支链反应中，一个活性粒子(自由基)能生成一个以上的活性粒子中心。任何连锁反应都由 3 个阶段构成，即链的引发、链的传递(包括支化)和链的终止。链的起始需要有外来能源的激发，使分子键破坏，生成第一个基链的传递。基与分子反应在连锁反应过程中所生成的中间产物——自由基，称为连锁载体或作用中心。链的终止就是引向自由基消失的反应。活化粒子中心因器壁阻挡而消失或在气象中消失。连锁反应的速度可用下式表示：

$$W = \frac{F_{(c)}}{f_c + A(1-\alpha) + f_s} \tag{9-1}$$

式中：$F_{(c)}$ 为反应物浓度函数；f_c 为链在气象中的销毁因素；f_s 为链在器壁上的销毁因素；A 为与反应物浓度有关的函数；α 为链的分支数，在直链反应中 $\alpha=1$，支链反应中 $\alpha>1$。

连锁反应中，反应系统所处条件(包括温度、压力、杂质、容器材料、大小、形状等)都能影响反应速度。在一定条件下，如 $f_c + A(1-\alpha) + f_s \to 0$ 时，就会发生爆炸。这就是支链爆炸。

2. 热爆炸

当某一燃烧反应在一定空间内进行，如果散热困难，反应温度则不断升高，而温度升高又加快了反应速度，这样最后就发展成爆炸。这种爆炸是由于热效应而引起的，称为热爆炸。故反应时的热效应是断定物质能否爆炸的一个重要条件。

但有些混合物在较低温度下爆炸时，反应热却很小；而有些反应的反应热虽然很高，但其混合物不仅不爆炸，而且在有催化剂的作用下也不反应；还有些爆炸性混合物可通过加入少量正负催化剂来加速或抑制爆炸的发生。这种爆炸就不能用热爆炸理论来解释，只能用化学动力学的观点来说明，这就是前节提到的支链爆炸。

由此可见，爆炸性混合物发生爆炸的原因是热反应和支链反应造成的。至于什么情况下发生热反应，什么情况下发生支链反应，要看具体情况，甚至同一混合物在不同条件下有时也有不同。

9.2　硫化矿尘热分解实验研究

根据气相爆炸机理，硫化矿尘受热分解产生气体与空气反应发生爆炸。因此，研究硫化矿尘热稳定性对分析硫化矿自燃着火和矿尘爆炸具有重要意义[193-194]。本节用热分解动力学的方法分析硫化矿尘的热稳定性[195-208]，为金属矿井防治硫化矿尘爆炸和降低爆炸产生的危害程度提供理论支持[209]。

9.2.1　实验仪器

本次实验采用江西理工大学分析测试中心的由美国 PerkinElmer 公司生产的 TG/DTA6300 热重/差热综合热分析仪，如图 9-1 所示。主要技术参数如表 9-1 所示。TG/DTA6300 分析仪可同步开展 DTA、TG、DTG 分析，消除了 DTA、TG 和 DTG 单独测试时因硫化矿尘不均匀性及气氛等多种因素带来的影响。此外，该仪器所测得的 ΔG 和 ΔT 具有严格的可比性和准确的一致性，确保了通过分析 DTA、TG、DTG 曲线确定硫化矿尘热分解过程的准确性[210-214]。

表 9-1　TG/DTA6300 综合热分析仪主要技术参数

温度范围 /℃	TG 测量范围/mg	TG 灵敏度 /μg	DTA 测量范围 /μV	DTA 灵敏度 /μV	升温速率 ℃/min	气氛
室温～1000	1～200	0.2	±1000	0.06	0.01～100	氮气

为了保证实验结果的准确性，实验需严格按照仪器操作规程进行[215-216]。每次测试所取矿尘的质量为 5±1 mg，氮气流量为 200 mL/min，考察温度范围为室温至 870℃，在不同升温速率下(10℃/min、15℃/min、20℃/min)进行多次实验。实验步骤如下：

(1)首先检查环境条件是否符合室温在 10～35℃和相对湿度小于 70% 的要求。满足要求后，接通电脑、TG/DTA 主机和气路控制单元电源，通电预热 15 min，打开气阀，启动计算机；

(2)打开计算机中的操作软件，准备开始测量；

(3)将 TG/DTA 主机和计算机连接，将炉体下风扇开至“OFF”；

(4)将空坩埚放入托盘，消零；

图 9-1　TG/DTA6300 综合热分析仪

(5)装入试样，称重，将数据输入计算机中；

(6)消零，再装被测样，称重；

(7)在计算机中，输入样品名称、试样方法，进行基线和温度校正；

(8)将炉体下风扇开至“ON”，在操作软件中点击测量，开始升温；

(9)升温结束后，打开 TG/DTA 谱图进行分析，并打印结果；

(10)测试完毕后，按照以下操作结束实验：打开炉体→取出两坩埚→清洗坩埚→关上炉体→退出系统→脱机→关闭氮气气源→切断电源→盖上机罩。最后填写仪器使用记录并注明设备运行状况。

9.2.2　实验结果与反应机理

图 9-2～图 9-10 给出了升温速率分别为 10℃/min、15℃/min、20℃/min 时，B、C、D 类硫化矿尘 DTA-TG-DTG 曲线。根据 DTA、TG、DTG 曲线变化趋势将硫化矿尘热分解过程分为三个阶段：受热蒸发阶段、矿物分解阶段和产物分解阶段。现以升温速率为 10℃/min 为例来说明 B、C、D 类硫化矿尘热分解反应机理。

1. 受热蒸发阶段

该阶段主要为各类别各形式水分的蒸发。对于 B 类硫化矿尘来说，该阶段开始升温至 420℃，DTA 曲线缓慢上升，并无明显吸热和放热峰；TG 曲线出现轻微失重现象，DTG 曲线在 390℃之前平滑，没有出现质量损失峰，说明主要是吸附在硫化矿尘表面的吸附水、结合水等水分蒸发。390～415℃间 TG 曲线出现两个小台阶，对应 DTG 曲线出现的两个质量损失峰，推测可能为硫化矿尘内微量矿物

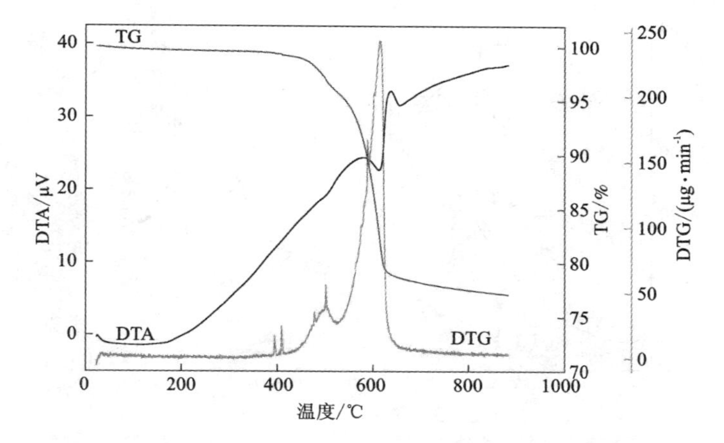

图9-2　升温速率为10℃/min时B类硫化矿尘的DTA-TG-DTG曲线

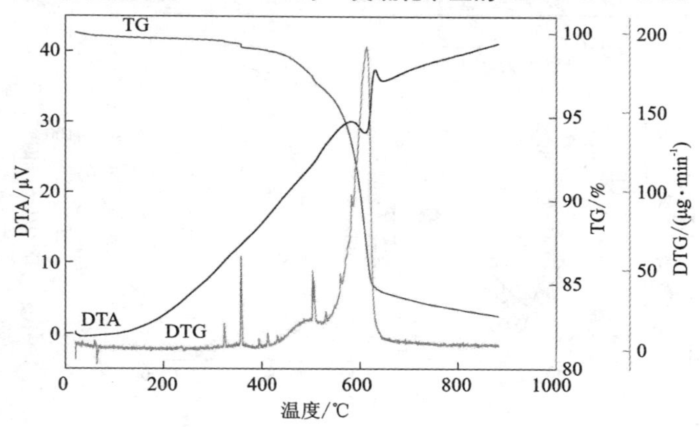

图9-3　升温速率为10℃/min时C类硫化矿尘的DTA-TG-DTG曲线

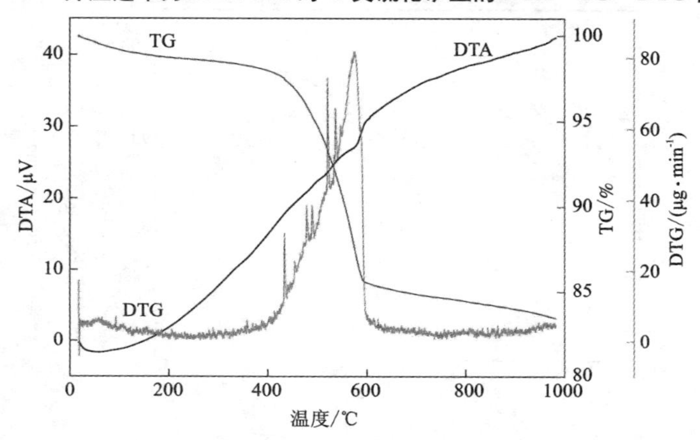

图9-4　升温速率为10℃/min时D类硫化矿尘的DTA-TG-DTG曲线

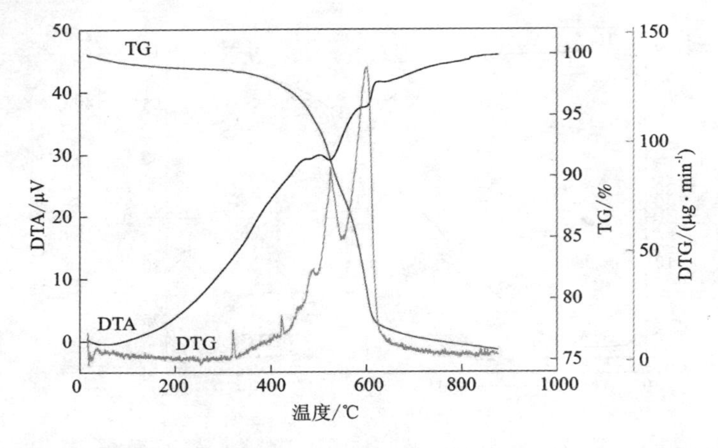

图 9-5　升温速率为 15℃/min 时 B 类硫化矿尘的 DTA-TG-DTG 曲线

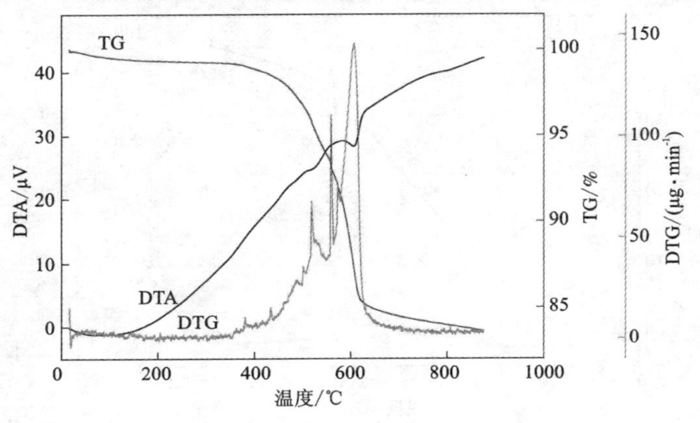

图 9-6　升温速率为 15℃/min 时 C 类硫化矿尘的 DTA-TG-DTG 曲线

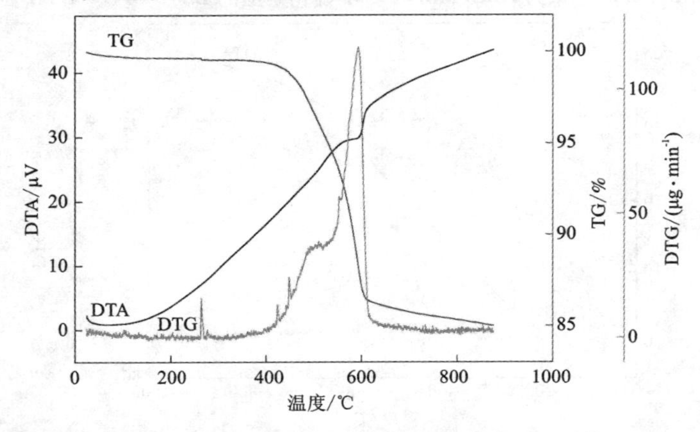

图 9-7　升温速率为 15℃/min 时 D 类硫化矿尘的 DTA-TG-DTG 曲线

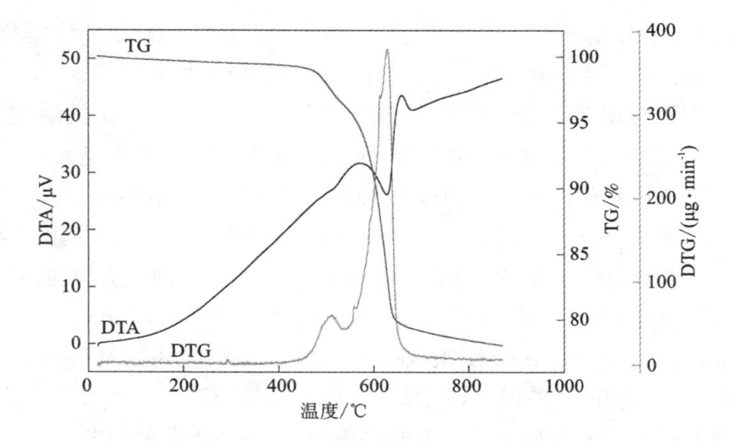

图9-8　升温速率为20℃/min时B类硫化矿尘的DTA-TG-DTG曲线

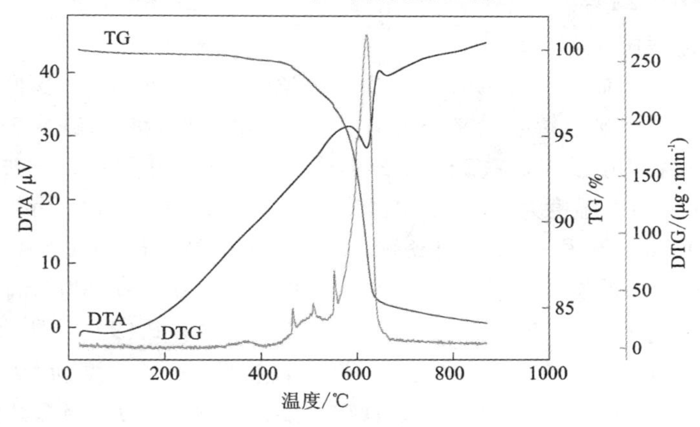

图9-9　升温速率为20℃/min时C类硫化矿尘的DTA-TG-DTG曲线

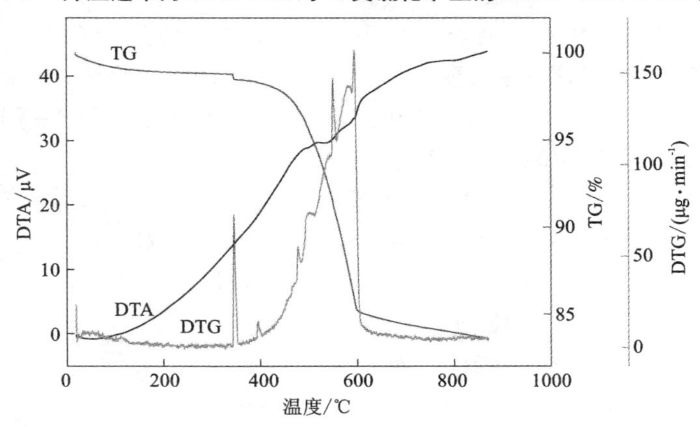

图9-10　升温速率为20℃/min时D类硫化矿尘的DTA-TG-DTG曲线

(XRD 未检测出)分解造成的，质量损失率为 0.21%，最大质量变化率分别为 0.017 mg/min和 0.024 mg/min。整个区间质量损失率为 0.74%。

对于 C 类硫化矿尘来说，该阶段开始升温至 420℃，与 B 类硫化矿尘类似，在 320℃之前，DTA、TG、DTG 曲线平滑，无明显变化，主要是硫化矿尘的吸附水、结合水等水分蒸发。其中，DTG 曲线在 65℃时出现的峰为实验环境问题，不是硫化矿尘物理或化学变化造成。在 390 ~415℃之间，DTG 曲线出现 4 个质量损失峰，推测可能为硫化矿尘中层间水的蒸发，或是其多种微量矿物分解造成的，质量损失率为 0.73%，最大质量变化率分别为 0.017 mg/min、0.058 mg/min、0.007 mg/min、0.011 mg/min 和 0.009 mg/min。整个区间质量损失率为 1.11%。

对于 D 类硫化矿尘来说，该阶段开始升温至 382℃，整个区间 DTA、TG、DTG 曲线基本平滑，无明显变化，主要是硫化矿尘的吸附水、结合水等水分蒸发，质量损失率为 2.44%。

2. *矿物分解阶段*

该阶段为主要矿物的分解阶段。对于 B 类硫化矿尘来说，该区间温度范围为 420 ~670℃。黄铁矿分解阶段又分为两个小段，第一小段是黄铁矿表面脱硫分解成磁黄铁矿，第二小段为黄铁矿主要分解区间。在第一小段中，黄铁矿分解起始温度为 420℃，结束温度为 525℃，可能发生的反应如式(9 -2)所示。此外，这一温度区间还有高岭石和菱铁矿的分解。高岭石在 478℃时质量变化率最大，为 0.035 mg/min，可能发生的反应如式(9 -3)所示。菱铁矿在 500℃时质量变化率最大，为 0.055 mg/min，可能发生的反应如式(9 -4)和式(9 -5)所示，两反应几乎同时进行。这一小段在 DTA 曲线中表现为吸热峰，峰顶温度为 504℃。该小段质量损失率为 3.44%。第二小段为黄铁矿主要分解区间，从 525℃开始至 670℃，质量损失率为 17.28%。在温度为 615℃时质量变化率最大，为 0.242 mg/min，可能发生的反应如式(9 -2)所示。在 DTA 曲线中表现为吸热峰，峰顶温度为 612℃。随着温度的升高，在峰顶温度为 636℃时出现一放热峰，推测可能是黄铁矿与二氧化碳发生反应[217]，可能发生的反应如式(9 -6)和式(9 -7)所示。第二阶段硫化矿尘质量损失率为 20.72%。

$$2FeS_2 \xlongequal{} 2Fe_{1-x}S + S_2 \tag{9-2}$$

$$Al_2Si_2O_5(OH)_4 \xlongequal{} Al_2O_3 \cdot 2SiO_2 + 2H_2O \tag{9-3}$$

$$FeCO_3 \xlongequal{} FeO + CO_2 \uparrow \tag{9-4}$$

$$3FeO + CO_2 \xlongequal{} Fe_3O_4 + CO \tag{9-5}$$

$$FeS_2 + 2CO_2 \xlongequal{} Fe_{1-x}S + 2CO + SO_2 \tag{9-6}$$

$$2CO + S_2 \xlongequal{} 2COS \tag{9-7}$$

对于 C 类硫化矿尘来说，整体情况与 B 类硫化矿尘类似，主要是 C 类含硫量低，故其失重率更小。该区间温度范围为 420 ~670℃。同样的，黄铁矿分解也分为两个小段。在第一小段中，黄铁矿分解的起始温度为420℃，结束温度为525℃，可能发生的反应如式(9-2)所示。这一温度区间中高岭石和菱铁矿分解，两者分别在504℃和507℃时质量变化率达到最大，分别为0.049 mg/min和0.042 mg/min，可能发生的反应如式(9-3)、式(9-4)和式(9-5)所示。这一小段吸热峰表现不明显，质量损失率为2.18%。第二小段为黄铁矿主要分解区间，从525℃开始至665℃结束，质量损失率为12.31%。在温度为613℃时，质量变化率最大，为0.19 mg/min，可能发生的反应如式(9-2)所示。在DTA曲线中表现为吸热峰，峰顶温度为610℃。随着温度的升高，在峰顶温度为631℃时出现一放热峰，推测可能是黄铁矿与二氧化碳发生反应，可能发生的反应如式(9-6)和式(9-7)所示，质量损失率为14.49%。

D类硫化矿尘与B、C类硫化矿尘不同，其黄铁矿分解并没有分两步完成，而是一步缓慢分解，这与D类硫化矿尘的粒径比B、C类硫化矿尘的粒径偏小有关。黄铁矿分解温度为382~630℃，在575℃质量变化率最大，为0.082 mg/min。在DTA曲线中表现为吸热峰，峰顶温度为577℃。黄铁矿分解期间，包括高岭石和菱铁矿在内至少有5种矿物也发生分解，其质量变化率及对应温度如表9-2所示。整个温度区间质量损失率为12.71%，主要可能发生的反应如式(9-2)~式(9-5)所示。没有发生如式(9-6)和式(9-7)所示的反应是由于黄铁矿与二氧化碳反应主要发生在620~660℃，而此时黄铁矿已基本分解完毕。

表9-2　C类硫化矿尘质量变化率及对应温度

质量变化率/(mg·min^{-1})	0.029	0.038	0.038	0.074	0.065
温度/℃	444	479	489	521	537

3. 产物分解阶段

B、C、D类硫化矿尘在这一阶段表现一致，DTA曲线没有明显的吸热峰和放热峰，DTG曲线相对平滑，没有突变，只是TG曲线温度的升高速率缓慢减小。这主要是由于上阶段黄铁矿分解形成的磁黄铁矿在这一阶段发生缓慢连续脱硫分解反应，最终形成结构和成分都稳定的陨硫铁[29]，主要可能发生的反应如式(9-8)所示。B、C、D类硫化矿尘在这一阶段质量损失率分别为1.32%、1.14%和1.12%。

$$2Fe_{1-x}S = (2-2x)FeS + xS_2 \qquad (9-8)$$

B、C、D类硫化矿尘热分解过程中的质量损失率如表9-3所示，由表可直观对比三类硫化矿尘在不同阶段中的温度区间、质量损失率以及第二阶段中的最大质量变化率。

表 9－3　硫化矿尘热分解质量损失率

类别	第一阶段		第二阶段			第三阶段	
	温度区间/℃	质量损失率/%	温度区间/℃	质量损失率/%	最大质量变化率/(mg·min^{-1})	温度区间/℃	质量损失率/%
B 类硫化矿尘	24～420	0.74	420～670	20.72	0.242	670～870	1.32
C 类硫化矿尘	24～420	1.11	420～670	14.49	0.19	670～870	1.14
D 类硫化矿尘	24～420	2.44	420～630	12.71	0.082	630～870	1.12

9.2.3　升温速率对热分解曲线的影响

升温速率对硫化矿尘热分解实验结果有十分明显的影响，可简单概括为以下5个方面：

(1)升温速率的增加通常使试样热分解反应的起始温度、峰顶温度和终止温度增高，用 Flynn－Wall－Ozawa 等方法求解动力学参数就是建立在这些特征温度上。低升温速率可使反应充分进行，而高升温速率则使反应未充分进行，便进入更高的温度，造成反应滞后现象；

(2)高升温速率将反应推向高温区以更快的速度进行，不仅使差热曲线的峰顶温度升高，而且使峰顶变得更窄更尖；

(3)对于复杂的热分解反应(如硫化矿尘热分解)，低升温速率有利于阶段反应的相互分离，而高升温速率使差热曲线峰重合。低升温速率下热重曲线呈现平台特征，而高升温速率下呈现转折特征；

(4)低升温速率下差热曲线的峰面积比高升温速率下的峰面积稍小，但一般相差不大；

(5)由于热量在试样内部传递需要时间，因此升温速率会对试样内各部位的温度都有影响。高升温速率会加大试样内外温度差，而低升温速率试样内外温度相差不大。

9.2.3.1　升温速率对 DTA 曲线的影响

为了研究升温速率对硫化矿尘热分解 DTA 曲线的影响，取 B、C、D 类硫化矿尘质量 5±1 mg，氮气流量为 200 mL/min，在 10℃/min 和 20℃/min 两种升温速率下从室温升至870℃，得到三类硫化矿尘热分解DTA曲线，如图9－11～图9－13所示。

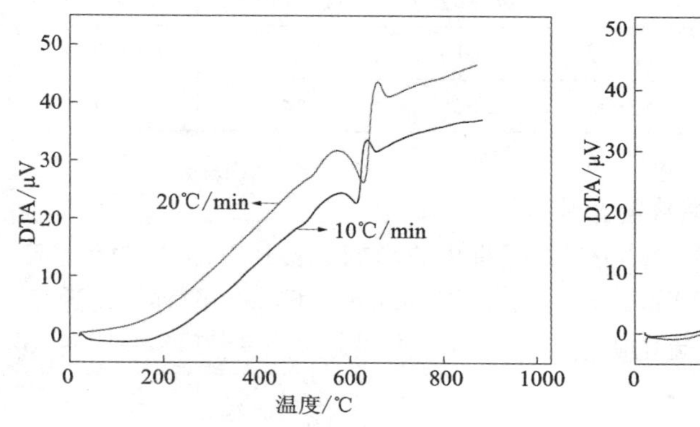

图9－11　不同升温速率下B类硫化矿尘DTA曲线

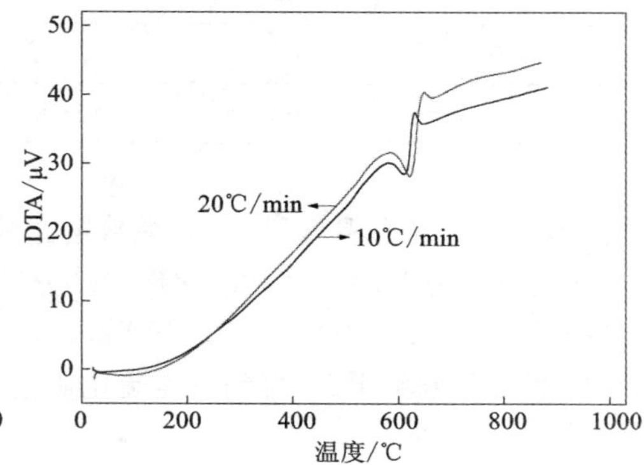

图9－12　不同升温速率下C类硫化矿尘DTA曲线

由不同升温速率下B、C、D类硫化矿尘热分解DTA曲线可以看出，随着升温速率的加快，峰的形状变陡，峰宽变大，吸热峰和放热峰的峰顶温度也升高，呈现向高温区飘移的特征。加热炉产生的热量通过介质经过坩埚再传至硫化矿尘，使矿尘受热分解。因此，在加热炉与矿尘之间形成温度差，导致矿尘颗粒内外产生了温度梯度。而随着升温速率的加快，硫化矿尘颗粒外部与内部温差变大，使得内部颗粒反应还未进行，便已经进入了更高的温度，造成反应滞后现象。三类硫化矿尘在不同升温速率下DTA曲线的峰顶温度如表9－4所示，随着升温速率的增大，无论是吸热峰还是放热峰的峰顶温度都增大。

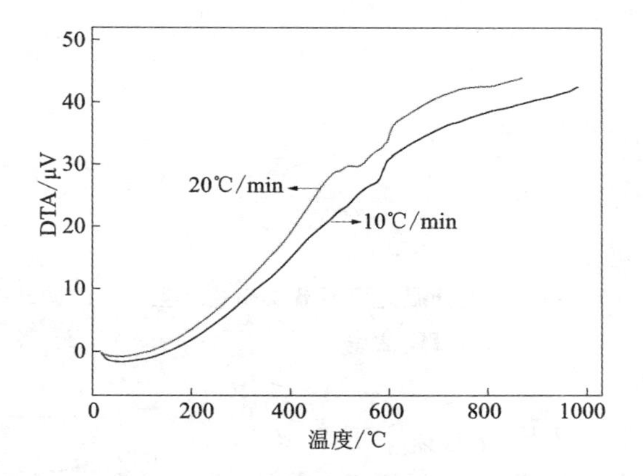

图9－13　不同升温速率下D类硫化矿尘DTA曲线

表 9-4　三类硫化矿尘在不同升温速率下 DTA 曲线的峰顶温度

升温速率 /(℃·min^{-1})	B 类硫化矿尘		C 类硫化矿尘		D 类硫化矿尘
	吸热峰/℃	放热峰/℃	吸热峰/℃	放热峰/℃	吸热峰/℃
10	612	636	610	631	577
20	628	658	621	648	584

9.2.3.2　升温速率对 TG 曲线的影响

为了研究升温速率对硫化矿尘热分解 TG 曲线的影响，取 B、C、D 类硫化矿尘质量 5±1 mg，氮气流量为 200 mL/min，在 10℃/min、20℃/min 两种升温速率下从室温升至 870℃，得到三类硫化矿尘热分解 TG 曲线，如图 9-14～图 9-16 所示。

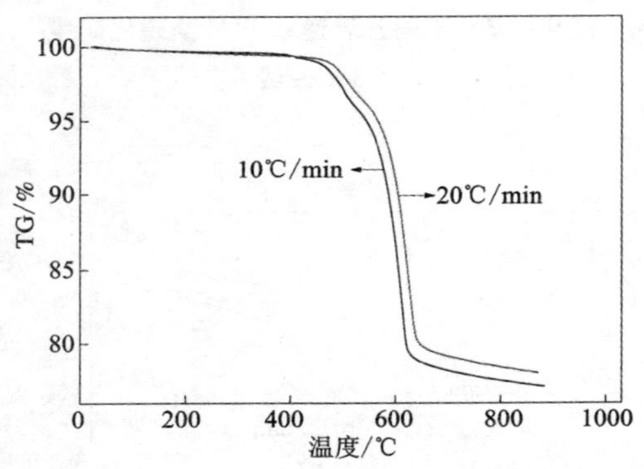

图 9-14　不同升温速率下 B 类硫化矿尘 TG 曲线

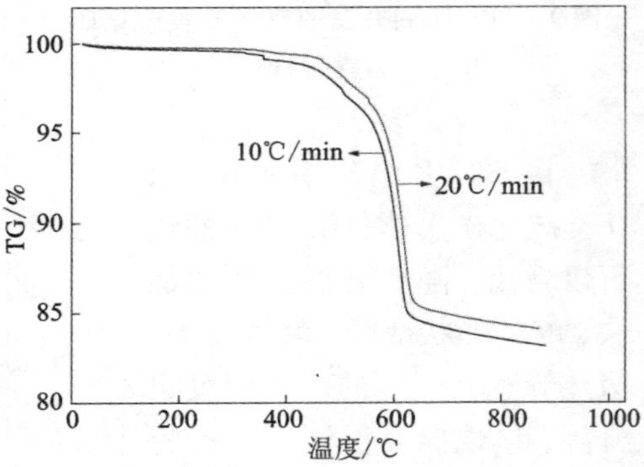

图 9-15　不同升温速率下 C 类硫化矿尘 TG 曲线

由不同升温速率下 B、C、D 类硫化矿尘热分解 TG 曲线可以看出，随着升温速率的加快，TG 曲线向高温区飘移，热分解反应起始温度和终止温度都增高。这也是热滞后现象导致的，即随着升温速率的加快，没有足够时间吸收热量，硫化矿尘内部不能及时升温挥发和分解。表 9-5 给出了三

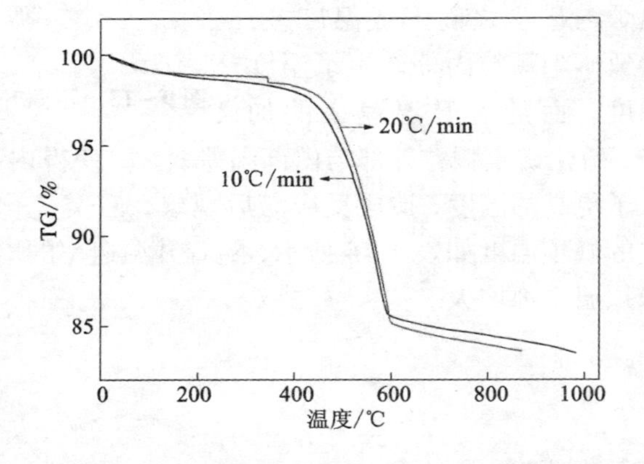

图 9-16　不同升温速率下 D 类硫化矿尘 TG 曲线

类硫化矿尘在不同升温速率下矿物分解阶段的失重开始温度、失重结束温度和质量损失率。随着升温速率的加快，三类硫化矿尘失重开始温度、失重结束温度均上升，而质量损失率则有所下降。但D类硫化矿尘质量损失率表现为增大趋势，这可能与硫化矿尘成分复杂，每次取样不能保证各组分含量一致有关，这点可由图9－19 DTG曲线得到证实。

表9－5　三类硫化矿尘在不同升温速率下TG曲线参数

升温速率/(℃·min^{-1})	B类硫化矿尘			C类硫化矿尘			D类硫化矿尘		
	失重开始温度/℃	失重结束温度/℃	质量损失率/%	失重开始温度/℃	失重结束温度/℃	质量损失率/%	失重开始温度/℃	失重结束温度/℃	质量损失率/%
10	420	670	20.72	420	670	14.49	382	630	12.71
20	440	685	19.96	438	678	14.26	390	635	13.56

9.2.3.3　升温速率对DTG曲线的影响

为了研究升温速率对硫化矿尘热分解DTG曲线的影响，取B、C、D类硫化矿尘质量5±1 mg，氮气流量为200 mL/min，在10℃/min、20℃/min两种升温速率下从室温升至870℃，得到三类硫化矿尘热分解DTG曲线，如图9－17～图9－19所示。

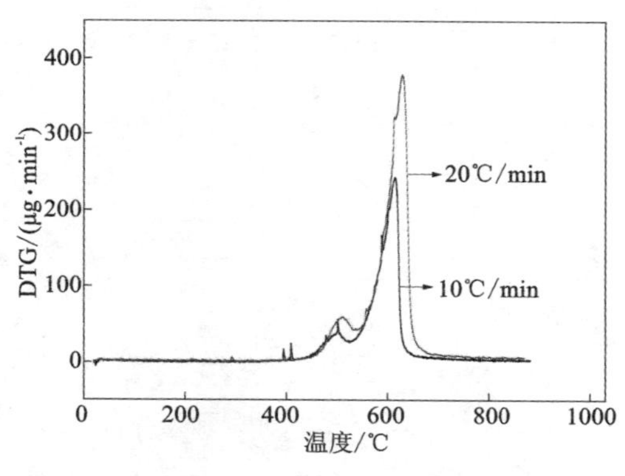

图9－17　不同升温速率下B类硫化矿尘DTG曲线

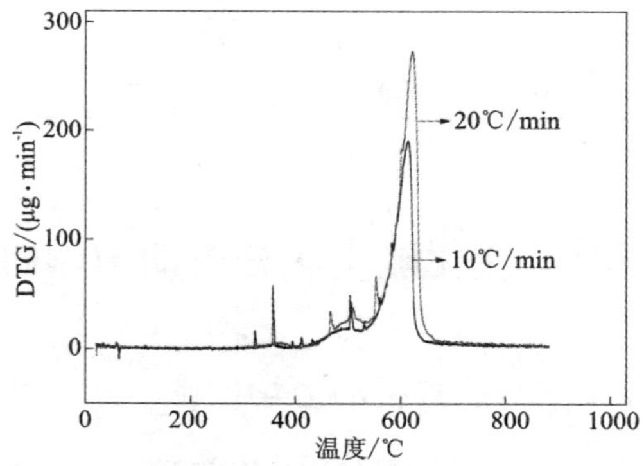

图9－18　不同升温速率下C类硫化矿尘DTG曲线

由不同升温速率下B、C、D类硫化矿尘热分解DTG曲线可以看出，随着升温速率的加快，由于热滞后现象导致DTG曲线有向高温区飘移的趋势，最大质量

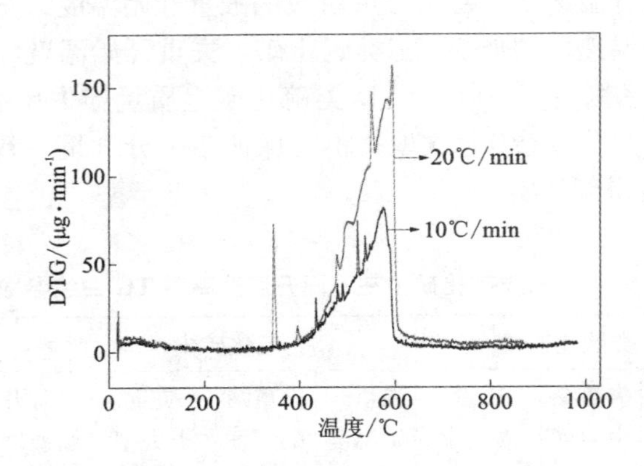

图 9-19　不同升温速率下 D 类硫化矿尘 DTG 曲线

变化率对应的温度升高。表 9-6 给出了三类硫化矿尘分解最大质量变化率及其对应的温度，随着升温速率的加快，三类硫化矿尘分解最大质量变化率均有显著变化，这说明分解反应更加剧烈。

表 9-6　三类硫化矿尘分解最大质量变化率及温度

升温速率/(℃·min⁻¹)	B 类硫化矿尘		C 类硫化矿尘		D 类硫化矿尘	
	温度/℃	最大质量变化率/(mg·min⁻¹)	温度/℃	最大质量变化率/(mg·min⁻¹)	温度/℃	最大质量变化率/(mg·min⁻¹)
10	615	0.242	613	0.19	576	0.082
20	629	0.378	622	0.273	595	0.162

9.3　硫化矿尘热分析动力学研究

9.3.1　热分析动力学理论

9.3.1.1　热分析动力学方程

热分析动力学是应用热分析技术确定反应机理函数及其相关动力学参数的一种方法[218]，其理论基础是热分析动力学方程。热分析动力学的研究对象是在非等温条件下的非均相反应体系[219]，因此在等温条件下的均相反应的动力学方程不再适用，需将等温均相反应下的浓度转换为转化百分率，经转换得到非等温非均相反应下的方程：

$$\frac{\mathrm{d}c}{\mathrm{d}t}=k(T)f(c)\xrightarrow[\beta=\mathrm{d}T/\mathrm{d}t]{c\to\alpha}\frac{\mathrm{d}\alpha}{\mathrm{d}T}=\left(\frac{1}{\beta}\right)k(T)f(\alpha) \tag{9-9}$$

式中：c 为产物的浓度，mol；t 为反应时间，s；$f(c)$、$f(\alpha)$ 为反应机理函数；β 为升温速率，℃/min；α 为转化百分率，%。其中 $\alpha=(m_0-m_t)/(m_0-m_\infty)$，$m_0$ 为初始时刻的质量，mg；m_t 为 t 时刻的质量，mg；m_∞ 为反应终止时刻的质量，mg。$k(T)$ 为速率常数的温度关系式（简称速率常数），其关系式有多种形式，但最为常用的是阿仑尼乌斯公式：

$$k=A\exp\left(-\frac{E}{RT}\right) \tag{9-10}$$

式中：A 为指前因子，s^{-1}；E 为表观活化能，kJ/mol；T 为热力学温度，K；R 为摩尔气体常量，8.314 J/(mol·K)。将式(9－10)代入式(9－9)可得到非均相体系在非等温和等温条件下，热分析动力学方程：

$$\frac{\mathrm{d}\alpha}{\mathrm{d}T}=\frac{A}{\beta}\exp\left(-\frac{E}{RT}\right)f(\alpha)\quad（非等温） \tag{9-11}$$

$$\frac{\mathrm{d}\alpha}{\mathrm{d}t}=A\exp\left(-\frac{E}{RT}\right)f(\alpha)\quad（等温） \tag{9-12}$$

硫化矿尘热分析动力学研究的目的是求解出能描述其热分解反应的“动力学三因子”，即表观活化能 E、指前因子 A 和反应机理函数 $f(\alpha)$，以分析其热稳定性。

目前，通过处理数据求出方程的解有许多方法，主要是微分法和积分法。微分法包括 Kissinger 法、Newkirk 法、Achar-Brindley-Sharp-Wendworth 法、Freeman-Carroll 法、Starink 法、Rogers 法等；积分法包括 Phadnis 法、Coats-Redfern 法、Kissinger 法、Agrawal 法、Popescu 法、Flynn-Wall-Ozawa 法等。这些方法由于研究角度和切入点不同，计算出的结果会有较大差别。因此，运用一种动力学方法计算结果可信度不高，而综合运用各种方法才更能确保计算结果的准确性。

1. Achar－Brindley-Sharp-Wendworth 法

对方程式(9－11)两边同除以 $f(\alpha)$，后两边同取自然对数，得：

$$\ln\left[\frac{\mathrm{d}\alpha}{f(\alpha)\mathrm{d}T}\right]=\ln\frac{A}{\beta}-\frac{E}{RT}\left(\frac{\mathrm{d}\alpha}{\mathrm{d}t}=\beta\frac{\mathrm{d}\alpha}{\mathrm{d}T}\right) \tag{9-13}$$

方程式(9－13)即为 Achar-Brindley-Sharp-Wendworth 方程。把 $\mathrm{d}T=\beta\mathrm{d}t$ 代入方程式(9－13)，得：

$$\ln\left[\frac{\mathrm{d}\alpha/\mathrm{d}t}{f(\alpha)}\right]=\ln A-\frac{E}{RT} \tag{9-14}$$

根据上述方程由 $\ln[(\mathrm{d}\alpha/\mathrm{d}t)/f(\alpha)]$ 对 $1/T$ 作图，得到一条直线，由直线斜率求表观活化能 E，由截距求指前因子 A。其中 $\mathrm{d}\alpha/\mathrm{d}t$ 是反应速率，用公式表示为：

$$\frac{d\alpha}{dt}=\frac{dm_t/dt}{m_0-m_\infty} \tag{9-15}$$

2. Coats－Redfern 法

对方程式(9－11)分离变量，得：

$$\frac{d\alpha}{f(\alpha)}=\frac{A}{\beta}\exp\left(-\frac{E}{RT}\right)dT \tag{9-16}$$

方程式(9－16)两边从0～α、T_0～T积分，并令$G(\alpha)=\int_0^\alpha d\alpha/f(\alpha)$，得：

$$g(\alpha)=\int_0^\alpha\frac{d\alpha}{f(\alpha)}=\frac{A}{\beta}\int_{T_0}^{T}\exp\left(-\frac{E}{RT}\right)dT \tag{9-17}$$

由于开始反应时，温度T_0较低，反应速率可忽略不计，因此，方程式(9－17)两侧可从0～α、0～T积分，得：

$$g(\alpha)=\int_0^\alpha\frac{d\alpha}{f(\alpha)}=\frac{A}{\beta}\int_0^T\exp\left(-\frac{E}{RT}\right)dT \tag{9-18}$$

方程式(9－18)中$\int_0^\alpha d\alpha/f(\alpha)$称为转化率函数积分，$\int_0^T\exp(-E/RT)dT$称为温度积分。温度积分在数学上无解析解，只能得到数值解和近似解。为了得到温度积分的近似解，令$u=E/RT$，则$T=E/Ru$，对两边求微分，得：

$$dT=-\frac{E}{Ru^2}du \tag{9-19}$$

把方程式(9－19)代入方程式(9－18)中，得：

$$g(\alpha)=\frac{A}{\beta}\int_0^T\exp\left(-\frac{E}{RT}\right)dT=\frac{AE}{\beta R}\int_{-\infty}^{u}\frac{-e^{-u}}{u^2}du \tag{9-20}$$

求解温度积分的近似解转换成求解方程式(9－20)的近似解，其求解过程如下：

$$\begin{aligned}
g(\alpha)&=\frac{AE}{\beta R}\int_{-\infty}^{u}\frac{-e^{-u}}{u^2}du=\frac{AE}{\beta R}\int_{-\infty}^{u}\frac{1}{u^2}de^{-u}=\frac{AE}{\beta R}\left(\frac{e^{-u}}{u^2}\Bigg|_{-\infty}^{u}-\int_{-\infty}^{u}e^{-u}du^{-2}\right)\\
&=\frac{AE}{\beta R}\left[\frac{e^{-u}}{u^2}-\int_{-\infty}^{u}e^{-u}(-2)u^{-3}du\right]=\frac{AE}{\beta R}\left(\frac{e^{-u}}{u^2}-\int_{-\infty}^{u}2u^{-3}\,de^{-u}\right)\\
&=\frac{AE}{\beta R}\left[\frac{e^{-u}}{u^2}-\frac{2}{u^3}e^{-u}+\int_{-\infty}^{u}e^{-u}(-6)u^{-4}du\right]\\
&=\frac{AE}{\beta R}\left(\frac{e^{-u}}{u^2}-\frac{2}{u^3}e^{-u}+\int_{-\infty}^{u}6u^{-4}\,de^{-u}\right)\\
&=\frac{AE}{\beta R}\left(\frac{e^{-u}}{u^2}-\frac{2}{u^3}e^{-u}+\frac{6}{u^4}e^{-u}\Bigg|_{-\infty}^{u}-\int_{-\infty}^{u}e^{-u}d\,\frac{6}{u^4}\right)\\
&=\frac{AE}{\beta R}\left(\frac{e^{-u}}{u^2}-\frac{2}{u^3}e^{-u}+\frac{6}{u^4}e^{-u}-\int_{-\infty}^{u}\frac{24}{u^5}\,de^{-u}\right)
\end{aligned}$$

$$= \frac{AE}{\beta R}\left(\frac{e^{-u}}{u^2} - \frac{2}{u^3}e^{-u} + \frac{6}{u^4}e^{-u} - \frac{24}{u^5}e^{-u}\Bigg|_{-\infty}^{u} - \int_{-\infty}^{u} e^{-u} d\frac{24}{u^5}\right)$$

$$= \frac{AE}{\beta R} \cdot \frac{e^{-u}}{u^2}\left(1 - \frac{2!}{u} + \frac{3!}{u^2} - \frac{4!}{u^3} + \cdots\right) \tag{9-21}$$

若取方程式(9 - 21) 右边括号内前两项，得到温度积分一级近似表达式，即Coats-Redfern 近似式：

$$\int_0^T \exp\left(-\frac{E}{RT}\right)dT = \frac{E}{R} \cdot \frac{e^{-u}}{u^2} \cdot \frac{u-2}{u} = \frac{RT^2}{E}\left(1 - \frac{2RT}{E}\right)\exp\left(-\frac{E}{RT}\right) \tag{9-22}$$

设$f(\alpha) = (1-\alpha)^n$，取方程式(9 - 21) 右边括号内前两项，得：

$$\int_0^{\alpha} \frac{d\alpha}{(1-\alpha)^n} = \frac{A}{\beta} \cdot \frac{RT^2}{E}\left(1 - \frac{2RT}{E}\right)\exp\left(-\frac{E}{RT}\right) \tag{9-23}$$

整理积分方程式(9 - 23)，两边取自然对数，

当$n \neq 1$时，

$$\ln\left[\frac{1-(1-\alpha)^{1-n}}{T^2(1-n)}\right] = \ln\left[\frac{AR}{\beta E}\left(1 - \frac{2RT}{E}\right)\right] - \frac{E}{RT} \tag{9-24}$$

当$n = 1$时，

$$\ln\left[\frac{-\ln(1-\alpha)}{T^2}\right] = \ln\left[\frac{AR}{\beta E}\left(1 - \frac{2RT}{E}\right)\right] - \frac{E}{RT} \tag{9-25}$$

方程式(9 - 24)和方程式(9 - 25)即为 Coats-Redfern 方程。

若取方程式(9 - 21)右边括号内第一项，得到温度积分初级近似表达式，即Frank-Kameneskii 近似式：

$$\int_0^T \exp\left(-\frac{E}{RT}\right)dT = \frac{E}{R} \cdot \frac{e^{-u}}{u^2} = \frac{RT^2}{E}\exp\left(-\frac{E}{RT}\right) \tag{9-26}$$

将方程式(9 - 20)与方程式(9 - 26)联立，并对两边取自然对数，则得到另一种 Coats-Redfern 积分式：

$$\ln\left[\frac{g(\alpha)}{T^2}\right] = \ln\left(\frac{AR}{\beta E}\right) - \frac{E}{RT} \tag{9-27}$$

由$g(\alpha)/T^2$对$1/T$作图，由直线斜率求表观活化能E，由截距求指前因子A。

3. Popescu 法

Popescu 法是通过测定不同升温速率β_i下的一组 TG 曲线，求得表观活化能E、指前因子A和最概然机理函数$g(\alpha)$。实验采集不同升温速率β_i($i = 1, 2, 3, \cdots$)下T_m和T_n时的转化百分率：α_{m1}，α_{m2}，α_{m3}，$\cdots$；α_{n1}，α_{n2}，α_{n3}，$\cdots$，以及α_m和α_n时的温度：T_{m1}，T_{m2}，T_{m3}，$\cdots$；T_{n1}，T_{n2}，T_{n3}，$\cdots$。对积分式做最简近似处理，得：

$$g(\alpha)_{mn} = \int_{\alpha_m}^{\alpha_n} \frac{d\alpha}{f(\alpha)} = \frac{1}{\beta}\int_{T_m}^{T_n} k(T)dT = \frac{1}{\beta}I(T)_{mn} \quad (9-28)$$

$$g(\alpha)_{mn} = \frac{A}{\beta}\int_{T_m}^{T_n} \exp\left(-\frac{E}{RT}\right)dT = \frac{A}{\beta}(T_n - T_m)\exp\left(-\frac{E}{RT_\xi}\right) = \frac{A}{\beta}H(T)_{mn} \quad (9-29)$$

其中

$$I(T)_{mn} = \int_{T_m}^{T_n} k(T)dT \quad (9-30)$$

$$H(T)_{mn} = (T_n - T_m)\exp\left(-\frac{E}{RT_\xi}\right) \quad (9-31)$$

$$T_\xi = \frac{T_m + T_n}{2} \quad (9-32)$$

由方程式(9－28)和方程式(9－29)可知，在合理的β和α值范围内，$f(\alpha)$和$k(T)$形式都不变。若实验数据和采用的机理函数$g(\alpha)$满足$g(\alpha)_{mn}-1/\beta_i$关系为通过坐标原点(或截距趋向于零)的直线，则$g(\alpha)$为反映真实化学过程的动力学机理函数。由于 Popescu 法既未引入任何温度积分的近似解，又未考虑$k(T)$的具体形式，因此，此法计算结果准确度高。

对方程式(9－29)两边取自然对数，得：

$$\ln\left(\frac{\beta}{T_n - T_m}\right) = \ln\left(\frac{A}{g(\alpha)_{mn}}\right) - \frac{E}{RT_\xi} \quad (9-33)$$

作$\ln[1/(T_n - T_m)]-1/T_\xi$关系图，由直线斜率求表观活化能$E$，由截距求指前因子$A$。

4. Flynn-Wall-Ozawa 法

引入一函数$P(u)$，令

$$P(u) = \int_{-\infty}^{u} \frac{-e^{-u}}{u^2}du = \frac{e^{-u}}{u^2}\left(1 - \frac{2!}{u} + \frac{3!}{u^2} - \frac{4!}{u^3} + \cdots\right) \quad (9-34)$$

同样取方程式(9－34)右侧括号内前两项，并两边取自然对数，得：

$$\ln P(u) = -u + \ln(u-2) - 3\ln u \quad (9-35)$$

由u的区间范围$20 \leqslant u \leqslant 60$，得$-1 \leqslant (u-40)/20 \leqslant 1$，令$v=(u-40)/20$，得：

$$u = 20v + 40 \quad (9-36)$$

将方程式(9－36)代入方程式(9－34)，按对数展开并取一级近似，得：

$$\ln P(u) = -u - 3\ln 40 + \ln\left(1 + \frac{10}{19}v\right) - 3\ln\left(1 + \frac{1}{2}v\right) \approx -5.3308 - 1.0516u \quad (9-37)$$

$$P_D(u) = 0.00484e^{-1.0516u} \quad (9-38)$$

$$\lg P_D(u) = -2.315 - 0.4567\frac{E}{RT} \quad (9-39)$$

联立方程式(9－20)和方程式(9－39)，得到Ozawa公式：

$$\lg\beta=\lg\left(\frac{AE}{Rg(\alpha)}\right)-2.315-0.4567\frac{E}{RT} \tag{9-40}$$

根据方程式(9－40)求解表观活化能E有两种方法：①由于不同升温速率β_i下各热谱峰顶温度T_{pi}处转化百分率α近似相等，因此可用$\lg\beta$与$1/T$成线性关系来确定表观活化能E；②由于在不同升温速率β_i下，选择相同转化百分率α，则机理函数$g(\alpha)$是一个恒定值，作$\lg\beta-1/T$关系图，从直线斜率可求出表观活化能E。

由于Flynn-Wall-Ozawa法不需把反应机理函数代入而直接求出表观活化能E，能避免因假设的反应机理函数不同而带来的误差。因此，相比其他计算方法，其计算的表观活化能E误差小，准确可靠。

9.3.1.2 热分析动力学研究方法

热分析动力学研究方法按照温度是否恒定可分为等温法和非等温法。而非等温法又可以按照操作方式分为单个扫描速率的非等温法和多重扫描速率的非等温法。

1. 等温法

在热分析动力学研究领域，除了主要使用的非等温法外，有些实验也使用等温法。相对非等温法来说等温法比较简单，其动力学方程为：

$$g(\alpha)=A\int_0^t\exp\left(-\frac{E}{RT}\right)\mathrm{d}t=kt \tag{9-41}$$

从方程式(9－41)可知，对于一个简单的反应来说，等温法中速率常数是一个常数，可以与机理函数分离。因此，一般采取实验数据与动力学模式相配合的方法来计算“动力学三因子”，主要分为两步[218]：

(1)在一条等温的$\alpha-t$曲线上选取一组α、t值代入假设的机理函数$g(\alpha)$中，则$g(\alpha)-t$图是一条直线。通过不断假设，选取一条线性最佳的机理函数$g(\alpha)$；

(2)再用同样的方法在一组不同温度下测得的等温$g(\alpha)-t$曲线上得到一组斜率k，由$\ln k=-E/RT+\ln A$可知，作$\ln k-1/T$图可获得一条直线，由其斜率和截距分别求得表观活化能E和指前因子A。

2. 单个扫描速率的非等温法

单个扫描速率的非等温法是在同一扫描速率下，对反应测得的一条热重曲线上的数据进行动力学分析的方法。由于其只要测定一条热重曲线就可以分析“动力学三因子”，因此是长期以来热分析动力学的主要数据处理方法，按数学处理方式不同，单个扫描速率的非等温法主要有微分法和积分法。但这两种方法都有不足：微分法需要用到微商数据，而用DTA和DSC两类技术较难获得；积分法需要处理温度积分的难解问题以及因种种近似方法所带来的误差。21世纪初，众多学者提出使用单一扫描速率处理热分析动力学数据的方法不可靠，结果误差大，不能反映固态反应的复杂本质[219]。

3. 多重扫描速率的非等温法[218]

多重扫描速率的非等温法是指用不同升温速率下所测得的多条热重曲线来进行动力学分析的方法。这类方法主要以 Flynn-Wall-Ozawa 法、Kissinger-Akahira-Sunose 法和 Friedman 法为代表。由于其中的一些方法常用到在几条热重曲线上同一转化百分率 α 处的数据，故又称等转化率法。这种方法能在不涉及动力学模式函数的前提下(因此又称无模式函数法)获得较为可靠的表观活化能 E，不仅可以用来对单个扫描速率的非等温法的结果进行验证，而且还可以通过比较不同转化百分率 α 下的表观活化能 E 来核实反应机理在整个过程中的一致性。国际热分析界呼吁应该采用多重扫描速率法对物质进行热分析，并通过等转化率法确定表观活化能 E 随转化率的变化情况。

9.3.1.3 动力学反应机理函数

动力学机理函数表示物质反应速率与转化百分率 α 所遵循的某种函数关系[218]，代表了反应机理，直接决定了热重曲线的形状，它的积分形式为：

$$g(\alpha) = \int_0^\alpha \frac{d(\alpha)}{f(\alpha)} \tag{9-42}$$

动力学机理函数的建立始于20世纪20年代后期，MacDonald-Hinshelwood 提出了固体分解过程中产物核形成和生长的概念。之后，促进了其他机理函数的建立。这些机理函数都是设想在固相反应中，反应物和产物的界面上存在一个局部的反应活性区域，而反应进程则由这一界面的推进来进行表征，再按照控制反应速率的各种关键步骤，如产物晶核的形成和生长、相界面反应或是产物气体的扩散等分别推导出来，在推导过程中假设反应物颗粒具有规整的几何形状和各向同性的反应活性。表9-7列出了常用的函数微分形式 $f(\alpha)$ 及其相应的积分形式 $g(\alpha)$。

表9-7 常用动力学机理函数

函数编号	函数名称	微分形式 $f(\alpha)$	积分形式 $g(\alpha)$
1	抛物线法则	$1/(2\alpha)$	α^2
2	Valensi 方程	$[-\ln(1-\alpha)]^{-1}$	$\alpha+(1-\alpha)\ln(1-\alpha)$
3	Jander 方程	$4(1-\alpha)^{1/2}[1-(1-\alpha)^{1/2}]^{1/2}$	$[1-(1-\alpha)^{1/2}]^{1/2}$
4	Jander 方程	$6(1-\alpha)^{2/3}[1-(1-\alpha)^{1/3}]^{1/2}$	$[1-(1-\alpha)^{1/3}]^{1/2}$

续表 9－7

函数编号	函数名称	微分形式 $f(\alpha)$	积分形式 $g(\alpha)$
5	Jander 方程	$3/2(1-\alpha)^{2/3}[1-(1-\alpha)^{1/3}]^{-1}$	$[1-(1-\alpha)^{1/3}]^2$
6	G-B 方程	$3/2[(1-\alpha)^{-1/3}-1]^{-1}$	$1-2/3\alpha-(1-\alpha)^{2/3}$
7	反 Jander 方程	$3/2(1+\alpha)^{2/3}[(1+\alpha)^{1/3}-1]^{-1}$	$[(1+\alpha)^{1/3}-1]^2$
8	Z-L-T 方程	$3/2(1-\alpha)^{4/3}[(1-\alpha)^{-1/3}-1]^{-1}$	$[(1-\alpha)^{-1/3}-1]^2$
9	Avrami-Erofeev 方程	$4(1-\alpha)[-\ln(1-\alpha)]^{3/4}$	$[-\ln(1-\alpha)]^{1/4}$
10	Avrami-Erofeev 方程	$3(1-\alpha)[-\ln(1-\alpha)]^{2/3}$	$[-\ln(1-\alpha)]^{1/3}$
11	Avrami-Erofeev 方程	$5/2(1-\alpha)[-\ln(1-\alpha)]^{3/5}$	$[-\ln(1-\alpha)]^{2/5}$
12	Avrami-Erofeev 方程	$2(1-\alpha)[-\ln(1-\alpha)]^{1/2}$	$[-\ln(1-\alpha)]^{1/2}$
13	Avrami-Erofeev 方程	$3/2(1-\alpha)[-\ln(1-\alpha)]^{1/3}$	$[-\ln(1-\alpha)]^{2/3}$
14	Avrami-Erofeev 方程	$4/3(1-\alpha)[-\ln(1-\alpha)]^{1/4}$	$[-\ln(1-\alpha)]^{3/4}$
15	Avrami-Erofeev 方程	$2/3(1-\alpha)[-\ln(1-\alpha)]^{-1/2}$	$[-\ln(1-\alpha)]^{3/2}$
16	Avrami-Erofeev 方程	$1/2(1-\alpha)[-\ln(1-\alpha)]^{-1}$	$[-\ln(1-\alpha)]^2$
17	Avrami-Erofeev 方程	$1/3(1-\alpha)[-\ln(1-\alpha)]^{-2}$	$[-\ln(1-\alpha)]^3$
18	Avrami-Erofeev 方程	$1/4(1-\alpha)[-\ln(1-\alpha)]^{-3}$	$[-\ln(1-\alpha)]^4$
19	Mample 单行法则	$1-\alpha$	$-\ln(1-\alpha)$
20	Mampel Power 法则	$4\alpha^{3/4}$	$\alpha^{1/4}$
21	Mampel Power 法则	$3\alpha^{2/3}$	$\alpha^{1/3}$

续表 9 – 7

函数编号	函数名称	微分形式 $f(\alpha)$	积分形式 $g(\alpha)$
22	Mampel Power 法则	$2\alpha^{1/2}$	$\alpha^{1/2}$
23	Mampel Power 法则	1	α
24	Mampel Power 法则	$2/3\alpha^{-1/2}$	$\alpha^{3/2}$
25	Mampel Power 法则	$1/2\alpha^{-1}$	α^{2}
26	反应级数	$4(1-\alpha)^{3/4}$	$1-(1-\alpha)^{1/4}$
27	收缩球状(体积)	$3(1-\alpha)^{2/3}$	$1-(1-\alpha)^{1/3}$
28	收缩球状(体积)	$(1-\alpha)^{2/3}$	$3[1-(1-\alpha)^{1/3}]$
29	收缩圆柱体(面积)	$2(1-\alpha)^{1/2}$	$1-(1-\alpha)^{1/2}$
30	收缩圆柱体(面积)	$(1-\alpha)^{1/2}$	$2[1-(1-\alpha)^{1/2}]$
31	反应级数	$1/2(1-\alpha)^{-1}$	$1-(1-\alpha)^{2}$
32	反应级数	$1/3(1-\alpha)^{-2}$	$1-(1-\alpha)^{3}$
33	反应级数	$1/4(1-\alpha)^{-3}$	$1-(1-\alpha)^{4}$
34	反应级数	$(1-\alpha)^{2}$	$(1-\alpha)^{-1}-1$
35	二级	$(1-\alpha)^{2}$	$(1-\alpha)^{-1}$
36	三级	$1/2(1-\alpha)^{3}$	$(1-\alpha)^{-2}$
37	2/3 级	$2(1-\alpha)^{3/2}$	$(1-\alpha)^{-1/2}$
38	指数法则	α	$\ln\alpha$
39	指数法则	$1/2\alpha$	$\ln\alpha^{2}$

9.3.1.4 动力学补偿效应及活化热力学函数

从理论上说，通过实验数据的处理求解出的表观活化能 E、指前因子 A 和反应机理函数 $f(\alpha)$ 是相互独立的。但是学者 Gallagherh 和 Johnson 在研究金属铜催化乙醇脱水反应中发现动力学三因子 E、A、$f(\alpha)$ 之间存在相互关系[220]，即动力学补偿效应。此后，多位学者以动力学基本方程作为切入点，分别从温度范围、转化率、动力学机理函数等方面对动力学补偿效应做了研究，指出动力学补偿效应的存在是阿仑尼乌斯速率常数呈指数形式内在原因[219]。动力学补偿效应的表达式为：

$$\ln A = aE + b \quad (9-43)$$

式中：a 和 b 为补偿参数，其中 a 的单位为 $mol \cdot kJ^{-1}$。

Eyring 和 Polanyi 等学者曾提出过渡态理论，认为在反应进程中具有活化能的分子在相互碰撞时会形成活化络合物，而活化络合物的形成说明反应过程中存在一个中间状态，这个状态就是过渡状态。活化热力学函数则是用来描述过渡状态的某一物理性质与反应物相应物理性质的差，主要包括活化熵 $\Delta S^{\neq}$、活化焓 $\Delta H^{\neq}$ 和活化吉布斯自由能 $\Delta G^{\neq}$。通过分析活化熵 $\Delta S^{\neq}$ 能了解从反应物到过渡态过程中反应体系发生的有序性变化；活化焓 $\Delta H^{\neq}$ 能在一定程度上对化学反应中反应物的化学键的断裂情况进行判断；活化吉布斯自由能 $\Delta G^{\neq}$ 的大小能判断出反应速率，其值越大，反应速率越慢。在非等温反应中，各特征温度的活化熵 $\Delta S^{\neq}$、活化焓 $\Delta H^{\neq}$ 和活化吉布斯自由能 $\Delta G^{\neq}$ 可通过热力学关系式算得：

$$A\exp\left(-\frac{E}{RT}\right) = \frac{k_B T}{h}\exp\left(\frac{\Delta S^{\neq}}{R}\right)\exp\left(-\frac{\Delta H^{\neq}}{RT}\right) \quad (9-44)$$

$$\Delta H^{\neq} = E - RT \quad (9-45)$$

$$\Delta G^{\neq} = \Delta H^{\neq} - T\Delta S^{\neq} \quad (9-46)$$

式中：$\Delta S^{\neq}$ 为活化熵，J/(mol·K)；$\Delta H^{\neq}$ 为活化焓，kJ/mol；$\Delta G^{\neq}$ 为活化吉布斯自由能，kJ/mol；k_B 为 Boltzmann 常量，$k_B = 1.3807 \times 10^{-23}$ J/K；T 为热力学温度，K；h 为 Planck 常量，$h = 6.6625 \times 10^{-34}$ J/s。

9.3.2　硫化矿尘热分解动力学计算

9.3.2.1　硫化矿尘热分解反应动力学机理

1. *Popescu 法初选反应机理函数*

按照上节所述 Popescu 法初步选择最概然机理函数 $g(\alpha)$。通过测定三类硫化矿尘在升温速率为 10℃/min、20℃/min 时的一组 TG 曲线，求出它们在 520℃、530℃、540℃和 550℃时升温速率为 10℃/min 时的转化百分率 α_1 和升温速率为 20℃/min 时的转化百分率 α_2，如表 9－8 所示。

把表 9－7 中 39 种动力学机理函数 $g(\alpha)$ 分别代入方程式(9－28)或方程式(9－29)，作通过原点的 $g(\alpha)_{mn} - 1/\beta_i$ 直线，得到线性相关系数。选取线性相关系数较好的机理函数作为初选结果，B、C、D 类硫化矿尘热分解分级机理函数初选结果如表 9－9～表 9－11 所示。

表 9-8　三类硫化矿尘在不同升温速率和不同温度下的转化百分率

温度/℃	B类硫化矿尘		C类硫化矿尘		D类硫化矿尘	
	α_1	α_2	α_1	α_2	α_1	α_2
520	0.17	0.14	0.19	0.15	0.40	0.35
530	0.19	0.15	0.20	0.16	0.45	0.40
540	0.21	0.17	0.22	0.18	0.51	0.46
550	0.24	0.19	0.24	0.19	0.57	0.53

表 9-9　B类硫化矿尘分解机理函数初选

函数编号	函数名称	机理	线性相关系数			
			520℃	530℃	540℃	550℃
1	抛物线法则	一维扩散，1D	0.980	0.990	0.984	0.990
2	Valensi 方程	二维扩散，圆柱形对称，2D	0.981	0.991	0.987	0.991
5	Jander 方程	三维扩散，球形对称，3D	0.982	0.992	0.989	0.993
6	G-B 方程	三维扩散，圆柱形对称，3D	0.984	0.992	0.986	0.992
7	反 Jander 方程	三维扩散，3D	0.977	0.987	0.980	0.984
8	Z-L-T 方程	三维扩散，3D	0.984	0.995	0.992	0.996
15	Avrami-Erofeev 方程	随机成核和随后生长($n=1.5$)	0.967	0.980	0.974	0.981
16	Avrami-Erofeev 方程	随机成核和随后生长($n=2$)	0.985	0.994	0.990	0.995
17	Avrami-Erofeev 方程	随机成核和随后生长($n=3$)	1.000	0.999	1.000	0.999
18	Avrami-Erofeev 方程	随机成核和随后生长($n=4$)	0.995	0.974	0.992	0.986
24	Mampel Power 法则	相边界反应(一维，$n=1.5$)	0.962	0.974	0.967	0.973
25	Mampel Power 法则	相边界反应(一维，$n=2$)	0.980	0.990	0.984	0.990

表9-10 C类硫化矿尘分解机理函数初选

函数编号	函数名称	机理	线性相关系数			
			520℃	530℃	540℃	550℃
1	抛物线法则	一维扩散，1D	0.990	0.987	0.981	0.990
2	Valensi 方程	二维扩散，圆柱形对称，2D	0.991	0.989	0.983	0.991
5	Jander 方程	三维扩散，球形对称，3D	0.992	0.989	0.985	0.993
6	G-B 方程	三维扩散，圆柱形对称，3D	0.992	0.989	0.985	0.992
7	反 Jander 方程	三维扩散，3D	0.987	0.982	0.979	0.984
8	Z-L-T 方程	三维扩散，3D	0.995	0.993	0.990	0.996
15	Avrami - Erofeev 方程	随机成核和随后生长($n=1.5$)	0.980	0.977	0.971	0.981
16	Avrami-Erofeev 方程	随机成核和随后生长($n=2$)	0.994	0.992	0.987	0.995
17	Avrami-Erofeev 方程	随机成核和随后生长($n=3$)	0.999	1.000	1.000	0.999
18	Avrami-Erofeev 方程	随机成核和随后生长($n=4$)	0.974	0.987	0.996	0.986
24	Mampel Power 法则	相边界反应(一维，$n=1.5$)	0.974	0.970	0.964	0.973
25	Mampel Power 法则	相边界反应(一维，$n=2$)	0.990	0.987	0.981	0.990

表9-11 D类硫化矿尘分解机理函数初选

函数编号	函数名称	机理	线性相关系数			
			520℃	530℃	540℃	550℃
1	抛物线法则	一维扩散，1D	0.956	0.948	0.940	0.922
2	Valensi 方程	二维扩散，圆柱形对称，2D	0.961	0.954	0.947	0.929
5	Jander 方程	三维扩散，球形对称，3D	0.966	0.960	0.955	0.937

续表 9-11

函数编号	函数名称	机理	线性相关系数			
			520℃	530℃	540℃	550℃
8	Z-L-T 方程	三维扩散，3D	0.977	0.972	0.969	0.953
15	Avrami-Erofeev 方程	随机成核和随后生长($n=1.5$)	0.953	0.948	0.944	0.929
16	Avrami-Erofeev 方程	随机成核和随后生长($n=2$)	0.972	0.967	0.962	0.945
17	Avrami-Erofeev 方程	随机成核和随后生长($n=3$)	0.994	0.990	0.986	0.970
18	Avrami-Erofeev 方程	随机成核和随后生长($n=4$)	1.000	0.993	0.998	0.987
25	Mampel Power 法则	相边界反应(一维，$n=2$)	0.956	0.948	0.940	0.922

2. *Coats-Redfern 法确定反应机理函数*

采用 Coats-Redfern 法求解硫化矿尘热分解反应机理函数。将表 9-9～表 9-11 中各类硫化矿尘反应机理函数 $g(\alpha)$ 分别代入到方程式(9-27)中，对三类硫化矿尘在不同升温速率(10℃/min、15℃/min、20℃/min)下的 TG 数据进行处理，求出它们在不同温度下的转化百分率 α，并代入反应机理函数 $g(\alpha)$ 中，通过线性拟合得到 $\ln[g(\alpha)/T^2]-1/T$ 一系列曲线，其线性相关系数最好地代表了硫化矿尘非等温条件热分解反应机理函数。图 9-20～图 9-22 分别为 B 类硫化矿尘在温度为 530～615℃、C 类硫化矿尘在温度为 560～615℃和 D 类硫化矿尘在温度为 520～575℃时，不同升温速率下的 $\ln[g(\alpha)/T^2]-1/T$ 关系图，其线性相关系数如表 9-12～表 9-14 所示。

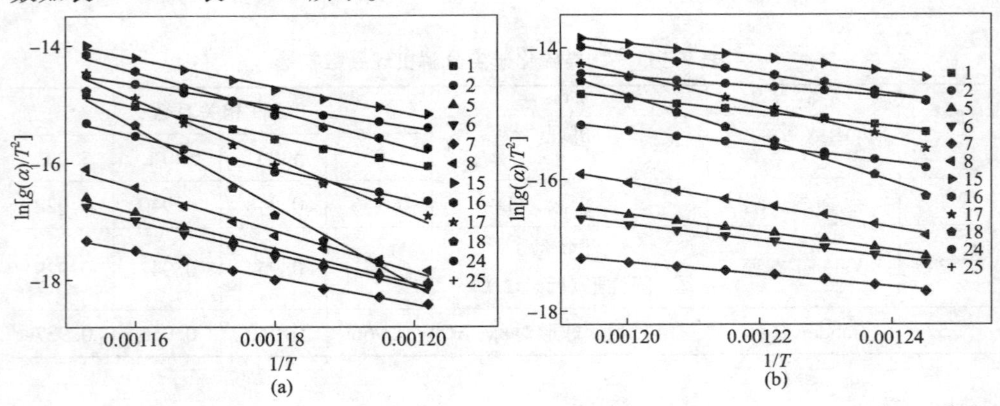

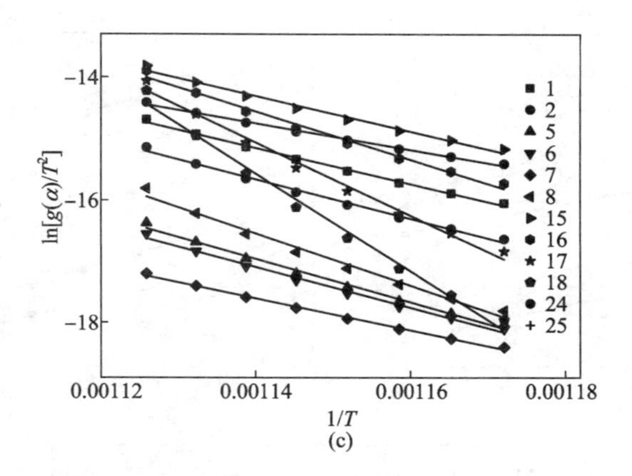

图 9－20　基于 C－R 法 B 类硫化矿尘在不同升温速率下的 $\ln[g(\alpha)/T^2]-1/T$ 拟合曲线

(a)$\beta=10$℃/min；(b)$\beta=15$℃/min；(c)$\beta=20$℃/min

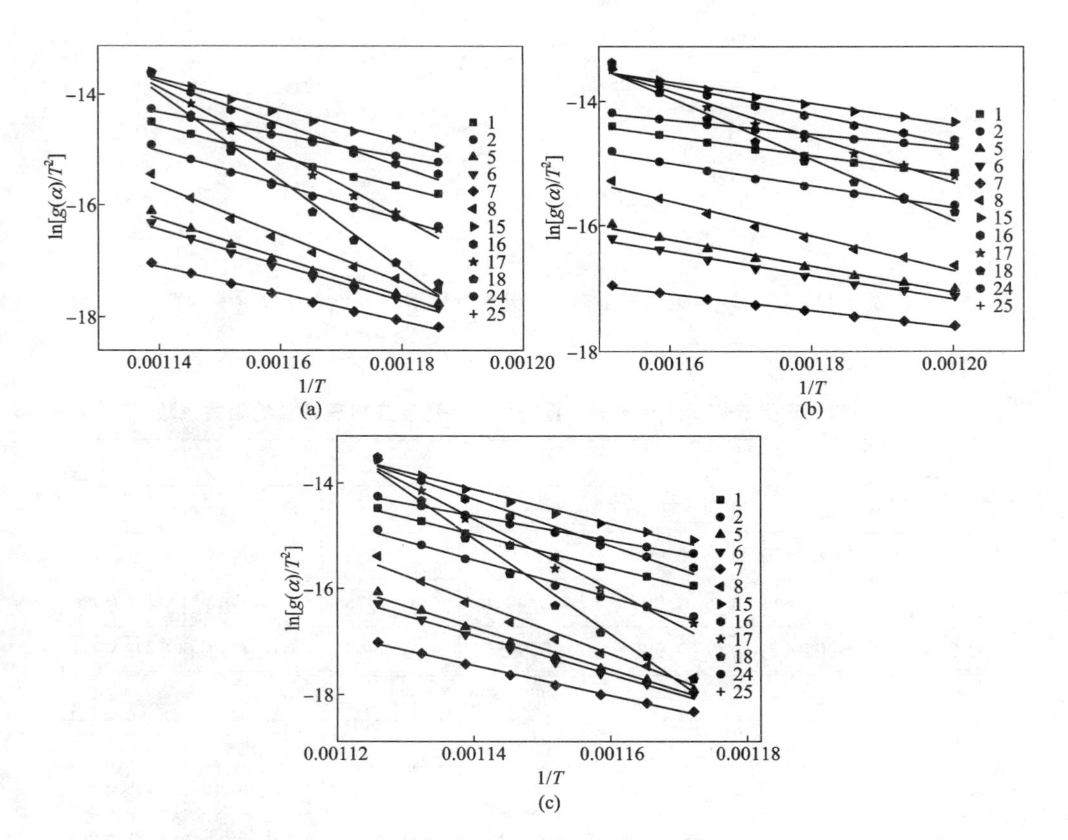

图 9－21　基于 C－R 法 C 类硫化矿尘在不同升温速率下的 $\ln[g(\alpha)/T^2]-1/T$ 拟合曲线

(a)$\beta=10$℃/min；(b)$\beta=15$℃/min；(c)$\beta=20$℃/min

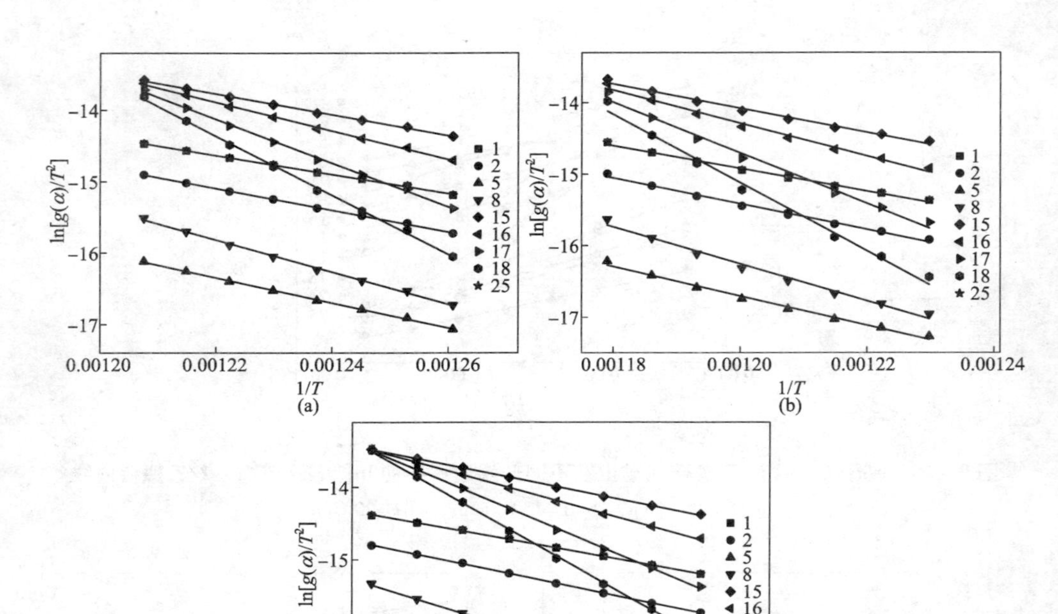

图 9-22　基于 C-R 法 D 类硫化矿尘在不同升温速率下的 ln[$g(\alpha)/T^2$]-1/T 拟合曲线

(a)β=10℃/min；(b)β=15℃/min；(c)β=20℃/min

表 9-12　B 类硫化矿尘在不同升温速率下各种反应机理函数的相关系数

升温速率/(℃·min⁻¹)	机理函数名称编号					
	1	2	5	6	7	8
10	-0.9971	-0.9963	-0.9954	-0.9959	-0.9974	-0.9937
15	-0.9966	-0.9973	-0.9978	-0.9975	-0.9962	-0.9986
20	-0.9979	-0.9969	-0.9957	-0.9965	-0.9983	-0.9931
升温速率/(℃·min⁻¹)	机理函数名称编号					
	15	16	17	18	24	25
10	-0.9943	-0.9945	-0.9947	-0.9948	-0.9970	-0.9971
15	-0.9982	-0.9983	-0.9984	-0.9985	-0.9963	-0.9966
20	-0.9943	-0.9945	-0.9946	-0.9948	-0.9978	-0.9979

表 9 – 13　C 类硫化矿尘在不同升温速率下各种反应机理函数的相关系数

升温速率 /(℃·min^{-1})	机理函数名称编号					
	1	2	5	6	7	8
10	−0.9967	−0.9954	−0.9938	−0.9947	−0.9974	−0.9902
15	−0.9953	−0.9940	−0.9925	−0.9933	−0.9961	−0.9894
20	−0.9970	−0.9956	−0.9939	−0.9951	−0.9979	−0.9901
升温速率 /(℃·min^{-1})	机理函数名称编号					
	15	16	17	18	24	25
10	−0.9917	−0.9919	−0.9921	−0.9922	−0.9965	−0.9967
15	−0.9905	−0.9910	−0.9913	−0.9915	−0.9950	−0.9953
20	−0.9917	−0.9919	−0.9921	−0.9922	−0.9969	−0.9970

表 9 – 14　D 类硫化矿尘在不同升温速率下各种反应机理函数的相关系数

升温速率 /(℃ · min^{-1})	机理函数名称编号				
	1	2	5	8	15
10	−0.9953	−0.9996	−0.9995	−0.9989	−0.9992
15	−0.9975	−0.9967	−0.9957	−0.9936	−0.9945
20	−0.9975	−0.9999	−0.9998	−0.9992	−0.9996
升温速率 /(℃ · min^{-1})	机理函数名称编号				
	16	17	18	25	—
10	−0.9992	−0.9993	−0.9993	−0.9953	—
15	−0.9947	−0.9949	−0.9951	−0.9975	—
20	−0.9996	−0.9996	−0.9996	−0.9975	—

由表 9 – 12 和表 9 – 13 可以看出 B、C 类硫化矿尘在各种反应机理函数的相关系数中的 7 号函数，即反 Jander 方程在任一升温速率下反应机理函数的相关系数最好，由此认为反 Jander 方程为 B、C 类硫化矿尘在热分解过程中相应温度区间的反应机理函数，其积分与微分形式为：

$$g(a) = [(1+\alpha)^{\frac{1}{3}} - 1]^2 \tag{9-47}$$

$$f(a) = \frac{3}{2}(1+\alpha)^{\frac{2}{3}}[(1+\alpha)^{\frac{1}{3}} - 1]^{-1} \tag{9-48}$$

由表9－14可以看出D类硫化矿尘在各种反应机理函数的相关系数中以2号函数最好，即Valensi方程在任一升温速率下反应机理函数的相关系数最好，由此认为Valensi方程为D类硫化矿尘热分解过程中在相应温度区间的反应机理函数，其积分与微分形式为：

$$g(a)=\alpha+(1-\alpha)\ln(1-\alpha) \tag{9-49}$$

$$f(a)=[-\ln(1-\alpha)]^{-1} \tag{9-50}$$

9.3.2.2 硫化矿尘热分解反应动力学参数计算

把式(9－47)和式(9－49)代入式(9－27)中，由$\ln[g(\alpha)/T^2]$对$1/T$作图，得到不同升温速率条件下的拟合直线，由直线的斜率和截距可计算硫化矿尘热分解反应动力学参数。B、C、D类硫化矿尘热分解动力学参数值如表9－15～表9－17所示。

表9－15　基于C－R法B类硫化矿尘热分解动力学参数值

升温速率/(℃·min^{-1})	温度区间/℃	表观活化能E/(kJ·mol^{-1})	指前因子A/s^{-1}
10	560～595	188.29	1.44×10^{9}
15	530～565	77.35	3.15×10^{2}
20	580～615	216.06	8.61×10^{10}
平均值	—	160.57	2.92×10^{10}

表9－16　基于C－R法C类硫化矿尘热分解动力学参数值

升温速率/(℃·min^{-1})	温度区间/℃	表观活化能E/(kJ·mol^{-1})	指前因子A/s^{-1}
10	570～605	203.17	1.15×10^{10}
15	560～595	110.73	3.88×10^{4}
20	580～615	236.43	1.79×10^{12}
平均值	—	183.44	6.01×10^{11}

表9－17　基于C－R法D类硫化矿尘热分解动力学参数值

升温速率/(℃·min^{-1})	温度区间/℃	表观活化能E/(kJ·mol^{-1})	指前因子A/s^{-1}
10	520～555	126.86	5.15×10^{6}
15	540～575	150.12	1.41×10^{8}
20	530～565	150.76	3.39×10^{8}
平均值	—	142.58	1.62×10^{8}

由表9－15～表9－17可知，在不同升温条件下，三类硫化矿尘热分解的表观活化能E、指前因子A均不同，而且差别很大。在硫化矿尘热分解反应中，表观活化能E表示硫化矿尘受热从初始稳定状态被激发分解（活化状态）所吸收的能量，指前因子A表示硫化矿尘颗粒分子发生有效碰撞而产生分解反应的概率。根据阿仑尼乌斯公式，表观活化能越低，指前因子越大，环境温度越高，热分解反应速率越快。在利用热分析研究硫化矿石自燃倾向性领域，有学者把表观活化能E作为判断硫化矿石自燃倾向性大小的指标，其值越大说明硫化矿石自燃倾向性越小。类似地，引入表观活化能E判断发生硫化矿尘爆炸的概率大小，其值越大说明硫化尘热稳定性越好，在相同条件下，硫化矿尘发生爆炸的可能性越小。比较B、C、D类硫化矿尘表观活化能E值的大小，D类硫化矿尘最小，B类硫化矿尘次之，C类硫化矿尘最大。说明在相同条件下D类硫化矿尘（含硫7.65%，低硫类）发生矿尘爆炸的可能性最大，B类硫化矿尘（含硫26.95%，高硫类）发生矿尘爆炸的可能性次之，C类硫化矿尘（含硫19.58%，中硫类）发生矿尘爆炸的可能性最小。根据先前的研究成果，含硫量越大，硫化矿尘爆炸强度越大。在相同条件下，虽然低硫类硫化矿尘发生爆炸的可能性大，但其爆炸强度低，造成的危害较小；中硫类硫化矿尘发生爆炸的可能性小，其爆炸强度较低硫类大；高硫类硫化矿尘爆炸强度大，造成的危害较大，其发生矿尘爆炸的可能性较低硫类硫化矿尘小。

把表9－15～表9－17中所求得的热分解反应动力学参数代入方程式（9－12），可以得到B、C、D类硫化矿尘在相应温度区间的热分解反应动力学方程，见式（9－51）～式（9－53）：

$$\frac{d\alpha}{dt}=2.92\times10^{10}\times e^{-160.57/RT}\times\frac{3}{2}\times(1+\alpha)^{\frac{2}{3}}\times[(1+\alpha)^{\frac{1}{3}}-1]^{-1} \quad (9-51)$$

$$\frac{d\alpha}{dt}=6.01\times10^{11}\times e^{-183.44/RT}\times\frac{3}{2}\times(1+\alpha)^{\frac{2}{3}}\times[(1+\alpha)^{\frac{1}{3}}-1]^{-1} \quad (9-52)$$

$$\frac{d\alpha}{dt}=1.62\times10^{8}\times e^{-142.58/RT}\times[-\ln(1-\alpha)]^{-1} \quad (9-53)$$

9.3.2.3　硫化矿尘热分解动力学补偿效应

由于硫化矿尘在热分解过程中，表观活化能E增大（或减少）使得反应速率加快（或减慢），而指前因子A的增大（或减小）使得反应速率减慢（或加快）。因此，两者对反应速率的影响相互抵消，总的效果是使反应速率变化不大，即存在补偿效应。观察表9－15～表9－17中表观活化能E和指前因子A随升温速率的变化，可以看出随着升温速率的升高，B、C、D类硫化矿尘热分解表观活化能E先减小后增大，而指前因子A同样是先减小后增大，具有一致的变化规律，即表观活化能E和指前因子A存在补偿效应。

根据方程式(9 - 43)，作 ln$A$ 对 E 的直线，即可求得补偿参数 a 和 b。B、C、D 类硫化矿尘的 ln$A$ 与 E 值如表 9 - 18 所示。根据表 9 - 18 作 ln$A$ - E 的拟合直线，直线斜率为 a，截距为 b，如图 9 - 23 所示。求得 B 类硫化矿尘中 $a = 0.1395$，$b = -5.0651$，线性相关系数 $r = 0.9999$；C 类硫化矿尘中 $a = 0.1395$，$b = -4.9464$，线性相关系数 $r = 0.9997$；D 类硫化矿尘中 $a = 0.1596$，$b = -4.7997$，线性相关系数 $r = 0.9845$。其数学表达式见式(9 - 54) ~ 式(9 - 56)：

$$\ln A = 0.1395E - 5.0651 \tag{9-54}$$

$$\ln A = 0.1395E - 4.9464 \tag{9-55}$$

$$\ln A = 0.1596E - 4.7997 \tag{9-56}$$

表 9 - 18　三类硫化矿尘 ln$A$ 与 E 值

升温速率/(℃·min⁻¹)	B 类硫化矿尘		C 类硫化矿尘		D 类硫化矿尘	
	ln$A$	E/(kJ·mol^{-1})	ln$A$	E/(kJ·mol^{-1})	ln$A$	E/(kJ·mol^{-1})
10	21.0864	188.2915	23.1614	203.1708	15.4550	126.8592
15	5.7528	77.3546	10.5652	110.7289	18.7638	150.1182
20	25.1790	216.0562	28.2146	236.4298	19.6405	150.7610

9.3.2.4　活化热力学函数计算

取 DTG 曲线峰顶温度作为特征温度，将其和表 9 - 18 中数值代入式(9 - 44) ~ 式(9 - 46)中，求得 B、C、D 类硫化矿尘热分解反应在 DTG 曲线峰顶温度时的活化熵 $\Delta S^{\neq}$、活化焓 $\Delta H^{\neq}$ 和活化吉布斯自由能 $\Delta G^{\neq}$，如表 9 - 19 ~ 表 9 - 21 所示。

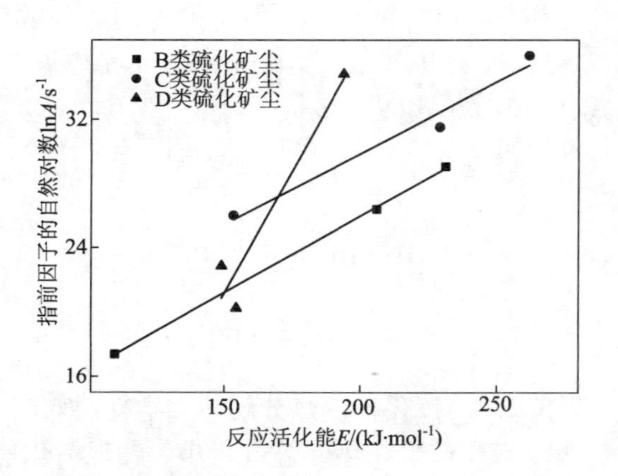

图 9 - 23　不同升温速率下三类硫化矿尘的 ln$A$ 对 E 拟合直线

由表 9 - 19 ~ 表 9 - 21 可知，三类硫化矿尘在不同升温速率下的热分解过程中的活化熵 $\Delta S^{\neq}$ 都是负值。根据过渡态理论，硫化矿尘在热分解过程中，矿尘生成活化络合物时形成过渡态，分子数减少，反应体系中对熵贡献大的平动自由度减少，并转变为对熵贡献小的转动或振动自由度，故活化熵 $\Delta S^{\neq}$ 小于 0。把活化熵 $\Delta S^{\neq}$ 小于 0 的过渡态称为紧凑过渡态，表示过渡态结构比硫化矿尘结构紧凑。根据方程式(9-44)看出，指前因子 A 与硫化矿尘形成过渡态时的熵变有关，即指前因子 A 值越大，活化熵 $\Delta S^{\neq}$ 越小。活化焓 $\Delta H^{\neq}$ 值能对硫化矿尘热分解反应中反应键断裂程度进行判断，其值越小，说明反应键断裂越严重。通过分析表中活化焓 $\Delta H^{\neq}$ 值能判断出不同升温速率下三类硫化矿尘反应键断裂情况。比较三类硫化矿尘分解过程中活化吉布斯自由能 $\Delta G^{\neq}$，发现 B、C 类硫化矿尘反应速率一致，且比 D 类硫化矿尘反应速率要慢。活化吉布斯自由能 $\Delta G^{\neq}$ 的大小也能表示对热的抵抗能力，通过比较可知 B、C 类硫化矿尘的热抵抗能力比 D 类的强。

表 9-19　B 类硫化矿尘热分解过程中热力学活化参数

升温速率 /(℃·min^{-1})	DTG 曲线峰顶温度/K	活化熵 $\Delta S^{\neq}$ /(J·mol^{-1}·K^{-1})	活化焓 $\Delta H^{\neq}$ /(kJ·mol^{-1})	活化吉布斯自由能 $\Delta G^{\neq}$ /(kJ·mol^{-1})
10	888.15	-86.942	180.9074	258.1250
15	874.15	-214.2936	70.087	257.4117
20	903.15	-53.0553	208.5474	256.4643

表 9-20　C 类硫化矿尘热分解过程中热力学活化参数

升温速率 /(℃·min^{-1})	DTG 曲线峰顶温度/K	活化熵 $\Delta S^{\neq}$ /(J·mol^{-1}·K^{-1})	活化焓 $\Delta H^{\neq}$ /(kJ·mol^{-1})	活化吉布斯自由能 $\Delta G^{\neq}$ /(kJ·mol^{-1})
10	887.15	-69.6807	195.7951	257.6123
15	880.15	-174.34	103.4113	256.8567
20	894.15	-27.7335	228.9958	253.7937

表 9-21　D 类硫化矿尘热分解过程中热力学活化参数

升温速率 /(℃·min^{-1})	DTG 曲线峰顶温度/K	活化熵 $\Delta S^{\neq}$ /(J·mol^{-1}·K^{-1})	活化焓 $\Delta H^{\neq}$ /(kJ·mol^{-1})	活化吉布斯自由能 $\Delta G^{\neq}$ /(kJ·mol^{-1})
10	848.15	-133.3777	119.8077	232.9319
15	866.15	-106.0429	142.917	234.7661
20	868.15	-98.7734	143.5432	229.2934

9.4 本章小结

本章基于气相爆炸机理，利用热分析技术探讨硫化矿尘热稳定性，以描述其发生爆炸的可能性。实验测得了不同升温速率下硫化矿尘热分解曲线，主要得到以下结论：

(1)在综合运用 XRD、XRF 技术对硫化矿尘进行分析的基础上，采用热分析技术得到不同升温速率下不同含硫量、硫化矿尘热分解反应过程，其反应包括受热蒸发、矿物分解和产物分解三个阶段。其中受热蒸发阶段主要为各类形式的水分蒸发；矿物分解阶段主要为矿物的分解；产物分解阶段为主要分解产物的脱硫分解。整个考察温度区间，B、C、D 类硫化矿尘质量损失率分别为 22.78%、16.74% 和 16.27%。随着升温速率的加快，B、C、D 类硫化矿尘热分解反应 DTA－TG－DTG 曲线受热滞后现象影响，均有向高温区飘移的趋势。

(2)根据热分析动力学理论与方法，采用 Popescu 法和 Coats-Redfern 法确定 B、C、D 类硫化矿尘热分解反应机理函数，其表观活化能和指前因子分别为：Jander 方程，160.57 kJ/mol，$2.92\times10^{10}\ s^{-1}$；反 Jander 方程，183.44 kJ/mol，$6.01\times10^{11}\ s^{-1}$；Valensi 方程，142.58 kJ/mol，$1.62\times10^{8}\ s^{-1}$。利用表观活化能的大小判断硫化矿尘发生爆炸的可能性，结果表明 D 类硫化矿尘热稳定性差，发生矿尘爆炸的可能性最大，B 类次之，C 类最小。

(3)由各类硫化矿尘热分解表观活化能和指前因子大小可知其对反应速率的影响相互抵消，存在动力学补偿效应，B、C、D 三类硫化矿尘的数学表达式分别为：$\ln A$(B 类)$=0.1395E-5.0651$、$\ln A$(C 类)$=0.1395E-4.9464$、$\ln A$(D 类)$=0.1596E-4.7997$。根据过渡态理论求得活化热力学函数，其值表明硫化矿尘在热分解过程中的过渡态结构比硫化矿尘紧凑；B、C 类硫化矿尘反应速率和热抵抗能力一致，且比 D 类反应速率慢、热抵抗能力强。

第 10 章　硫化矿山自燃与爆炸防治技术

10.1　硫化矿石自燃防治

通过对硫化矿石自燃机理的研究和防火灭火工作的实践，人们已经很清楚地认识到，硫化矿石发生自燃必须具备三个要素：具有氧化性的矿石、持续供氧条件和良好的聚热环境。因此，目前无论是防火还是灭火，其研究和应用都是围绕这三个方面来展开的，即通过减弱或消除这三要素中的一个或几个的作用来达到防火灭火目的，具体方法可概括为清除氧化性矿石(热源)、隔氧和排热降温。

10.1.1　硫化矿石自燃的预防

在硫化矿石自燃三要素中，在可能的条件下，减弱或消除第一个因素的作用是防火工作中最积极、最有效的措施，是预防硫化矿石自燃的重点和根本点。对于有自燃倾向的硫化矿床的开采，有氧化性的矿石是客观存在的，那么减弱或消除第一个因素在实际中的应用主要集中在减少硫化矿石在采场中的存有量和堆存时间，或者是抑制、延缓硫化矿石的表面氧化速度两个方面。具体措施如下：

(1)加强采场矿堆温度监测，准确把握矿石氧化自热的初期征兆。

矿堆温度的变化是判断矿石氧化自热处于何种阶段的关键指标，特别是初期征兆的识别，对矿石自燃发火的防治起着至关重要的作用[221]。实践证明：当采场矿石出现升温趋势，且矿堆温度高出环境温度 5 ~6℃、升温率超过 1℃/d 时，就必须采取有效措施，加快出矿、洒水、通风、覆盖等，而绝不能继续崩矿，使矿石处于更有利的聚热环境或上升为高温自燃发展期，造成火灾扩展和蔓延。

(2)改善采场底部结构，减少或避免矿石积压。

对于有自燃危险的矿块，要严格设计、施工，改善其底部结构和崩矿参数及崩矿步距，加强采场贯穿风流通风[222]，使崩落矿石全部或绝大部分能及时运出，防止矿石大量堆积于采场中，造成长时间聚积自热和自燃。

(3)缩短采矿周期，严格控制一次崩矿量。

硫化矿石从氧化自热到自燃发火皆有一定的周期，其影响因素很多，但主要与矿物结构、矿石类型和一次崩矿量有关[223]。铜陵公司冬瓜山铜矿对高硫矿石自燃性进行了研究，研究结果表明，高硫矿石自燃发火周期与一次性崩矿量成反比，一次崩矿量越大，自燃发火周期越短[224-226]，如图 10 -1 所示。因此严格控制一次崩矿量对预防矿石自燃发火有积极意义。

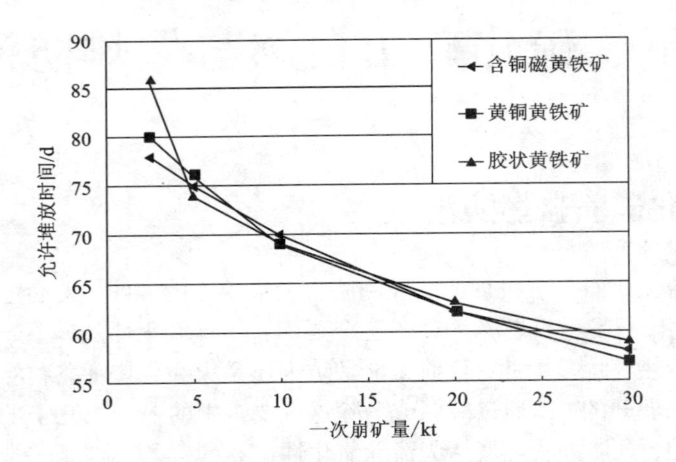

图 10-1　一次崩矿量与允许堆放时间关系图

同时，采用“强掘、强采、强出”的方法，缩短采矿周期，不给矿堆聚热以足够的时间，也是预防矿石高温自燃，减少和避免火灾最为有效的方法。

(4)加强采场通风，形成贯穿风流，改善矿堆环境条件。

加强采场通风的实质是散热降温，有时也可适当对氧化自热的矿堆洒水降温进行“冷处理”，这些方法对预防矿石自燃有一定效果，但须严格控制，因为通风、洒水会带来大量的氧气和水，加速矿堆氧化自热速度，使用不当时可能会适得其反。

10.1.2　高硫矿石自燃灭火措施

矿石的自燃火灾由其内因引起[227]，因此，要熄灭自燃发火的矿石，不仅要控制其自燃势头的发展，还要使矿堆中的巨大热能释放到周围环境中，避免矿堆与空气再次接触而快速氧化自燃。在灭火技术方面的研究，主要集中在减弱或消除引起矿石自燃的后两个因素的作用也就是通过排热降温和隔氧达到防止矿石氧化自燃的目的。

(1)洒水灭火。这种方法只适用于小矿堆，而且是水可喷洒到的范围，如一次落矿数吨至几十吨的浅孔分层采矿法。

(2)铺散矿堆自灭。这种方法也只适用于人员(设备)可接触的小矿堆，矿堆铺开以后，由于矿石与环境的换热面积增大，导致散热传热加快直至冷却。但如果发火矿堆温度过高，当矿堆耙散后，高温矿石与氧气接触更加充分，则矿石在短时间内燃烧会更猛烈，同时会产生更多 SO_2、H_2S 等有毒气体。

(3)强行挖除火源法。这种方法的危险性较大，只适合于小范围火灾防治，而且是人员(设备)可以接触的情况，当人进入火灾区域前，必须佩带好防毒面具，在上风侧接近发火矿堆。

(4)隔绝灭火法。这是比较安全有效的方法，但许多采场、采空区往往不能做到完全密封，且密封后须经过较长时间燃烧才会自然熄灭。因此，利用砌筑密闭墙以隔绝氧气，不失为一种行之有效的方法，但在恢复生产时，应慎重判定火灾是否已经真正熄灭，以及场内是否已降至室温。

(5)石灰(浆)、黄泥(浆)灭火法。这实际是利用石灰(浆)、黄泥(浆)、水泥(浆)等惰性填料充分覆盖自燃的大体积矿堆，隔绝自燃矿堆与空气(氧气)接触的一种隔绝灭火法。

10.1.3　高硫矿石自燃降温措施

依据硫化矿石自燃发火初期阶段征兆的识别方法，矿堆的温度变化(即升温率)是一个既可定性又可定量测定的综合性指标，可以作为判定矿石自燃发火初期阶段的依据。在此阶段采取相应措施，对防止氧化自热的发展将起到显著效果，若让其温度升高到发展期或临近自燃期才采取措施，则将增加难度，错失良机，以致可能无法控制。

理论研究和生产实践表明：控制矿石自燃发火初期阶段发展的最简便、最有效的措施就是降温，改变矿石热交换条件，防止热能的积聚和自热的发展。降温方法主要是：形成贯穿风流并增大风速和风量，以及洒水降温。

(1)贯穿风流通风降温：

① 加强高温工作面局部通风，形成贯穿风流并增大风速和风量；

② 将低温风流直接压入工作面或在采场回风巷安装局扇抽出污风；

③ 从脉外低温巷道进风或采用喷雾法处理高温风流，以降低进风风流温度。

(2)向温度升高的氧化自热采场或矿堆直接洒水降温。

10.1.4　硫化矿石自燃的主要特征与鉴别指标

在矿堆氧化自热到自燃的过程中，最显著的变化特征是温度变化[228]。

在矿石自燃发火的初期(指矿石氧化自热的萌芽期或孕育期)，即矿堆温度小于30～32℃、日升温小于0.5℃的阶段及时采取相应的措施，对防止矿石氧化自热的发展将会起到显著的效果；若让矿堆温度上升到发展期，即当矿堆温度为32～60℃、日升温达到1.0℃以上的临近自燃期时才采取措施，则会增加处理的难度，甚至难以控制；当矿堆温度达到70℃以后，其增温速率急剧增大，可达到10～18℃/d，并有大量SO_2气体放出，此时矿堆已临近自燃。且有研究表明，大多数硫化矿石经过一段时间的常温预氧化后，其吸氧速度、自热特性和着火点等均发生了变化。部分硫化矿石经过预氧化后的吸氧速度急剧增加，自热特性有所加强，着火点也明显降低，主要原因是由于部分硫化矿石在氧化过程中会产生一些加速其氧化的中间产物。同时，空气湿度、水、温度、矿石块度等对矿石自燃也有一定的影响[229]。

爆落的矿石变成火源是硫化矿石由氧化发展到自燃的结果，那么如何判断硫化矿石的氧化性？是否具有简易实用的指标来鉴别其氧化性？又如何鉴别其氧化性是强或弱？为此，在总结前人研究成果和经验的基础上，结合东乡铜矿和武山铜矿实际情况，选取可溶性铁离子与全铁比值、钙镁含量与全硫比值、恒温恒湿增温值、水溶液 pH、矿石氧化前后自燃点温差值、矿石发热量、矿石氧化速度 7 个氧化性指标，进行了大量实验验证或现场测定，获得如下相应硫化矿石氧化自燃鉴别性指标：

(1)可溶性铁离子含量与全铁含量之比 $K \geqslant 10\%$；

(2)水溶液 $\text{pH} \leqslant 3$；

(3)230℃恒温恒湿增温值 $\Delta t > 20$℃或供风后立即燃烧；

(4)发热量 $Q > 4186.8$ J/g；

(5)氧化速度 $g > 3$ mg/kg · h；

(6)钙镁含量与全硫含量之比 $\psi < 0.2$。根据矿石 X - Ray 衍射分析结果，I 单元矿石中 $w(\text{Ca}+\text{Mg}) : w(\text{S}) = 0.023$；

(7)氧化前后自燃点温差 $\Delta T > 100$℃。

上述指标在多个矿山自燃发火鉴别中得到验证，可以此作为判定矿石氧化性鉴别的指标和进行矿石自燃倾向性预测预报。

10.2 硫化矿山矿尘爆炸防治措施

10.2.1 硫化矿尘爆炸灾害易发地点以及重点防治区域

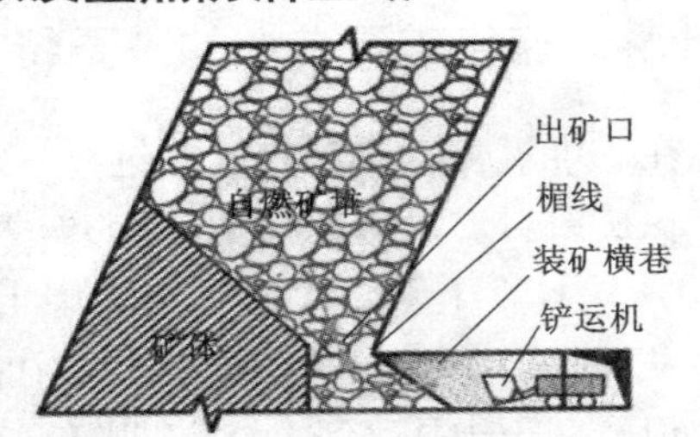

图 10-2 出矿口火源与尘源交汇及矿尘爆炸位置示意图

分段(阶段)落矿、铲运机出矿时，出矿口(楣线处)是采场内爆落矿石(包括正在燃烧的矿石)出矿的唯一通道，也是通风负压作用下铲运机装矿产生的高浓度硫化矿尘向采场内扩散流动的主要通道，换言之，楣线处(出矿口)正好是向下运动的火源(自燃矿石)与向上流动的尘源(出矿粉尘)的交汇点，因此，该处极易同时满足矿尘爆炸条件(氧气总是满足)，是主要的矿尘爆炸发生点。江西东乡铜矿 2 次矿尘爆炸事故和安徽铜山铜矿的 1 次矿尘爆炸事故均发生在楣线处[230]，如图 10－2 所示。

10.2.2　矿尘沉降扩散规律和爆炸最低下限浓度

矿尘浓度是一个与粒度、湿度、分散度、沉降扩散等因素有关的指标，研究其沉降扩散规律对控制矿尘浓度具有重要意义。根据相关理论的分析研究和出矿点(装矿巷道)矿尘浓度的现场测定，获得了图 10－3 ~ 图 10－6 所示出矿口四个典型出矿阶段的矿尘沉降扩散规律。

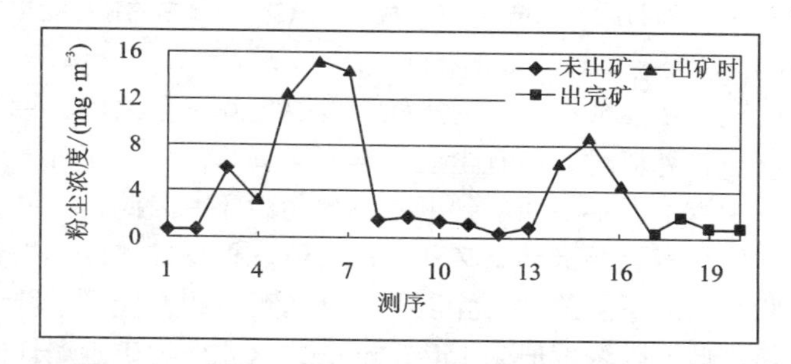

图 10－3　拉切割槽后(未形成贯穿风流)第一班出矿时装矿巷道矿尘浓度

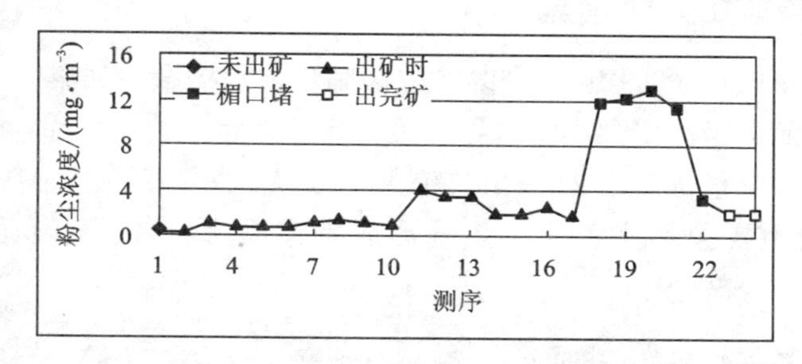

图 10－4　正常(形成贯穿风流)及楣线口被堵出矿时装矿巷道矿尘浓度

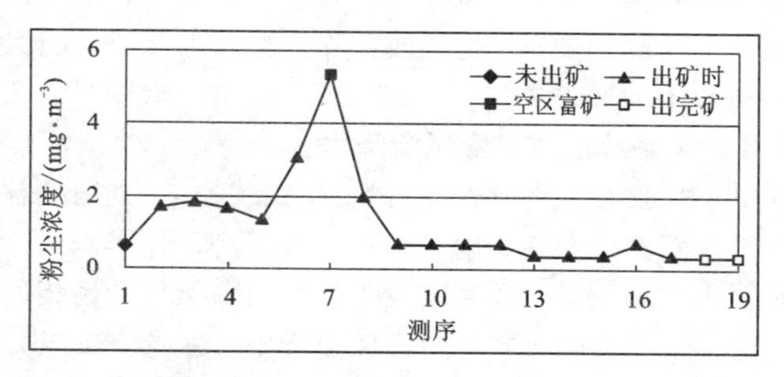

图 10－5　正常(形成贯穿风流)及矿堆冒矿出矿时装矿巷道矿尘浓度

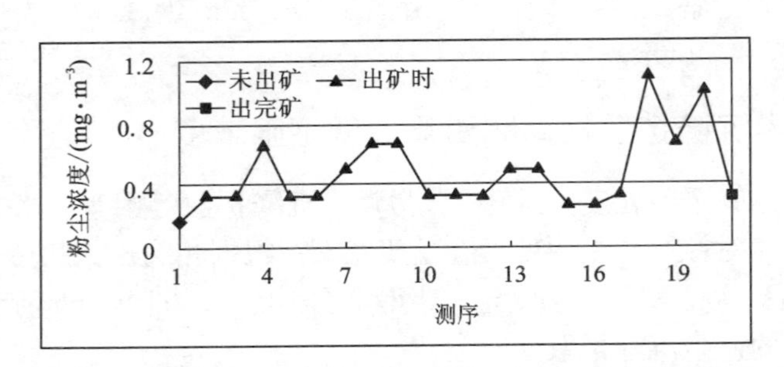

图 10-6 即将结束采场出矿(形成贯穿风流)时装矿巷道矿尘浓度

矿尘爆炸中对浓度参数有意义的指标主要是爆炸下限浓度，一方面现场低浓度即低于某一下限临界值时即使有尘也肯定不会爆炸，另一方面高浓度时由于沉降和扩散作用矿尘浓度肯定会回落到下限临界值以下，因此，确定适合目标矿山的最低下限浓度值具有重要指导意义和实用价值。根据前述内容提到的硫化矿尘云爆炸强度实验和爆炸下限浓度实验以及长期的现场跟踪监测，最终推荐东乡铜矿硫化矿尘爆炸最低下限浓度值为 150 g/m^3，并以此作为矿尘爆炸的预测值。

10.2.3 高硫矿山降尘措施

降尘是防止硫化矿尘爆炸、消除矿工矽肺的根本措施。如果井下任何一点甚至产尘核心区的矿尘浓度都小于爆炸下限，就不会发生矿尘爆炸；如果井下所有作业点的空气含尘量都小于 2 mg/m^3，就可以大大减小矽肺发生的概率。

降尘方法主要包括完善通风系统形成贯穿风流、加强局部通风以及洒水降尘。

1. 通风降尘

通风是高硫矿床开采中一项比较重要的降温降尘措施。在进行通风设计时，不但要考虑满足排尘及排出炮烟的要求，还要满足氧化发热工作面聚集热量以及二氧化硫等有毒气体排除的要求，达到改善作业面作业条件，确保作业安全的目的。主要可以通过以下通风方式进行：

(1)利用矿井通风系统形成贯穿风流降尘；

(2)加强采场、装/卸矿点等产尘工作面局部的通风。对分段崩落法和分层采矿法的采场，在工作面直接安装局扇，加强局部通风降尘；对分段空场法的采场，在采场的阶段回风巷安装局扇，并密闭或安装风门隔断与采场相通的分段巷道风路，形成装矿巷道→采场→回风巷的贯穿风流降尘；对装/卸矿点，利用局扇或矿井通风系统形成贯穿风流降尘。

内因火灾往往发生在通风系统紊乱、漏风严重的矿井或不能形成贯穿风流、通风死角的采场。因此，选择合理的通风系统并严格通风管理（风路、风速、风量）制度，对预防内因火灾十分重要。主要措施如下：

① 有自燃发火危险的矿山，为防止大量风流涌入采空区引起火灾，应尽量采用多级机站或压、抽混合式通风；

② 每一生产阶段应设置独立回风道或各作业区应采用独立风流并联通风，以便调节和控制风流、隔绝火区；

③ 正确选定辅助风机、风窗、风门等通风构筑物的设置地点，安设地点应选在地压小、巷道四周无裂缝和风压小处。在安装通风设施时，应特别注意对防火是否有利。

2. 洒水降尘

洒水降尘有水管（软管）直接洒水降尘和喷雾洒水降尘两种，为节约用水、减少井下排水、减少高品位粉矿和金属离子流失，地下开采矿山防爆降尘宜采用喷雾洒水。喷雾洒水既能起到降尘作用，增大尘粒和环境湿度，又能有效减少有毒气体含量，使炮烟毒性降低。

（1）喷雾洒水降尘机理。

通过惯性碰撞，尘粒与液滴、液膜接触，使尘粒加湿、凝聚增重，最终达到降尘目的。其降尘率 η 与惯性碰撞数 N_i 有关，关系式为：

$$\eta = \frac{1}{1 + \frac{0.65}{N_i}} \tag{10-1}$$

由此可见，惯性碰撞数 N_i 越大，即尘粒粒度、尘粒密度、气液相对运动速度越大，液滴直径越小，则惯性碰撞除尘效率 η 越高。

（2）影响喷雾洒水降尘效果的因素分析。

喷雾洒水降尘的影响因素取决于喷雾器的结构、工作方式、水压大小和尘源存在状态。

①水粒大小。一般情况下，水雾粒度越小，在空气中的分布密度越大，与粉尘的接触机会越多，降尘效果越好。但水粒太小，湿润粉尘后其重量增加不大，不易从空气中降落，也易被风流带走和蒸发，不利于降尘。所以，水雾粒度应根据除尘要求（如尘粒粒度、密度等）来确定，煤矿测定的最佳水雾粒度为 20 ~ 50 μm。对硫化矿尘而言，因其粒度、密度都较煤尘大，故降尘的水雾粒度也可稍微大些。

②水粒速度。水雾速度决定了水粒与粉尘的接触效果。相对速度大，二者碰撞时动量大，有利于克服水的表面张力，将粉尘湿润捕获。据煤矿降尘测定，当水雾粒度为 100 μm、水粒速度为 30 m/s 时，对 2 μm 尘粒的降尘率可达到 55%。据此，能有效降低呼吸性粉尘的水粒速度应大于 20 m/s，一般喷雾降尘的水粒速

度应大于 5 m/s。

③水雾密度。水雾密度是指在单位时间内单位水雾流的断面积上的水耗量。喷雾降尘实践证明：水雾密度越大降尘效果越好。

④粉尘粒度。粉尘粒度越小越不易捕获。当水粒粒度为 500 μm 时，对粒径大于 10 μm 粉尘的捕获率为 60%，对粒径 5 μm 粉尘的降尘率为 23%，对粒径 1 μm粉尘的降尘率仅为 1%。

(3)喷雾洒水降尘器参数设计。

喷雾洒水所需能量来源于高位(地表)水池与井下工作面的落差形成的水压头，根据流体力学有关公式：

$$H = \frac{v^2}{2g} + h_w \tag{10-2}$$

式中：H 为水压头，m；v 为井下供水管内水流速度，m/s；h_w为供水管总阻力损失，m；g 为重力加速度，m/s^2。

由上所述，喷雾洒水降尘效率主要取决于水粒速度 V(正比)、水粒直径 d(反比)，但 d 不能太小，最佳粒径为 20 ~ 50 μm。

实验表明：随着水压力的提高，尤其喷雾水压大于 1.0 MPa 时，雾粒运动速度显著提高，而雾粒直径相应减小。

变换式(10-2)，得到雾粒速度 v 与水压力 H 的关系为：

$$v = \sqrt{2gH - h_w} \tag{10-3}$$

因水管总阻力损失 h_w的相对值很小，多数情况可忽略不计，故式(10-3)可简化为：

$$v = \sqrt{2gH} \tag{10-4}$$

而雾粒直径 d 与水压力 H 的关系为：

$$d = 216.6(1.85D - 1)/H \tag{10-5}$$

式中：d 为雾粒直径，μm；D 为喷嘴直径，mm；H 为水压力，MPa。

由式(10-4)、式(10-5)可知：水压力越大，水粒运动速度越快，同时水粒粒径越小，所以，高水压对提高喷雾洒水降尘效率具有极为有利的双重作用。

10.2.4 硫化矿尘爆炸防治技术措施

根据煤尘防爆研究经验：粒度 $d < 10$ μm 的煤尘是爆炸的主体，其中采煤工作面产生的降尘粒度小、煤尘浓度高、沉积强度大，是重点防尘区。对采用分段空场嗣后充填法开采的采场而言，其核心尘源区主要有采场、装矿斜巷、卸矿点等，所以采场、装矿斜巷和卸矿点是防尘和防止硫化矿尘爆炸的重点作业区域。

根据硫化矿尘爆炸条件与机理研究结果可知，粉尘爆炸一般应同时满足尘源[231](足够分散度和爆炸下限以上浓度的粉尘)、点火源(足够点火能)、充足氧气(空气)三个条件。要防止粉尘爆炸，必须设法破坏三个爆炸必要条件中的至少一个，而其中空气是人类生存的最基本条件，必不可少。所以，防治硫化矿尘爆炸的技术措施只有设法"控制粉尘浓度在爆炸下限以内"或"消除点火源"。主要采用完善矿井通风系统、加强局部通风、采用喷雾洒水等措施达到降尘、降温和消除内因火灾的目的，同时杜绝任何人工点火源。

1. 控制粉尘浓度在爆炸下限以内

硫化矿床地下开采的凿岩、爆破、出矿、运输等生产工序都是产尘工序，导致采场及一定范围的有限空间内产生粉尘(即尘源)是必然的，从控制尘源考虑，防止矿尘爆炸的关键技术是采取有效措施将粉尘浓度控制在爆炸下限以内。

(1)建立完善的矿井通风系统，控制产尘核心区粉尘浓度。

建立完善的矿井通风系统和有效通风网络，加强矿井通风和采场局部通风，消除污风串联和通风死角，使其有足够的风速和风量排尘降热，使所有作业地点的空气含尘量小于2 mg/m³、作业区空气含尘量小于10 g/m³(这是《冶金矿山安全规程(井下矿山)》规定的粉尘浓度值)，并使采场、装矿斜巷、卸矿点等产尘核心区的矿尘浓度处于爆炸下限(<35 mg/m³)以内。这里所指装矿点产尘核心区，不仅指装矿斜巷楣线以外出矿点，也包括楣线以内采场崩落矿堆。

(2)洒水降尘，防止微细粉尘形成"粉尘云"。

加强作业环节的粉尘管理，防止粉尘尤其是微细粉尘的产生和积聚。粉尘是否在空中悬浮关键在于粉尘粒径，只有直径小于10 μm的粉尘其扩散作用才小于重力作用，才容易形成易爆的"粉尘云"。

降低10 μm以下粉尘扩散的有效途径除通风降尘外，还有洒水降尘。为此，应在每个装矿斜巷的楣线口和溜井口(卸矿点)安装喷雾洒水器，以降低装/卸矿点核心产尘区的矿尘浓度，并使其控制在35 mg/m³以下。喷雾洒水粒度、速度可根据喷雾洒水降尘器参数设计确定。为达到较好的降尘效果，推荐水粒粒度大于100 μm、水速在10 m/s以上。

洒水还有利于增加矿尘和环境湿度，降低尘粒静电，防止形成粉尘云，从而降低粉尘爆炸的发生概率。研究表明：当粉尘湿度超过50%时，可有效防止粉尘爆炸。

(3)保持进风风源清洁，控制通风系统粉尘浓度。

风源质量直接关系到整个矿井的风质，《金属非金属地下矿山安全规程》规定：入风井巷和采掘工作面进风风源的粉尘浓度应小于0.5 mg/m³，空气温度不高于28℃。此外，在硫化矿床地下开采中，还应采取湿式凿岩、水封爆破、出矿(包括装矿和卸矿)喷雾洒水、爆破后清洗巷道帮壁等降尘措施，确保降低每道工序的粉尘浓度，防止污风串联、粉尘堆积和粉尘二次飞扬，确保"井下所有作业点的空气含尘量小于2 mg/m³""作业区含尘量小于10 g/m³"的矿井通风质量要求，做好矿井粉尘治理，降低作业环境的粉尘浓度，达到系统降尘的目的。

2. 消除点火源

既然硫化矿床地下开采的尘源不可避免，而硫化矿尘的最小点火能和爆炸下限浓度两项爆炸指标又都相对较低，导致危险性较大，因此，必须采取有效措施消除点火源[232]。

引起硫化矿尘爆炸的点火源主要有：明火火源、高硫矿石氧化反应热及高温自燃、爆破火花及其强振、矿石崩落、冒顶、滚落等强烈碰撞、矿－机(矿石与运搬设备)撞击及摩擦引起的火花等[233]。

(1)杜绝明火火源。

明火火源包括打火机、烟头等人工火源和线路、设备等产生的电火花。通过制订并严格执行井下防火安全规程，可以完全消除明火火源。

(2)消除矿石氧化反应热及高温自燃。

统计表明，高硫矿石氧化反应热和高温自燃是引起硫化矿尘爆炸的最主要点火源，绝大部分金属矿山的硫化矿尘爆炸事故，都是由其作为点火源。因此，消除矿尘爆炸点火源的关键是控制硫化矿石不产生氧化自燃。

①建立完善的矿井通风系统和采场通风网络，加强矿井通风和采场局部通风，形成贯穿风流，使其有足够的风速和风量排热降温，尤其在矿石发火初期及低温氧化阶段，采用高速贯穿风流降热，能收到事半功倍的效果。因此，在进行通风设计时，不但要考虑满足排尘及排出炮烟的要求，还要满足排除聚集的氧化热及 SO_2 等有毒气体的要求。内因火灾往往发生在通风系统紊乱、漏风严重的矿井或不能形成贯穿风流、存在通风死角的采场。

加强采场通风的实质是散热降温[234]，但须严格控制，因为当矿石温度上升到发展期，或进入临近自燃期及高温氧化阶段后，通风会带来大量充足的氧气，从而加速矿堆氧化自热速度，对控制矿堆自燃不起作用，甚至适得其反，加速自燃火灾的发展。因此，在安装通风设施时，应特别注意对防火是否有利。选择合理的通风系统并严格通风管理(风路、风速、风量)制度，对预防内因火灾十分重要。

②缩短采矿周期，控制一次崩矿量和矿石堆放时间。任一高硫矿山其矿石从氧化自热到自燃发火皆有一定的周期，在此之前将崩落矿石运出，就不会发生内因火灾。影响矿石发火周期的因素很多，主要与矿物结构、矿石类型、一次崩矿量、通风条件等有关。缩短采矿周期，就是采用“强采、强出”的工艺措施缩短采矿时间，包括缩短每次崩矿后的出矿时间和整个采场(单元)的回采时间，在崩落矿石尚未氧化之前就尽快出空，不给矿堆氧化、聚热以足够的时间，尤其当崩落矿石出现升温趋势，且矿堆温度高出环境温度 5 ~ 6℃时，就必须采取加快出矿、加强通风、洒水降温等有效措施，绝不能继续崩矿，使矿石处于更有利的聚热环

境和高温氧化阶段，这是预防矿石氧化自燃、避免内因火灾、消除矿尘爆炸点火源最有效的方法。

控制一次崩矿量和矿石堆放时间，就是要优化崩矿参数和崩矿步距，控制每次崩矿排炮数，做到按需(按出矿能力)崩矿，避免一次崩落矿石的大量堆积和长时间堆存，从而影响矿堆的通风降温效果和氧化气体的有效排放，导致矿石升温到发展期或临近自燃期[235]。一次崩矿量越大，其自燃发火周期越短，严格控制一次崩矿量、缩短崩落矿石堆放时间，对预防自燃火灾、消除矿尘爆炸点火源具有积极意义。

据此，建议东乡铜矿进行硫化矿石自燃倾向性测定，建立矿堆自燃发火预测模型，确定自燃倾向矿石的一次崩矿量及允许堆放时间。同时，加强采场矿堆温度监测，准确把握矿石氧化自热的初期时间，并准确识别矿石氧化自热的初期征兆。

③优化单元参数，强采强出，采后及时充填。首先将矿块分成矿房、矿柱，分两步回采，采后矿房用尾砂胶结充填，矿柱用水砂充填；再按矿石允许的堆放时间划分成更小的回采单元，并确定单元参数和回采工艺。单元回采时，应强采强出，优化崩矿参数，控制一次崩矿量；崩落矿石应尽快运出，避免在采场内长时间堆积；对出矿结束的采空区，应及时密闭和充填，防止采空区残存矿石因长期堆置氧化生热。

④优化采场底部结构，减少三角矿量堆积。对回采有自燃倾向的矿块，要严格设计和施工底部结构，优化底部结构参数，在保证装矿进路稳固的前提下，尽可能缩小进路间距，减少进路间三角矿量堆积，使崩落矿石全部或绝大部分能及时运出，防止矿石大量堆积于采场内造成长时间聚积自热和自燃。底部结构设计还应有利于采场和装矿进路形成贯穿风流通风降温。

(3)消除矿石高温自燃点火源。

崩落矿石一旦出现高温氧化或自燃发火，必须立即停止出矿，并采取有效措施灭火降温，在确认火源熄灭且恢复至环境温度后，方可再行组织出矿工作。

①隔绝灭火法。砌筑完全密封的密闭墙以隔绝矿石高温氧化或自燃所需氧气，破坏矿石氧化燃烧或矿尘爆炸的供氧条件。对大体积矿堆而言，该方法是一种安全有效并在生产实践中经常使用且比较安全的方法。

②喷洒阻化剂法。在矿堆表面喷洒阻化剂，形成一层密实、封闭的惰性填料覆盖层来隔绝矿石与空气(氧气)的接触，从而破坏矿石氧化燃烧供氧条件，达到灭火目的。常用的阻化剂有石灰(浆)、黄泥(浆)、水泥(浆)、胶结充填料(浆)、氧化镁和氧化钙的混合液等。

③洒(灌)水灭火法。洒水灭火是生活中最常用的灭火方法，既能直接扑灭火源，又可通过水流降温。但对高硫矿石自燃而言，洒水灭火仅适用于水流可喷洒

范围内的小矿堆，同时，水流也会带入充足氧气（包括 H_2O 中的氧），若水量不足，降温不够，可能助长矿石自燃，并产生大量 SO_2、H_2S 等有毒气体。因此，若采场周围矿岩的节理、裂隙不太发育，可采用密闭采场所有通道或矿堆高度以下通道，灌水灭火。

④ 消除撞击火花、摩擦火花、电火花点火源。撞击火花和摩擦火花主要来自采场内崩落、滚落、冒落矿石的撞击摩擦，出矿设备与矿石的撞击摩擦，以及卸矿时矿石间的碰撞，不论理论上还是实践中，这些碰撞和摩擦都无法消除，但对矿石与出矿设备的矿-机摩擦火花，可在出矿点通过实施洒水措施，润湿矿石，既扑灭火花，又降低粉尘浓度。

电火花包括静电打火、短路起火、焊接火花等。要求安装在产尘核心区的电器设备采用防爆型，机电设备或其金属外壳必须静电接地但禁止接零，维修设备时使用防爆工具；一般不在产尘核心区施焊，万不得已时严格按《粉尘防爆安全规程》操作。

10.3 硫化矿尘抑爆技术研究

尽管我国曾发生过多次重大硫化矿尘爆炸事故，但人们并没有对此引起高度重视和采取有效的防范措施，除煤矿开采外，至今还没有一部防止粉尘爆炸的规范和设计标准，很多厂矿企业和绝大多数职工只知道粉尘危害身体健康，上班要戴防尘口罩，而对硫化矿尘可能引起爆炸却一无所知，主要是这方面的宣传力度不够，研究还比较落后，与其他工程学科相比其学术基础也比较薄弱。因此，必须广泛宣传，引起全社会的重视，认真采取防范措施和对策，尽可能地防止和避免粉尘燃烧和爆炸事故的发生。

对于粉尘爆炸，尽管在理论上认为是可以控制或避免的，但在粉体材料生产、使用及高硫矿床地下开采过程中，由于粉体自身的物理化学特性不同，产尘量和工艺千差万别，要想提出不同粉尘的爆炸控制措施、抑爆技术[236]和比较详尽的机理说明仍然是困难的。只能根据粉尘爆炸的充分和必要条件，采取一些相应的防爆、抑爆预防控制措施。

目前，抑制硫化矿尘爆炸的措施主要有：

(1)爆破前和爆破后，冲洗巷道帮壁，防止粉尘沉积和二次扬尘；

(2)采用水封爆破技术，减少爆破粉尘和粉尘飞扬；

(3)采用石灰石或惰性岩粉抑制剂覆盖矿堆，延缓矿尘的氧化速度，同时还可以限制矿尘氧化气体的传播；

(4)加强矿堆通风，风速要比一般采场大，以消除矿石氧化产生的气体积聚和矿石自燃内因点火源，但该措施应在发火初期阶段实施；

(5)采用预防性灌浆。即在火源形成前进行灌浆，以隔绝采空区和一定范围的巷道，不使空气透入达到预防硫化矿尘爆炸之目的；

(6)降低粉尘尤其是硫尘浓度，使之小于爆炸下限($<35\ g/m^3$)；

(7)消灭点火源：硫磺粉尘的最小点火能为15 mJ，爆炸下限为35 g/m^3，两项爆炸指标相对较低，危险程度大，因此必须尽可能地消灭点火源，包括明火火源、矿－机摩擦碰撞火花、矿石自燃点火源等。

根据作用机理的不同，理论上可将粉尘爆炸防护措施分为两大类：

第一类：防止爆炸形成的预防控制措施；

第二类：限制爆炸危害的结构防护措施。

10.3.1　预防硫化矿尘爆炸发生的条件控制措施

粉尘爆炸的发生需要同时具备4个必要条件：充足的空气或氧气、一定浓度的悬浮粉尘云、一定能量的点火源、相对密闭的空间。所以，第一类防护措施可从四个方面加以考虑：① 降低系统中的氧气含量；② 消除尘源；③ 消除有效点火源；④ 消除相对密闭空间。

(1)降低系统中的氧气含量。

降低系统(如容器或设备)中的氧气含量有两种途径：其一是降低系统的操作压力(如负压操作)；其二是采用不燃性气体(如二氧化碳、氮气、水蒸气等)来部分或完全地代替空气。然而，这些方法只能在密闭系统中考虑，也可能导致操作费用的大大增加。

对矿床地下开采而言，该预防控制措施无法实现。因为，矿井开拓、通风系统是一个与地表连通的开放系统(至少要有2个安全出口)，人也无法在无氧或低氧的环境中生存或长时间作业，只要是作业点，就必需有一定风量和风速的新鲜风流，以保证充足的氧气供应。《冶金矿山安全规程(井下矿山)》对此有明确规定：井下采掘工作面进风风流空气中的氧气(按体积计算)≥20%；按井下同时工作的最多人数计算，供给风量 $Q \geq 4\ m^3/(人 \cdot min)$；按排尘风速计算，硐室型采场最低风速 $V \geq 0.15\ m/s$，巷道型采场和掘进巷道风速 $V \geq 0.25\ m/s$，电耙道和二次破碎巷道风速 $V \geq 0.5\ m/s$；有柴油机设备运行的矿井，所需风量按同时作业柴油机台数供风量 $Q \geq 3\ m^3/(hp \cdot min)$，(hp为英制马力，1 hp = 745.7 W)。

(2)消除尘源。

减少粉尘沉积和悬浮，消除尘源是防止硫化矿床开采中预防控制矿尘爆炸的关键措施之一，没有尘源或粉尘浓度小于爆炸下限时，也就不存在粉尘爆炸的发生。而矿床开采的凿岩、爆破、出矿、运输等生产工序，必然会产生矿尘，因此，必须采取加强通风、洒水降尘等积极有效措施[237]，防止矿尘堆积(积尘)，杜绝有合适级配(粒级组成)和分散度的矿尘微粒浓度高于爆炸下限浓度。但对硫化矿尘爆炸的级配及下限浓度的理论和实验研究，国内外至今还是空白，本研究只能推荐以硫磺粉和烟煤粉的爆炸下限浓度 35 mg/m^3 为参考值。不过，该参考值已远远超出了《矿井通风质量标准》和《金属非金属地下矿山安全规程》规定的“井下所有作业地点的空气含尘量小于 2 mg/m^3”的粉尘浓度值，也超过了“作业区含尘量小于 10 g/m^3”的一般要求。

《矿井通风质量标准》明确规定：矿井“任何地点都不得有厚度超过 2 mm、连续长度大于 5 m 的煤尘堆积”，超过此限即称为一处煤尘堆积(即积尘)。按工业卫生标准，凡空气中浮游矿尘超过国际规定的都应算做矿尘飞扬，我国一般以岩尘浓度超过 5 mg/m^3，或煤尘浓度超过 30 mg/m^3 称为矿尘飞扬。《金属非金属地下矿山安全规程》规定：入风井巷和采掘工作面进风风源中粉尘浓度应低于 0.5 mg/m^3，空气温度不得超过 28℃。

(3)消除有效点火源。

消除有效点火源是在硫化矿床开采中预防控制矿尘爆炸的又一关键措施[238-239]，有效点火源包括明火、电火花、撞击火花、冲击、静电、高温自燃等。要严格禁止在爆炸危险区(尘源区)存在一切可能的点火源，禁止吸烟或把火种(火柴、打火机)带入作业场所；维修设备时使用不会产生火花的防爆工具；危险区域的电器设备采用防爆型，并加强维修，防止短路起火；机电设备及管道要采取静电接地，防止静电打火；作业区施焊时要严格按照《粉尘防爆安全规程》操作，并配备合适的消防器材；对硫化矿床地下开采，要特别防止出矿机械设备与矿石碰撞以及空场内矿(岩)石掉落及卸矿时矿石间产生的撞击火花、爆破冲击振动、硫化矿石高温自燃等特殊点火源。

根据爆炸混合物出现的频率，德国爆炸防护条例 EX—RL 将出现粉尘的区域分为 12 个区，其中爆炸危险区有两个：区域 10 为爆炸混合物长期存在或者经常会出现的区域；区域 12 为预计可能暂时性地出现爆炸混合物的区域。换言之，区域 10 是产尘区或直接核心区，而区域 12 是核心区的外部空间区域，核心区域的可燃粉尘由于事故或其他原因，可能会扩散至该区域内。因此，在危险区内要严格禁止一切可能存在的点火源。

(4)消除相对密闭空间。

对硫化矿床地下开采而言，既有粉尘不断产生(尘源区或危险区)又可能是相对密闭的空间，主要有放矿时因高硫矿石黏结形成的矿堆空洞和通风死角。对矿堆空洞，《冶金矿山安全规程(井下矿山)》明确规定：采用浅孔留矿法回采时，每个漏斗都应均匀放矿，发现悬空，上部要停止作业，消除悬空后方准继续作业；采用有底部结构的分段崩落法和阶段崩落法回采，卡漏斗和采场悬拱时，应及时处理，并严禁人员钻入漏斗和进入采场处理。对通风死角，应采用局部通风方式予以消除。

10.3.2　限制硫化矿尘爆炸危害的结构防护措施

如果第一类防护措施的应用受到限制或者其防护效果不能保证，则必须考虑第二类防护措施。第二类防护措施是在爆炸已发生的情况下，从结构上考虑将其危害限制在较小范围内。第二类防护措施也可从三方面考虑：① 提高结构强度；② 爆炸遏止措施[240]；③ 爆炸泄放措施。对硫化矿床地下开采而言，该防护措施没有实际意义，也难以实施。

10.3.3　预防硫化矿尘爆炸发生的采矿技术措施

对硫化矿床开采，主要采取第一类防护措施中的降尘、防火措施。因为，对矿床地下开采而言，产生粉尘是不可避免的，且产尘点和积尘点遍布整个矿井，一般无法预测何时何处会有矿尘爆炸或潜在爆炸隐患，加之作业面散布和移动、井巷四通八达，所以，也就无法采用提高结构强度、爆炸遏止、爆炸泄放等限制爆炸危害的结构防护措施来抑制矿尘爆炸；而在第一类预防控制措施中，空气条件总是具备的，相对密闭的空间(独头巷道或通风死角或出矿形成的矿堆空洞)是各种规范所禁止或完全可以避免的，所以，防止和抑制硫化矿尘爆炸的关键是要采取有效措施，防止一定浓度的粉尘云和足够能量的点火源同时出现。

(1)湿式凿岩、出矿作业时喷雾洒水、爆破后清洗巷道帮壁，防止产生粉尘云和粉尘堆积及二次飞扬。如东乡铜矿为了使生产中的矿尘浓度低于爆炸下限浓度，研制使用了尘控洒水降尘器，当榍线(出矿口)处矿尘浓度大于爆炸下限浓度时，尘控洒水降尘器自动开启，实施洒水除尘，如图 10 - 7 所示。

图 10 - 7　尘控洒水降尘器

但洒水作业应避免硫化矿石黏结，形成矿堆空洞。而防止形成矿堆空洞的有效措施就是强采强出和控制一次崩矿量，避免矿石在采场内长时间堆积。

(2)加强采区和工作面尤其是爆破和出矿作业面通风，控制粉尘含量在爆炸下限浓度以下和消除通风死角。在产尘作业中，要确保每道工序的粉尘浓度在爆炸下限以下，为此，必须做好粉尘治理，降低作业环境的粉尘浓度。如对硫磺粉尘爆炸，实验测定其爆炸下限浓度为 35 g/m^3，某硫磺厂的二次爆炸事故验证了该限值的正确性，当时现场的硫磺粉尘浓度分别为 39 g/m^3、41 g/m^3，均超出其爆炸下限浓度。

(3)严禁引入能引起粉尘爆炸的各种点火源[241]。如吸烟或火柴、打火机等明火火种，矿－机撞击和摩擦火花，静电、线路火花，化学反应热，矿石氧化自燃等。

(4)采用石灰及惰性岩粉抑制剂等覆盖矿堆表面，从而减少矿尘飞扬，延缓矿尘氧化，同时还可以限制矿尘氧化气体的传播。如，东乡铜矿为了确保矿山开采的安全，研制了气硬性胶凝干粉防爆剂。矿块回采崩矿时，就在凿岩巷道中堆置防爆剂，如图 10－8 所示，矿石爆破崩落时随矿石一起均匀撒播在矿堆中，使矿尘黏结或吸附于粉剂颗粒表面，起到气硬胶凝防爆作用，把硫化矿尘爆炸灾害控制在萌芽状态。

图 10－8　干粉防爆剂

10.4　矿尘爆炸安全管理措施

(1)强化安全教育，普及粉尘防爆知识。

进行粉尘爆炸事故案例分析，宣传粉尘爆炸的严重性、发展趋势和防护措施，使作业人员都能了解粉尘的可爆性、爆炸条件、可能爆炸地点、防护措施和事故抢救等知识。对重点岗位职工进行防爆知识培训，经考核合格后方能上岗。强化安全教育，普及粉尘防爆知识是预防粉尘爆炸事故发生的主要措施。

进行安全教育并告知作业人员防止本企业粉尘爆炸危害是企业法人代表的职责和义务。

(2)建立规章制度，加强安全管理。

国家技术监督局、劳动和社会保障部及其领导的全国粉尘防爆标准化技术委员会，以及存在粉尘爆炸危险的企业及其主管的产业都已制定了一些粉尘防爆法规、标准、章程和管理办法。企业和管理部门要建立、制定、执行粉尘防爆的规章制度和应急预案，加强安全管理，定期进行粉尘防爆专项(尘源、火源、粉尘浓度、采场温度)安全检查，做到有法可依、有章可循、有据可查，违法违章从严处理。

管好粉尘防爆的人和物，加强对作业人员的粉尘防爆知识教育，提高作业人员粉尘防爆意识，充分发挥粉尘防爆设施的作用[242]。

建立规章制度，加强安全管理是预防事故发生的制度保证。

(3)增加资金投入，完善防爆设施(设备)。

虽然矿山资金紧缺，但也必须按国家规定提取技措费，用于逐步完善粉尘防爆的安全装置和设施建设，如加强通风系统和局部通风设施、矿堆温度监测设施(设备)、粉尘浓度监测设施(仪表)、洒水降尘设施建设等。要采取严格控制火源、粉尘浓度、矿井温度和其他防护措施，在关键作业段改换普通电机为防爆电机、构筑一定的防爆隔火墙等。

(4)加快粉尘防爆技术的研究和开发。

粉尘防爆技术研究主要进行粉尘爆炸机理研究、爆炸下限浓度研究、最小点火能量研究、爆炸粉尘分散度(粒度)和湿度研究、爆炸发生及传爆机制研究、防控技术措施研究等，只有弄清粉尘爆炸的发生机制(机理)和基本参数，识别硫化矿石自燃发火的不同阶段，消除硫化矿高温自燃点火源，才能从技术上杜绝粉尘爆炸事故发生。

10.5　本章小结

本章主要针对硫化矿堆(自燃)火灾爆炸的防治技术措施进行了研究，主要研究内容及成果如下：

(1)从硫化矿石自燃预防、灭火、降温三个角度提出相应的治理措施；通过大量实验验证或现场测定，得出温度变化是矿石堆由氧化自热到自燃的过程中最显著的特征，并获得了 7 个相应硫化矿石氧化自燃的鉴别性指标；

(2)出矿口(楣线处)极易同时满足矿尘爆炸条件(氧气总是满足)，是主要的矿尘爆炸发生点；根据相关理论分析研究和出矿点(装矿巷道)矿尘浓度现场测定，得出四个典型出矿阶段的矿尘沉降扩散规律；

(3)将完善通风系统形成贯穿风流和加强局部通风，以及洒水降尘作为高硫矿山的主要降尘措施；

(4)采场、装矿斜巷和卸矿点是防尘和防止硫化矿尘爆炸的重点作业区域，且只有设法“控制粉尘浓度在爆炸下限以内”或“消除点火源”才能达到防治硫化矿尘爆炸的目的；

(5)介绍了防止爆炸形成的预防控制措施和限制爆炸危害的结构防护措施；结合工程现场生产实践，提出了防止硫化矿尘爆炸的技术措施；

(6)从矿山生产安全管理方面提出了矿尘爆炸防治措施。

第 11 章 硫化矿尘爆炸模拟仿真研究

11.1 计算流体力学技术简介

11.1.1 计算流体力学起源

计算流体力学(Computational Fluid Dynamics, 简称 CFD)是通过计算机数值计算和图像显示,对包含有流体流动和热传导等相关物理现象的系统所做的分析。它作为流体力学的一个分支产生于第二次世界大战前后,在 20 世纪 60 年代左右逐渐形成了一门独立的学科。总的来说随着计算机技术及数值计算方法的发展,我们可以将其划分为三个阶段:

初始阶段(1965—1974)。这期间的主要研究内容是解决计算流体力学中的一些基本的理论问题,如模型方程[243](湍流、流变、传热、辐射、气体 - 颗粒作用、化学反应、燃烧等)、数值方法(差分格式、代数方程求解等)、网格划分、程序编写与实现等,并对数值结果与大量传统的流体力学实验结果及精确解进行比较,以确定数值预测方法的可靠性、精确性及影响规律。同时为了解决工程上复杂几何区域内的流动问题,人们开始研究网格的变换问题,如 Thompson、Thams 和 Mastin 提出了根据流动区域的形状采用微分方程来生成实体坐标体系,从而使计算流体力学对不规则的几何流动区域有了较强的适应性,逐渐在 CFD 中形成了专门的“网格形成技术”研究领域。

工业应用阶段(1975—1984 年)。随着数值预测、原理、方法的不断完善,关键的问题是如何得到工业界的认可和如何在工业设计中得到应用,因此,该阶段的主要研究内容是探讨 CFD 在解决实际工程问题中的可行性、可靠性及工业化推广应用。同时,CFD 技术开始向各种以流动为基础的工程问题方向发展,如气 - 固、液 - 固多相流、非牛顿流、化学反应流、煤粉燃烧等。但是,这些研究都需要建立在具有非常专业的研究队伍的基础上,软件没有互换性,自己开发,自己使用,新使用的人通常需要花相当大的精力去阅读前人开发的程序,理解程序设计意图,然后改进和使用。1977 年,Spalding 等开发的用于预测二维边界层内迁移现象的 GENMIX 程序公开,其后,他们意识到公开计算源程序很难保护自己的知识产权,因此,在 1981 年,组建的 CHAM 公司将包装后的计算软件(PHONNICS - 凤凰)正式投放市场,开创了 CFD 商业软件的先河,但是,在当时,该软件使用起来比较困难，软件的推广并没有达到预期的效果。我国在 20 世纪 80 年代初期，随着与国外交流的增多，中国科学院及部分高校开始兴起 CFD 的研究热潮。

快速发展阶段(1984 至今)。CFD 在工程设计的应用以及应用效果的研究中取得了丰硕的成果，在学术界得到了充分的认可。同时 Spalding 领导的 CHAM 公司在发达国家的工业界对 CFD 的应用进行了大量的推广工作，Patankar 也在美国工程师协会的协助下，举行了大范围的培训，皆在推广应用 CFD，然而，工业界并没有表现出太多的热情。1985 年的第四届国际计算流体力学会议上，Spalding 作了 CFD 在工程设计中的应用前景的专题报告，在该报告中，他将工程中常见的流动、传热、化学反应等过程中的问题分为十大类，并指出 CFD 有能力解决这些问题，分析了工业界不感兴趣的原因，是软件的通用性能不好，不易操作。如何在 CFD 的基础研究与工程开发设计研究之间建立一个桥梁？如何使研究结果为高级工程设计技术人员所掌握，并最大程度地应用于工程咨询、工程开发与设计研究？这是本时期应用基础研究所追求的目标。此后，随着计算机图形学、计算机微机技术的快速进步，CFD 的前后处理软件，如 GRAPHER，GRAPHER TOOL，ICEM - CFD 等得到了迅速发展。

11.1.2　计算流体力学基本原理

任何流体运动的规律都是以质量守恒定律、动量守恒定律和能量守恒定律为基础的。这些基本定律可用数学方程组来描述，计算流体力学可以看作是在流动基本方程控制下对流体的数值仿真模拟。通过这些数值模拟，我们可以得到极其复杂的流场内各个位置上的基本物理量(如速度、压力、温度、浓度等)的分布，以及这些量随时间变化的情况，确定是否产生涡流，涡流分布特性及涡流区域等。

计算流体力学以理论流体力学和计算数学为基础，是这两门学科的交叉学科。其主要研究把描述流体运动的连续介质数学模型离散成大型代数方程，建立可在计算机上求解的算法。广义而言，可从流体现象出发，直接建立满足流动规律的、适当的离散数值模型，而不必通过已有的流体力学偏微分方程组。通过时空离散化，把连续的时间离散成间断的有限的时间。把连续的介质离散成间断有限的空间模型，从而把偏微分方程转变成有限的代数方程。因此，数值方法的实质就是离散化和代数化。离散化是把无限信息系统变成有限信息系统，代数化是将偏微分方程变成代数方程。而离散的数值解一般可用两种形式给出：网格点上的近似值，如差分法；单元中易于计算的近似表达式，如有限元、边界元法。

CFD 包括对各种类型的流体(气体、液体及特殊情况下的固体)在各速度范围内的复杂流动在计算机上进行数值模拟计算。它涉及用计算机寻求流动问题的解和流体动力学研究中计算机的应用两方面问题。计算机科学及超级计算机的发展为 CFD 技术的发展提供了更广阔的舞台。

11.1.3 CFD 软件简介

CFD 软件通常指商业化的 CFD 程序，具有良好的人机交互界面。CFD 软件一般由前处理器、求解器、后处理器三部分组成。前处理器、求解器及后处理器三大模块各有其独特的作用，见表 11 – 1。

表 11 – 1 CFD 软件模块结构及作用

模块	前处理器	求解器	后处理器
作用	a. 几何模型 b. 划分网格	a. 确定 CFD 方法的控制方程 b. 选择离散方法进行离散 c. 选用数值计算方法 d. 输入相关参数	速度场、温度场、压力场及其他参数的计算机可视化及动画处理

目前比较主流的 CFD 软件有：CFX、Fluent、Phoenics、Star-CD、COMSOL Multiphysics、Star-ccm +、Flow-3D、Autodesk CFD(前身为 CFdesign)。其中 CFX，Fluent，Star-CD，COMSOL Multiphysics 等为通用求解器，能够解决各类流体问题。

11.1.4 计算流体力学与计算传热学在粉尘爆炸中的应用

计算传热学的原理[244 – 249]是用数值方法求解非线性联立的质量、能量、组分、动量和自定义的标量的微分方程组，求解结果能预报流动、传热、传质、燃烧等过程的细节，并成为过程装置优化和放大定量设计的有力工具[250 – 253]。计算流体力学的基本特征是数值模拟和计算机实验，它从基本物理定理出发，在很大程度上替代了耗资巨大的流体动力学实验设备，在科学研究和工程技术中产生巨大的影响，是目前国际上一个强有力的研究领域，是进行传热、传质、动量传递及燃烧、多相流和化学反应研究的核心和重要技术。

由于粉尘爆炸是一种复杂的物理化学现象，且常发生在复杂环境中，因此给粉尘爆炸发展过程的研究造成了很大困难。随着计算机技术的快速发展，以计算流体力学为基础的数值模拟技术已成为粉尘爆炸研究的有力工具。

近年来，国内外一些学者对粉尘爆炸发展过程进行了数值模拟，开发了一些比较完备的粉尘爆炸数值模型，国内赵衡阳主要介绍了三种模型，即等温模型、绝热模型、一般模型，这三种模型所对应的密闭容器中的爆炸压力发展过程用式(11 – 1) ~ 式(11 – 3)来表示：

等温模型：

$$\frac{dP}{dt}=\frac{3\alpha K_r P_m^{2/3}}{aP_0}(P_m-P_0)^{1/3}\left(1-\frac{P_0}{p}\right)^{2/3}P \tag{11-1}$$

绝热爆炸模型：

$$\frac{dP}{dt}=\frac{\gamma\alpha K_r SP_r^{\beta}P_{2\gamma/3}m}{VP_0^{(2-1/\gamma)}}(P_m^{1/\gamma}-P_0^{1/\gamma})^{1/3}\left[1-\left(\frac{P_0}{p}\right)^{1/\gamma}\right]^{2/3}p^{3-2/\gamma-\beta} \tag{11-2}$$

一般模型：

$$1-\lambda=\frac{\overline{P_f}-\overline{P}}{\gamma_u\left[(\gamma_b-1)q-\frac{\gamma_u-\gamma_b}{\gamma_u(\gamma_u-1)}\right]\overline{p}(1-1/\gamma_u)} \tag{11-3}$$

式中：$q=\frac{Q}{C_0^2}$；C_0为初始声速；P_0为初始压力；P_m为终态压力；K_r为在参考温度为T_r以及参考压力为P_r时所测定的燃烧速度；Q为定压燃烧过程中一定数量的可燃性物质产生的热量；$\overline{P_f}$为燃烧最终状态的无因子量压力（$\overline{P_f}=P_f/P_0$），即 $\lambda=1$ 时的压力。

国外研究者 Derek Bradley 得到了密封装置中爆炸发展过程中的三种模型，即简化分析模型、无量纲通用模型及计算机数值计算模型，其中简化分析模型和无量纲通用模型如式(11-4)~式(11-5)所示，数值计算模型没有明确的分析表达式。

简化分析模型：

$$\frac{dP}{dt}=\frac{3S_u\rho_u}{R\rho_0}(P_e-P_0)\left[\left(1-\frac{P_0}{p}\right)^{1/\gamma_u}\frac{P_e-P}{P_e-P_0}\right] \tag{11-4}$$

无量纲通用模型：

$$\frac{d\overline{P}}{dt}=\frac{3S_u}{S_m}(1-\overline{P_0}).\left(\frac{\overline{P}}{\overline{P_0}}\right)^{1/\gamma_u}\left[1-\frac{1-\overline{P}}{1-\overline{P_0}}\left(\frac{\overline{P_0}}{\overline{P}}\right)^{1/\gamma_u}\right]^{2/3} \tag{11-5}$$

以上研究成果对此研究领域做出了重要贡献，有助于以后的学者更好地了解粉尘爆炸机理、爆炸发生及发展过程，对于粉尘爆炸的预测、评估和预防具有重要的实用意义。

11.2　硫化矿尘爆炸过程数值模拟研究

11.2.1　FLUENT 软件简介

FLUENT 软件是目前国际上比较流行的商用 CFD 软件包，在美国的市场占有率为 60%。凡是跟流体、热传递及化学反应等有关的工业均可使用。它具有丰富的物理模型、先进的数值方法以及强大的前后处理功能，在航空航天、汽车设计、石油天然气、涡轮机设计等方面都有着广泛的应用，其在石油天然气工业上的应用包括燃烧、井下分析、喷射控制、环境分析、油气消散/聚积、多相流、管道流动等方面。

FLUENT 软件的设计基于 CFD 软件群的思想，从用户需求角度出发，针对各种复杂流动的物理现象，FLUENT 软件采用不同的离散格式和数值方法，以期在特定的领域内使计算速度、稳定性和精度等达到最佳组合，从而高效率地解决各个领域的复杂流动计算问题。基于上述思想，FLUENT 开发了适用于各个领域的流动模拟软件，这些软件能够模拟流体流动、传热传质、化学反应和其他复杂的物理现象，软件之间采用了统一的网格生成技术及共同的图形界面，而各软件之间的区别仅在于应用的工业背景不同。由于采用了多种求解方法和多重网格加速收敛技术，因而 FLUENT 能达到最佳的收敛速度和求解精度。灵活的非结构化网格和基于解的自适应网格技术及成熟的物理模型，使 FLUENT 在转捩与湍流、传热与相变、化学反应与燃烧、多相流、旋转机械、动/变形网格、噪声、材料加工、燃料电池等方面有广泛应用。

11.2.2 基本控制方程组

通过使用 CFD 软件 FLUENT 对硫化矿尘云的爆炸过程进行二维数值模拟研究，模拟过程中假设硫化矿尘是很规则的球形颗粒，以流体力学、化学反应动力学为基础，从能量守恒、动量守恒、质量守恒、化学反应平衡出发构建主要控制方程组[254]，主要方程如式(11－6)～式(11－9)所示。

质量守恒方程：

$$\frac{\partial \rho}{\partial t}+\frac{\partial \rho u_i}{\partial x_i}=0 \tag{11-6}$$

能量守恒方程：

$$\frac{\partial \rho h}{\partial t}+\frac{\partial}{\partial x_i}\left(\rho u_j h-\frac{\mu_e}{\sigma_h}\frac{\partial h}{\partial x_j}\right)=\frac{dP}{dt}+S_h \tag{11-7}$$

动量守恒方程：

$$\frac{\partial \rho u_i}{\partial t}+\frac{\partial}{\partial x_i}\left(\rho u_i u_j-\frac{\partial u_i}{\partial x_j}\mu_e\right)=-\frac{\partial \rho}{\partial x_i}+\frac{\partial}{\partial x_j}\left(\frac{\partial u_j}{\partial x_j}\mu_e\right)-\frac{2}{3}\frac{\partial}{\partial x_j}\left[\delta_{ij}\left(\rho k+\frac{\partial u_k}{\partial x_k}\mu_e\right)\right] \tag{11-8}$$

化学反应平衡方程：

$$\frac{\partial(\rho Y_{fu})}{\partial t}+\frac{\partial}{\partial x_i}\left(\rho u_j Y_{fu}-\frac{\mu_e}{\sigma_{fu}}\frac{\partial Y_{fu}}{\partial x_j}\right)=R_{fu} \tag{11-9}$$

式中：P 为压力；t 为时间；ρ 为密度；Y_{fu}为燃料化学反应速率；u_i为速度；μ 为动

力黏度；k 为湍流动能。

11.2.3 湍流模型

由煤粉燃烧过程的特点及相关实践经验可知，在燃烧时形成相关气流使其燃烧反应速率不断加快，化学反应速率加快后又促进气流的流动。硫化矿尘的燃烧模型参照煤尘，从而得出硫化矿尘的燃烧速率和气流流动是相互促进、共同耦合的正反馈关系，如图 11－1 所示。

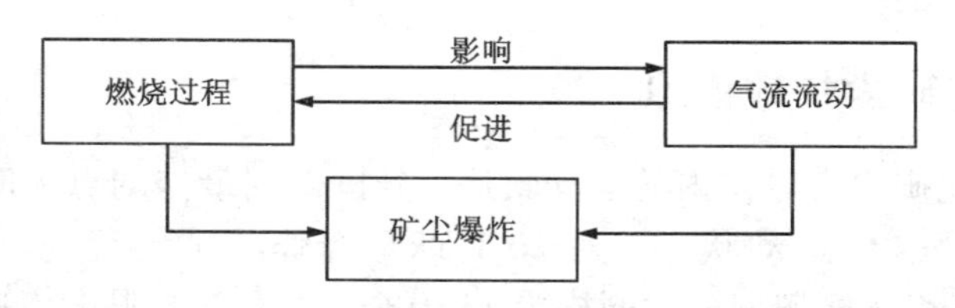

图 11－1 矿尘的燃烧过程与气流之间的关系

本书选择标准的 $k-\varepsilon$ 模型作为计算模型，计算公式如式(11－10)与式(11－11)所示。$k-\varepsilon$ 模型[255]是通过实验总结提出的。该模型计算量合适且精度较高。

$$\rho\frac{\mathrm{d}k}{\mathrm{d}t}=\frac{\partial}{\partial x_i}\left[\left(\mu+\frac{\mu_t}{\sigma_k}\right)\frac{\partial k}{\partial x_i}\right]+G_k+G_b-\rho\varepsilon-Y_M \tag{11-10}$$

$$\rho\frac{\mathrm{d}\varepsilon}{\mathrm{d}t}=\frac{\partial}{\partial x_i}\left[\left(\mu+\frac{\mu_t}{\sigma_\varepsilon}\right)\frac{\partial \varepsilon}{\partial x_i}\right]+C_{1\varepsilon}(G_k+C_{3\varepsilon}G_b)\frac{\varepsilon}{k}-G_{2\varepsilon}\rho\frac{\varepsilon^2}{k} \tag{11-11}$$

式中：k 为气流脉动动能；ε 为气流脉动动能耗散率；G_k为由平均速度梯度引起的动能；G_b为由浮力所引起的动能；Y_M为可压缩气流脉动膨胀对所有耗散率的影响；μ_t为黏性系数；ρ 为密度；t 为时间；$C_{1\varepsilon}$、$C_{2\varepsilon}$、$C_{3\varepsilon}$为默认常数值；σ_k为动能 k 的普朗特数，1.0；σ_ε为耗损率 ε 的普朗特数，1.3。

11.2.4 燃烧模型

硫化矿尘燃烧及爆炸过程的化学反应动力学机理很复杂，其爆炸的主要引爆能量来自硫化矿石氧化自燃着火。由于硫化矿石主要是由 FeS_2组成，FeS_2被氧化时不断放热最终引起矿石燃烧。FeS_2自燃过程的相关反应[256－257]如下：

$$2FeS_2 \longrightarrow 2FeS+S_2 \tag{11-12}$$

$$S_2+2O_2 \longrightarrow 2SO_2 \tag{11-13}$$

$$4FeS+7O_2 \longrightarrow 2Fe_2O_3+4SO_2 \tag{11-14}$$

$$2FeS_2+5O_2 \longrightarrow 2FeO+4SO_2 \tag{11-15}$$

$$4FeS_2+11O_2 \longrightarrow 2Fe_2O_3+8SO_2 \tag{11-16}$$

对矿尘燃烧过程的数值模拟进行研究时，涉及的主要模型包括涡旋耗散模型（简称 EBU）、层流有限速率模型。由于 EBU 燃烧模型准确度更高，能很好地反映气场湍流与实际温度场的特点。因此选用 EBU 模型对硫化矿尘的燃烧现象进行描述，如式(11－17)所示。

$$R_{fu,\ T} = -\frac{C_R \rho g_{fu}{}^{1/2} \varepsilon}{k} \tag{11－17}$$

式中：k 为湍流动能；ε 为湍流动能耗散率；$R_{fu,\ T}$为湍流燃烧速率；C_R为常数；g_{fu}为燃料质量分数的脉动均方根。

11.2.5 硫化矿尘扩散模拟

为监测硫化矿尘在球体内的运动轨迹，分析得到最佳的点火时间，计算硫化矿尘在 0～200 ms 的运动状态。对 20 L 球形爆炸测试装置进行一个简化建模（图 11－2），且简化模型划分的网格为 15 万个，把底部界限设为速度进入口，其他的实线设作壁面。模拟研究时 B 类矿尘（高含硫组）的质量取 10 g，主要成分黄铁矿的密度为 5000 kg/m^3，由于硫化矿尘受重力的影响，因此还需考虑喷粉压力对矿尘运动轨迹的影响[258]。

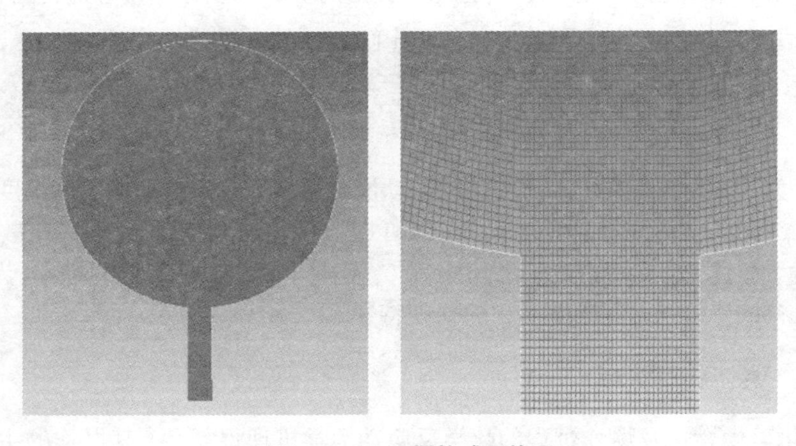

图 11－2　20 L 爆炸球网格图

本书对 20 L 爆炸球内的硫化矿尘进行了扩散模拟研究，其中 B 类矿尘粒径是48 μm，质量浓度是 500 g/m^3，监测其在喷粉过程中的运动轨迹，结果如图 11－3 所示。由图 11－3 可知在 60～120 ms 内矿尘颗粒在球体内保持相对稳定的状态，且在 60～80 ms 时，矿尘扩散相对均匀，即认为 60 ms 为最佳点火时间。由于矿尘颗粒在球体内部同时受到重力与湍流扰动的影响，导致其持续悬浮于罐体内部，最终矿尘颗粒不能全部沉降。

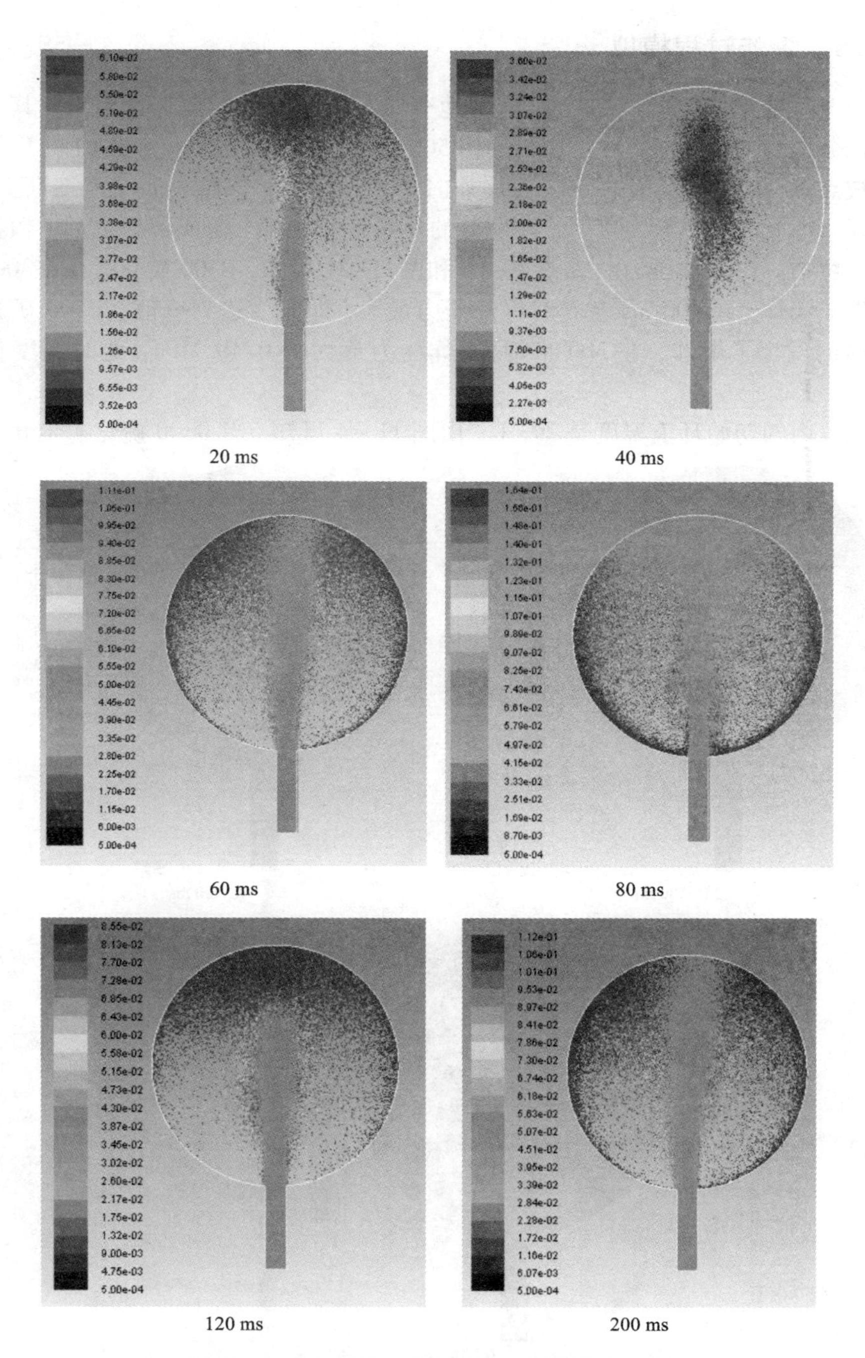

图 11－3　20 L 爆炸球内不同时刻质量浓度分布

11.2.6 爆炸过程模拟

当B类硫化矿尘(高含硫组)均匀地分布在整个球体时就开始点火，其中矿尘粒径分别为48 μm(B300)、25 μm(B500)，浓度为500 g/m^3。10 kJ的化学点火头被点爆，矿尘逐渐吸收点火头爆炸时产生的热量，颗粒表面温度逐渐上升。当其高于挥发分的热解温度时，挥发分的热量解析出来，完成解析之后，颗粒就剩下残留物。由爆炸压力曲线图7-15和图7-21可知，B300硫化矿尘在300 ms时发生了爆炸，在400 ms左右时爆炸压力最大，即温度达到峰值。B500矿尘在200 ms时发生了爆炸，在300 ms时爆炸压力最大为0.19 MPa，此时温度达到峰值。

装置内的初始环境温度是293 K，由图11-4可知，当B300硫化矿尘开始燃

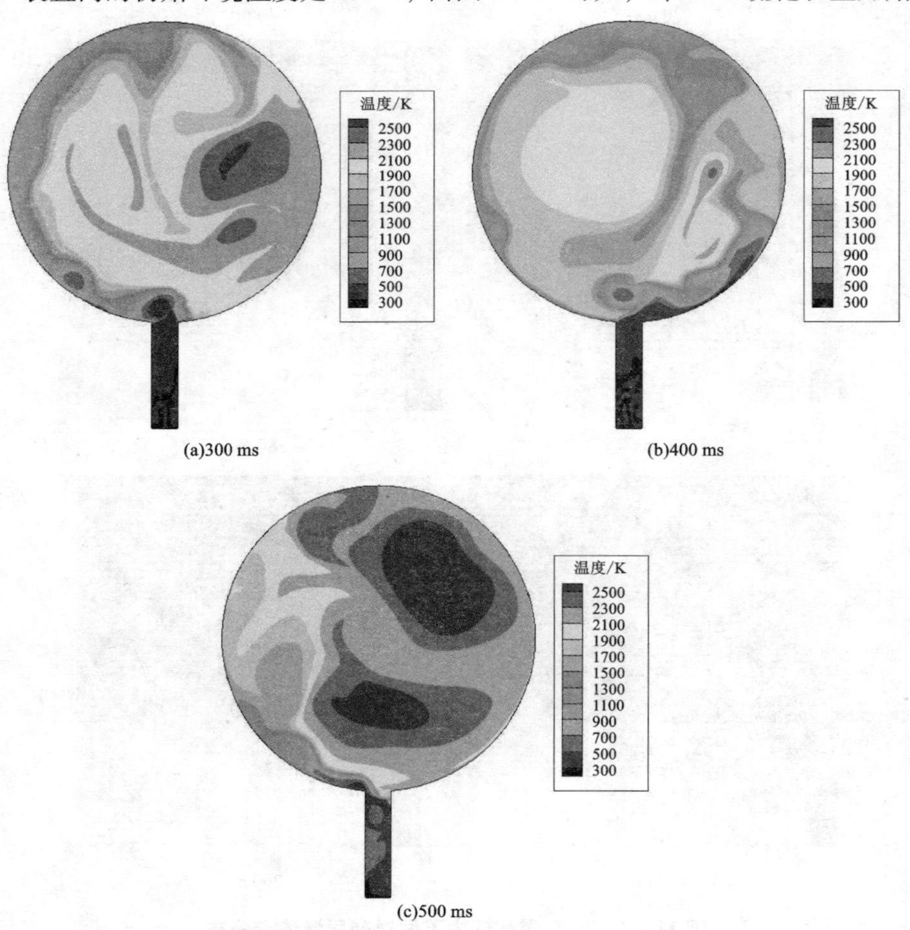

图11-4 B300硫化矿尘爆炸后20 L球内不同时刻的温度分布

烧后，高温区域比较小，其被点燃区域温度大约为 1800 K，当时间逐渐延长，高温区域逐渐变大，爆炸时的温度大概是 2100 K，一段时间后达到峰值约 2500 K。并且周边温度也升高了，由最初的 900 K 升为 1300 K 左右，燃烧区域也逐步变大。由图 11－5 可知，B500 硫化矿尘被点燃的温度约为 1400 K，爆炸时的温度约为 2000 K，一段时间后峰值温度约为 2600 K，粒径越小的硫化矿尘爆炸温度越高且越容易被点燃。20 L 爆炸球里面产生爆炸之后，球里面不同位置的压力和温度不同，中心区域的温度与压力最大，随着时间的推移，温度和压力波都以不规则的形状向四周扩散，从燃烧中心区域到周围壁面，爆炸压力慢慢减小。温度在硫化矿尘燃尽之后不断下降。

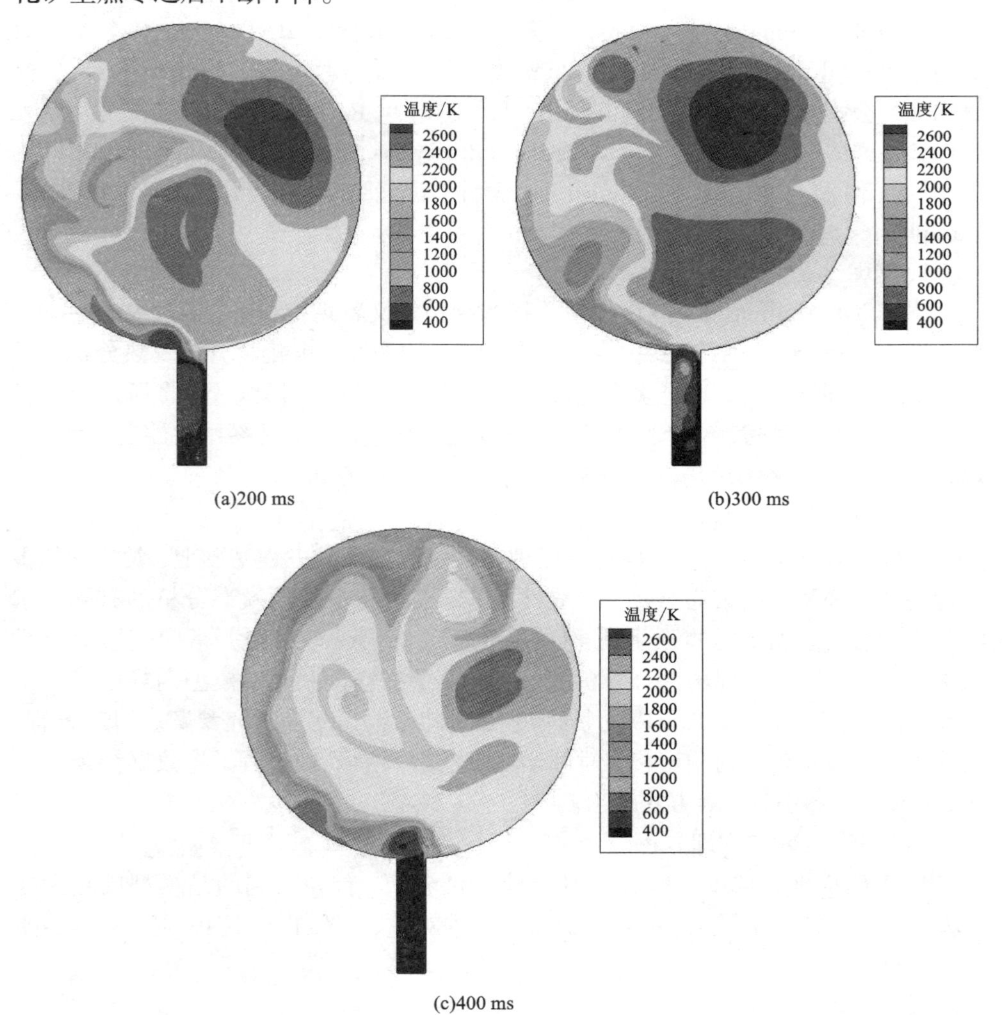

(a)200 ms　(b)300 ms

(c)400 ms

图 11－5　B500 硫化矿尘爆炸后 20 L 球内不同时刻的温度分布

11.3 硫化矿尘燃烧爆炸多场耦合数值分析

11.3.1 COMSOL Multiphysics 简介[259-266]

COMSOL Multiphysics 是瑞典 COMSOL 公司开发的，求解功能非常强大的多物理场耦合分析软件，是全球第一款真正意义上的多物理场耦合模拟仿真软件。因此，在世界众多先进领域中得到了广泛应用。

COMSOL Multiphysics 软件起初源于 MATALB 的 Toolbox 工具箱，原名 Toolbox 1.0，后更名为 Femlab 1.0(Fem 为有限元，lab 是取自于 MATLAB)，该名字一直沿用至 Femlab 3.1，从 Femlab 3.2a 开始正式改为 COMSOL Multiphysics。虽然 COMSOL 公司旗下还有 COMSOL Script 和 COMSOL Reaction Engineering 等一系列软件，但这些软件也相当于 COMSOL Multiphysics 的工具箱，因此，有时也用 COMSOL 代指 COMSOL Multiphysics 软件。目前，软件已更新至 COMSOL Multiphysics 5.3a。

1. 模块组成

COMSOL Multiphysics 软件模块是指各种预定义物理接口，主要包括：力学分析、流动分析、粒子追踪模块、化学工程分析、电分析、电化学分析及热分析等模块。研究不同问题时，选择多个与课题相关模块中的应用模式，并将所选模块任意组合，设置随时间、位置、温度等因素变化的物理函数，最终在软件上求解，实现真正意义上的多物理场耦合分析数值仿真模拟。

2. 多物理耦合分析过程

COMSOL Multiphysics 软件求解原理是在一般偏微分方程基础上，对建立的多物理场耦合模型进行静态或动态、线性或非线性、特征值或模态分析的有限元求解分析过程。因此，从本质上说 COMSOL Multiphysics 软件也是一个有限元分析软件包，其实现多物理场耦合分析的过程为：选择空间模型、模型向导中建立平面或空间几何模型，添加相应的物理场及材料参数，设置研究参数、物理方程、边界条件、域条件、划分网格、时间步长、求解及后处理过程，将数据结果以曲线、表格、云图、动画等方式输出。

(1)确定维数和物理方程。

打开 COMSOL Multiphysics 软件新建文件界面，首先看到的是模型向导和空模型，两者都提供了零维、一维、二维、二维对称、三维以供选择[73]，并提供了相应物理方程。

(2)构建几何模型。

COMSOL Multiphysics 软件可通过导入 CAD 文件的方式构建几何模型，也可通过软件中功能完善的绘图工具建立几何模型。由于 COMSOL Multiphysics 与 MATLAB 软件完全兼容，因此也可用数学公式、实验数据、图像数据建立几何模型。

(3)设置物理参数。

建好几何模型后，在全局定义节点下设置全局参数或局部参数，参数既可由手动方式输入也可通过导入 txt 和 xls 文件的方式输入。模型参数限定了求解域、约束条件和求解条件。

(4)划分网格。

COMSOL Multiphysics 具有灵活而丰富的网格划分功能，可划分包括自由三角形、四边形、四面体、六面体和棱锥在内的网格单元类型，为保证计算结果精度，可对相应边界域进行加密或局部加密处理。

(5)模型求解及后处理。

COMSOL Multiphysics 软件有多种求解器，与求解问题相适应的求解器可实现求解全过程。此外，COMSOL Multiphysics 软件具有强大的后处理功能，可绘制一维、二维、三维及极坐标图形，能积分处理生成动画。

11.3.2　粉尘燃烧爆炸守恒方程

粉尘云燃烧爆炸数值模拟是基于流体与过程动力学、化学反应热动力学、宏观动力学、有限元等理论在 COMSOL Multiphysics 软件上实现的，应用软件构建模型时需基于热力学经典方程和三大守恒方程。

1. 质量守恒方程

粉尘云流动扩散亦属于流体力学范畴，因此可用流体质量守恒定律描述粉尘质量变化规律，即微元体于单位时间增加(减少)的流体质量等于其流出(流入)的流体质量。式(11－18)为流体质量守恒方程(亦称为流体流动连续性方程)式：

$$\frac{\partial \rho}{\partial t}+\frac{\partial(\rho u)}{\partial x}+\frac{\partial(\rho v)}{\partial y}+\frac{\partial(\rho w)}{\partial z}=0 \tag{11-18}$$

式中：ρ 为流体密度，$\mathrm{kg/m^3}$；t 为时间，s；u、v 和 w 分别为速度矢量 $\boldsymbol{u}$ 在 x、y 和 z 方向上的分量，m/s。

2. 动量守恒方程

粉尘爆炸亦满足流体动量守恒定律，即微元体动量变化等于冲量大小。式(11－19)为流体动量守恒方程(又称为 Navier Stokes 方程)式：

$$\frac{\partial(\rho u_i)}{\partial t}+\frac{\partial(\rho u_i u_j)}{\partial x_i}=-\frac{\partial p}{\partial x_i}+\frac{\partial \tau_{ij}}{\partial x_i}+\rho g_i+F_i \tag{11-19}$$

式中：p 为流体微元体上的压力；$\tau_{ij}(i,\ j=1,\ 2,\ 3)$ 为作用于微元体表面，由分子之间的黏性而产生的应力 τ 的分量；g_i 为微元体在 i 方向上的重力体积力；F_i 为

微元体在 i 方向上的外部体积力。

式(11-20)为牛顿流体黏性应力表达式：

$$\tau_{ij}=\left[\mu\left(\frac{\partial u_i}{\partial x_j}+\frac{\partial u_j}{\partial x_i}\right)\right]+\lambda\mu\frac{\partial u_i}{\partial x_i}p_{ij} \tag{11-20}$$

式中：μ 为动力黏度；λ 为第二黏度。

由式(11-20)可知，牛顿流体微元体表面黏性应力随变形率的增大而增大。

3. 能量守恒方程

粉尘爆炸反应满足流体能量守恒定律，即相同时间内流体微元体增加的能量等于外力对其做的功，加上微元体自外界吸收的能量。式(11-21)为能量守恒方程式：

$$\frac{\partial(\rho E)}{\partial t}+\frac{\partial(\rho u_i(\rho E+p))}{\partial x_i}=\frac{\partial\left[\kappa_{\mathrm{eff}}\frac{\partial T}{\partial x_i}-\sum_{j'}h_{j'}\vec{J}_{j'}+u_j(\tau_{ij})_{\mathrm{eff}}\right]}{\partial x_i}+S_{\mathrm{h}} \tag{11-21}$$

式中：κ_{eff}为有效导热系数，$\kappa_{\mathrm{eff}}=\kappa+\kappa_{\mathrm{t}}$；$\kappa$ 为导热系数，为一关于温度的多项式，本书中 $\kappa=0.01006T+5.413e-5T^2$；$\kappa_{\mathrm{t}}$ 为湍流导热系数，$\kappa_{\mathrm{t}}=\frac{c_{\mathrm{p}}\mu_t}{Pr_t}$；$Pr_t$ 为湍流数，本书取值为0.85；c_{p} 为比热容；$\vec{J}_{j'}$为物质 j' 与浓度梯度有关的扩散通量；S_{h} 为化学反应产生的能量源项。

$$S_{\mathrm{h}}=-\sum_{j'}\frac{h_{j'}^0}{M_{\omega,j'}}R_{j'} \tag{11-22}$$

式中：$M_{\omega,j'}$为物质 j' 的分子量；$h_{j'}^0$为组分 j' 的生成焓；$R_{j'}$为组分 j' 的体积生成速度。

在流体力学中，微元体能量输送等于热传导减去组分扩散加上黏性耗散。式(11-23)为流体能量输送 E 的数学表达式：

$$E=h-\frac{p}{\rho}+\frac{u_i^2}{2} \tag{11-23}$$

所谓黏性耗散即为由黏性剪切产生的热量，当 $Br\geqslant1$ 时(可压缩流时)，黏性热非常重要，其表达式如下：

$$Br=\frac{\mu u^2}{\kappa\Delta T} \tag{11-24}$$

式中：ΔT 为系统温度差分。

可压缩气体显焓表达式为：

$$h=\sum_{j'}Y_{j'}h_{j'} \tag{11-25}$$

式中：$Y_{j'}$ 为组分j'的质量分数；$h_{j'}=\int_{T_{ref}}^{T} c_{p,j'}\mathrm{d}T$，其中 $T_{ref}=298.15$ K；$c_{p,j'}$ 为组分j'的定压比热容。

11.3.3　硫化矿尘氧化数学模型

1. 气固两相流场模型

为描述 20 L 爆炸球中硫化矿尘的浓度场分布，需分析粉尘颗粒受力情况，建立粉尘颗粒动力学方程[267]，研究粉尘颗粒在 20 L 爆炸球中的运动速度分布及粒子运动轨迹分布。

硫化矿尘爆炸强度及最小点火能实验步骤为：将 20 L 爆炸球预抽真空至 -0.05 MPa，气粉两相阀打开瞬间，储气罐内高压气体将储粉罐中硫化矿尘喷入 20 L 爆炸球，并在极短时间内形成粉尘云。粉尘云在 20 L 爆炸球中的运动规律、流动速度、质量浓度分布可通过气固两相模型来描述。

基于气 - 固两相模型的数值求解仿真模拟方法主要有：多相流法（Euler - Euler）和颗粒轨迹法（Euler - Lagrange），相应的数值模型有将气固两相介质作为混合流体的单流体模型、将气固两相模型视作既相互独立又相互作用的流体多相流模型及将气相当成背景流体，把固相视作离散分布于背景流体中颗粒的离散相模型 3 类，多相流法和颗粒轨迹法模型都属于离散相模型。

离散相模型也属于 $k-\varepsilon$ 模型，粉尘云在 20 L 爆炸球中主要受重力和黏性阻力作用，粉尘颗粒受力平衡方程表达式为：

$$\frac{\mathrm{d}v_d}{\mathrm{d}t}=F_D(v-v_d)+\frac{g_x(\rho_d-\rho)}{\rho_d} \tag{11-26}$$

$$F_D=0.75\frac{\rho C_D|v_d-v|}{\rho_d d_d} \tag{11-27}$$

式中：$F_D(v-v_d)$ 为粉尘颗粒单位质量阻力；C_D 为阻力系数；v 为流体相速度，m/s；v_d 为粉尘运动速度，m/s；ρ_d 为粉尘密度，kg/m^3；d_d 为粉尘颗粒直径，m。

空气瞬时流动速度等于平均速度加上脉动速度：

$$v=\bar{v}+v'(t) \tag{11-28}$$

粉尘颗粒运动轨迹控制方程：

$$\frac{\mathrm{d}v_P}{\mathrm{d}t}=\frac{1}{\tau_p}(v-v_P) \tag{11-29}$$

式中：τ_p 为粉尘颗粒松弛时间，s。

2. 温度场模型

硫化矿粉尘是松散多孔的固体介质，导致内部热量传导过程极为复杂，概括起来主要有以下几种热量传递方式：

(1)固相颗粒内的传热过程，热量由化学点火头传至粉尘颗粒表面，再由表及里传至颗粒内部；

(2)粉尘颗粒间空气对流热传导，在引爆化学点火头的瞬间，由点火头释放的热量瞬间布满整个球体，点火头爆炸热量传递给爆炸球内的空气和粉尘，粉尘爆炸热量又进一步传递给周边空气；

(3)在相同粉尘浓度条件下，粉尘粒径越小间距也越小，间距较小的细颗粒粉尘之间容易接触发生热传导；

(4)爆炸容器中空气与硫化矿尘紧密接触，因而由空气和粉尘之间的温度梯度差、湍流以及对流作用，致使热量在粉尘和空气间传导，如式(11－30)、式(11－31)所示。

$$\rho_d c_d \frac{\partial T}{\partial t} = q(T) + \lambda_d \left(\frac{\partial^2 T}{\partial x^2} + \frac{\partial^2 T}{\partial y^2} \right) - \rho_a c_a \left(\overline{Q}_x \frac{\partial T}{\partial x} + \overline{Q}_y \frac{\partial T}{\partial y} \right) \tag{11-30}$$

$$q(T) = \psi(\overline{d}) \cdot \frac{C}{C_0} \cdot q_0(T) \tag{11-31}$$

式中：ρ_d、c_d、λ_d 分别为粉尘热量传导系数、密度、比热容；ρ_a、c_a 分别为空气热量传导系数、密度；$q_0(T)$ 为粉尘在不同温度空气中的发热强度。

11.3.4 多场耦合作用过程

多场耦合(Multiphysics Problem)是指在多物理场耦合分析数值模拟软件基础上，将实际问题中两个或两个以上的物理场耦合在一起，加上边界条件、物理控制方程进行求解分析。本章所述多物理场耦合是指气体粉尘流场和温度场既独立又相互作用的过程，硫化矿粉尘云喷入 20 L 爆炸球在温度场和气固两相流场耦合作用下逐渐分布。

11.3.5 数值模拟及结果分析

1. 20 L 爆炸球模型与边界条件

参照 20 L 爆炸球实体装置，按 1∶1 的比例在 COMSOL Multiphysics 软件上建立 20 L 爆炸球模型。图 11－6 所示为简化后的 20 L 爆炸球二维模型，其中，爆炸球直径为 0.336 m，喷粉管直径为 0.01 m。对不同计算过程而言，网格形式和精度各不相同。图 11－7 所示为采用较细网格类型分别对 20 L 球几何模型所有边界、域划分的网格。

2. 模型简化

多物理场耦合模拟前需对硫化矿尘颗粒进行模型化处理：将硫化矿尘视为粒径较小(48 μm)的球形固体颗粒，忽略粉尘颗粒间的碰撞作用，仅考虑重力、黏性阻力、气流压力及容器壁碰撞力对粉尘颗粒的作用；假定硫化矿尘云是不可压缩的均质气固两相流体，并且其密度和动力黏度都是恒定不变的常数。模拟硫化矿尘在 20 L 爆炸球二维模型中做速度和压力都随时间变化的流动过程。

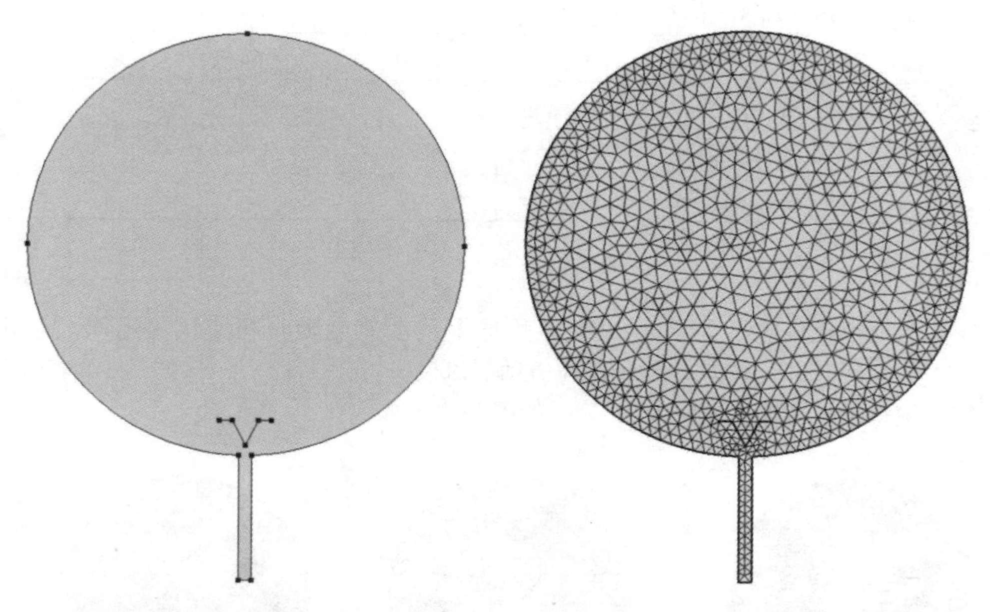

图 11 - 6　20 L 爆炸球二维模型图　　**图 11 - 7　20 L 爆炸球网格划分**

3. 模型参数

20 L 爆炸球多物理场耦合模型参数设置对数值模拟结果影响很大，关系到模拟成败及模拟结果的准确性，更为详细的参数如表 11 - 2 所示。

表 11 - 2　数值模拟模型主要参数

参数	数值
空气温度/℃	25
初始压力/MPa	-0.05
喷粉压力/MPa	2
空气初始速度/$(m \cdot s^{-1})$	15
硫化矿尘粒径/μm	48
硫化矿尘密度/$(g \cdot m^{-3})$	4.2
硫化矿尘浓度/$(g \cdot m^{-3})$	500
动力黏度/$(Pa \cdot s^{-1})$	3.1×10^{-5}

续表 11-2

参数	数值
硫化矿尘燃烧活化能/($kJ \cdot mol^{-1}$)	160
壁面热导率/[$W \cdot (m \cdot J)^{-1}$]	48
壁面比热容/[$J \cdot (kg \cdot ℃)^{-1}$]	480
点火温度/K	3000
点火半径/cm	1

4. 模拟结果

为模拟硫化矿粉尘云在 20 L 爆炸球中运动速度随时间变化的规律，应用 COMSOL Multiphysics 软件粒子流体流动层流模块，模拟计算并绘制出不同时刻硫化矿尘粒子运动速度变化云图[268]，如图 11-8 所示。

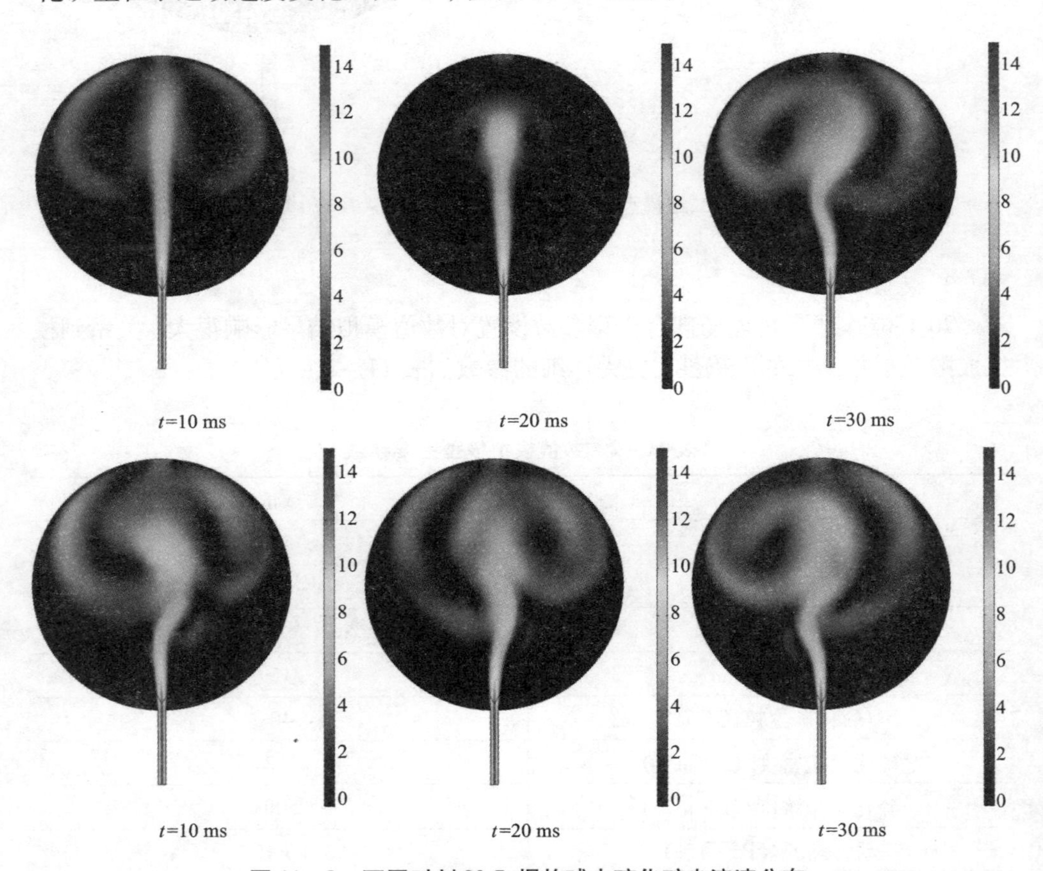

图 11-8　不同时刻 20 L 爆炸球中硫化矿尘流速分布

由图 11 -8 可知，在 60 ms 点火延迟时间内，硫化矿尘随高压空气流迅速喷入 20 L 爆炸球中，很快与爆炸球壁面发生碰撞并弥漫于整个爆炸球空间，较直观地模拟再现了硫化矿粉尘云进入 20 L 爆炸球这一过程。在喷粉口处硫化矿尘速度最高达 15 m/s，在喷嘴周围硫化矿尘速度迅速减小至 10 m/s 左右，继续往 20 L 爆炸球中心时硫化矿尘速度降低至 5 m/s 左右，并且越往边缘粉尘速度越小，大致维持在 0 ~3 m/s。

为模拟硫化矿尘粒子在 20 L 爆炸球中的运动轨迹，应用 COMSOL Multiphysics 软件粒子追踪模块，模拟计算得出了不同时刻硫化矿尘粒子运动轨迹图，如图 11 -9 所示。

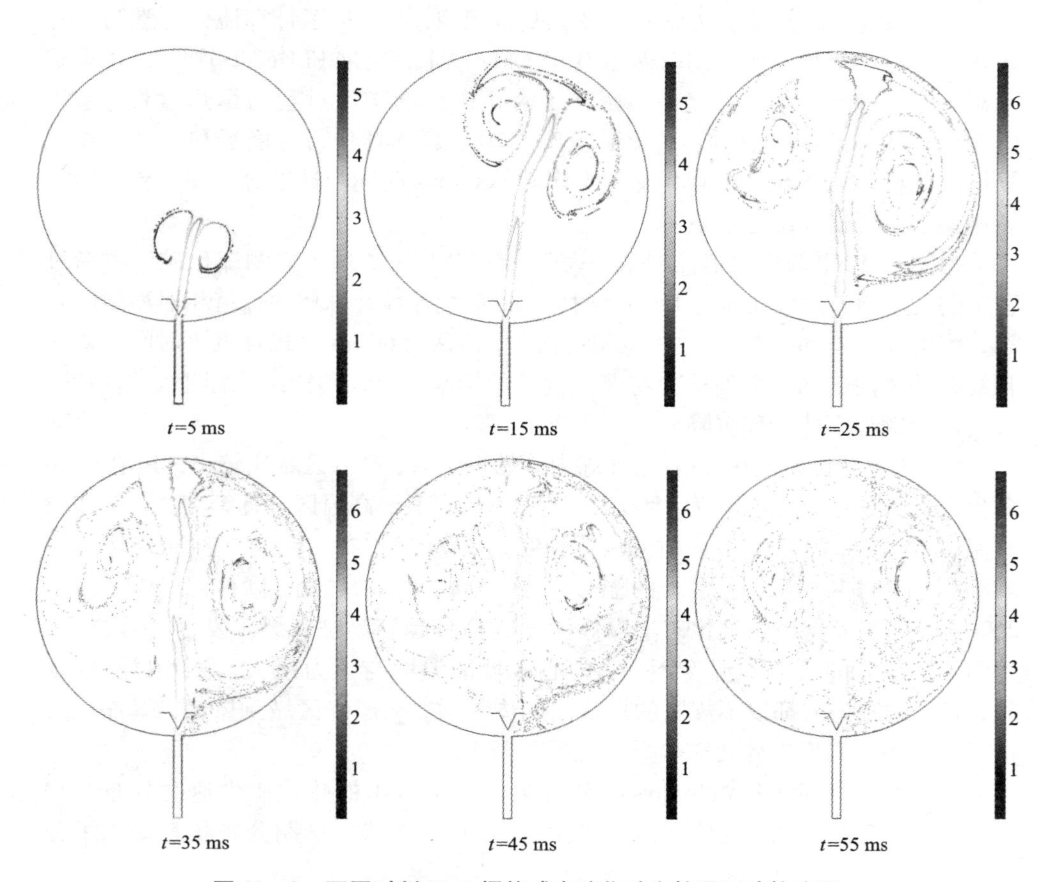

图 11 -9　不同时刻 20 L 爆炸球中硫化矿尘粒子运动轨迹图

由图 11 -9 可知，在 60 ms 点火延迟时间内，硫化矿尘粒子迅速喷入 20 L 爆炸球内，致使空间内粉尘浓度越来越大直至稳定。在 5 ms 时粒子运动轨迹表明，硫化矿尘进入 20 L 爆炸球内会形成湍流向两边散去，在 25 ms 左右硫化矿尘粒子碰到 20 L 爆炸球壁面发生回弹，开始向整个爆炸球弥漫，在 55 ms 左右硫化矿尘粒子基本布满整个 20 L 爆炸球。

硫化矿尘流速分布图和粒子运动轨迹图表明，实验选择 60 ms 作为点火延迟时间是合理可行的，硫化矿尘在 20 L 爆炸球中的运动规律主要受气固两相流场控制。

11.4 本章小结

首先概述了计算流体力学技术及其基本原理，并综述了计算流体力学与计算传热学在粉尘爆炸中的应用。然后基于 CFD 技术，通过 FLUENT 软件对 B 类硫化矿尘爆炸进行二维模拟仿真，研究了硫化矿尘的扩散过程与爆炸过程；运用 COMSOL Multiphysics 软件对硫化矿尘喷入 20 L 爆炸球进行温度场和气固两相流场耦合分析，得出硫化矿尘喷入 20 L 爆炸球 60 ms 时间内速度分布图和粒子运动轨迹图。主要研究结论如下：

（1）FLUENT 软件数值模拟结果表明，在 20 L 爆炸球内监测硫化矿尘喷粉过程中的运动轨迹时，在 60 ~ 120 ms 时间内，矿尘颗粒在球体内保持相对稳定的状态，且在 60 ~ 80 ms 时，矿尘扩散相对均匀，即认为 60 ms 为最佳点火时间。矿尘颗粒在球体内部同时受到重力与湍流扰动的影响，导致其持续悬浮于罐体内部，最终矿尘颗粒不能全部沉降。

（2）B 类硫化矿尘在 20 L 爆炸球内开始燃烧后，高温区域比较小，其中 B300 矿尘被点燃的区域温度约为 1800 K，随着时间延长，高温区域逐渐变大，爆炸瞬时温度大约为 2100 K，一段时间后达到峰值 2500 K 左右。B500 矿尘被点燃的区域温度约为 1400 K，爆炸时的温度约为 2000 K，一段时间后峰值温度约为 2600 K，即粒径越小的硫化矿尘爆炸温度越高且越容易被点燃。发生爆炸之后，球内不同位置的压力和温度不同，中心区域的温度与压力最大，随着时间的延长，温度和压力波都以不规则的形状向四周扩散，从燃烧区域到壁面，爆炸压力值逐渐减小。温度在硫化矿尘燃尽之后不断下降。

（3）通过 COMSOL Multiphysics 软件数值模拟得出的硫化矿尘速度分布结果与实验结果基本一致，为研究硫化矿尘在 20 L 爆炸球内早期分布状态提供了分析依据；

（4）实验选择 60 ms 作为点火延迟时间是合理的，硫化矿尘在 20 L 爆炸球中运动规律主要受气固两相流场控制。

参考文献

[1] Chao W, Jia - Cai O U, Zhou B. Coupling of anionic wetting agents to dust of sulfide ores by dropping liquid method[J]. Journal of Central South University, 2005, 12(6): 737 - 741.

[2] Ioana Santos, Eduardo Ferreira da Silva, Carla Patinha. Definition of areas of probable risk to human health posed by As and Pb in soils and ground - level dusts of the surrounding area of an abandoned As - sulfide mine in the north of Portugal: part 1[J]. Environ Earth Sci, 2013, (69): 1649 - 1660.

[3] 吴月浩. 墨粉爆炸危险性研究与安全措施[D]. 南京: 南京理工大学, 2012.

[4] Marmo L, Cavallero D, Debernardi M L. Aluminium dust explosion risk analysis in metal workings[J]. Journal of Loss Prevention in the Process Industries, 2004, 17(6): 449 - 465.

[5] 孙雅薇. 几种非金属粉尘的最小点火能研究[D]. 太原: 中北大学, 2012.

[6] Zigo J, Rantuch P, Balog K. Experimental Analysis of Minimum Ignition Temperature of Dust Cloud Obtained from Thermally Modified Spruce Wood[J]. Advanced Materials Research, 2014 (919 - 921): 2057 - 2060.

[7] 潘峰, 马超, 曹卫国, 等. 玉米淀粉粉尘爆炸危险性研究[J]. 中国安全科学学报, 2011, 21(7): 4 - 6.

[8] Wachter I, Balog K, Kobetičová H, et al. Experimental Study Of Minimum Ignition Temperature Of Spent Coffee Grounds[J]. Transactions of the Všb Technical University of Ostrava Safety Engineering, 2015, 10(2): 1 - 7.

[9] Yang M, Chen X F, Shang Y J, et al. Particle Size Effect on FeS Spontaneous Combustion Characters in Petroleum[J]. Applied Mechanics & Materials, 2014, 608 - 609(5): 971 - 975.

[10] 刘学武, 林晖, 徐峰, 等. ABS 树脂粉尘爆炸特性研究[J]. 石油化工安全环保技术, 2010, 26(3): 36 - 40.

[11] 赵雪娥, 孟亦飞, 刘秀玉. 燃烧与爆炸理论[M]. 北京: 化学工业出版社, 2011.

[12] Jones T, Morgan A, Richards R. Primary blasting in a limestone quarry: physicochemical characterization of the dust clouds[J]. Mineralogical Magazine, 2003, 67(2): 153 - 162.

[13] 李世祥. 硫磺粉尘爆炸事故分析及对策[J]. 安全、健康和环境, 2003, 3(8): 2 - 3.

[14] Pilão R, Ramalho E, Pinho C. Explosibility of cork dust in methane/air mixtures[J]. Journal of Loss Prevention in the Process Industries, 2006, 19(1): 17 - 23.

[15] Myers T J. Reducing aluminum dust explosion hazards: case study of dust inerting in an aluminum buffing operation[J]. Journal of Hazardous Materials, 2008, 159(1): 72 - 80.

[16] 邓煦帆. 粉尘爆炸危险性分级研究[J]. 防爆电机, 1992(1): 14 - 21.

[17] 胡双启. 燃烧与爆炸[M]. 北京: 北京理工大学出版社, 2015.

[18] 潘旭海. 燃烧爆炸理论及应用[M]. 北京: 化学工业出版社, 2015.

[19] Jekson E R. Avoiding Dust Explosions: Preventive Measures[J]. Cellulose.
[20] 张晓. 历年粉尘爆炸事故[N]. 海安日报, 2011(11).
[21] 董晓白. 国内重大粉尘爆炸事故摘要[J]. 新安全·东方消防, 2015(7).
[22] 多英全, 刘垚楠, 胡馨升. 2009—2013 年我国粉尘爆炸事故统计分析研究[J]. 中国安全生产科学技术, 2015(2): 186 - 190.
[23] Cashdollar K L. Overview of dust explosibility characteristics[J]. Journal of Loss Prevention in the Process Industries, 2000, 13(3): 183 - 199.
[24] 李延鸿. 粉尘爆炸的基本特征[J]. 图书情报导刊, 2005, 15(14): 130 - 131.
[25] Dufaud O, Perrin L, Bideau D, et al. When solids meet solids: A glimpse into dust mixture explosions[J]. Journal of Loss Prevention in the Process Industries, 2012, 25(5): 853 - 861.
[26] 崔克清. 安全工程燃烧爆炸理论与技术[M]. 北京: 中国计量出版社, 2005.
[27] 荆术祥, 陈仁康, 石天璐, 等. 火炸药粉尘与工业粉尘爆炸特性试验对比研究[J]. 科学技术与工程, 2017, 17(9): 325 - 330.
[28] 张超光, 蒋军成, 郑志琴. 粉尘爆炸事故模式及其预防研究[J]. 中国安全科学学报, 2005, 15(6): 73 - 76.
[29] 高聪, 李化, 苏丹, 等. 密闭空间煤粉的爆炸特性[J]. 爆炸与冲击, 2010, 30(2): 164 - 168.
[30] 邬长城. 燃烧爆炸理论基础与应用[M]. 北京: 化学工业出版社, 2016.
[31] 赵衡阳. 气体和粉尘爆炸原理[M]. 北京: 北京理工大学出版社, 1996.
[32] Nagy J, Verakis H C. Development and control of dust explosions[M]. Marcel Dekker, 1983.
[33] 毕明树, 杨国刚. 气体和粉尘爆炸防治工程学[M]. 北京: 化学工业出版社, 2012.
[34] 赵江平, 王振成. 热爆炸理论在粉尘爆炸机理研究中的应用[J]. 中国安全科学学报, 2004, 14(5): 80 - 83.
[35] Živan D, Živkovi Ć, Nataša Mitevska, Veselin Savovi Ć. Kinetics and mechanism of the chalcopyrite - pyrite concentrate oxidation process[J]. Thermochimica Acta, 1996, s 282 - 283(4): 121 - 130.
[36] 魏吴晋. 铝纳米粉尘爆炸及其抑制技术研究[D]. 徐州: 中国矿业大学, 2010.
[37] Zhen G, Leuckel W. Effects of ignitors and turbulence on dust explosions[J]. Journal of Loss Prevention in the Process Industries, 1997, 10(5): 317 - 324.
[38] 钟英鹏. 镁粉爆炸特性实验研究及其危险性评价[D]. 沈阳: 东北大学, 2008.
[39] 田甜. 密闭空间镁铝粉尘爆炸特性的实验研究[D]. 大连: 大连理工大学, 2006.
[40] 陈金健, 胡双启, 胡立双, 等. 镁粉尘云最低着火温度及抑制技术的实验研究[J]. 科学技术与工程, 2015, 15(16): 96 - 100.
[41] Matsuda T, Yashima M, Nifuku M, et al. Some aspects in testing and assessment of metal dust explosions[J]. Journal of Loss Prevention in the Process Industries, 2001, 14(6): 449 - 453.
[42] 郝建斌. 燃烧与爆炸学[M]. 北京: 中国石化出版社, 2012.
[43] 陈成. 铝粉及 TNT 粉尘的最小点火能和爆炸下限研究[D]. 太原: 中北大学, 2013.
[44] Cui G, Zeng W, Li Z, et al. Experimental study of minimum ignition energy of methane /air

mixtures at elevated temperatures and pressures[J]. Fuel, 2016, 175: 257 - 263.

[45] IEC61241 - 2 - 1 1994, Electrical apparatus for use in the presence of combustion dust. Part2: Test methods - Section1: Methods for determining the minimum ignition temperatures of dust [S], 1994.

[46] ASTM E2021 - 2006. Standard Test Method for Hot - Surface Ignition Temperature of Dust layers[S]. 2006.

[47] GB/T16430 - 1996 粉尘层最低着火温度测定方法[S]. 北京: 中华人民共和国煤炭工业部, 1997.

[48] 钟英鹏, 徐冬, 李刚, 等. 镁粉尘云最低着火温度的实验测试[J]. 爆炸与冲击, 2009, 29(4): 429 - 433.

[49] Danzi E, Marmo L, Riccio D. Minimum Ignition Temperature of layer and cloud dust mixtures [J]. Journal of Loss Prevention in the Process Industries, 2015, 36: 326 - 334.

[50] Pastier M, Tureková I, Turňová Z, et al. Minimum Ignition Temperature of Wood Dust Layers [J]. Research Papers Faculty of Materials Science & Technology Slovak University of Technology, 2013, 21(Special Issue): 127 - 131.

[51] Lebecki K, Dyduch Z, Fibich A, et al. Ignition of dust layer by constant heat flux[J]. Journal of Loss Prevention in the Process Industries, 2002, 16(4): 47 - 51.

[52] Wu D, Verplaetsen F, Bulck E V D. Experimental analysis of minimum ignitiontemperature of coal dust clouds in oxy - fuel atmospheres[C] // Clean Coal Technologies. 2013.

[53] 李畅, 苑春苗, 李刚. 粉尘云最低着火温度的研究现状与发展趋势[J]. 工业安全与环保, 2013, 39(3): 19 - 21.

[54] Cashdollar K L, Zlochower I A. Explosion temperatures and pressures of metals and other elemental dust clouds[J]. Journal of Loss Prevention in the Process Industries, 2006, 20(4): 337 - 348.

[55] 曹卫国, 黄丽媛, 梁济元, 等. 球形密闭容器中煤粉爆炸特性参数研究[J]. 中国矿业大学学报, 2014, 43(1): 113 - 119.

[56] 饶运章, 黄苏锦, 肖广哲. 高硫金属矿井矿尘爆炸防治关键技术及工程应用[J]. 金属矿山, 2009(s1): 766 - 768.

[57] 饶运章. 金属矿山采矿环境安全研究[D]. 北京: 中国矿业大学, 2004.

[58] Yunzhang R, Sujin H, Guangzhe X. Energy Mechanism of Sulphide Dust Explosion in Sublevel Mining Drawing Outlet for High Sulphur Metal Mine[C]. Mine Safety and Efficient Exploitation Facing Challenges of the 21st Century, International Mining Forum 2010: 121 - 124.

[59] 张堪定. 论硫化矿床内因火灾[J]. 工业安全与环保, 1983(3): 21 - 23.

[60] 饶运章, 吴红, 黄苏锦, 等. 硫化矿尘爆炸机理及防治方案研究报告[R]. 江西理工大学, 江西铜业集团东同矿业有限责任公司, 2005. 10.

[61] 饶运章, 黄苏锦, 肖广哲, 等. 高硫金属矿井矿尘爆炸防治关键技术及工程应用研究报告[R]. 江西理工大学, 江西铜业集团东同矿业有限责任公司, 2008. 5.

[62] Yuan J, Wei W, Huang W, et al. Experimental investigations on the roles of moisture in coal

dust explosion[J]. Journal of the Taiwan Institute of Chemical Engineers, 2014, 45(5): 2325-2333.

[63] 范维澄, 刘乃安. 火灾安全科学——一个新兴交叉的工程科学领域[J]. 中国工程科学, 2001, 3(1): 6-14.

[64] 胡明, 胡剑. 长输管道施工过程中硫化铁粉自燃的控制措施[J]. 工业安全与环保, 2011, 37(7): 32-33.

[65] 李珞铭, 吴超, 王立磊, 等. 流变-突变论在预防硫化矿自燃中的应用研究[J]. 中国安全科学学报, 2008, 18(2): 81-86.

[66] 叶红卫, 王志国. 高硫矿床开采的特殊灾害及其发生机理[J]. 有色矿冶, 1995(4): 38-42.

[67] 尚钰姣. FeS_2 热自燃动力学机理及其热危险性评估研究[D]. 武汉: 武汉理工大学, 2015.

[68] 李孜军, 古德生, 吴超. 高温高硫矿床矿石自燃危险性的评价[J]. 金属矿山, 2004(5): 57-59.

[69] Soundararajan R. Characterization of the dust explosibility of the iron sulphides: FeS and FeS_2 [D]. Halifax: Technical University of Nova Scotia, Canada, 1995.

[70] Li X, Shang Y J, Chen Z L, et al. Study of spontaneous combustion mechanism and heat stability of sulfide minerals powder based on thermal analysis[J]. Powder Technology, 2017, 309: 68-73.

[71] Luo Q, Liang D, Shen H. Evaluation of self-heating and spontaneous combustion risk of biomass and fishmeal with thermal analysis (DSC-TG) and self-heating substances test experiments[J]. Thermochimica Acta, 2016, 635: 1-7.

[72] 黄金星. 含硫矿石自燃机理及其危险性预测技术研究[D]. 西安: 西安科技大学, 2010.

[73] 赵国彦, 古德生, 吴超. 硫化矿床内因火灾灭火试验研究[J]. 中国矿业, 2001, 10(2): 34-37.

[74] 刘辉, 吴超, 阳富强, 等. 硫化矿石自燃火源探测的红外热成像方法[J]. 中南大学学报(自然科学版), 2011, 42(5): 1425-1431.

[75] 何满潮, 徐敏. HEMS 深井降温系统研发及热害控制对策[J]. 中国基础科学, 2008, 10(2): 1353-1361.

[76] 胡汉华. 深热矿井环境控制[M]. 长沙: 中南大学出版社, 2009.

[77] 刘辉. 硫化矿石自燃特性及井下火源探测技术研究[D]. 长沙: 中南大学, 2010.

[78] 阳富强, 吴超. 硫化矿氧化自热性质测试的新方法[J]. 中国有色金属学报, 2010, 20(5): 976-982.

[79] 邬长福. 高硫金属矿床内因火灾及其灭火措施[J]. 矿业安全与环保, 2002, 29(2): 21-22.

[80] 罗飞侠, 王洪江, 吴爱祥. 金属硫化矿的微生物脱硫可行性分析[J]. 中国安全生产科学技术, 2009, 5(4): 23-26.

[81] 王晓磊. 硫化矿石自燃危险性评价体系的建立与应用[D]. 长沙: 中南大学, 2011.

[82] 毛丹, 陈沉江. 硫化矿石堆氧化自燃全过程特征综述与分析[J]. 化工矿物与加工, 2008,

37(1): 34 - 38.

[83] 滕福义, 刘文永, 邓军, 等. 硫含量煤样自燃特性参数影响研究[J]. 陕西煤炭, 2014, 33(6): 1 - 3.

[84] 万鑫, 赵杉林, 李萍, 等. 氧气浓度对铁的硫化物自燃性的影响[J]. 腐蚀与防护, 2005, 26(12): 512 - 514.

[85] Hadi Zdeniz A, Kelebek S. A study of self - heating characteristics of apyrrhotite - rich sulphide ore stockpile[J]. International Journal of Mining Science and Technology, 2013, 23(3): 381 - 386.

[86] 李萍, 叶威, 张振华, 等. 硫化亚铁自然氧化倾向性的研究[J]. 燃烧科学与技术, 2004, 10(2): 168 - 170.

[87] Hui L, Chao W U, Ying S. Locating method of fire source for spontaneous combustion of sulfide ores[J]. 中南大学学报(英文版), 2011, 18(4): 1034 - 1040.

[88] Liu Q, Katsabanis P D. Hazard evaluation of sulphide dust explosions[J]. Journal of Hazardous Materials, 1993, 33(1): 35 - 49.

[89] Walker R, Steele A D, Morgan T D B. The formation of pyrophoric iron sulphide from rust[J]. Surface & Coatings Technology, 1987, 31(2): 183 - 197.

[90] Walker R, Steele A D, Morgan T D B. Pyrophoric oxidation of iron sulphide[J]. Surface & Coatings Technology, 1988, 34(2): 163 - 175.

[91] 阳富强. 硫化矿石堆自燃预测预报技术研究[D]. 长沙: 中南大学, 2007.

[92] Walker R, And A D S, Morgan D T B. Pyrophoric Nature of Iron Sulfides[J]. Industrial & Engineering Chemistry Research, 1996, 35(35): 1747 - 1752.

[93] 路荣博. 硫化亚铁自燃防范措施浅析[J]. 广东化工, 2012, 39(11): 121 - 122.

[94] 马新艳. 硫化亚铁自燃的危害及预防[J]. 产业与科技论坛, 2012(24): 91 - 92.

[95] 黄金星, 李树刚. 硫矿石自热特性机理及影响因素研究[C]. 中国职业安全健康协会2007年学术年会论文集. 2007.

[96] 毛丹. 散堆硫化矿石典型导热特性研究[D]. 长沙: 中南大学, 2008.

[97] 王张辉. 含硫矿石自燃过程及机理的热重实验研究[D]. 西安: 西安科技大学, 2010.

[98] 李建东, 李萍, 张振华, 等. 含硫油品储罐自燃性的影响因素[J]. 辽宁石油化工大学学报, 2004, 24(4): 1 - 3.

[99] Chao W, Li Z J, Bo Z, et al. Investigation of chemical suppressants for inactivation of sulfide ores[J]. Journal of Central South University, 2001, 8(3): 180 - 184.

[100] 余学海, 孙平, 张军营, 等. 神府煤矿物组合特性及微量元素分布特性定量研究[J]. 煤炭学报, 2015, 40(11): 2683 - 2689.

[101] 孙浩, 阳富强, 吴超, 等. 硫化矿石自燃机理及防治技术研究进展[J]. 金属矿山, 2009(12): 5 - 10.

[102] 李孜军. 硫化矿石自燃机理及其预防关键技术研究[D]. 长沙: 中南大学, 2007.

[103] 汪发松. 硫化矿自燃影响因素分析及安全评价研究[D]. 长沙: 中南大学, 2009.

[104] 徐志国. 硫化矿石自燃的机理与倾向性鉴定技术研究[D]. 长沙: 中南大学, 2013.

[105] 邓军，黄鸿剑，金永飞，等. 高湿环境下高硫煤低温氧化特性试验[J]. 煤矿安全，2013，44(12)：32－35.

[106] 尹升华，吴爱祥，苏永定. 低品位矿石微生物浸出作用机理研究[J]. 矿冶，2006，15(2)：23－27.

[107] 奥尔松. 金属硫化矿物的生物氧化基本原理[J]. 国外金属矿选矿，2004，41(12)：34－38.

[108] 邵婉莹，张振华，李萍，等. 含硫油品储罐腐蚀产物自燃性研究进展[J]. 化工科技，2013，21(5)：59－63.

[109] 王慧欣. 硫化亚铁自燃特性的研究[D]. 青岛：中国海洋大学，2006.

[110] 王增辉，栾和林，轩小朋，等. 硫铁化合物氧化历程中还原硫物质的表征和研究[J]. 矿冶，2009，18(1)：96－99.

[111] 谢传欣，王慧欣，王传兴，等. 硫化亚铁自燃特性研究[C] 全国石油化工生产安全与控制学术交流会. 2006.

[112] 谢传欣，王慧欣，石宁. 轻质油储罐硫化亚铁自燃机理研究[J]. 安全、健康和环境，2010，10(11)：34－37.

[113] 修丽群，穆超，刘丽丽，等. 影响硫化亚铁产生的因素实验研究[J]. 当代化工，2015(7)：1493－1495.

[114] 徐伟，张淑娟，王振刚. 硫化亚铁自燃温度影响研究[J]. 工业安全与环保，2015，41(6)：36－38.

[115] 刘辉，吴超，谭希文. 硫化矿石自燃引发事故致因分析[J]. 化工矿物与加工，2009，38(11)：18－21.

[116] 张振华，陈宝智，李君华，等. 含硫油品储罐腐蚀产物自燃性的研究[J]. 安全与环境学报，2007，7(3)：124－127.

[117] 张振华，陈宝智，赵杉林，等. 含硫油品储罐中硫化铁自燃引发事故原因分析[J]. 中国安全科学学报，2008，18(5)：123－128.

[118] 张振华，赵杉林，李萍，等. 常温下硫化氢腐蚀产物的自燃历程[J]. 石油学报(石油加工)，2012，

[119] 赵雪娥，蒋军成. 自然环境中硫化铁的自燃机理及影响因素[J]. 燃烧科学与技术，2007，13(5)：443－447.

[120] 赵雪娥，蒋军成. 自然环境条件下硫化铁的自燃倾向性[J]. 辽宁工程技术大学学报，2008，27(3)：475－477.

[121] 赵雪娥，蒋军成. 含硫油品储罐自燃火灾的预测技术[J]. 石油与天然气化工，2008，37(4)：357－360.

[122] 周鹄，刘博，许菲，等. 含硫油品储罐腐蚀产物自燃性的对比研究[J]. 石油化工高等学校学报，2013，26(2)：21－24.

[123] Pantsurkina T K. Possible heat effects during chemical decomposition and geotechnological leaching of sulfide ores and intermediate products[J]. Journal of Mining Science，1991，27(3)：251－257.

[124] Das T, Ayyappan S, Chaudhury G R. Factors affecting bioleaching kinetics of sulfide ores using acidophilic micro - organisms[J]. Biometals, 1999, 12(1): 1 - 10.

[125] 郦建立. 炼油工业中 H_2S 的腐蚀[J]. 腐蚀科学与防护技术, 2000, 12(6): 346 - 349.

[126] 刘博, 李萍, 张振华, 等. 油品储罐 H_2S 对铁锈腐蚀产物自燃性研究[J]. 中国安全科学学报, 2013, 23(2): 75 - 79.

[127] 刘洪金, 李萍, 张振华, 等. 铁氧化物硫化后的自燃性[J]. 辽宁石油化工大学学报, 2009, 29(1): 1 - 3.

[128] 贾传志, 齐庆杰, 徐长富, 等. 硫铁矿自燃的电化学机理[C]. International Colloquium on Safety Science & Technology. 2010.

[129] 丁德武, 赵杉林, 张振华, 等. $Fe(OH)_3$ 的高温硫腐蚀产物氧化自燃性影响因素研究[J]. 腐蚀科学与防护技术, 2007, 19(3): 186 - 188.

[130] 陈先锋, 李星, 赵晓芬, 等. 硫化亚铁氧化自燃倾向性的实验研究[J]. 工业安全与环保, 2012, 38(7): 18 - 21.

[131] 潘伟. 硫化矿石堆自热过程的非线性及数值仿真研究[D]. 长沙: 中南大学, 2011.

[132] 杨娟娟. 基于神经网络的含硫矿石自燃预测技术研究[D]. 西安: 西安科技大学, 2008.

[133] 饶运章, 吴卫强. 一种硫化矿升温氧化实验装置[P]. 中国, 201611143118.5 [P], 2016 - 12 - 13.

[134] 饶运章, 袁博云, 吴卫强, 等. 基于 GRNN 模型的硫化矿石堆氧化自热温度预测[J]. 金属矿山, 2016, 45(6): 149 - 152.

[135] Soundararajan R, Amyotte P R, Pegg M J. Explosibility hazard of iron sulphide dusts as a function of particle size[J]. Journal of Hazardous Materials, 1996, 51(5): 225 - 239.

[136] 张茂增, 马尚权, 东辉, 等. 煤尘着火温度与其粒径的关系研究[J]. 煤炭工程, 2010(1): 83 - 85.

[137] Martinka J, Rantuch P, Balog K. Assessment of the impact of spruce wood particle size and water content on the ignition temperature of dust clouds[J]. Cellulose Chemistry & Technology, 2015, 49(5 - 6): 549 - 558.

[138] 苑春苗, 李畅, 李刚. 恒温热板加热条件下镁粉尘层的着火规律[J]. 东北大学学报(自然科学版), 2011, 32(10): 1503 - 1506.

[139] 王滨. 老石旦煤矿井下火区处治及火灾致因分析? [J]. 中国煤炭, 2016(1): 84 - 87.

[140] 刘少南. 初始温度对煤自燃特征影响的实验研究[D]. 西安: 西安科技大学, 2014.

[141] 吴卫强. 硫化矿石堆与硫化矿尘层氧化自热研究[D]. 赣州: 江西理工大学, 2015.

[142] Wu D, Vanierschot M, Verplaetsen F, et al. Numerical study on the ignition behavior of coal dust layers in air and O_2/CO_2, atmospheres[J]. Applied Thermal Engineering, 2016, 109: 709 - 717.

[143] 夏福明. 煤的着火特性及动力学研究[D]. 武汉: 武汉理工大学, 2005.

[144] 隆武强, 郭晓平, 田江平. 燃烧学[M]. 北京: 科学出版社, 2015.

[145] 孙翔. 硫化矿尘最低着火温度实验研究[D]. 赣州: 江西理工大学, 2017.

[146] Chin Y S, Darvell L I, Lealangton A, et al. Ignition risks of biomass dust on hot surefaces

[J]. Energy & Fuels, 2016, 30(6).

[147] Chunmiao Y, Dezheng H, Chang L, et al. Ignition behavior of magnesium powder layers on a plate heated at constant temperature. [J]. Journal of Hazardous Materials, 2013, 246 - 247 (4): 283 - 290.

[148] 杨红霞, 李刚, 苑春苗, 等. 油页岩粉尘层着火的理论模型与实验研究[J]. 东北大学学报(自然科学版), 2016, 37(12): 1768 - 1771.

[149] 于立富, 李刚, 潘超, 等. 中国油页岩粉尘爆炸特性实验研究[J]. 东北大学学报(自然科学版), 2016, 37(8): 1203 - 1206.

[150] 李刚, 刘晓燕, 钟圣俊, 等. 粮食伴生粉尘最低着火温度的实验研究[J]. 东北大学学报(自然科学版), 2005, 26(2): 145 - 147.

[151] Serth R W, Lestina T G. In Process Heat Transfer[M]. Boston: Academic Press, 2014.

[152] Danzi E, Marmo L, Riccio D. Minimum Ignition Temperature of layer and cloud dust mixtures [J]. Journal of Loss Prevention in the Process Industries, 2015, 36: 326 - 334.

[153] Addai E K, Gabel D, Krause U. Models to estimate the minimum ignition temperature of dusts and hybrid mixtures. [J]. Journal of Hazardous Materials, 2016, 304: 73 - 83.

[154] Polka M, Salamonowicz Z, Wolinski M, et al. Experimental Analysis of Minimal Ignition Temperatures of a Dust Layer and Clouds on a Heated Surface of Selected Flammable Dusts [J]. Procedia Engineering, 2012, 45(3): 414 - 423.

[155] 王海福, 郑珊, 冯顺山, 等. 粉尘云最小点火温度测试实验系统设计[J]. 中国安全科学学报, 2001, 11(6): 52.

[156] GB/T16429 - 1996 粉尘云最低着火温度测定方法[S]. 北京: 中华人民共和国煤炭工业部, 1997.

[157] IEC1241 - 2 - 1 1994, Methods for determining the minimum ignition temperatures of dust. Method B: Dust cloud in a furnace at a constant temperature[S]. International Electrotechnical Commission, 1994.

[158] Proust C. A few fundamental aspects about ignition and flame propagation in dust clouds[J]. Journal of Loss Prevention in the Process Industries, 2006, 19(2): 104 - 120.

[159] Mintz K. J, Dainty E. D. Sulphide ore dust explosion research in Canada, in : Proceeding of the 23rd International Conference on Safety in Mines Research Institutes, US Bureau of Mines, Washington , DC, 1989: 888 - 895.

[160] Amyotte P R, Soundararajan R, Pegg M J. An investigation of iron sulphide dust minimum ignition temperatures[J]. Journal of Hazardous Materials, 2003, 97(1): 1 - 9.

[161] 孙翔, 饶运章, 李闯, 等. 硫化矿尘云最低着火温度试验研究[J]. 金属矿山, 2017, 46 (6): 175 - 179.

[162] Yu Y, Fan J. Research on Explosion Characteristics of Sulfur Dust and Risk Control of the Explosion [J]. Procedia Engineering, 2014, 84(2): 449 - 459.

[163] 左前明, 程卫民, 汤家轩. 粉体抑爆剂在煤矿应用研究的现状与展望[J]. 煤炭技术, 2010, 29(11): 78 - 80.

[164] 黄丽媛. 石松子粉粉尘爆炸特性研究[D]. 南京：南京理工大学，2014.

[165] 程方明. 超细粉体抑制甲烷－空气预混气爆炸实验研究[D]. 西安：西安科技大学，2008.

[166] Walker R, And A D S, Morgan D T B. Deactivation of Pyrophoric Iron Sulfides[J]. Ind. eng. chem. res, 1997, 36(9): 3662－3667.

[167] 叶亚明，胡双启，胡立双，等. 锰粉尘云最低着火温度的实验研究[J]. 科学技术与工程，2016，16(8)：296－299.

[168] Haiyan H U, Lishuang H U, Xue W U. Research on the Influence of Inert Dust on Minimum Ignition Temperature of Aluminum and Magnesium Dust Cloud[J]. Industrial Safety & Environmental Protection, 2016.

[169] Benedetto A D, Di V S, Russo P. On the determination of the minimum ignitiontemperature for dust/air mixtures[J]. Chemical Engineering Transactions, 2010, 19(1): 189－194.

[170] 代濠源，樊建春，刘迪，等. 粒径对硫磺燃烧爆炸特性影响的试验研究[J]. 中国安全生产科学技术，2015(2)：120－124.

[171] Janès A, Vignes A, Dufaud O, et al. Experimental investigation of the influence of inert solids on ignition sensitivity of organic powders[J]. Process Safety & Environmental Protection, 2014, 92(4): 311－323.

[172] 饶运章，陈斌，孙翔，等. 硫化矿尘层氧化自热初始温度试验研究[J]. 金属矿山，2016，45(4)：151－153.

[173] Ya－Ming Y E, Shuang－Qi H U, Li－Shuang H U, et al. Experimental Research on Minimum Ignition Temperature of Manganese Dust Cloud[J]. Science Technology & Engineering, 2016.

[174] 王军，汪佩兰，张庆辉. 火炸药粉尘云最低着火温度实验研究[J]. 火工品，2008(1)：39－42.

[175] 张瑞萍. 对粉尘云最低点火温度概念的几点认识[J]. 火工品，1998(1)：34－37.

[176] 解立峰，余永刚. 防火与防爆工程[M]. 北京：冶金工业出版社，2010.

[177] 任瑞娥，谭迎新. 镁铝合金粉最低着火温度的实验测试[J]. 消防科学与技术，2014(8)：864－866.

[178] 任瑞娥，谭迎新. 木粉最低着火温度的实验研究[J]. 中国粉体技术，2014，20(5)：45－47.

[179] 任瑞娥. 可燃粉尘最低着火温度的测试研究[D]. 太原：中北大学，2015.

[180] Proust C, Accorsi A, Dupont L. Measuring the violence of dust explosions with the "20L sphere" and with the standard "ISO 1 m^3 vessel": Systematic comparison and analysis of the discrepancies[J]. Journal of Loss Prevention in the Process Industries, 2007, 20(4): 599－606.

[181] 蒯念生，黄卫星，袁旌杰，等. 点火能量对粉尘爆炸行为的影响[J]. 爆炸与冲击，2012，32(4)：432－438.

[182] 李庆钊，翟成，吴海进，等. 基于20L球形爆炸装置的煤尘爆炸特性研究[J]. 煤炭学报，

2011(s1): 119 – 124.

[183] 秋珊珊, 曹卫国, 黄丽媛, 等. 石松子粉粉尘爆炸试验研究[J]. 爆破器材, 2012, 41(3): 16 – 18.

[184] 袁博云. 硫化矿尘云爆炸强度与爆炸下限浓度试验研究[D]. 赣州: 江西理工大学, 2016.

[185] Fumagalli A, Derudi M, Rota R, et al. Estimation of the deflagration index K St, for dust explosions: A review[J]. Journal of Loss Prevention in the Process Industries, 2016, 44: 311 – 322.

[186] Moroń W, Ferens W, Czajka K M. Explosion of different ranks coal dust in oxy – fuel atmosphere[J]. Fuel Processing Technology, 2016, 148: 388 – 394.

[187] Wu D, Norman F, Verplaetsen F, et al. Experimental study on the minimum ignition temperature of coal dust clouds in oxy – fuel combustion atmospheres[J]. Journal of Hazardous Materials, 2014, 84(15 April 2016): 330 – 339.

[188] 苑春苗. 惰化条件下镁粉爆炸性参数的理论与实验研究[D]. 沈阳: 东北大学, 2009.

[189] 周新华, 齐庆杰. 基于模糊综合评判的煤自燃发火倾向性研究[J]. 煤田地质与勘探, 2011, 39(6): 16 – 19.

[190] Chao W. Fault tree analysis of spontaneous combustion of sulphide ores and its risk assessment [J]. Journal of Central South University, 1995, 2(2): 77 – 80.

[191] 王林元, 吕瑞琪, 邓洪波. 不同粒径镁铝合金粉尘爆炸与抑爆特性研究[J]. 中国安全生产科学技术, 2017, 13(1): 34 – 38.

[192] 冯志力, 徐永富, 刘根凡, 等. 菱铁矿在氮气中的热分解动力学研究[J]. 武汉理工大学学报, 2009, (17): 11 – 14.

[193] 王伯平, 刘通. 基于热重的硫化亚铁自燃特性分析[J]. 消防科学与技术, 2015, 34(7): 850 – 852.

[194] 杨永喜, 蒋军成, 赵声萍, 等. 硫化亚铁氧化热重实验及动力学分析[J]. 工业安全与环保, 2010, 36(12): 5 – 7.

[195] 原姣姣, 叶建中, 王成章, 等. 羟基酪醇的热稳定性和分解动力学研究[J]. 林产化学与工业, 2016, 36(6): 87 – 92.

[196] Supriya N, Catherine K B, Rajeev R. DSC – TG studies on kinetics of curing and thermal decomposition of epoxy – ether amine systems[J]. Journal of Thermal Analysis & Calorimetry, 2013, 112(1): 201 – 208.

[197] 匡敬忠, 徐力勇, 原伟泉. YCl3 对高岭石热分解动力学的影响[J]. 材料导报, 2015, 29(22): 124 – 129.

[198] 周乐刚. 可燃粉尘热解动力学及阴燃过程模型研究[D]. 沈阳: 东北大学, 2013.

[199] 章君. 纳米铝粉对 HMX 热分解动力学的影响研究[D]. 太原: 中北大学, 2016.

[200] JANKOVIĆ B. Isothermal thermo – analytical study and decomposition kinetics of non – activated and mechanically activated indium tin oxide (ITO) scrap powders treated by alkaline solution[J]. Transactions of Nonferrous MetalsSociety of China, 2015, 25(5): 1657 – 1676.

[201] Cheng J, Pan Y, Yao J, et al. Mechanisms and kinetics studies on the thermal decomposition of micron Poly (methyl methacrylate) and polystyrene[J]. Journal of Loss Prevention in the Process Industries, 2016, 40: 139 - 146.

[202] Lehmann M N, O'Leary S, Dunn J G. An evaluation of pretreatments to increase gold recovery from a refractory ore containing arsenopyrite and pyrrhotite[J]. Minerals Engineering, 2000, 13(1): 1 - 18.

[203] 胡慧萍, 陈启元, 尹周澜, 等. 机械活化黄铁矿的热分解动力学[J]. 中国有色金属学报, 2002, 12(3): 611 - 614.

[204] 史亚丹, 陈天虎, 李平, 等. 氮气气氛下黄铁矿热分解的矿物相变研究[J]. 高校地质学报, 2015, 21(4): 577 - 583.

[205] 赵留成, 孙春宝, 张舒婷, 等. 主要载金硫化物黄铁矿的热分解动力学特性[J]. 中国有色金属学报, 2015, 25(8): 2212 - 2217.

[206] Lu W, Yu D, Wu J, et al. The chemical role of CO_2 in pyrite thermal decomposition[J]. Proceedings of the Combustion Institute, 2014, 35(3): 3637 - 3644.

[207] Cheng H, Liu Q, Huang M, et al. Application of TG - FTIR to study SO_2 evolved during the thermal decomposition of coal - derived pyrite[J]. Thermochimica Acta, 2013, 55(5): 1 - 6.

[208] 赵晓芬. 硫化亚铁热自燃氧化动力学实验研究[D]. 武汉: 武汉理工大学, 2013.

[209] 马师. 硫化矿尘热分解动力学及其爆温计算研究[D]. 赣州: 江西理工大学, 2017.

[210] 阳富强, 吴超, 刘辉, 等. 硫化矿石自燃的热分析动力学[J]. 中南大学学报(自然科学版), 2011, 42(8): 2469 - 2474.

[211] 阳富强, 吴超, 石英. 热重与差示扫描量热分析法联用研究硫化矿石的热性质[J]. 科技导报, 2009, 27(22): 66 - 71.

[212] Yang F Q, Chao W U. Mechanism of mechanical activation for spontaneous combustion of sulfide minerals[J]. Transactions of Nonferrous Metals Society of China, 2013, 23(1): 276 - 282.

[213] 陈晨. 基于热重分析法的硫铁矿自燃特性实验研究[D]. 沈阳: 辽宁工程技术大学, 2009.

[214] 董洪芹, 陈先锋, 杨海燕, 等. 硫铁矿石热自燃机理研究及其探讨[J]. 工业安全与环保, 2016, 42(2): 46 - 50.

[215] 刘振海, 徐国华, 张洪林, 等. 热分析与量热仪及其应用(第二版)[M]. 北京: 化学工业出版社, 2012.

[216] 张延安, 豆志河. 宏观动力学研究方法[M]. 北京: 化学工业出版社, 2014. 37 - 130.

[217] 阳富强. 金属矿山硫化矿自然发火机理及其预测预报技术研究[D]. 长沙: 中南大学, 2011.

[218] 胡荣祖, 高胜利, 赵凤起, 等. 热分析动力学(第二版)[M]. 北京: 科学出版社, 2008.

[219] 任宁, 张建军. 热分析动力学数据处理方法的研究进展[J]. 化学进展, 2006, 18(4): 410 - 416.

[220] 尹瑞丽, 陈利平, 陈网桦, 等. 两种量热模式下物质热分解的动力学补偿效应[J]. 物理

化学学报, 2016(2): 391 - 398.

[221] 葛晓军, 严建骏. 硫化亚铁自燃机理及事故预防[J]. 化工安全与环境, 2001: 2 - 7.

[222] 姚锡文, 李兴, 鹿广利. 大倾角综放工作面风流场及粉尘场的数值模拟[J]. 矿业安全与环保, 2013, 40(1): 40 - 43.

[223] 安敬鱼, 牛会永, 邓军, 等. 矿井火灾原因综合分析及防治技术[J]. 矿业工程研究, 2015, 30(3): 40 - 44.

[224] 徐付军. 探讨深部开采面临的主要问题与对策[J]. 科技资讯, 2014(2): 101 - 101.

[225] 王志军. 高温矿井地温分布规律及其评价系统研究[D]. 青岛: 山东科技大学, 2006.

[226] 赵辉, 熊祖强, 王文. 矿井深部开采面临的主要问题及对策[J]. 煤炭工程, 2010, 1(7): 11 - 13.

[227] 张虹, 张春生. 黄铁矿自燃机理及其预防[J]. 铜业工程, 2004(3): 53 - 54.

[228] 龚伦, 张平. 金鸡岩煤坪自燃的影响因素分析及防治措施[J]. 矿业安全与环保, 2003, 30(5): 57 - 58.

[229] 谷红伟. 煤岩组分的物化性质对煤自燃的影响[J]. 洁净煤技术, 2008, 14(6): 59 - 61.

[230] 胡汉华, 刘征, 李孜军, 等. 硫化矿石自燃倾向性等级分类的 Fisher 判别分析法[J]. 煤炭学报, 2010(10): 1674 - 1679.

[231] 吴月浩. 墨粉爆炸危险性研究与安全措施[D]. 南京: 南京理工大学, 2012.

[232] 金小汉. 煤矿瓦斯爆炸的火花诱因分析与应对措施[J]. 矿业安全与环保, 2008, 35(5): 66 - 68.

[233] 蔡明悦. 矿井火灾中的人因失误分析及防治对策研究[D]. 长沙: 中南大学, 2008.

[234] 李化敏, 付凯. 煤矿深部开采面临的主要技术问题及对策[J]. 采矿与安全工程学报, 2006, 23(4): 468 - 471.

[235] 阳富强, 吴超, 李孜军, 等. 采场环境中硫化矿石氧化自热的影响因素[J]. 科技导报, 2010, 28(21): 106 - 111.

[236] 李孜军, 牛娇, 周惠斌, 等. 一种凝胶泡沫及其对硫化矿石自燃的阻化性能研究[J]. 中国安全科学学报, 2015, 25(6): 000057 - 61.

[237] 许福平. 煤矿内因火灾防灭火技术的发展思考[J]. 科技创新导报, 2013(8): 107 - 108.

[238] 闵凡飞, 王传金. 煤矸石山自燃火源形成原因及其预测预防[J]. 煤炭科技, 2003(1): 41 - 43.

[239] 牛会永, 张辛亥. 煤炭自燃机理及防治技术分类研究[J]. 工业安全与环保, 2007, 33(10): 45 - 48.

[240] 罗振敏, 葛岭梅, 邓军, 等. 纳米粉体对矿井瓦斯的抑爆作用[J]. 湖南科技大学学报(自然科学版), 2009, 24(2): 19 - 23.

[241] 伍爱友, 彭新. 防火与防爆工程[M]. 北京: 国防工业出版社, 2014.

[242] 邹雪梅. 基于人员健康度的矿山灾害逃生研究[D]. 长沙: 中南大学, 2013.

[243] 周力行. 燃烧理论和化学流体力学[M]. 北京: 科学出版社, 1986.

[244] 沈世磊. 流动状态下含铝气固两相爆炸的力学特征[D]. 北京: 北京理工大学, 2016.

[245] Bradley D, Mitcheson A. Mathematical solutions for explosions in spherical vessels[J].

Combustion & Flame, 1976, 26(2): 201 - 217.

[246] 郝富昌. 基于多物理场耦合的瓦斯抽采参数优化研究[D]. 北京: 中国矿业大学, 2012.

[247] 王健. 粮食粉尘爆炸的实验研究与数值模拟[D]. 沈阳: 东北大学, 2010.

[248] 曹卫国. 褐煤粉尘爆炸特性实验及机理研究[D]. 南京: 南京理工大学, 2016.

[249] 何琰儒, 朱顺兵, 李明鑫, 等. 煤粉粒径对粉尘爆炸影响试验研究与数值模拟[J]. 中国安全科学学报, 2017, 27(1): 53 - 58.

[250] 魏嘉, 闻利群. 瓦斯与煤尘混合物爆炸特性数值模拟仿真[J]. 中北大学学报(自然科学版), 2015, 36(2): 208 - 213.

[251] 杨丹, 刘洋. 基于数值仿真技术的密闭空间煤尘爆炸性研究[J]. 能源与节能, 2015, 120(9): 184 - 186

[252] 徐勇. 基于非均质模型的多场耦合理论及其数值模拟方法[D]. 北京: 中国矿业大学, 2014.

[253] 李淑君, 王惠泉, 赵文玉, 等. 基于 COMSOL 多物理场耦合仿真建模方法研究[J]. 机械工程与自动化, 2014, (4): 19 - 20.

[254] 孟令图. 多相介质的多场耦合理论及数值模拟[D]. 北京: 北京工业大学, 2010.

[255] 张晓东, 张培林, 傅建平, 等. k - ε 双方程湍流模型对制退机内流场计算的适用性分析[J]. 爆炸与冲击, 2011, 31(5): 516 - 520.

[256] 叶威, 张振华, 李萍, 等. 硫化亚铁绝热氧化反应的影响因素研究[J]. 石油化工腐蚀与防护, 2003, 20(1): 19 - 21.

[257] 平洋. 煤粉瓦斯耦合体系着火机理和实验研究[D]. 沈阳: 东北大学, 2011.

[258] 洪训明. 硫化矿尘爆炸特性与模拟仿真研究[D]. 赣州: 江西理工大学, 2018.

[259] Butler S L, Sinha G. Forward modeling of applied geophysics methods using Comsol and comparison with analytical and laboratory analog models[J]. Computers & Geosciences, 2012, 42(5): 168 - 176.

[260] Dickinson E J F, Ekström H, Fontes E. COMSOL Multiphysics®: Finite element software for electrochemical analysis. A mini - review[J]. Electrochemistry Communications, 2014, 40: 71 - 74.

[261] Rebiai S, Bahouh H, Sahli S. 2 - D simulation of dual frequency capacitively coupled helium plasma, using COMSOL multiphysics[J]. IEEE Transactions on Dielectrics & Electrical Insulation, 2013, 20(5): 1616 - 1624.

[262] Mikkonen S, Ekström H, Thormann W. High - resolution dynamic computer simulation of electrophoresis using a multiphysics software platform[J]. Journal of Chromatography A, 2018, 1532: 216 - 222.

[263] 秦梓钧, 刘保君, 张雪, 等. COMSOL Multiphysics 有限元软件数值模拟气液两相流的可行性研究[J]. 当代化工, 2016, 45(5): 916 - 919.

[264] Benziada M A, Boubakeur A, Mekhaldi A. Numerical simulation of the barrier effect on the electric field distribution in point - plane air gaps using COMSOL multiphysics[C] International Conference on Electrical Engineering - Boumerdes, 2017: 1 - 6.

[265] Al – Mufti W M, Hashim U, Adam T. Current trend in simulation: Review nanostructures using comsol multiphysics[J]. Journal of Applied Sciences Research, 2012.

[266] Liu D. Multiphysics Coupling Analysis and Experiment of Low – temperature Deposition Manufacturing and Electrospinning for Multi – scale Tissue Engineering Scaffold[J]. Journal of Mechanical Engineering, 2012, 48(15): 137.

[267] Niu W, Jiang Z A, Wang X Z, et al. Numerical simulation of distributionregularities of dust concentration in fully mechanized top – coal caving face[J]. China Mining Magazine, 2008, 17(12): 1 – 4.

[268] 刘志军. 硫化矿尘爆炸特性及多物理场耦合分析[D]. 赣州: 江西理工大学, 2018.

图书在版编目(CIP)数据

硫化矿尘爆炸机理研究及防治技术 / 饶运章著. --
长沙：中南大学出版社，2018.5
ISBN 978-7-5487-3274-7

Ⅰ.硫… Ⅱ.①饶… Ⅲ.①硫化矿物—矽尘—粉尘
爆炸—防治 Ⅳ.TD714

中国版本图书馆 CIP 数据核字(2018)第 140769 号

硫化矿尘爆炸机理研究及防治技术

LIUHUA KUANGCHEN BAOZHA JILI YANJIU JI FANGZHI JISHU

饶运章　著

□责任编辑　刘石年
□责任印制　易建国
□出版发行　中南大学出版社
社址：长沙市麓山南路　　邮编：410083
发行科电话：0731-88876770　　传真：0731-88710482
□印　　装　长沙市宏发印刷有限公司

□开　　本　710×1000　1/16　□印张 19.75　□字数 396 千字
□版　　次　2018 年 5 月第 1 版　□印次　2018 年 5 月第 1 次印刷
□书　　号　ISBN 978-7-5487-3274-7
□定　　价　98.00 元

图书出现印装问题，请与经销商调换